U0166666

杂粮加工副产物活性物质分离技术

李良玉　李朝阳　姜彩霞　著

中国纺织出版社有限公司

内 容 提 要

本书主要介绍了苦荞麦壳黄酮、燕麦麸皮多糖、绿豆抗性糊精、杂粮花色苷类物质、白芸豆中 $\alpha-$ 淀粉酶抑制剂及其他杂粮加工副产物活性物质的制备与分离技术。

本书适合从事杂粮副产物深加工及再利用等相关工作的工程技术人员、科研人员阅读参考。

图书在版编目（CIP）数据

杂粮加工副产物活性物质分离技术 / 李良玉，李朝阳，姜彩霞著 . -- 北京：中国纺织出版社有限公司，2022.6

ISBN 978-7-5180-9519-3

Ⅰ. ①杂… Ⅱ. ①李… ②李… ③姜… Ⅲ. ①杂粮 – 粮食副产品 – 分离 – 食品化学 – 研究 Ⅳ. ① TS210.9

中国版本图书馆 CIP 数据核字（2022）第 073902 号

责任编辑：范雨昕 责任校对：楼旭红 责任印制：王艳丽

中国纺织出版社有限公司出版发行
地址：北京市朝阳区百子湾东里A407号楼 邮政编码：100124
销售电话：010—67004422 传真：010—87155801
http://www.c-textilep.com
中国纺织出版社天猫旗舰店
官方微博 http://weibo.com/2119887771
唐山玺诚印务有限公司印刷 各地新华书店经销
2022年6月第1版第1次印刷
开本：710×1000 1/16 印张：25
字数：361千字 定价：88.00元

前　言

　　杂粮营养丰富且具有一定保健功能，具有细粮不可替代的地位。杂粮对慢性病的防治有一定效果，在食品工业中发挥着重要作用。我国杂粮种类繁多，是世界上重要的杂粮主产国之一，杂粮的研究引起广泛关注。杂粮在生产加工过程中产生大量的秸秆、米糠、谷壳、麸皮、废渣等副产物，这些副产物常被以废弃物的形式利用，未能对其进行深加工和再利用，使这些副产物的经济价值降低，同时造成资源的大量浪费。因此，对杂粮副产物的综合开发利用可减少资源浪费，保护生态环境，增加产品附加值，取得了较好的经济效益和社会效益。

　　本书主要论述了杂粮副产物活性物质分离技术。希望本书的出版可以让更多的科研人员关注杂粮加工副产物中的活性物质，了解杂粮副产物活性物质的功能特性及其分离技术发展现状，继而通过进一步的研究，提高我国杂粮副产物的利用效率，促使杂粮行业的优化升级，促进国家经济与社会发展。

　　本书的研究成果得益于本课题组主持和参与的各级科研项目资助以及黑龙江八一农垦大学学术专著资金的支持。本书是作者在积累了近年科研成果、产业化转化成果的基础上，参考了国内外相关文献资料著录而成。

　　全书共八章：第一章主要对杂粮加工副产物活性物质的种类及分离技术进行了概述；第二章论述了苦荞麦壳黄酮的分离技术；第三章论述了燕麦麸皮多糖的制备与活性研究；第四章论述了绿豆抗性糊精的制备与分离技术；第五章论述了杂粮花色苷类物质的分离技术；第六章论述了白芸豆中α-淀粉酶抑制剂的分离技术；第七章论述了梨小豆粗多糖、小米油不饱和脂肪酸、小米糠多酚等的分离技术；第八章对全书进行了总结与展望。

　　全书由黑龙江八一农垦大学国家杂粮工程技术研究中心李良玉、李朝阳、姜彩霞合著而成，李良玉负责撰写第二、第四、第五章；李朝阳负责撰写第三、第七章；姜彩霞负责撰写第一、第六、第八章。本书在成书过程中得到黑龙江八一农垦大学郑喜群、张丽萍、曹龙奎等专家学者的大力支持，在此表示由衷的感谢。并对参与研究项目实施的黑龙江八一农垦大学的刁静静、张桂芳、贾鹏禹、李洪飞、赵慧霞、梁茜茜等科研人员表示衷心的感谢！由于著者学术视野和能力有限，研究方法和条件具有一定的局限性，书中难免会存在疏漏和不足之处，愿各位同仁和广大读者在阅读过程中能够提出宝贵的意见。我们衷心地希望本书的出版可以为高等院校的师生和科研院所、企业的技术人员提供参考。最后，再次感谢在本书编辑与出版过程中对我们的工作给予倾情支持和帮助的人们！

著者

2021年11月于大庆

目 录

第一章 绪论

第一节 杂粮加工副产物活性物质的研究进展

我国是农业生产大国，农产品及食品工业的副产物数量巨大。为推进可持续化发展，这些副产物的资源化利用越来越受到人们的重视。据不完全统计，2020年国内各类可再生资源可回收量约3亿吨。在农产品和食品加工业中，副产物一般占农产品总质量的20%～30%，有些甚至高达50%以上。然而这些副产物大多未被充分利用或被低值利用，甚至被废弃。这不仅增加了环保排放压力，还造成了资源的极大浪费。其实这些副产物蕴含着巨大的开发价值和潜力，从另一个角度来看，也是一种宝贵的资源，正如人们常说的"世上本来就没有什么废物，只有放错位置的资源"。目前，食品工业副产物资源化利用问题已上升到国家产业发展的战略层面，农业农村部印发的《关于促进农产品加工环节减损增效的指导意见》提出，到2025年农产品加工环节损失率需降到5%以下。近年来，随着现代科学技术的发展和人们认知水平的提高，对食品工业副产物深度开发和利用的研究与实践已取得长足进步，许多副产物资源开发所产生的价值和效益甚至超过主产物，副产物深度开发和高值化利用已显示出巨大潜力和前景。

我国杂粮资源丰富，品种繁多，种植面积广，素有"小杂粮王国"之称。杂粮营养丰富，含有多种维生素、矿物质、蛋白质及活性成分，特别是含有一些具有抗氧化功能，增强人体免疫力和调节血糖的生物活性成分。近年来，国家逐渐重视杂粮产业发展，不断加大投入，深入开展良种选育、新产品开发、精深加工技术、标准化体系建设等研究，以抢占技术、产业和市场制高点，赢得国际杂粮产业的主动权。杂粮的种植和加工呈现逐年上升的态势，杂粮常年播种面积约650万公顷❶，其中谷子播种面积和总产量均占世界第一位；荞麦播种面积和总产量居世界第二位；绿豆、小豆总产量约占世界总产量1/3左右；同时也是燕麦、豌豆、红小豆等杂豆的主产国。目前杂粮已成为改善人们日常膳食结构、促进营养健康的重要口粮品种，也是提高农民收入的重要经济作物之一。

　　杂粮在生产加工过程中产生大量的秸秆、米糠、谷壳、麸皮、废渣等副产物，人们将这些副产物常以废弃物的形式利用，未能对其进行深加工和再利用，使这些副产物的经济价值降低，并造成资源的大量浪费。同时杂粮副产物中含有丰富的活性成分，如多酚、黄酮、花色苷、活性蛋白多肽、活性多糖、淀粉酶抑制剂、功能性油脂及大量营养素等。因此，对杂粮副产物的综合开发利用，可减少资源浪费，保护生态环境，增加产品的附加值，获得较好的经济效益和社会效益。

一、杂粮加工副产物中多酚的研究进展

　　植物多酚是一类具有多元酚结构的次生代谢物，广泛存在于植物的皮、根、叶、果中。植物多酚的酚羟基结构（儿茶酚或邻苯三酚）中的邻羟基易被氧化为醌结构，消耗环境中的氧。同时，它具有很强的捕获活性氧等自由基的能力。大量研究发现，植物多酚还具有治疗许多疾病的潜力，如阿尔茨海默病、亨廷顿舞蹈症、高胆固醇血症、慢性疲劳综合征、自闭症、心脑血管疾病、帕金森、糖尿病、中风、白癜风、预防衰老等。杂粮中多酚类物质含量可观，可以通过日常饮食摄入。因其来源的丰富性、生理功能的多样性及可利用领域的广泛性，逐渐成为天然产品研究和开发的热点。其中关于杂粮多酚的功能活性主要体现在以下几个方面。

　　1. 抗氧化作用

　　大麦是世界上第四大禾谷类作物，其多酚含量高达1200～1500mg/kg，是多酚含量较高的杂粮之一。Gangopadhyay N等对大麦多酚的抗氧化活性进行了研究。通过1，1-二苯基-2-三硝基苯肼（DPPH）清除法、铁

---

❶　1公顷=10000平方米。

离子还原/抗氧化能力法（FRAP）以及氧化自由基吸收能力法（ORAC）三种方法鉴定出黄烷醇（儿茶素、原花青素B、原花青素C）和儿茶素二己糖苷具有最强的抗氧化活性。徐元元等比较了6种杂粮的多酚含量，含量高低依次为：苦荞、甜荞、燕麦、薏米、小米、粳性糜米、小麦、糯性糜米，发现这些杂粮作物的抗氧化活性与总酚含量之间具有良好的线性关系，其中抗氧化能力最强的是苦荞，甜荞次之，杂粮的抗氧化能力普遍高于主粮。每千克燕麦中含有6.42g多酚化合物，与每千克苹果中含有2g相比，其含量更可观。Ryan L等采用FRAP和DPPH两种方法对30种市售早餐燕麦片的抗氧化活性进行研究。他们发现平均每种早餐燕麦片（30~35g）约含多酚物质40g，与蔬菜中的含量相当，且都具有良好的抗氧化能力。另外，梁雪梅等人研究发现绿豆发芽后多酚含量显著增加，当绿豆芽多酚提取液浓度为10%时，对DPPH的清除率达到94.57%，接近该浓度下VC的清除能力；在绿豆芽多酚提取液浓度为50%时，对ABTS$^+$·清除率达到94.54%，接近该浓度下VC的清除能力。

2. 抗癌、抗肿瘤作用

多酚类化合物能够抑制癌细胞DNA的生物合成，从而让DNA双链断裂，加速癌细胞凋亡。目前已发现多酚具有抑制多种癌症的作用，并且能够起到较好的预防和治疗效果。同时，大量基础研究表明，肿瘤细胞与人体氧化还原系统的失衡有关。与合成抗氧化剂相比，天然抗氧化剂能在更安全的条件下调节平衡。目前，酚类化合物已被鉴定为具有抗肿瘤作用。

薏米，又称薏苡仁，是传统的药食兼用谷物资源，被誉为"世界禾本科植物之王"，其多酚含量为48.58mg/100g。王立峰等人以肝癌细胞Hep G2为模型，测定三种薏米多酚对细胞毒性的中位浓度CC_{50}值和细胞抗增殖作用的半最大效应浓度EC_{50}值。试验结果表明薏米中多酚含量丰富，且结合型多酚抗氧化活性高于游离型，加大对结合型多酚的提取力度将有助于提高抗氧化能力，薏米多酚无细胞毒性且对Hep G2具有显著的抑制作用。高粱是世界上产量仅次于稻米、小麦、玉米及大麦的第5大粮食作物。高粱多酚是自然界中广泛存在的可再生资源，它与人类的消化、营养、健康具有重要联系。Darvin P等研究了高粱提取物（HSE，hwanggeumchal sorghum extracts，主要为多酚）对结肠癌细胞的抑制作用。通过使用一定剂量的HSE诱导G1期（DNA合成期）细胞凋亡从而抑制结肠癌细胞增殖，同时抑制了Jak2/STAT3和PI3K/AKT/m TOR通路，从而有效治疗癌症。因此，可以将高粱作为预防癌症的功能性食品，且无副作用。藏盛在糜子壳粉自由酚与结合酚提取物中均检测出了没食子酸、p-香豆酸、绿原酸、原儿茶酸、阿魏酸、儿茶素、槲皮素和香草酸。

3. 抗心脑血管疾病作用

多酚类化合物能通过在内皮功能紊乱的进展、动脉粥样硬化斑块的形成、血栓形成和血管闭塞的发展等环节的调控，而在对抗心血管疾病及IS时展现出保护性作用。在动脉粥样硬化发展的早期阶段，多酚类化合物有助于降低低密度脂蛋白氧化，改善抗氧化剂状态并降低炎症性细胞因子和黏附分子的水平，能够阻断脂质过氧化，改善血液流变性、抑制血小板聚集、粘连和诱导血管舒张等多种免疫调节作用，从而有效缓解心脑血管疾病的发生。徐贵发等研究表明：多酚类化合物能有效降低胆固醇、血清甘油三酯、丙二醛浓度，治疗动脉粥样硬化和动脉粥样硬化初期病症，对心血管疾病患者有着很好的保护效用。研究发现，红豆皮中多酚的含量为103mg/g。Mukai Y等研究了红豆提取物（主要为多酚）能够显著降低慢性高血压大鼠的收缩压和舒张压，发挥其降血压功效，但对心率没有显著影响；青稞属禾本科大麦属，是青藏高原最具特色的农作物，青稞中结合酚的含量为325.104mg/100g。Shen Y等提取出的黑青稞多酚含量为171.7mg/g，通过动物试验证实青稞多酚具有降血脂作用。

4. 降血糖作用

研究表明多酚能够提高胰岛素敏感性，抑制小肠内葡萄糖运转载体的活性，延缓糖的吸收。同时多酚作为一种天然产物能够避免人工合成药物带来的副作用。Ji Hae Lee等研究了大麦芽提取物（主要含多酚）对C57BL/6J小鼠胆固醇和血糖的代谢作用。其作用机理主要是通过激活磷酸腺苷活化的蛋白激酶和降低胆固醇调节元件结合蛋白-2的核转位，从而降低3-羟基-3-甲基戊二酸辅酶A还原酶的表达水平。Sato S等研究了红豆皮提取物（主要含多酚）对链脲霉素诱发的糖尿病大鼠模型的抑制作用，能够抑制由STZ诱发的糖尿病大鼠的肿瘤巨噬细胞增殖、MCP-1的mRNA表达水平以及糖尿病性肾病的肾小球扩张现象。

5. 抗菌作用

多酚类化合物对多种细菌、真菌、酵母菌都有明显的抑制作用，如大肠杆菌、金黄色葡萄球菌、革兰氏阳性菌等，且在一定浓度下不会对动植物体细胞产生伤害。黑豆，营养十分丰富，其中含有大量对身体健康至关重要的黄酮和花色苷等酚类物质。Gan R Y等系统地研究了红小豆、绿豆、蚕豆、豇豆、菜豆、扁豆、豌豆等28种色素类豆皮提取物的多酚含量、抗氧化活性和抗菌效果。实验发现大多数豆类提取物的酚类含量可观，其中最多的是红刀豆，为（5798±119）mg/100g。豆皮提取物中主要的酚类成分是类黄酮和原花青素。抗氧化活性甚至高于一些常见的水果、蔬菜和谷物。它们中的大多数显示了抗菌效果，主要是对革兰氏阳性细菌的抑制，效果优于苯酚。因此，具有抗氧化和抗菌效果的色素类豆皮多酚可以作为天然的食品防腐剂。

二、杂粮加工副产物中黄酮的研究进展

黄酮类化合物广泛存在于植物中，是由2分子苯环通过中间3碳原子连接而成，在结构上又可归纳为$C_6-C_3-C_6$结构。黄酮类化合物结构中含有酮羰基，且通常存在共轭链而产生黄色，故名黄酮。黄酮因具有抗氧化性可作为天然抗氧化剂用于食品行业或开发为保健产品；其还具有抗肿瘤、抗心血管疾病、抗炎镇痛及护肝等功效可用于相关疾病的药物开发。杂粮中的黄酮以游离态或与糖结合成苷的天然黄酮形式存在，其安全性高，污染程度低，具有更为显著的生理、药理活性。

杂粮加工过程中产生的麸皮，由于其口感粗糙，不易消化，导致加工利用率较低。苦荞生物类黄酮能清除体内自由基、修复受损的胰岛B细胞，对糖尿病实行双向调节，是一种天然的植物胰岛素，其主要成分芦丁已在临床上用于糖尿病的辅助治疗。苦荞类黄酮还可以有效地活血化瘀，降低血浆及肝脏中的甘油三酯、胆固醇水平，使血液成分得到净化，而且可以改善微循环，降低毛细血管脆性，修复破损的血管壁。吴萌萌等研究发现，苦荞麸皮黄酮主要成分为芦丁、山奈酚-3-O-芸香糖苷、槲皮素和山奈酚，且对常见病原菌具有一定的抗菌活性。Watanabe等研究发现荞麦芽能减少Ⅱ型糖尿病小鼠体内的氧化应激，改善脂质代谢，通过

多种途径预防和控制糖尿病及其并发症。刘刚等用黑苦荞茎叶提取物给高血糖小鼠灌胃（420mg/kg）14d，发现小鼠的血糖值显著降低，外观和精神状态得到改善，多尿状况得到缓解，体质量缓慢增加。王斯慧等发现苦荞总黄酮溶液、苦荞水溶性黄酮溶液、苦荞醇溶性黄酮溶液对α-葡萄糖苷酶均有抑制作用，其半抑制浓度（IC_{50}）分别为0.026mg/mL、0.037mg/mL、0.057mg/mL，效果优于阿卡波糖（0.85mg/mL）。苦荞类黄酮的降糖机制可能是：类黄酮作为一种α-葡萄糖苷酶抑制剂，竞争抑制α-葡萄糖苷酶来减少双糖在体内的水解，从而降低餐后血糖，延缓葡萄糖的吸收。Lee等研究发现荞麦叶和花的粉状混合物能显著降低高脂膳食大鼠血浆和肝脏的胆固醇、甘油三酯水平，并指出可能的原因是多酚与膳食纤维的协同作用。Wieslander等发现心血管病人食用富含芦丁的苦荞饼干能显著降低血清中过氧化物酶、总胆固醇水平。喻辉辉等发现苦荞提取物可降低实验性高脂血症大鼠的甘油三酯及胆固醇（$p<0.05$）。苦荞类黄酮降血脂可能与其激活过氧化物体增殖剂激活型受体α（PPAR-α）的活性有关。PPARs是一类受配体调控的转录因子，苦荞类黄酮作为一种PPAR-α配体，可激活PPAR-α，调控靶基因的表达，实现对血脂的调节。苦荞类黄酮降血压原理可能是类黄酮能提高内皮细胞内NO合成酶的活性，NO生成增多，从而激活鸟苷酸环化酶，使平滑肌细胞内cGMP水平升高，游离Ca^{2+}浓度降低，从而实现舒张血管，降低血压的功能。

青稞中的黄酮类化合物也具有多种对人体有益的功效，赵桃等研究青稞紫色素的抗氧化能力，发现花色苷类具有较强的清除羟自由基（·OH）能力，当色素浓度为9.7mg/L时清除率为50%。原花青素可有助于支持改善血管扩张、血小板减少等状况，许多体内和体外实验也表明了原花青素与癌症中相关标记物的相互作用。王璇琳等在黑青稞中提取到了以花青素为主的类黄酮物质，并通过细胞损伤模型研究其活性与缺氧损伤细胞的作用，结果发现黑青稞中的类黄酮提取物在稳定线粒体膜电位，抑制心肌细胞凋亡，抑制ROS（活性氧）产生，提高SOD（超氧化物歧化酶）活性，促进抑凋亡蛋白Bcl-2的表达方面均有作用。张文会等以乙醇为提取溶剂，获得青稞中总黄酮最高提取率可达3.71%。KIM等研究了127株有色青稞的黄酮含量，得到平均总黄酮含量为62.0~300.8mg/g。大麦籽粒中发现的类黄酮主要有黄烷醇，花青素和原花青素（类黄酮的聚合物），黄烷醇和花色素苷位于大麦颗粒的麸皮中，其主要以糖苷衍生物形式存在，包括花青素-3-葡萄糖苷，黄嘌呤-3-葡萄糖苷和花翠素-3-葡萄糖苷。青稞中主要原花色素是前脑素B3（39～109μgCE/g）和原花青素B3（40～99μgCE/g）。含有原花青素C3的三聚体原花色素含量范围为53～151μgCE/g。BELLIDO等研究发现紫色青稞中最普遍的花青素是矢车菊素3-葡萄糖苷（214.8mg/g），其次是芍药素3-葡萄糖苷和天竺葵素3-葡萄糖苷，这三种花青素占青稞总花青素的50%～70%。青稞中的黄酮类化合物也具有多种对人体有益的功效，赵桃等研究青稞紫色素的抗氧化能力，发现花色苷类具有较强的清除羟自由基（·OH）能力，当色素浓度为9.7mg/L时清除率为50%。原花青素可有助于支持改善血管扩张、血小板减少等状况，许多体内和体外实验也表明了原花青素与癌症中相关标记物的相互作用。黄酮类化合物有抗氧化、诱导肿瘤细胞凋亡、阻滞细胞分裂周期等作用，在抗肺癌、乳腺癌、结肠癌、前列腺癌、白血病、肝癌等方面都有研究并取得了一定进展。王璇琳等在黑青稞中提取到了以花青素为主的类黄酮物质，并通过细胞损伤模型研究其活性与缺氧损伤细胞的作用，结果发现黑青稞中的类黄酮提取物在稳定线粒体膜电位，抑制心肌细胞凋亡，抑制ROS（活性氧）产生，提高SOD（超氧化物歧化酶）活性，促进抑凋亡蛋白Bcl-2的表达方面均有作用。

　　绿豆中的高效抗氧化成分主要是绿豆种皮中的黄酮类物质。绿豆皮黄酮类化合物能保护经脂多糖刺激的RAW264.7细胞，调控干扰素应答抗病毒酶、抗原处理因子以及与蛋白酶体降解相关的蛋白质，促进对辅助型T细胞免疫反应的极化。纯化后的绿豆皮黄酮和VC一样对DPPH自由基和羟自由基都有很强的清除能力，清除效果强于纯化前的绿豆皮黄酮粗提物，纯化后的绿豆皮黄酮抗氧化能力大幅增强，为进一步开发和利用绿豆皮资源提供依据。绿豆皮黄酮在此质量浓度的清除率分别为90.07%和91.75%，已接近VC在同质量浓度的羟自由基清除率。绿豆皮黄酮对DPPH自由基和羟自由基清除的IC_{50}分别为6.57μg/mL和54.21μg/mL；而VC对二者清除的IC_{50}值分别为6.12μg/mL和16.58μg/mL。廉雪等研究发现绿豆皮黄酮具有较好的抗氧化活性。绿豆种皮颜色和绿豆种皮中黄酮类质量浓度之间的关系紧密，同时也说明了绿豆种皮中黄酮类质量浓度与绿豆的种皮颜色有关。绿豆种皮中黄酮类的含量为黑种皮绿豆黄酮类较高，绿种皮绿豆次之，黄种皮绿豆黄酮类最低。卫莉等对绿豆皮中黄酮类化合物进行提取和定量测定。结果显示，绿豆皮中黄酮类化合物的平均含量为1.459%。程霜等研究证实，绿豆皮中含有的黄酮类物质主要为黄酮醇类物质，包括3，5，7，3′，4′-五羟基黄酮醇、3，6，7，3′，4′-五羟基黄酮醇或3，7，8，3′，4′-五羟基黄酮醇和5，7-羟基双氢黄酮。

红豆属于蛋白含量高、脂肪含量低、功能多样化的杂粮食品，富含黄酮类活性物质，含量大致为0.7%～1.3%，具有延缓衰老等功效。康永峰等利用超声波辅助提取红豆中的总黄酮，优化提取工艺后黄酮含量为10.81mg/g。彭游等采用微波—光波组合辐射法提取红豆中总黄酮，其黄酮含量为12.4mg/g。李波等研究了红豆总黄酮的抗氧化作用，利用抗氧化测定仪评价，得出红豆黄酮提取物在40mg、80mg、120mg剂量下，其抗氧化作用比芹菜素的抗氧化作用要强。Amarowicz等用80%丙酮水溶液提取红小豆内功能活性成分，发现红小豆等豆类提取物中有黄酮组分，并且其抗氧化活性与黄酮含量呈正相关。Elizaabeth等研究发现红小豆还有明显的抗诱变功能。Jayawardana等将红豆多酚加入熟猪肉香肠中研究其抗氧化性，发现其活性提取物可以有效抑制脂质氧化。

三、杂粮加工副产物中花色苷的研究进展

花色苷（anthocyanin）是由花青素与一个或多个糖通过糖苷键形成的一类多酚类化合物，它是自然界中一类广泛存在于植物果实、花和叶子中的水溶性天然色素，主要存在于植物花瓣、果实和块茎中。不同来源的花色苷结构各异，其颜色也各不相同，从而赋予植物体由红色、紫红到蓝色等鲜艳的色彩。天然来源的花色苷具有安全性高、无毒副作用、资源丰富等优点，是优良的食品着色剂；同时，大量研究还发现花色苷具有抗氧化、抗炎、抗肿瘤、预防心血管疾病、控制肥胖和减轻糖尿病症状等生物活性。因此，花色苷是一类具有良好应用前景的食品添加剂或保健食品功能因子。

黑豆皮富含的花色苷可作为抗氧化剂的良好来源，能清除体内自由

基，尤其是在胃的酸性环境中，抗氧化效果好，有养颜美容、增加肠胃蠕动的功效。徐金瑞等对127份黑豆中花色苷含量进行测定，结果显示，75.6%的黑豆中花色苷含量在0.59～1.34mg/g。张芳轩等对60个黑豆种皮的花色苷含量进行测定，结果显示，85%的品种含量集中在3.30～14.25mg/g。发现黑豆皮花色苷类对ABTS$^+$清除率可达 597.46 Eq/kg，为维生素C（又称抗坏血酸，VC）的2倍。江甜等人经HPLC-MS/MS分析得出黑豆花色苷主要包括4种成分，分别为飞燕草色素-3-O-葡萄糖苷、矢车菊色素-3-O-葡萄糖苷和牵牛花色素-3-O-葡萄糖苷和锦葵花色素-3-O-葡萄糖苷。宋岩等以黑豆为原料，通过脱脂成为脱脂黑豆粉，利用超声波辅助提取花色苷的最佳提取条件：料液比1∶30，超声时间30min，超声温度50℃，超声功率280W，此时花色苷质量分数1.42mg/g。在纯化工艺研究中，采用柱层析法，选择AB-8大孔树脂为柱填料，对黑豆花色苷的粗提液进行分离纯化，得到纯度较高的花色苷样品。纯化后比纯化前花色苷质量分数提高约3倍。并通过体内动物试验结果表明纯化后黑豆花色苷灌胃的小鼠与衰老模型组小鼠比较，体内T-AOC增加，SOD和GSH-Px活性升高，MDA和蛋白质羰基含量明显下降，并且黑豆花色苷的中剂量组与VE的结果相近，之间没有差异显著性，高剂量组优于VE组，表明黑豆花色苷提取物的抗衰老作用明显，是一种高效天然的抗氧化剂。在体外抗氧化实验研究中，进一步研究纯化后黑豆花色苷对DPPH和ABTS清除自由基的能力、还原能力、清除超氧阴离子的能力。并与同质量浓度VC进行对照实验表明，DPPH清除能力相接近，ABTS清除自由基与还原能力略低于VC，但清除超氧阴离子自由基的能力明显高于VC，证实了黑豆花色苷具有较强的抗氧化作用。

黑米营养价值丰富，其蛋白质、碳水化合物、膳食纤维、矿物元素以及维生素含量皆高于普通糙米，经统计分析163个品种黑米的氨基酸含量均值为11.28%，而普通糙米仅有6%～8%。黑米米糠是精米制作过程中的副产物，由胚、珠心层、糊粉层、种皮组成，其富集了黑米中花色苷、生育酚、生育三烯酚、谷维素、γ-氨基丁酸（gamma-aminobutyric acid，GABA）等多种活性成分，这些活性成分具有调节血脂、血糖和抗炎等多种生理功能。由此，越来越多的学者围绕黑米的活性成分，尤其是花色苷等活性成分进行大量研究，并对其中活性成分的组成、结构进行分析和鉴定。研究表明，适当的储藏和加工处理不仅可以改善黑米感官品质和蒸煮品质，还可以提高黑米营养价值，甚至可以提高花色苷等活性成分的含量。郭红辉等人研究发现黑米花色苷能有效预防高脂膳食引起的小鼠肥胖，并对胰岛素抗性有一定改善作用；常世敏等对黑米和欧洲越橘花色苷抗氧化活性进行比较，认为黑米和欧洲越橘花色苷的总还原能力，清除过氧化氢、DPPH·、ABTS⁺·的能力均比抗坏血酸强，且黑米花色苷清除DPPH·和ABTS⁺·的能力更强；黑米花色苷清除超氧阴离子自由基的能力比欧洲越橘强3.63倍。

黑青稞是一类富含花色苷的健康食品。陈建国等分别测定了黑青稞中的花色苷，用自然界天然存在的8种花色苷标准品（氯化矢车菊素、矢车菊素-3-O-葡糖苷、花青素鼠李葡糖苷、矢车菊素-3，5-二氧葡糖苷、氯化花翠素、氯化花葵素、天竺葵素-3-O-葡糖苷和锦葵色素）进行了检测和比对，发现：黑青稞中存在氯化花翠素（5.70%）和锦葵色素（0.21%）花色苷类物质；黑青稞籽皮含量最多的是氯化花翠素，同时存在矢车菊素-3-O-葡糖苷（0.49%）、花青素鼠李葡糖苷（0.42%）、天竺葵素-3-O-葡糖苷（0.27%）等花色苷物质。另外，提取条件会对黑青稞中花色苷的提取量有不同程度的影响，提取时需控制好温度、时间、乙醇体积分数、液料比、pH等关键影响因素。

随着人们对健康食品的深入研究，发现某些高粱品种的全谷物面粉可以提供与果蔬相当或者更高的体外抗氧化活性，种类也相似，其中矢车菊素、天竺葵素、芍药素、锦葵素、飞燕草素和牵牛花素是最常见的6种花色苷，这些花色苷在高粱中都可以找到，不过在不同高粱品种中差异较大，在深红粒和黑粒品种中含量相对较高。高粱中普遍存在的花色苷为3-脱氧花青素类化合物，这是一类稀有的植物色素，现在只能从高粱中获得。与广泛分布的花色苷相比它们在C—3位缺少羟基，正因为如此3-脱氧花青素对光、热和pH的变化不敏感，因此，高粱作为天然食品着色剂来源具有很好的开发利用价值。关于3-脱氧花青素的生物利用和代谢途径还不是很清楚，一般认为这是高粱为保护种子免受紫外线辐射伤害而产生的化合物。目前已有研究结果表明，在高粱品种中存在较多的3-脱氧花青素为芹菜定和木樨黄定，另外也发现了芹菜定-5-葡萄糖苷、木樨黄定-5-葡萄糖苷和7-O-甲基芹菜定等。

青稞是西藏自治区的主要粮食作物，2018年产量高达80万吨，占粮食产量的80%。青稞具有低糖、低脂、高蛋白、高维生素和高可溶性纤维等特点，并且含有人体所必需的钙、铁、锌等微量元素及β-葡聚糖、多酚、花青素、母育酚等功能成分，其营养成分全面，结构合理，是藏族人民不可缺少的食物，加之"绿色健康"的特点，深受区内外消费者喜爱。王珊珊等通过对268份青稞资源花色苷含量分析发现，青稞的平均花青素含量为（213.28 ± 221.37）μg/g，变幅为0 ~ 1183.96μg/g，变异系数为103.79%。Kim等分析了127种有色大麦花色苷含量，得到的结果（13.0 ~ 1037.8μg/g）相一致。ZDM5191的花色苷含量最高，为1183.96μg/g。不同粒色的青稞其花色苷含量差异显著，紫青稞的花色苷含量最高，为（341.81 ± 226.34）μg/g；其次为蓝青稞和褐青稞，花色苷含量分别为（136.74 ± 171.41）μg/g和（119.3 ± 127.1）μg/g；白青稞的花色苷含量最低，为（8.31 ± 9.85）μg/g。紫青稞花色苷含量的变幅为13.65 ~ 1183.96μg/g，变异系数为66.21%；褐青稞花色苷含量变幅为11.81 ~ 565.09μg/g，变异系数为106.53%。

四、杂粮加工副产物中活性多糖的研究进展

多糖（polysacharide）是由多个单糖通过糖苷键聚合而成的天然生物大分子物质，广泛分布于自然界中，结构复杂多样，分子量达到数万甚至数百万，是一类非常重要的生物活性物质。多糖类主要包括植物多糖、动物多糖及微生物多糖三类。植物多糖的来源非常丰富，使植物多糖具有丰富、独特的结构。多糖不仅能为生物体提供能量、构成细胞和组织，还具有抗氧化、免疫调节、抑菌、抗癌、降血糖等功能。植物多糖参与细胞的各种生理活动，且具有多种药理作用及生物学功能。植物多糖能促进胰岛素分泌，提高血浆胰岛素水平，促使外周组织摄取葡萄糖，抑制糖异生途径，从而降低血糖水平。

糖尿病（diabetesmellitus，DM）以高血糖为主要标志，是一组由遗传和环境因素相互作用而引起的临床综合征。糖尿病人由于胰岛素分泌绝

对不足或相对不足以及靶组织细胞对胰岛素敏感性降低，从而引起糖、蛋白质、脂肪、水和电解质等一系列物质的代谢紊乱。高血糖则是由于胰岛素分泌缺陷或其生物作用受损，或两者兼有而引起。糖尿病患者长期存在的高血糖，会导致各种组织特别是眼、肾、心脏、血管及神经的慢性损害和功能障碍。目前治疗糖尿病的方法主要有药物治疗、运动治疗和饮食治疗等。传统的降血糖药物如胰岛素、磺酰脲类和双胍类物质虽然能短时降低血糖，但往往会产生一些副作用，并且有可能使机体产生依赖性。天然降血糖食品具有来源广泛、副作用小和价格低廉等特点，容易被普通人接受，是日常保健和自我调养的最佳手段。因此，降血糖的功能性食品的研究和开发也越来越受重视。如今研究较多的杂粮中的降血糖活性因子主要有多糖类、黄酮类、多肽类、生物碱类和皂苷类等。

大量研究结果表明，杂粮可以通过多种机制发挥对糖尿病的改善作用，一般来说，杂粮降血糖的作用机制分为：

（1）改善糖代谢。杂粮中的生物活性成分能通过调节能量代谢途径，抑制碳水化合物消化酶，减少胃肠道葡萄糖的产生，从而达到改善糖代谢的作用。贾岩等研究发现苦荞水提取物对糖尿病大鼠血清中乙酰乙酸、柠檬酸、甘油、乳酸、丙酮酸、α-葡萄糖、β-葡萄糖以及尿液中丙酮、柠檬酸、马尿酸、牛磺酸、DMA、TMA 等代谢物水平均有回调趋势，通过调节能量代谢、氨基酸代谢的途径降低糖尿病模型大鼠的血糖水平。

（2）肠道微生物。高膳食纤维低血糖生成指数的粗杂粮食品能够调整糖尿病前期人群的肠道菌群结构，恢复肠道微生态，从而阻止或延缓慢性代谢疾病的发生及发展。刘灿等研究发现燕麦 β-葡聚糖可以改善Ⅱ型糖尿病大鼠肠黏膜机械屏障和生物屏障的损伤，起到保护肠黏膜屏障的作用。ROMERO等研究发现，荞麦D-手性肌醇可降低大鼠模型中脂肪诱导的糖耐量受损和炎症等糖尿病前期状态的出现，同时降低肠杆菌和双歧杆菌种群的变化。

（3）提高胰岛素敏感性，改善胰岛素抵抗。Ⅱ型糖尿病是一种复杂的疾病，其特点是外周组织如骨骼肌、脂肪组织或肝脏中的胰岛素产生抵抗状态，这是由于胰岛素信号通路障碍所导致的结果。据报道，已知的肝细胞胰岛素信号传导途径主要有两种：磷脂酰肌醇-3激酶（P13-K）途径和促分裂原活化蛋白激酶（MAPK）途径。杂粮中生物活性成分可以起到清除胰岛素信号通路障碍，提高胰岛素敏感性，改善胰岛素抵抗的作用。

研究发现，薏苡仁多糖0.2g/kg可使大鼠空腹血糖、餐后2h血糖、血清中瘦素水平显著升高，血清中脂联素水平明显降低，差异均有统计学意义。薏苡仁多糖对氯氮平诱导的大鼠糖脂代谢紊乱模型有较好的防治作用，其机制可能与调节血糖、瘦素及脂联素水平有关。孟金霞等发现白芸豆多糖与正常组相比，模型组血糖值，血脂、肝功能相关指标等均与正常组有显著差异，得出白芸豆多糖对Ⅱ型糖尿病大鼠血糖、血脂的改善效果。孙晶等探讨燕麦葡聚糖、壳寡糖与中药配伍的降血糖作用。不同剂量组的小鼠体重、空腹血糖值及血糖曲线下降，三个剂量组均具有明显的降血糖作用，且剂量Ⅲ组降血糖作用优于剂量Ⅰ组和剂量Ⅱ组。刘晓飞等以发芽糙米为试验材料提取发芽糙米多糖（GBRPs），对其组分进行分离纯化，其中SPS-1组分对α-葡萄糖苷酶抑制率最高，且能快速提高胰岛素抵抗HepG$_2$细胞的己糖激酶及丙酮酸激酶酶活力，模型细胞的糖原含量也显著提高，证明其具有降血糖活性作用。吴光杰等分别从红豆、绿豆、豇豆和豌豆中提取并纯化获得四种杂豆多糖，其中红豆多糖可以显著降低T$_2$DM小鼠的FBG、TG和LDL-C，提高肝糖原储备量和ISI，抵抗胰岛β细胞凋亡；豇豆多糖可以显著降低T$_2$DM小鼠FBG，提高ISI，保护胰岛β细胞。四种杂豆多糖的降血糖效果由强到弱依次为红豆多糖>豇豆多糖>豌豆多糖>绿豆多糖。Ye等通过响应面试验优化鹰嘴豆多糖提取方法，最优提取条件下产量为5.37%±0.15%。邵佩等研究结果表明红豆多糖的最佳提取工艺为：料液比为1∶26（g/mL），超声温度51℃，超声时间94min，此条件下多糖提取率为9.92%±0.04%，与模型预测值基本一致。红豆多糖具有较强的总还原能力和清除OH、ABTS$^+$能力，且清除能力与浓度呈量效关系。此外，红豆多糖对4种供试菌均有抑菌活性，且对金黄色葡萄球菌和大肠杆菌的抑菌活性最强。

膳食纤维（dietary fiber）被誉为人类的第七大营养素，是指一组各种植物性物质的混合物，一般能够抵抗哺乳动物消化酶的水解。主要包括植物细胞壁结构中的一些成分，比如纤维类和果胶类，也有包括细胞内的多糖类和寡糖类物质，如低聚糖类和树胶及植物黏液。膳食纤维可以促进体内有毒物质的移除，对消化道和预防结肠癌具有很好的保护作用。同时，膳食纤维能够减缓消化速度和促进胆固醇排泄，可有效控制血液中的血糖和胆固醇水平。膳食纤维是一种不能消化吸收，也不能产生能量，但能在肠道发酵的植物性成分、碳水化合物及其类似结构的总和，也是杂粮的重要功能因子。杂粮原料中膳食纤维含量丰富，其中谷物加工后的麸皮是膳食纤维的重要来源。研究发现，荞麦麸皮、燕麦麸皮、黑麦麸皮以及米糠麸皮等均是在荞麦、燕麦、黑麦及米糠加工后的产物，膳食纤维含量丰富。沈蒙等人通过胰腺病理组织切片分析可知，黑豆皮可溶性膳食纤维对糖尿病小鼠受损胰腺具有修复作用，胰岛面积和 β 细胞数增加。张瑞以新疆鹰嘴豆皮为原料开发的鹰嘴豆膳食纤维作为干预物，观察其对高脂饲料诱导的高脂血症大鼠脂代谢及肠道菌群相关指标的影响。发现鹰嘴豆膳食纤维干预组可有效增加大鼠拟杆菌、乳杆菌及芽孢杆菌含量。调节异常血脂作用，其降脂作用可能与提高高脂血症大鼠抗氧化能力，改善肠道菌群多样性和丰富性，增加有益菌群比例，调节短链脂肪酸含量有关。不同剂量杂豆（芸豆、黑豆、绿豆）膳食纤维，通过胰腺组织病理学切片观察得知，各灌胃剂量组大鼠胰腺组织损伤程度明显减轻，胰岛细胞数目增多，且细胞水肿变形程度减轻。认为杂豆膳食纤维可降低糖尿病模型大鼠的血糖含量且可改善糖尿病对大鼠胰腺的损伤情况。Li等研究发现黑豆总膳食纤维含量（39.4g/100g）要高于黄豆（33.3g/100g）。王锐等研究显示糜米中膳食纤维含量6.62%，其中不溶性膳食纤维6.13%，可溶性膳食纤维0.49%。张艳莉等使用超声波辅助复合酶提取脱脂后奶白花芸豆豆渣中膳食纤维，水不溶性与水溶性膳食纤维的提取率分别可以达到60.11%和5.63%。

β-葡聚糖是杂粮中水溶性膳食纤维中含量较为丰富的一种。75个品种青稞中的 β-葡聚糖的平均含量为5.25%，含量最高的品种达8.62%。燕麦中 β-葡聚糖含量为3.67%～4.48%。随着研究的深入，在生理功能上具有与膳食纤维相似作用的抗性淀粉（RS）也被FAO列为膳食纤维的一种。大麦 β-葡聚糖可显著降低试验者的体重、内脏脂肪等。燕麦 β-葡聚糖可以使人产生饱腹感，同时发现含5%的燕麦 β-葡聚糖的高脂饮食小鼠与正常饮食小鼠的体重与皮下脂肪组织没有显著差异。抗性淀粉作为一种特殊的膳食纤维，可以减轻体重，预防便秘，降低血脂，提高胰岛素敏感性，控制糖尿病患者的血糖稳定性，具有一定的保健作用。且抗性淀粉作为淀粉中的一种，具有良好的理化性质和生理作用，不仅可以提供普通淀粉的营养价值，还可以降低糖、脂的代谢，对糖尿病有预防功能及防治肠道疾病，促进矿物质、维生素吸收利用，减少肥胖发生的概率以及心血管疾病的发生。另外，抗性淀粉还可以添加到食品中，制作成特殊的风味食品和有一定保健性能的功能性食品。杂粮中抗性淀粉的研究已成为近年来的热点。荞麦、蚕豆、青稞等中都有发现抗性淀粉，高粱中的抗性淀粉含量高于玉米、大米等，其含量最高可达22.21g/100g。董吉林等发现高粱抗性淀粉可显著降低体重，影响大鼠体脂分布。而抗性淀粉被肠道微生物利用，产生短链脂肪酸等代谢产物，起到调节、降低血脂的作用。

五、杂粮加工副产物中蛋白及生物活性肽的研究进展

一般而言，谷物蛋白主要是指从谷物的胚乳及胚中分离提取出来的蛋白质。目前已经或正在开发利用的主要有小麦蛋白、大米蛋白、玉米蛋白。杂粮加工过程中产生的米糠中含有较高的优质蛋白，含有人体必需的8种氨基酸，配比合理。如燕麦麸皮蛋白，蛋白质量分数可达16%～30%，含有人体必需的8种氨基酸，且组成配比合理，是一种良好的蛋白资源。燕麦蛋白主要由球蛋白、清蛋白、谷蛋白以及醇溶蛋白等成分组成。燕麦蛋白的主要功能作用为增进智力及机体骨骼发育，对由膳食纤维结构缺陷导致的"赖氨酸缺乏症"具有一定的弥补作用。同时，燕麦蛋白的化学评分（CS）、功效比（PER）、生物价（BV）也是众多植物蛋白中的佼佼者。徐向英等分析了不同地区的生燕麦籽粒蛋白质营养品质，通过氨基酸评分（AAS）、化学评分（CS）等指标发现不同产地间的粗蛋白含量差异较大，氨基酸评分有显著性的差异，氨基酸比值系数分（SRCAA）在77分以上，营养价值相对较高。管骁等为了改善燕麦蛋白的功能性质以扩大其在食品工业中的应用，采用以燕麦麸皮为原料分离提取燕麦麸皮蛋白（OBPI），并利用胰蛋白酶对其进行水解，得到了3种不同水解度（4.1%、6.4%、8.3%）的酶解产物，经SDS-PAGE分析，主要

蛋白成分为球蛋白。

芸豆籽粒中蛋白质含量为20%～30%，芸豆蛋白中赖氨酸含量较高。芸豆蛋白主要分为功能性蛋白和储藏蛋白，其中储藏蛋白是芸豆中的主要蛋白质。储藏蛋白包括清蛋白（albumin）和球蛋白（globulin），其中球蛋白是芸豆籽粒的主要储存蛋白，其含量为46%～81%，清蛋白的含量占11.5%～31%。马文鹏等研究结果表明芸豆蛋白是一种营养丰富、易于消化的优质蛋白资源。Genovese等通过谷氨酰胺转氨酶（TG）交联可以改善红芸豆分离蛋白的消化特性。Di Lollo等采用柠檬酸冷沉技术制得晶态的白芸豆蛋白，从热学和功能特性角度与传统碱提酸沉法制备的无定型态的蛋白进行比较和分析，结果表明白芸豆晶态蛋白具有较好的氮溶性指数和界面活性，变性程度和表面疏水性指数较低。Tang等探索利用TG酶和热处理技术手段，改善红芸豆分离蛋白的功能特性，结果表明适当的热处理一定程度上可以改善分离蛋白的溶解性、乳化及起泡能力；随TG酶交联反应时间的延长，蛋白的功能特性有下降的趋势。芸豆蛋白是一种优质的蛋白质资源，其氨基酸总量达85.3%。王雪娇等将芸豆蛋白加入香肠中时，随着芸豆蛋白添加量的增大，香肠pH呈上升趋势，光泽度、硬度、弹性、内聚性、咀嚼性和回复性都呈现先增强后减弱的趋势，感官评定分数也呈现先增大后减小的趋势，最终确定芸豆蛋白添加量在2%～3%时，香肠的综合指标最佳，更容易被接受。

鹰嘴豆是一种珍贵的稀有种质资源，富含多种植物蛋白和营养成分，其中蛋白质含量高达15%～30%，鹰嘴豆中淀粉含量较低，约44.09%，低于燕麦、荞麦、玉米等，是理想的低糖食品。鹰嘴豆分离蛋白（chickpea protein isolate，CPI）是从鹰嘴豆中提取的一种植物蛋白质，富含多种人体所需氨基酸以及生物活性物质，食用和药用价值高，并具有良好的乳化凝胶、保水和流变学特性，已经开始在肉制品加工中应用。缪铭等研究了鹰嘴豆淀粉的消化性和血糖生成指数，鹰嘴豆蛋白质的品质比绿豆、豇豆等好，具有更好的消化能力和生物价。鹰嘴豆蛋白中含硫氨基酸含量相对较低，赖氨酸、亮氨酸、异亮氨酸等含量丰富，人体必需的氨基酸含量为7.91%。球蛋白是鹰嘴豆主要的贮藏蛋白，占蛋白总量的60%左右，其次为白蛋白，鹰嘴豆球蛋白由11S和7S球蛋白组成。近年来，针对鹰嘴豆蛋白的组成、理化性质、蛋白分离纯化及改性技术等方面都有研究。周丽卿等优化了从脱脂鹰嘴豆粉中提取蛋白的碱溶酸沉工艺条件，参数为pH 11.0、液料比（mL/g）17.7：1、提取时间88.4min、提取温度20℃，蛋白提取率达82.33%。Chang 等对鹰嘴豆蛋白研究发现，碱溶酸沉蛋白和碱溶上清液蛋白均主要由7S和11S球蛋白组成，其中碱溶上清液中的球蛋白较多。张涛等对制取的鹰嘴豆蛋白进行了分离纯化，得到分子量为170kDa、110kDa 两个主要组分，分别约占蛋白质总量的60%、17%。顾楠等对微波、超声波、超高压、pH、油含量、离子浓度等不同处理方式对鹰嘴豆分离蛋白乳化性质的影响进行研究，结果表明随着超高压压力的增加、时间的延长，鹰嘴豆分离蛋白在一定范围内的溶解性下降，表面疏水性、乳化性和起泡性显著提高。鹰嘴豆白蛋白虽然含量较少，但包含了脂肪氧合酶、葡萄糖苷酶及蛋白酶等具有细胞调控功能的蛋白质，白蛋白在一定程度上影响鹰嘴豆的生长。Ghribi等发现鹰嘴豆浓缩蛋白能够改善香肠等肉糜凝胶类产品的质构特性。将鹰嘴豆分离蛋白添加到低盐肉制品中时，鹰嘴豆分离蛋白的添加能够在降低食盐用量的同时提升猪肉糜的凝胶品质，显著改善猪肉糜凝胶的色泽，并且提高产品质构特性和乳化稳定性。

绿豆是一种高蛋白植物，其蛋白质含量达25%～28%，主要含有球蛋白、清蛋白、醇溶蛋白、谷蛋白，以球蛋白、清蛋白含量最多，并且清蛋白的氨基酸模式与人体接近，是一种优质的天然植物蛋白。绿豆品种、提取方法不同，可能导致蛋白的含量不同。对四种绿豆蛋白分级提取的研究发现，绿豆中清蛋白49.1%、球蛋白23.6%、谷蛋白19.42%、醇溶蛋白7.5%。王鸿飞等的报道中，球蛋白含量达60%以上，清蛋白25%，谷蛋白10%左右，醇溶蛋白含量最低。在绿豆蛋白中氨基酸种类丰富，绿豆蛋白质中的氨基酸化学评分都高于WHO/FAO推荐值。众所周知，赖氨酸在人们日常食用的谷物中含量极少。但在绿豆总蛋白中赖氨酸的相对含量高达7.7%，接近鸡蛋中的含量。王鸿飞等对绿豆种子中清蛋白氨基酸组成分析研究中，赖氨酸含量为7.1%；曾志红等采用碱提酸沉法对国内16种绿豆进行蛋白提取分析得出各绿豆蛋白的氨基酸组成中赖氨酸平均含量为6.3%。就赖氨酸含量的文献报道不尽相同，但是其含量都维持在一个较高的水平，由此可见绿豆蛋白中的氨基酸含量均衡，满足人体营养需求。Yang等前期研究发现绿豆蛋白能够降低血清甘油三酯（triglyceride，TC）、三酰甘油（triglyceride，TG）、乳酸脱氢酶（lactate dehydrogenase，LDH）和肝脏胆固醇水平，提高辅酶 A 还原酶和CYP7A1的活性和mRNA表达水平，具有降低胆固醇及调节血糖的活性。

黑豆又名料豆、零乌豆，外观呈卵圆形或球形，表皮呈黑色或深绿色，在全国各地均有生产，其中以东北产量最多。黑豆含有丰富的蛋白质，黑豆中的蛋白质含量（43.6g/100g）高于大豆（39.2g/100g），其蛋白含量相当于肉类的2倍、鸡蛋的3倍、牛奶的12倍，素有"植物蛋白之王"的美誉。黑豆蛋白不仅含量高，而且质量好，其中蛋白质的氨基酸组成与动物蛋白相似。黑豆蛋白质中含有18种氨基酸，而必需氨基酸占总氨基酸量的40%以上，且符合FAO/WTO均衡模式标准，因此更容易消化吸收。邱艳娜等在香肠中添加黑豆蛋白，可以增强产品的保水性、提高品质、改进口感，黑豆蛋白还可促进脂肪吸收及脂肪结合，减少蒸煮时脂肪的损失，有助于维持外形稳定，同时可以提高植物蛋白的含量，并确定8%为最佳添加量。

豌豆蛋白是生产豌豆淀粉的副产物，其氨基酸组成均衡，与联合国粮农组织/世界卫生组织推荐的标准模式较为接近，营养价值高于大豆蛋白。同时，豌豆蛋白不存在致敏源问题，还具有降低肥胖、动脉粥样硬化以及恶性肿瘤等发病率的功效，近些年来不断有人探索豌豆蛋白在肉制品加工中的应用。杨震等研究表明，豌豆组织蛋白添加量为4%时，香肠颜色、质构和感官品质比较理想。同时，还可通过挤压膨化技术将豌豆蛋白在应用前进行组织化，可有效克服其自身凝胶性差、豆腥味大的缺陷，为其在肉制品加工中大量应用提供支持。Su等发现添加豌豆蛋白的法兰克福香肠热稳定性和剪切硬度较好。最新研究显示在鸡肉糜中添加豌豆蛋白，可提高鸡肉糜凝胶形成能力，使鸡肉糜凝胶品质得到明显改善，添加量为8%时，保水性，弹性与恢复性为最大，形成的凝胶网络结构致密均匀、高度有序，品质最好。此外，鉴于豌豆蛋白在构造模拟动物肉上的独特优势，近年来成为市场的宠儿。

肽是两个或两个以上的氨基酸以肽键相连的化合物，是蛋白质不完全降解产物。肽类是涉及生物体内多种细胞功能的生物活性物质，具有非常重要的营养生理功能，因此被称为"生物活性肽"。从功能角度来分，其可分为降血压肽、抗氧化肽、降胆固醇肽、高F值寡肽等。其主要生理调节作用有消除体内自由基、抗氧化、降血压、降血脂等功能特性。生物活性肽可以通过杂粮加工后副产物获得，其主要包括抗氧化肽和降血压肽。

目前，利用粮食加工后的副产物已有效分离出降血压肽产品，如利用玉米加工副产物玉米蛋白粉，采用生物酶技术、分离提取纯化制备具有一定生理功能特性的玉米活性肽。利用米糠，从米糠蛋白中提取降血压肽。制备的降血压肽可被用来制作功能性食品和肽类药品。曹龙奎等利用绿豆淀粉加工副产物绿豆渣为原料，经预处理后采用酶解技术制备绿豆渣ACE抑制肽，并利用分离纯化技术和生物质谱技术对降血压肽进行了纯化和鉴定，最后通过模拟移动床色谱技术进行产业化分离高活性降血压肽。刁静静等以豌豆蛋白为原料，采用木瓜蛋白酶、碱性蛋白酶、胰蛋白酶、风味蛋白酶和中性蛋白酶制备豌豆肽，并采用葡聚糖凝胶G-25分离豌豆肽，进一步测定各片段的抗氧化活性。得到底物浓度为7%、水解4h的豌豆蛋白水解产物具有较高的抗氧化活性。王懋存等利用黑米糠酶解制备抗氧化活性肽，并采用DEAE-Sephadex A50离子交换层析初步分离，得到组分AE-F1和AE-F2，并研究各组分和酶解物对DPPH·自由基的清除作用，得到AE-F1的活性最高，清除DPPH·自由基的IC_{50}为0.93mg/mL。张强等研究了利用米糠为原料制备米糠抗氧化肽，确定了制备的最佳工艺条件和参数，并对其抗氧化活性进行研究，得到米糠抗氧化肽最佳制备工艺为［E］/［S］1.0%、时间5h、温度40℃、pH 9.0，米糠抗氧化肽具有很强的还原能力，对羟自由基及超氧阴离子自由基具有很好的清除作用，呈现一定的量效关系，提示它在天然抗氧化剂及功能性食品领域具有很大的研究开发价值。李艳红等研究鹰嘴豆蛋白酶解物的制备及其抗氧化活性的研究，以鹰嘴豆蛋白为对象，优化碱性蛋白酶制备抗氧化肽的工艺条件，最终得到酶解鹰嘴豆蛋白制备抗氧化肽的工艺条件为底物浓度2%，pH 8.0，［E］/［S］2.72%，温度52℃，时间31min，在该条件下制备的鹰嘴豆酶解产物还原能力和超氧阴离子捕获率分别为0.667和61.55%，达到了良好的效果。颜辉采用胰蛋白酶酶解麦胚蛋白，得到降血糖多肽，并进行降血糖动物实验。酶解麦胚蛋白对α-葡萄糖苷酶的抑制性IC_{50}为10.98mg/mL，能够缓解糖尿病小鼠的症状。超滤获得分子质量小于5 kDa的高活性组分，IC_{50}为1.60mg/mL。崔欣悦利用不同浓度豌豆肽对胰岛素诱导的HepG$_2$细胞进行作用时，其葡萄糖消耗量提高1.31～1.68倍，InsR的表达水平提高1.19～1.34倍，凋亡蛋白Caspase-3阳性率表达增加。表明豌豆肽对肝细胞内胰岛素抵抗的形成具有一定缓解作用。

六、杂粮加工副产物中淀粉酶抑制剂的研究进展

淀粉酶抑制剂是一种活性物质，其可以通过抑制淀粉酶的吸收而达到减肥的目的。淀粉酶抑制剂可以通过肠道排出体外，对人体无毒无副作用。α-淀粉酶抑制剂（α-amylase inhibitor，α-AI），也被称为淀粉阻断剂或碳水化合物阻滞剂，是一类对人胰腺和唾液α-淀粉酶表现出抑制活性的物质，属于糖苷水解酶抑制剂的一种。由于α-AI能有效抑制口腔和胃肠道内唾液及胰淀粉酶的活性，阻碍食物中碳水化合物的水解和消化，因此在减肥、降血糖、降血脂方面的作用一直备受关注。Beidokhti和Papoutsis等总结了天然化合物中具有α-AI活性的成分，结果显示蛋白质类、多酚类、黄酮类、酚酸类和没食子酸类化合物等均具有抑制α-淀粉酶的活性。毒理学资料显示，该类抑制剂急性毒性（50mg/kg b.w.）不会影响胰岛素功能。大多数 α-AI已从微生物（主要集中在链霉菌属、青霉菌属和放线菌属）、植物（尤其是禾谷作物和豆类作物的种子中）中获得，也有少数α-AI从哺乳动物中获得。陈一昆等选择云南产白芸豆作为实验原料，按照相应实验方法提取出了有效活性成分α-淀粉酶抑制剂，并按照卫生部2003年制定的减肥功能检验规范中的判断减肥的方法来探究α-淀粉酶抑制剂对SD大鼠的减肥效果。采用三个剂量处理组连续对SD大鼠灌胃45d，并测定其体重减少量、睾丸脂肪垫质量和甘油三酯量、总胆固醇含量。实验结果表明，45d后SD大鼠的体重显著下降（$P<0.05$），SD大鼠血液中的总胆固醇含量也显著降低（$P<0.05$）。说明α-淀粉酶抑制剂能够达到减肥降脂的效果。訾艳等采用酶法提取来制得白芸豆多肽，并且以α-淀粉酶抑制率为指标，比较不同蛋白酶的效果。研究选择了6种蛋白酶，分别为537酸性蛋白酶、胃蛋白酶、3.350酸性蛋白酶、碱性蛋白

酶、木瓜蛋白酶和枯草芽孢杆菌中性蛋白酶。并优化了提取的最佳工艺条件。实验结果显示，酶解能力最强的为3.350酸性蛋白酶。在最佳提取工艺下得到的白芸豆多肽的α-淀粉酶抑制率为80.82%。其中，酶解温度对抑制率的影响最大且最显著（$P<0.05$），加酶量次之，最后是酶解pH和酶解时间。在热稳定性的比较中得出白芸豆多肽>α-淀粉酶抑制剂粗提液，90℃下保持时间更长。通过凝胶电泳分析，得到白芸豆多肽的分子量为7.53～9.09 ku。Skop等通过超临界CO_2萃取法提取芸豆中的α-AI，得率为12%。王文蒙通过色谱法提取芸豆α-AI，得率为1.84%。

来自印度手指小米（ragi）的双功能α-淀粉酶/胰蛋白酶抑制剂简称RBI（E. coracana Gaertneri）属于谷物型（cereal type）抑制剂家族成员它是由122个氨基酸和5个二硫键组成的单体，是TMA和PPA的有效抑制剂。哺乳动物和昆虫的α-淀粉酶的结构由三个结构域组成：结构域A具有一个（β/α）8折叠管，构成催化核心结构域，能够催化三联体Asp197、Glu233和Asp300，也是氯化物的结合位点。结构域B在结构域A和C之间，形成钙结合位点，并通过二硫键与结构域A相连。结构域C呈现一个β片状结构，通过多肽链与结构域A相连，形成一个独立结构域，但功能未知。α-淀粉酶都需要一种必需的Ca^{2+}来维持其结构的完整性，并被Cl^-激活。来自结构域A和结构域B的分子参与三个最重要的功能位点：活性位点、钙结合位点和氯结合位点。在RBI-TMA复合物中，抑制剂与α-淀粉酶的活性位点相结合，RBI与结构域A和结构域B的残基相互作用，结构域A和结构域B位于TMA的底物结合位点。在RBI-TMA复合物中，TMA的子位点被RBI残基完全封闭。RBI的抑制作用主要需要N端残基Ser1-Ala11和残基Pro-52 - Cys-55组成的靶头状片段，伸入TMA底物结合槽，直接靶向催化残基。尽管抑制剂的残基1-5在RBI溶液结构中是呈弯曲形的，但它们在复合物中采用310-螺旋构象，填充了TMA基底的结合位点。

来源于大麦的库伦兹型抑制剂BASI是一种由181个氨基酸组成的单链蛋白质，与来自其他植物的库伦兹型抑制剂有大约30%的序列同源性，含有两个保守的二硫键。与BASI最接近的同源物来自小麦（WASI）和水稻（RASI）中，它们的序列同源性分别为92%和58%。大麦α-淀粉酶/枯草杆菌蛋白酶抑制剂（BASI）是一种双功能抑制剂，即枯草杆菌蛋白酶/α-淀粉酶抑制剂，胰蛋白酶/α-淀粉酶抑制剂，它可同时作用于来自大麦的α-淀粉酶2（AMY2）和来自枯草杆菌蛋白酶家族的丝氨酸蛋白酶。BASI具有两种功能：控制植物早期发芽过程中淀粉的降解，保护种子免受病原体来源的枯草杆菌蛋白酶型丝氨酸蛋白酶的影响。在AMY2和大麦硫氧还蛋白（HvTrxh2）的复合物中，BASI都表现出β-三叶形拓扑结构。AMY2-BASI复合物是一种内源性蛋白—蛋白复合物。该复合物的结构揭示了BASI对AMY2的严格特异性，表明AMY2的结构域B对酶抑制剂识别的特异性有很大贡献。与猪胰α-淀粉酶与蛋白抑制剂复合物的三维结构相比，AMY2-BASI结构显示该酶的必需氨基酸催化残基不直接与抑制剂结合。BASI与AMY2结合产生一个空腔，暴露在外部介质中，从而容纳额外的Ca^{2+}。由于活性部位的关键氨基酸侧链与水分子直接接触，而水分子又与Ca^{2+}发生连接，因此这一特性有助于发挥抑制作用。

七、杂粮加工副产物中功能油脂的研究进展

功能性油脂是一类具有特殊生理功能的油脂，它所具有的一些特殊营养素或活性物质对人体健康及某些疾病具有积极的防治作用。其中主要的活性物质是一些多不饱和脂肪酸，包括亚油酸、α-亚麻酸、γ-亚麻酸、花生四烯酸、二十碳五烯酸（EPA）和二十二碳六烯酸（DHA）；卵磷脂、脑磷脂、肌醇磷脂、丝氨酸磷脂等主要包括某些油脂中还含有角鲨烯、膳食纤维、维生素、矿物质等。功能型油脂的功能作用主要包括抗衰老、降血脂、改善心肌功能及提高机体耐力等作用，已有很多学者对其功能特性及应用特性进行研究。

薏苡是我国大量种植的一种谷物，具有药食两用性。薏苡仁是薏苡经干燥后的种仁，营养价值和药用价值较高，如降血糖血压、抗肿瘤等作用。薏苡仁油是从薏苡仁中提取的油，具有抗癌作用，被广泛用于晚期肝癌等癌症的临床治疗。薏苡仁糠是薏苡仁加工过程中的副产物，营养成分丰富，其中脂肪含量高达21%～26%。目前，薏苡仁糠一般仅作为家畜饲料利用，造成了优质资源的极大浪费。我国每年加工薏苡产生大量的薏苡仁糠，加大对薏苡仁糠的利用将会大幅增加企业经济效益。张亮等试验比较了不同提取法提取薏苡仁糠中薏苡仁糠油的效果，选定了乙醇水提法，

并通过单因素试验确定了乙醇水提法最佳工艺条件：原料经粉碎至粒径30μm、乙醇体积分数30%、反应温度50℃、提取pH 7.0、反应时间2h、料液比（g/mL）1∶5。在该条件下，游离油得率为71.44%±0.8%。同时，试验还证明了薏苡仁糠油能够明显抑制脂肪酸合成酶（肿瘤组织中一种活跃度很高的酶），反映了薏苡仁糠油可能是一种潜在的具有抗癌的功能性油脂。蔡莹等研究超临界CO_2流体提取薏仁米糠油及其脂肪酸成分分析，确定最佳的提取条件为压力35MPa、温度50℃、时间4.5h和CO_2流量11mL/min，最佳工艺条件下薏仁米糠油得率17.29%。薏仁米糠油鉴定19种组分，其中油酸甲酯含量最高为50.70%，亚油酸甲酯及其同分异构体超过35%，总不饱和脂肪酸含量为87.40%。王青霞等的试验结果表明不同品种的薏米中含油量的变化范围为5.85%~7.77%，薏米油的主要成分是甘油三酯，其次是甘油二酯。其中，三酰甘油和游离脂肪酸中都含有20%以上的亚油酸，而亚油酸正是人体所不能合成的必须脂肪酸，具有降低胆固醇、防止动脉粥样硬化等作用。

我国是世界上小米产量最多的国家，约占世界产量的80%，在谷子精加工成小米的过程中产生的副产物小米糠也富含多种营养成分。小米糠油是指利用压榨、溶剂浸出或多种方式结合的方法制得的植物油脂，其中富含多种不饱和脂肪酸，尤其是亚油酸、植物甾醇、角鲨烯等生物活性物质含量也十分丰富。研究数据表明，小米糠油在抑制黑色素、降血脂、抗氧化以及抗皮肤光老化等方面具有显著效果。杨敏等使用液压榨工艺制取小米谷糠油，在原料水分8%、50℃条件下榨油1h，小米谷糠饼残油为11.68%。赵陈勇等比较了正己烷和异丙醇对小米谷糠油提取率的影响，发现异丙醇提取效果较佳。周麟依等采用挤压膨化辅助水酶法提取米糠油，经过蛋白酶降解处理，确定了米糠油最佳提取工艺。薛晋等采用超临界CO_2萃取技术在物料8%含水量、25MPa萃取压力、温度为35℃条件下萃取4h来提取小米谷糠油，提油率可达91.5%。侯磊等采用超声波辅助技术，选择无水乙醇作为最佳提取溶剂，浸提时间为2h、料液比（g/mL）为1∶6.5、浸提温度为56℃，在此条件下小米谷糠油提取率为78.57%，该条件下提取的小米谷糠油酸值、过氧化值均符合GB 2716—2018《食品安全国家标准植物油》米糠油的指标，小米谷糠油的脂肪酸主要成分为棕桐酸、硬脂酸、油酸、亚油酸和亚麻酸，不饱和脂肪酸含量占总脂肪酸含量的90.58%，其中亚油酸含量高达72.31%。魏福祥等研究超临界CO_2萃取—精馏小米米糠油，得到最佳的提取条件为萃取压力30MPa、萃取温度45℃、萃取时间2h、CO_2流量50kg/h，米糠油粗油的出油率为19.69%，进一步精馏得到小米糠精油，其含有较高的不饱和脂肪酸，尤其是亚油酸含量高达67.8%，产品各项指标优于市售产品。

近年来，国内外许多学者研究和探索了酶在油脂提取工业中的应用，并取得了一定的研究成果。油脂存在于油料细胞内，镶嵌于蛋白质之间，通过酶法处理可有效破坏植物细胞壁及蛋白质，打开油料通道，有利于高效提取油脂。由于酶解条件温和，温度不高于80℃，因而不仅可以降低能耗，更主要的是更好的保持油料蛋白质的性能，达到油脂和蛋白质的同时利用。Aprara SHarma等研究了水酶法浸出米糠油，研究发现淀粉酶、纤维素酶、蛋白酶的协同作用可显著提高油的回收率，无酶溶液浸出油回收率很低。

第二节　杂粮活性物质分离技术的研究进展

一、超声波分离技术

超声波是一种频率高于20000Hz的声波，它的方向性好，穿透能力强，易于获得较集中的声能，在水中传播距离远，可用于测距、测速、清洗、焊接、碎石、杀菌消毒等，在医学、军事、工业、农业领域应用广泛。超声波因其频率下限大于人的听觉上限而得名。由于超声波频率很高，所以超声波与一般声波相比，它的功率是非常大的。空化作用——当超声波在液体中传播时，由于液体微粒的剧烈振动，会在液体内部产生小空洞。这些小空洞迅速胀大和闭合，会使液体微粒之间发生猛烈的撞击作用，从而产生几千到上万个大气压的压强。微粒间这种剧烈的相互作用，会使液体的温度骤然升高，起到了很好的搅拌作用，从而使两种不相溶的液体（如水和油）发生乳化，且加速溶质的溶解，加速化学反应。这种由超声波作用在液体中所引起的各种效应称为超声波的空化作用。

1. 在天然物分离中的应用

早在1927年美国Richards首次发现了超声的物理化学效应。通过利用超声波对不同的天然物进行作用和提取研究，他们发现超声波对天然物的提取过程具有促进作用。然而限于当时较低的超声技术水平，超声波提取技术的发展处于停滞不前的状态。到1850年以后，随着电子技术的不断发展，超声功率设备也得到快速的发展，因此超声波天然物提取技术的研究也得到了较快的发展，到1994年，超声化学领域的国际著名学术刊物*Ultrasonics Sonoehemistry*的出版发行，标志着超声波天然物提取技术已步入快速发展时期。Maricela等指出功率超声在促进水和溶质交换的同时破坏了植物的细胞结构，从而有效地缩短了提取时间，并强化了提取效果。之后，国内外学者在天然物超声提取工艺条件优化方面做了许多研究工作。边洪荣等用正交试验法研究超声波提取香菇多糖得到最佳超声提取工艺条件；张吉祥等利用正交试验法优化超声条件提取枣核总黄酮，取得了很好的提取效果。Wu等采用响应曲面法对竹叶总黄酮的提取工艺进行了优化，并获得了非常好的提取效果；Yang等利用响应曲面优化法对秦皮总黄酮的超声辅助提取工艺进行了系统的研究，研究结果表明，其提取效果比传统的试验法有了很大提高。近年来，相关学者还通过利用超声波和其他传统提取方法相结合的方法来优化工艺参数以提高提取率。比如He等利用超声—微波协同萃取法从黑果枸杞中提取多糖，超声—微波协同萃取法使样品介质内各点受到的作用一致，加速目标物从固相进入溶剂的过程。

2. 在多糖分离中的应用

近年来，越来越多的研究集中在超声波提取植物细胞壁多糖。超声波提取法克服了传统热水提取法的提取时间长、提取温度高、提取产率低以及多糖易降解等缺点，被认为是一种高效的环境友好型提取技术，具有高提取产率、低能量输入和短提取时间等优势。已有研究表明超声波在多糖提取过程中利用其空化作用和机械效应破坏生物细胞壁，加速浸提物的溶出，提高多糖得率。如采用超声—高温热水提取香菇多糖的提取率可达15.57% ± 0.83%，是传统水提法获得多糖提取率的1.39倍，大幅提高了多糖的得率。同时超声功率、温度和时间都对多糖的提取率起重要的作用。在超声波提取何首乌多糖的试验研究中发现，超声温度和时间对多糖得率均产生了显著的影响，其中超声时间对多糖提取率的影响达到了显著的水平。当萃取温度从30℃升至60℃时，多糖产率迅速地从2.90%增加至4.72%，而当超声时间从20min增加到60min时，多糖萃取产率则显著增加到4.77%，说明适当增加提取时间可以使多糖充分释放到外部环境，从而提高多糖得率。此外，在采用超声波技术从双孢菇的干燥副产物中提取水溶性多糖的试验中发现，提取时间和超声振幅对沉淀后水溶性多糖得率影响显著，在提取时间15min，80%乙醇中沉淀1h的条件下，随超声波振幅的增大水溶性多糖的提取率从2.75%上升到极值，达到4.75%。说明超声波振幅的增加导致共振气泡尺寸不断增大，加速了空化气泡的坍塌，进而造成了细胞壁破碎，使细胞内容物释放，提高了多糖的提取率。另外，研究者在超声辅助提取缬草根水溶性多糖的试验中发现超声波通过破坏细胞壁的完整性，不仅释放和降解了其最易接近的多糖来提高多糖的得率，而且还提高了其较不易获得的组分的可提取性。

3. 在蛋白质分离中的应用

在食品工业中，蛋白质的功能特性在提高食品品质方面尤为重要。超声波的主要应用是促进各种反应的快速进行。近年来，已有大量有关超声在化学反应过程中应用的文献报道，这也为蛋白质改性技术开辟了一条新途径。Gülseren等研究了高强度超声波处理牛血清蛋白，超声处理后的牛血清蛋白表面活性和表面疏水性提高，自由巯基含量减少，二级结构更加规则。超声波还能使蛋清蛋白的疏水性含量降低，热凝聚速度加快，乳化稳定性提高，但是起泡性和起泡稳定性降低。C. Marchioni 等对细胞色素、溶菌酶、肌红蛋白、牛血清蛋白、胰蛋白酶和胰凝乳蛋白酶六种水溶蛋白在超声频率为1MHz的条件下分别处理10min、20min、30min、40min、50min 和 60min，研究表明超声产生的自由基对蛋白的二级结构有重大影响。贾俊强等研究表明超声波处理有助于疏水性氨基酸外露，增加蛋白酶切位点，从而提高酶解产物的抗氧化活性。Zhang等进行了超声波对花生分离蛋白的改性，研究发现超声波可以降低花生分离蛋白的粒度、改变蛋白质的结构，提高花生分离蛋白的溶解性、乳化性等。

4. 在蛋白质凝胶分离中的应用

蛋白质凝胶是具有三维网络结构的高分子，充分伸展的分子链相互交联形成三维网状结构，固定大量的水或其他包含物，形成凝胶。它是经过链的展开、聚集和结合等几个过程。超声波技术独特的优点得到越来越多科技工作者的关注。Hu等通过超声波预处理大豆分离蛋白，后加入硫酸钙制成盐类凝胶。发现超声波预处理40min能够显著提高盐类凝胶的持水性和凝胶强度。Madadlou等指出超声处理能够降低酪蛋白的浊度，推迟酪蛋白的凝胶点，提高酪蛋白凝胶的硬度。Nguyen利用超声波技术（22.5kHz、50W）辅助酸诱导生产凝胶牛奶，发现无温度控制处理对酸诱导凝胶有较为显著的效果。也有研究表明超声波处理能够降低乳清蛋白的黏性，并增加其凝胶性。

二、微波分离技术

微波是指频率为300MHz ~ 300GHz的电磁波，是无线电波中一个有限频带的简称，即波长在0.1mm ~ 1m的电磁波。微波频率比一般的无线电波频率高，通常也称为"超高频电磁波"。微波作为一种电磁波也具有波粒二象性。微波的基本性质通常呈现为穿透、反射、吸收三个特性。对于玻璃、塑料和瓷器，微波几乎是穿越而不被吸收。对于水和食物等就会吸收微波而使自身发热。而对金属类东西，则会反射微波。利用微波能来提高萃取率的一种最新发展起来的新技术。它的原理是在微波场中，吸收微波能力的差异使基体物质的某些区域或萃取体系中的某些组分被选择性加热，从而使被萃取物质从基体或体系中分离，进入到介电常数较小、微波吸收能力相对差的萃取剂中;微波萃取具有设备简单、适用范围广、萃取效率高、重现性好、节省时间、节省试剂、污染小等特点。除主要用于环境样品预处理外，还用于生化、食品、工业分析和天然产物提取等领域。

1. 在天然产物有效成分分离中的应用

微波提取不仅提取产率高、产品纯度高、能耗小、操作费用少，且符合环境保护要求，可广泛用于中草药、香料、食品和化妆品等领域。鉴于微波提取技术的以上优点，越来越受到科技工作者的重视。近十几年来，微波辅助提取已广泛应用于提取样品中有机污染物、天然化合物、农药、生物活性成分、痕量金属等许多领域。其中，在天然产物的提取方面，自Ganzler等最早利用微波提取法从羽扇豆中提取了鹰爪豆生物碱后，该技术已成为天然产物提取的有力工具。提取的成分涉及生物碱类、蒽醌类、黄酮类、皂苷类、多糖、挥发油、色素等。到目前为止，微波提取仍主要应用于测定土壤、种子、食品、饲料中的各种化合物，由于其快速高效分离及选择性加热的特点，逐渐由一种分析方法向生产制备手段发展，在天然产物有效成分的提取方面受到重点关注，并展开了广泛的研究。目前，微波技术应用于中药及天然产物生物活性成分提取的报道不断出现，已涉及的天然产物有生物碱、黄酮类、苷类、多糖、萜类、挥发油、单宁、甾体及有机酸等。

2. 在多糖分离中的应用

多糖是天然有机化合物中最大族之一的大分子物质。许多多糖具有抗肿瘤、增强免疫、抗衰老、抗病毒等作用。因此，得到国内外科学工作者的重视。关于多糖提取分离方法常规为水煎醇沉法，微波辅助提取在用于某些生物材料中的多糖提取中被证实可明显提高提取产率。鲁建江等运用微波技术用水提醇沉法从板蓝根、黄芪、红景天根及叶，天花粉、肉苁蓉、商陆、新疆党参中提取多糖，反应时间缩短了12倍，并用酚—硫酸比色法测定其含量。其中板蓝根多糖由传统方法的0.8099%提高到3.4670%，商陆多糖含量由6.248%提高到9.061%；新疆党参多糖含量由50.1%提高到53.92%; 天花粉多糖的含量由常规方法的收率0.8409%提高到18.3012%。唐克华等用微波提取天仙果多糖，初步确认微波提取天仙果多糖在80℃的碱性介质中结合微波前处理可获得较高提取产率。刘依等用微波处理板蓝根，然后用水煎煮提取板蓝根多糖，含量测定结果表明粗多糖得率达到33.062%，质量分数达75.211%，优于单独使用水煎法。也有报道用微波提取茶叶多糖，结合醇沉法制备茶多糖得率为2.52%，紫外和红外光谱分析证实，该工艺对茶多糖制品化学结构无影响。陈金娥等应用微波法与传统工艺提取枸杞多糖，发现微波法提取时间仅需要8min就基本提取完全，较传统提取方法提取时间显著降低。刘传斌等利用微波能提取酵母中的海藻糖，经20s微波处理后，酵母中的海藻糖酶已失活，从而有效防止了提取过程中海藻糖的降解。这成为微波提取的又一个优点，即对酶的快速灭活，从而防止有关物质的降解。

3. 在生物碱分离中的应用

生物碱是存在于自然界主要为植物中的一类含氮的碱性有机物化合物的总称，多数生物碱具有较复杂的含氮杂环结构和特殊而显著的生理作用，是中草药中的重要成分之一。Ganzler.K等从羽扇豆种子中提取金雀花碱斯巴丁，与传统的振摇提取法进行了比较，微波法提取物中斯巴丁含量比振摇法高，而且提取速度快，溶剂消耗量也大幅减少。林燕妮等研究了芥子碱的提取工艺，探讨了不同提取条件和提取方法对芥子碱提取得率与效率的影响。采用正交试验，考察提取温度、提取时间、料液比各因素的影响，建立芥子碱热醇提取，微波、超声波的最佳提取条件及对提取效率的影响。结果表明微波辅助提取与热醇提取相比效率提高了，建立了一种成本低，操作简单、耗时少和能耗低的提取方法。Brachet A采用微波辅助提取方法从可可叶中提取可卡因和苯甲酰芽子碱，考察了提取溶剂、样品湿度、样品粒度、微波功率及照射时间等参数。所得提取物与传统方法相当，但提取时间明显缩短，提高了效率。刘覃等研究了龙葵中总生物碱的微波辅助提取工艺、作用机理及对有效成分的结构影响。以酸性染料比色法为分析手段，设计正交试验确定了最佳提取工艺以乙醇为提取溶剂，在455W下浸提8min，料液比为1：20，总生物碱得率达26.38μg/g。用扫描电镜对样品进行观察，揭示了微波作用机理与细胞结构变化有关。同时采用薄层色谱、反相高效液相色谱定性分析，结果说明微波没有对龙葵中有效成分的结构造成影响。范华均等采用微波辅助提取法提取石蒜中的石蒜碱、力可拉敏和加兰他敏生物碱等有效成分，建立了一种微波辅助提取测定石蒜中这种生物碱的分析方法。通过单因素试验结合正交试验设计优化了样品粒度、提取温度、微波辐照时间、固液比等提取条件。与传统的溶剂回流法比较，微波辅助提取法不但节省时间，而且高效节能。

4. 在黄酮类化合物分离中的应用

黄酮类成分在是植物中分布较广，几乎大部分中草药中都含有。近年来，已有较多文献报道微波用于中草药中黄酮类成分的提取。孙萍等首次采用微波技术提取肉苁蓉总黄酮，大幅缩短了提取时间，提高了提取产率，为该药材的进一步研究和合理利用提供了基础。张梦军等采用微波辅助提取法和水提法提取甘草黄酮，并用4因素、16水平的均匀设计考察及优化微波提取甘草酮的实验条件，发现微波辅助提取甘草黄酮的最佳条件为:固液比1∶8，乙醇浓度为38%，加热功率为288W，加热时间为1min时，微波辅助提取法的24.6mg/g明显优于水提法的11.4mg/g，提取产率高，且提取时间大幅缩短，是一种适合甘草黄酮的提取法。吴雪辉等利用微波破碎细胞与溶剂提取相结合的方法提取板栗花中黄酮类物质。将药材经1min微波处理后，室温下水提取10min，可将黄酮类物质充分提取出来，与传统提取方法相比，前者具有时间短，不需加热，提取液中杂质少等优点。段蕊等也用此方法提取银杏叶中黄酮。用微波处理5min后，以70%乙醇回流提取1h，得到提取物中黄酮类物质的量比未用微波处理的高出18.8%，纸层析表明在使用的微波温度下，黄酮类物质性质不发生改变。李嵘等也用以上方法研究银杏黄酮苷的提取工艺，同样得到较理想的结果。此外，阎欲晓等从生姜中提取抗氧化物质，结果发现先用微波处理5min，黄酮的提取产率明显提高。郭振库等对黄芩中黄芩苷微波提取做了研究，用正交设计优选了最佳工艺为70%微波功率（最大功率850W）下，以35%乙醇作溶剂，溶剂倍量30，压力0.15MPa，恒压时间30s即可获得好的得率，比超声法高10%。陈斌等研究微波提取葛根异总黄酮的工艺，用77%乙醇，固液比1∶14，在低于60℃条件下，微波间歇处理3次，总黄酮浸出率达95%以上，与传统的热浸提相比，不仅产率高，而且速度快、节能。王娟等以总黄酮和葛根素的含量为指标，采用连续微波辐射方式进行微波提取参数的单一因素考察，也研究微波辅助提取葛根的提取工艺。结果表明增加溶剂用量、提高原料粉碎度、延长原料浸泡时间将有利于葛根中有效成分的提取。李敏晶等对微波提取槐花和黄芩中黄酮类化合物的方法和提取条件进行了系统的研究，并对几种微波提取方法（专用微波炉法、家用微波炉法和微波谐振腔法）进行了比较，对几种微波提取方法作了评价。

5. 在皂苷分离中的应用

微波提取用于植物皂苷提取的报道比较多，微波对某些化合物有一定降解作用。但由于微波技术加热快、时间短，可能比一般传统提取方法破坏作用还小。微波可以在较短的时间内使降解酶失活，因此微波在中药皂苷提取过程中更突显其优势。王威等采用微波破壁法从高山红景天根茎中提取红景天苷，微波处理1.5min、经水提10min得到的红景天苷（提取产率0.193%）与70%乙醇回流提取2h（提取产率0.189%）的结果相当，但杂蛋白的浓度后者是前者的1.6倍。郭锦棠等应用微波提取甘草酸，8min可得到与索氏提取器提取3h相当的结果，并且微波提取的温度低，耗能少。朱晓韵等采用正交试验法考察了微波提取罗汉果甜苷工艺中罗汉果投料物液比、微波输出功率、提取时间对提取产率的影响，优选出微波提取的最佳提取方案。以此方案为实验组，同常规水煮法做了比较，结果表明微波提取罗汉果甜苷的提取产率明显优于常规水煮法，常规水煮法罗汉果甜苷含量为6.029mg/g，微波提取时间为5min，提取产率为7.346mg/g。Dandker等研究了用MAE法从姜黄中提取姜黄苷类的最佳方案。郭振库等对黄芩中黄芩苷的提取做了研究，通过正交设计方案研究了溶剂性质、加热时间、微波处理压力对黄芩中黄芩苷提取产率的影响，显示最佳提取条件为：微波功率850W，以35%乙醇为溶剂、提取压力0～15mPa、恒压时间30s，即可获得较高的得率，在此条件下，与采用35%乙醇为溶剂、固液比1∶60、提取时间30min的超声波提取技术相比，提取产率高了10%左右。朱晓韵等在鲜罗汉果甜苷提取中指出，微波5min能达到常规加热2h的效果，而且杂质少，微波提取10min皂苷就已提取完毕。

6. 在萜类化合物分离中的应用

Mattina等在用MAE法提取紫杉中的紫杉醇时，优化了工艺参数，发现在MAE条件下，用95%的乙醇能够得到与传统纯甲醇提取法相同的得率，并且在保持相同质量和数量及溶剂回收率的前提下，大幅缩短了提取时间，并减少了溶剂的消耗量。陈雷等人用微波提取丹参中的丹参酮（tanshinone ⅡA，cryptotanshinone和tanshinone Ⅰ），操作简便、快速。在适宜条件下，如95%乙醇为提取剂，微波连续辐照2min，液固比10∶1，3种丹参酮的得率等于或超过传统提取方法，避免了丹参酮类长时间处于高温下造成的不稳定、易分解的缺点。而同样的提取产率，室温浸提、加热回流、超声提取和索氏抽提所需的时间分别为45min、75min、

90min、24h。Carro等采用MAE手段从发酵前的葡萄酒样品中提取单萜烯醇。表明，在优化实验条件下（二氯甲烷10mL，提取10min），样品中单萜烯醇和其他芳香物质可有效地被提取出来，回收率高、溶剂用量少、省时、样品处理方便。由于使用的是微波透明或半透明的溶剂，使提取在较低的温度下进行，避免了提取物的显著分解。

7. 在色素分离中的应用

在色素的提取中，林棋等对福建产花生壳进行了微波提取天然黄色素及其稳定性的研究。结果表明微波提取的工艺条件是：以pH 3，体积分数70%的乙醇水溶液作提取剂，原料与提取剂配比（g/mL）为 1∶5，微波辐射功率为120W，辐射时间240s。该色素为黄酮类水溶性色素，适用的pH范围比较宽，尤其以碱性状态效果最佳，对光、热稳定性好，大多数食品添加剂对该色素的稳定性影响不大，对还原剂Na_2SO_3的耐受能力强，但对氧化剂H_2O_2的耐受能力较差。姚中铭等对栀子黄色素提取工艺进行了研究，改进了传统的浸提工艺，即通过单因素和正交实验确定优化工艺条件；研究了用微波法提取栀子黄色素的工艺条件，采用提取功率210W、500g/L乙醇水溶液为提取剂、提取时间80s、提取级数2级、料液比（g/mL）1∶12，色素提取产率达98.4%，色价56.94，优于传统工艺。另外，刘宜锋采用微波法提取玫瑰茄色素，与乙醇室温浸取法和丙酮45℃温浸法相比，微波提取法不仅提取产率高，且所消耗的时间从室温浸取法的18h和丙酮温浸法的3h减少到120s，大幅提高了提取产率。

8. 在蒽醌类化合物分离中的应用

郝守祝等研究了微波技术对大黄游离蒽醌浸出量的影响，采用正交实验考察了微波输出功率、物料粒径、浸出时间3个因素对提取产率的影响，优选最佳浸出方案。以优选出的微波浸提方案和常规煎煮法及乙醇回流法比较，结果发现，物料粒径对蒽醌成分浸出影响极显著，功率对浸出影响显著，时间对浸出有一定影响。微波提取法对大黄游离蒽醌的提取产率明显优于常规煎煮法，同乙醇回流法相当。沈岚等以大黄、决明子中不同极性的蒽醌类成分为指标成分，采用正交试验设计分别考察提取产率，结果显示微波提取法对大黄、决明子中不同极性成分提取选择性并不明显，而同一温度条件下，根茎类中药大黄中大黄素、大黄酚、大黄素甲醚的提取产率明显高于种子类中药决明子中相同成分的提取产率。胡秀丽等试验研究了大黄总蒽醌的微波辅助提取、超声提取和索氏提取方法，并利用分光光度法测定了提取液中总蒽醌的含量。结果表明微波辅助提取法的提取产率最高（1.91%），是超声法的1.13倍，是索氏提取法的1.29倍。微波辅助提取法仅需10min，而索氏法和超声法分别需要90min和30min，微波辅助提取法用于中药大黄的提取，具有高效、省时的特点。

9. 在挥发油分离中的应用

挥发油（volatile oil）又称精油（essential oil），是存在于植物体中的一类具有挥发性、可随水蒸气蒸馏、与水不相混溶油状液体的总称。挥发油大多具有芳香嗅味，并具有多方面较强的生物活性，为中药所含有的一类重要化学成分。挥发油在植物界分布极为广泛。我国野生与栽培的含挥发油的芳香和药用植物有数百种之多。挥发油所含有的化学成分比较多，是一种混合物，一种挥发油中一般含有几十种，乃至一两百种化学成分。挥发油多具有止咳、平喘、祛痰、消炎、健胃、解热、镇痛、解痉、杀虫、利尿、降压和强心等作用。挥发油存在于植物饿腺毛、油室、油管、分泌细胞或树脂道等各种组织和器官中，大多数呈油滴状存在，也有与树脂、黏液质共存者。植物中含挥发油的量一般在1%以下，也有少数含量高达10%以上，如丁香含挥发油达14%以上。同一品种植物因生长环境或采收季节不同，挥发油的含量和品质（包括成分、香气等）均可能有显著的差别。全草类药材一般以开花前期或含苞待放时含油量最高，而根茎类药材则以秋天成熟后采集为宜。同一植物的不同部位，挥发油的含量也不相同。

三、超临界流体萃取分离技术

超临界流体萃取（supercritical fluid extraction，SFE）分离技术是以超临界流体为溶剂，利用其高渗透性和高溶解能力来提取分离混合物的过程。早在1879年，Hannay和Hogarth通过试验发现了超临界流体（SCF）与液体一样，可用来溶解高沸点的固体物质，人们初步意识到SCF具有分离能力，20世纪50年代，美国的Todd和Elgin等从理论上提出了超临界流体用于萃取分离的可能性，直到1978年联邦德国将此技术运用在工业化生产中，并取得成功。

1. 在多糖分离中的应用

由于具有多种突出的优势，超临界CO_2萃取技术在植物多糖的提取工艺方面的应用越来越广泛。赵煜等人采用超临界CO_2萃取当归油和当归多糖，研究发现，当归多糖提取的最佳工艺条件为：乙醇浓度为60%，浸提温度为85℃，料液比（g/mL）为1：6，提取时间为2h，当归总多糖提取达到14.32%。盛桂华等采用超临界CO_2提取瓜蒌多糖，以乙醇为夹带剂，通过试验优化得到了提取瓜蒌多糖的最佳工艺：萃取温度为55.2℃，萃取压力为20.1MPa，夹带剂用量（g/mL）为25：3，夹带剂浓度为50.2%，瓜蒌多糖的提取率达到0.95%。盛桂华等还采用超临界CO_2萃取技术萃取桔梗多糖，以乙醇作为夹带剂经过优化工艺，得到萃取桔梗多糖最佳条件：萃取温度为47.9℃，萃取压力为23.9MPa，夹带剂浓度为58.6%，夹带剂用量（g/mL）为1：1.74。王大为等采用超临界CO_2萃取口蘑多糖，具体步骤是首先利用超临界CO_2萃取对口蘑进行脱脂、脱色素处理，然后采用热水浸提法提取口蘑多糖，得出最佳提取条件为：萃取温度为45℃，萃取压力为30MPa、CO_2流量为25L/h、萃取时间为60min，此条件下的提取率为2.06%。

2. 在生物碱分离中的应用

生物碱是指天然的含氮有机化合物，但不包括氨基酸、蛋白质等开链的简单脂肪胺，它的氮原子常在环上，并具有复杂的环状结构和生理活性。超临界萃取技术在生物碱的提取分离方面具有低温、快速、收率高、产品质量好、成本低等特点，特别是对一些资源少、疗效好、剂量小及附加值高的产品极为适用。SCF—CO_2已经成功萃取了许多生物碱。但SFE比较适合萃取脂溶性、相对分子质量小的物质，对极性大、相对分子质量较大的生物碱要加入夹带剂和碱化剂，葛发欢等将益母草经碱化后，再加入夹带剂——氯仿在萃取压力30MPa、萃取温度为70℃并进行三级分离，在此条件下，收率可达6.5%，益母草总生物碱可达26.6%，完全满足益母草制剂的要求，提高了产品质量。黄欣等比较超临界流体萃取法和醇回流法提取元胡有效成分的优劣，结果表明SFE（CO_2）法较回流法提取不会改变元胡中的生物碱类成分，且得到的产物纯度高、杂质少，适合下一步的制剂开发研究。王丽杰研究了超临界CO_2流体萃取平贝母中总生物碱的工艺，正交试验得到萃取平贝母中总生物碱的最佳萃取条件为萃取压力20MPa、乙醇用量300mL、萃取时间2h、萃取温度45℃在此条件下总生物碱萃取率为0.217%。

3. 在黄酮类化合物分离中的应用

黄酮类化合物广泛存在于自然界中，属于植物在长期自然选择过程中产生的一些次级代谢产物。已发现约有4000余种黄酮类化合物，主要存在于植物的叶、果实、根、皮中。黄酮类化合物有很多重要的生理功能，因此对该类化合物的研究已成为国内外食品、医药界研究的热门课题，是一类具有广泛开发前景的天然活性成分。从植物中提取黄酮类物质，传统提取方法中较常用的有乙醇、碱水或热水提取等，这些方法排污量大、有效成分损失多、提取效率低、成本高。而采用超临界萃取方法能弥补这些不足。王晓丹等分别采用水提取法、传统乙醇提取法、微波提取法、超临界CO_2萃取法提取柿叶总黄酮，结果表明超临界CO_2萃取法提取总黄酮含量最高，且得到的萃取物纯净，色泽金黄，纯度高，无异味。吕程丽、欧阳玉祝以葛根为原料，对超临界CO_2提取葛根中的总黄酮。结果表明，在温度为50℃、料液比（g/mL）为280∶330、萃取压力35MPa条件下萃取2h，总黄酮的提取率为1.4572%。

4. 在皂苷分离中的应用

由于超临界CO_2是非极性的物质，因此对一些低分子量的亲脂性化合物具溶解性能优异，但是对于氨基酸、皂苷、糖以及淀粉等极性较强的物质溶解性很差；分子量超过500的化合物基本不溶。有关研究发现，在超临界CO_2中，加入一种共溶剂（也称夹带剂），可以提高流体的溶解能力，减轻萃取过程的难度以及改善超临界流体的选择性，这给萃取强极性的物质提供了方便。比较常用的夹带剂有乙醇、水、丙酮等。廖周坤等人采用夹带剂式超临界萃取藏药雪灵芝中的多糖和总皂苷粗品，考察不同浓度梯度的乙醇对萃取率的影响，多糖和总皂苷粗品的萃取率比传统溶剂提取工艺别提高至1.62倍和18.9倍。黄雪等在利用超临界萃取三七皂苷，并对萃取工艺条件进行正交优化，得到的结果：在压力为38MPa，萃取温度为45℃，CO_2流量为23kg/h，夹带剂用量（g/mL）为1:3，萃取时间为3h的条件下，三七皂苷萃取率达到7.97%。韩志惠等以超临界脱脂后的山茱萸萃余物为原料，采用超临界萃取山茱萸皂苷，以无水乙醇作为夹带剂，经过对萃取工艺的优化，得到最佳工艺为：物料粒度为0.2~0.3mm，萃取温度为55℃，萃取压力为35MPa，夹带剂用量为（g/mL）为1:0.75和萃取时间为3.5h的条件下，得到三七皂苷的含量是2.87mg/g。林杰利用超声波辅助超临界CO_2萃取法提取柚皮中的柚皮苷，通过对柚皮粉进行超声波处理后进行超临界CO_2提取，柚皮苷的提取率为3.64%。马晓红等采用超临界CO_2萃取两头尖皂苷，以95%乙醇的作为夹带剂，得到萃取的最佳工艺条件为：萃取温度50℃，萃取压力30MPa，夹带剂用量为20%，萃取时间1.5h，两头尖皂苷萃取率为0.1%以上。李肇奖采用超临界萃取油茶皂苷，以65%的乙醇为夹带剂，通过优化后的最佳提取条件为：萃取温度为50℃，萃取压力为25MPa，萃取时间为3h的条件下，油茶皂苷的提取率为6.52%，纯度达到78.65%。

5. 在萜类化合物分离中的应用

萜类是一类天然的烃类物质，其基本单元为异戊二烯。其中单萜为挥发油的主要组成部分，但是它并不是挥发香味的主要来源，即它对香味的贡献很小，而且很容易氧化变质，影响挥发油的品质及存放寿命，因此有些挥发油在应用中往往要先脱落、浓缩。在过去的十年里，人们总是试图通过调节温度和压力来达到选择性脱萜的目的，但是效果欠佳，国外有学者通过在超临界流体体系中引进一种吸附剂来提高分离选择性，国内有学者用二氧化碳超临界萃取法萃取黄花蒿化学成分，研究表明，青蒿素（倍半萜）用该法萃取比传统工艺生产中的溶剂法（汽油和稀乙醇）提高11%~15%，且提取时间明显减少，从而降低了成本。

6. 在醌类化合物分离中的应用

新疆软紫草提取物——紫草素及其衍生物是一种天然脂溶性奈醌色素，通常用石油醚甲醇等溶剂萃取，提取物中含有微量有机溶剂，且回收溶剂的工艺过程严重影响操作环境。目前用二氧化碳超临界萃取工艺可以完全避免这些缺点，而且产品色泽好，收率高，无氧化现象，还可以提取出一些新成分。丹参采用醇提工艺，可将有效成分丹参酮提取90%

以上，但是在回收乙醇浓缩干燥剂制膏过程中丹参酮降解甚多，即使采用减压蒸馏工序也欠佳。我国已成功采用二氧化碳超临界萃取技术，以乙醇作为夹带剂，萃取压力为20MPa，温度为40℃得到结晶状化合物及深红色夹带剂液，丹参酮含量高，可直接用于制剂生产，在性能成本综合评价中优于乙醇提取工艺，也成功采用超临界萃取提取中药何首乌的蒽醌类成分，并用RP—HPLC法进行分离测定，各成分回收率分别为大黄酸99.1%（RSD=2.0%），大黄素98.2%（RSD=1.1%），大黄素甲醚99.5%（TRS=0.9%）。

7．在挥发油分离中的应用

依据相似相溶的原理，纯粹以CO_2作为萃取溶剂的萃取一般仅限于挥发油、脂肪酸这类成分，这些亲脂性成分在超临界CO_2的非极性的流体中溶解度较高，因此比传统溶剂提取法的萃取效率高。提取挥发油的传统方法有水蒸气蒸馏法、有机溶剂回流提取法等。由于传统的提取方法是在长时间的高温条件下进行提取，一些热敏性成分以及芳香成分极易受热而损失和变质，此外不可避免的溶剂残留会影响产品的品质。与挥发油传统的提取方法相比，超临界CO_2萃取在较低温度下进行，避免了挥发油成分的热解，萃取时间短，无溶剂残留，通过调节温度和压力改变超临界CO_2萃取的密度，从而改变目的产物的溶解度，可以实现选择性萃取与分离。目前，国内外已有很多天然中草药成功利用超临界CO_2流体萃取挥发油的例子，超临界CO_2流体萃取在挥发油的提取方面的优势是传统提取方法所不具备的。曹蕾等采取超临界CO_2萃取法萃取中药青皮中的挥发油，萃取率为1.319%，相比水蒸气蒸馏法提高了2.4倍，时间缩短78.57%。吴琳华等采用超临界萃取广西莪术挥发油中的β-榄香烯，萃取率为0.027%。Reverchon等采用超临界萃取技术提取鼠尾草油时研究发现，当分离I温度为-12℃、分离Ⅰ压力8.5MPa，分离器Ⅱ温度-6℃，分离Ⅱ压力为1.7MPa时，蜡质在分离器Ⅰ中解析分离，在分离器Ⅱ中得到1.35%的鼠尾草挥发油。Braga等通过$P—R$方程建立了香芹酮—CO_2和柠檬烯—CO_2的二元体系相平衡，根据相平衡选择适当的萃取压力和温度，对香芹酮和柠檬烯的萃取条件进行优化：当萃取温度为50℃、萃取压力为12MPa时，提取物中柠檬烯的最大质量分数为17%；

当萃取温度为50℃、萃取压力为8MPa时，提取物中香芹酮最大质量分数达到80%。

四、大孔树脂分离技术

大孔树脂（macroporous resin）又称全多孔树脂，大孔树脂是由聚合单体和交联剂、致孔剂、分散剂等添加剂经聚合反应制备而成。聚合物形成后，致孔剂被除去，在树脂中留下了大大小小、形状各异、互相贯通的孔穴。因此大孔树脂在干燥状态下其内部具有较高的孔隙率，且孔径较大，在100～1000nm，故称为大孔吸附树脂。大孔吸附树脂的吸附实质为一种物体高度分散或表面分子受作用力不均等而产生的表面吸附现象，这种吸附性能是由于范德华引力或生成氢键的结果。同时由于大孔吸附树脂的多孔结构使其对分子大小不同的物质具有筛选作用。通过上述这种吸附和筛选原理，有机化合物根据吸附力的不同及分子量的大小，在大孔吸附树脂上经一定溶剂洗脱而达到分离、纯化、除杂、浓缩等不同目的。吸附树脂的表面发生吸附作用后，会使树脂表面上溶质的浓度高于溶剂内溶质的浓度，其结果引起体系内放热和自由能的下降。一般说来，吸附分为物理吸附和化学吸附两大类。

1. 在多糖分离中的应用

多糖是一类重要的活性成分，具有抗感染、抗凝血、降血糖、促进核酸与蛋白质的生物合成作用。但对天然药物中多糖成分的提取、分离和纯化还存在很多困难。Li等从3种大孔树脂中选择AB-8对黄芪多糖进行纯化，黄芪的纯化率高达94.68%、陶遵威等对苦豆子醇提并除去生物碱后的药渣直接进行脱蛋白（1/4倍量的Sevage试剂）处理，反复操作至无蛋白层为止；再醇沉，低温沉淀过夜，离心，沉淀用无水乙醇和丙酮反复洗涤至上清液无色；最后冻干得到脱蛋白粗多糖的方法。采用苯酚-硫酸比色法测定多糖浓度，发现AB-8树脂对苦豆子多糖的分离纯化最好，纯化能力强，回收率高，使多糖质量分数由原来的71.30%提高到88.90%。吕新建等用LSA-5大孔树脂纯化沙枣多糖时，醇提液浓缩后用95%乙醇醇沉后，再用Sevage法除蛋白后上柱分离，55%乙醇为洗脱剂，解吸率达到95.49%，且影响吸附效果的因素依次为pH＞上样量＞上样液浓度。大孔树脂应用于多糖成分的提取，大幅缩短了工艺时间，达到脱色、脱蛋白的目的，更加适应于工业化的连续生产。

2. 在生物碱分离中的应用

生物碱类的分离有多种方法，可以根据其化学结构和理化性质的不同采用不同的分离方法，例如根据化合物的酸碱性的不同而采用酸碱法或离子交换树脂法。但是此类方法对化合物的稳定性有影响，对于酸碱性不稳定的化合物要慎用。目前，采用大孔树脂吸附方法可以回避以上缺陷。许沛虎等采用大孔吸附树脂来纯化黄连总生物碱，经D101树脂处理后，黄连总生物碱的纯度可达70%，分离效果好，方法简单可行。黄建明等采用SIP1300型树脂吸附分离草乌生物碱，吸附解吸效果好，适于该类物质的提纯。目前，很多中药提取物都采用大孔树脂吸附技术进行分离纯化，例如，采用大孔树脂分离酚酸类、色素类、内酯类等化合物。Chang等采用大孔树脂分离纯化玫瑰茄植物的花色素，该方法不会引入杂质，而且不会破坏色素结构，优势明显。就以往的应用实例可以看出，大孔树脂技术在中药化学成分的分离领域做出显著贡献，使以前难以分离的水溶性成分得到有效的分离，总体来说使中药分离水平迈上了一个新台阶。

3. 在黄酮类化合物分离中的应用

黄酮类化合物种类繁多且具有广泛的生物活性，国内外学者对其研究越来越多，也越来越深入。Wei等采用大孔树脂富集纯化披针新月蕨根茎中的黄酮类成分，通过静态吸附和解吸附试验从7种大孔树脂中选定hPD-500为最优型号树脂，再根据动态吸附、解吸附试验和正交试验制订一套最佳工艺，样品经大孔树脂处理后黄酮的量由21.85%增加到63.12%。刘颖等研究了安宫宁复方中黄酮成分多种大孔吸附树脂（NKA、H-1020、SP-825、SP-850、D-101、AB-8、HP-20）分离工艺和聚酰胺树脂分离工艺，选出适合安宫宁复方中总黄酮成分分离的大孔树脂吸附工艺。史万忠等对补肾方（骨碎补、何首乌、淫羊藿等药材的配方）大孔吸附树脂分离富集工艺进行了研究，以总黄酮、柚皮苷、淫羊藿苷、二苯乙烯苷等成分的分离效果为评价指标，综合考察了多种大孔树脂（D-101、DA-201、DM-301）。大孔吸附树脂对中药复方中的淫羊藿苷也有较好的分离富集作用，在含有黄酮等的复方中，如黄连解毒汤、黄零汤、零翅口服液等也广泛应用大孔树脂分离工艺。储晓琴等将乙醇提取所得的百蕊草浸膏适量加蒸馏水，超声30min溶解，置于离心管离心所得上柱液，D-101大孔吸附树脂对其总黄酮进行分离纯化，其产品质量分数较百蕊草浸膏中总黄酮的量（2.91%）提高了4倍多。金向群等研究大孔树脂分离富集淫羊藿总黄酮的工艺，并考察了大孔树脂的使用次数，采用建立的大孔树脂工艺，大孔树脂提取物中淫羊藿总黄酮的含量在60%以上，达到一个很好的分离效果，重复多次使用的大孔树脂分离得到的淫羊藿大孔树脂提取物质量稳定一致，表明了该大孔树脂性能稳定。综上所述，大孔吸附树脂技术较为广泛地应用于黄酮类成分的分离纯化，且效果显著、工艺简单稳定、成本较低，为该类成分的工业化生产提供了更多可能。

4. 在皂苷分离中的应用

皂苷广泛存在于天然产物中，是一类具有降血糖、调血脂、抗病毒、抑制肿瘤和免疫调节等多种药理作用的化学成分。Liu等采用静态吸附与解吸的方法，并通过优化温度和乙醇浓度，在7种不同大孔树脂中，D-101对重楼皂苷的纯化率从6.7%提升到32.35%，回收率达到85.47%，为从重楼以及其他植物中分离皂苷提供了方法。盛华刚等对夏枯草总皂苷的研究中发现，应用D-101型树脂分离纯化时，所含的杂质尤其是叶绿素等一些脂溶性杂质会污染堵塞树脂，故需对药液进行预处理，以除去这些杂质。Cheng等使用HPD-300大孔树脂对蒺藜总皂苷进行纯化，使其回收率和纯化率达到87%和68%。综上所述，通过精心挑选树脂类型，合理设置工艺参数，利用大孔树脂精制皂苷就可以达到选择性好、皂苷产量大并且纯度高的良好效果。

5. 在萜类化合物分离中的应用

萜类化合物是一类骨架庞大、种类繁多、数量巨大、结构千变万化、具有广泛生物活性的重要天然成分。对于萜类成分的研究，一直是较为活跃的领域，也是寻找和发现活性成分的重要来源。莫永俊等通过对5种不同类型的大孔树脂的吸附解析性能进行考察，发现AB-8型大孔树脂最适合五味子总三萜的精制纯化，首先用低浓度乙醇洗脱树脂柱以除去杂质量高的组分，然后用高浓度乙醇洗脱树脂柱以获得有效物质量高的组分。经过纯化后终产品中有效物质的量显著提高，总三萜的质量分数由3.76%提高到13.96%。

6. 在色素分离中的应用

天然植物中富含色素，合适的大孔吸附树脂可分离富集其中的某种色素。吴建雄等以红花为材料，采用HPLC测定羟基红花黄色素A的量，通过单因素试验考察上样液pH、洗脱剂体积分数和用量、药材树脂质量比对纯化工艺的影响，通过中试及工业化生产验证优选的纯化工艺。随试验规模的逐步放大，D-101型大孔树脂的平均洗脱率呈逐步提高的趋势，原因可能是随试验规模的放大，树脂增多会导致流速有所减慢，尤其在用乙醇洗脱时，树脂会有不同程度的溶胀，从而增加了孔内扩散时间；同时用乙醇替换水解吸时，乙醇溶于水属于放热过程，在一定程度上也促进了解吸。赵文恩等在大孔树脂纯化枣皮红色素的研究中，采用静态吸附—解吸的方法，使用AB-8型大孔树脂，最佳洗脱条件下，吸附率达65.6%，洗脱率达98.2%。该方法操作简单、无污染、使用试剂少，适用于该种色素的分离。

7. 在有机酸和酚类化合物分离中的应用

冀德富等在用大孔树脂纯化叶下珠总多酚的实验中，着重考察其吸附、解吸参数，选择效果较好的hPD-100型大孔吸附树脂。实验中发现，在利用大孔树脂纯化时，应尽量滤去上样液中的沉淀，上样液澄清度较好时，能提高总多酚纯化率，同时能提高树脂使用寿命。Kim等第一次利用HP-20型大孔树脂从深褐色海藻腔昆布中纯化出了多酚类物质，海藻首先用70%酒精在70℃条件下提取16h，过滤，提取液经喷雾干燥，加入树脂中吸附后用40%乙醇、体积流量1mL/min洗脱4个柱体积，提取物中对多酚的回收率高达92%。Zhu等在对琥珀酸的分离中，通过对HPD-300、HPD-400、HPD-450、HPD-500、HPD-800、AB-8和NKA-9 7种不同的大孔树脂进行比较，在pH 2.0，质量浓度50mg/mL，温度10℃时，NKA-9对琥珀酸的吸附能力为155.9mg/g，这源于NKA-9的极性及其孔径，并且非常符合朗缪尔和弗罗因德利克方程。魏冬青等大孔树脂以丹参总酚酸的量和转移率为指标，先用水洗脱，再分别用20%、40%、60%、80%乙醇洗脱，收集洗脱液，以无$FeCl_3$反应为洗脱终点。通过建立紫外—可见分光光度法和高效液相法相结合的定量测定方法对丹参总酚酸和丹酚酸B进行测定，结果表明大孔树脂富集功能明显高于传统的水提醇沉法。综上所述，大孔树脂法较传统的方法更加节省溶剂，提高效率。

五、模拟移动床色谱分离技术

模拟移动床色谱是一种现代的先进的分离手段，其利用色层的基本原理，结合应用的设备使色层分离实现工业化与连续化。作为一种先进高效的分离手段，模拟移动色谱在国外已经广泛地应用到石油化工、精细化工、食品行业、生物发酵和医药等"精细分离"领域，我国在石油化工行业有一定的应用，最主要的还是应用在功能糖与功能糖醇方面。随着模拟移动色谱技术在我国的不断发展，同时随着我国相关领域的科研能力的提升，这项技术已经开始在制药行业、精细化工等领域有了一定的研究，在天然产物活性成分提取方面也有涉及，为了更好地促进模拟移动色谱技术在我国天然活性成分提取方面的发展，查阅大量资料以及长期在本领域的实践经验，分析模拟移动色谱在天然产物活性成分提取方面的研究现状。

1961年，美国学者Brouhgton提出了模拟移动床的基本概念；20世纪60年代起美国环球油品公司（UOP）开始产业化生产，先后应用于对二甲苯、正构烷烃、乙基苯、1-丁烯等物质的分离；20世纪90年代后，模拟移动色谱开始广泛地应用到制糖行业，应用分离葡萄糖和果糖、木糖和阿拉伯糖、甘露糖和葡萄糖等多种糖类物质的分离；为了实现中药现代化，1999年国家药品监督管理局规定从已有复方中提取出有效成分的，可批准为国家一类新药，能提取出有效成分群的可以批准国家二类新药。因此，从天然产物中分离提取高质量高纯度的活性成分是关键性的技术，模拟移动色谱技术基于其高效精密的技术手段受到了专家和学者们的青睐，我国的专家和学者们在模拟移动色谱在天然产物活性成分提取方面进行了一定的研究。主要体现在黄酮类、多糖类、蛋白类、苷类、酯类化合物等方面。

1. 在糖类分离中的应用

在制糖行业中，UOP司开发的Sarex过程是分离果糖和葡萄糖的最佳方法，所用吸附剂为CaY分子筛或者离子交换树脂，水作为洗脱剂，果糖收率达96.7%，纯度97.5%。2012年，李良玉等用Ca^{2+}型离子交换树脂作为吸附剂，从果葡糖浆中分离果糖，所得果糖的纯度为95%，收率85%。此外，其他糖类的分离也是研究人员感兴趣的研究方向。2003年，孙培东等将木糖醇母液中的木糖和木糖醇分离，吸附剂为732Ca²⁺型离子交换树脂，最终产品中木糖、木糖醇纯度分别为99.3%、99.8%。2009年，Long等用Dowex50WX4Ca²⁺离子交换树脂分离阿洛酮糖和果糖，萃取液中得到阿洛酮糖的纯度为99.36%，回收率99.72%；萃余液中得到果糖的纯度为99.67%，回收率98.56%。2010年，雷华杰用Dowex50WX4Ca²⁺树脂作为吸附剂从木糖母液中回收阿拉伯糖，木糖母液中含木糖13.95g/L、阿拉伯糖7.74g/L、葡萄糖5.32g/L、半乳糖3.22g/L，经过两次SMB分离得到的L-阿拉伯糖的纯度为91.38%，回收率94.02%，固定相生产率为0.98g/（h·L），溶剂消耗2.80L/g。2011年，孟娜等研究了不同类型的离子交换树脂对低聚木糖和单糖混合液的分离效果，筛选出IAION-UBK530Na树脂作为吸附剂，分离后的低聚木糖和单糖纯度均在90%以上，收率分别达到91.55%和92.18%。2013年，杨亚威等研究了海藻糖与葡萄糖的分离工艺，以A216树脂作为吸附剂，分离得到纯度为97.6%的海藻糖和纯度为98.8%的葡萄糖。2013年，信成夫等塔格糖浆为原料进一步纯化塔格糖，吸附剂为钙型离子交换树脂，可将塔格糖纯度从73%提高到90%以上。

2. 在蛋白质类分离和纯化中的应用

蛋白质类是天然活性成分中的主要成分之一，单柱的实验室分离与纯化的研究较多，但是应用模拟移动色谱技术的却很少。2006年，浙江大学的解大斌研究了牛初乳中乳铁蛋白与免疫球蛋白G的分离纯化。他以脱脂牛初乳作为原料，经过预处理后采用自设计的一套离子交换型模拟移动色谱设备，制备出96.6%的乳铁蛋白和95%的免疫球蛋白G，并进行了连续离子交换生产，经计算效率较一般离子交换操作提高2倍以上。2011年，黑龙江八一农垦大学的刘江丽进行了牛初乳中乳铁蛋白分离纯化的产业化技术参数研究。研究以实现牛初乳中乳铁蛋白分离纯化的产业化为目标，采用黑龙江省农产品加工工程技术研究中心自主研发的多功能型模拟移动色谱设备，研究了模拟移动色谱的中试试验，并进行单柱放大验证试验，设计产业化技术参数，确定最佳的技术参数为：切换时间780s，进样流速14.0mL/min，洗脱流速16.0mL/min，再生速率

10.0mL/min，水洗速率20.0mL/min，得到乳铁蛋白的回收率为93.5%，纯度达到95.8%，模拟移动床色谱纯化乳铁蛋白在运行成本上节约了洗脱液用量5倍左右，节省运行时间近10倍。2011年，黑龙江八一农垦大学的刘妍妍以纳豆激酶发酵液为原料，采用自制的12柱1.2L模拟移动床色谱小试设备进行试验，通过对进样量、洗脱流速、进料速度等因素的试验最终确定了最佳的技术参数，所得纳豆激酶的纯度在90%左右，收率为85%，活性达到（8000±50）IU/mg。

3. 在黄酮类化合物分离中的应用

目前，模拟移动色谱分离黄酮类物质的研究方面，辽宁科技大学的研究人员研究的较多。2002年，辽宁科技大学化学工程学院的张丽华，高丽娟等人研究了模拟移动床色谱提纯槲皮素的技术。槲皮素是银杏叶提取物黄酮类化合物中的一种，具有多种生物活性和重要的药理作用。他们以鞍山胜利药厂的银杏叶提取物为原料，采用4根半制备柱的三带模拟移动床色谱系统进行了槲皮素的提取，通过洗脱液配比、洗脱液流速等因素的研究，最终得到最佳的技术参数为：洗脱液配比为甲醇∶水为7∶3，进样流速0.1mL/min，洗脱流速3.0mL/min，除前杂的洗脱流速为1.0mL/min，切换时间9min。除后杂的洗脱流速为0.8mL/min，切换时间14min，得到的槲皮素纯度在90%以上。2004年，高丽娟等人在前期研究的基础上，采用自制的八柱的模拟移动床色谱分离系统对银杏黄酮的提取进行了研究。通过对现有技术的改造将银杏黄酮产品的纯度由44%提高到90%以上。2005年，辽宁科技大学的丛景香、林炳昌对甘草苷进行了分离纯化。甘草苷是甘草黄酮类化合物中主要的活性成分，具有抗氧化、抗HIV等药理作用。他们利用自制的四柱模拟移动床色谱系统对甘草黄酮原料进行分离，确定了最佳工艺参数，最终获得了纯度85%以上的甘草苷。2007年，辽宁科技大学化学分离技术中心的王建建、陈铁鑫等研究了玉米须黄酮的模拟移动床色谱分离技术。玉米须黄酮是玉米须的主要活性物质，具有利水消肿、降压等功效。研究人员以玉米须浸膏为原料，采用自制的4柱模拟移动床色谱系统对其工艺进行了研究，确定了最佳的技术参数，所得产品符合相关标准，玉米须黄酮纯度达到92%。

4．在酯类化合物分离中的应用

2004年，辽宁科技大学化工学院高丽娟，刘望才等研究了银杏内酯B的纯化技术。银杏内酯B是银杏总内酯中最强的血小板活化因子拮抗剂，在临床上主要用于治疗血栓、急性胰腺炎和心血管等疾病。研究人员采用8柱式的模拟移动床色谱对银杏内酯B进行研究，并进行了规模化的分离，所得产品纯度在 90%左右，收率达到70%。2005年，鞍山科技大学分离技术中心王霞，高丽娟研究了模拟移动床色谱分离表没食子儿茶素没食子酸酯的预处理工艺。采用乙酸乙酯对茶多酚原料进行预处理，通过试验确定了萃取剂的配比、萃取pH、萃取次数等参数，为采用模拟移动床色谱法分离表没食子儿茶素没食子酸酯奠定了基础，但相关研究报道较少。

5．其他化合物分离中的应用

除上述几个方面的应用外，模拟移动色谱在以下几个方面也有少数的应用。 2007年，浙江大学的田慧研究了红豆杉多糖的模拟移动床离子交换色谱分离技术。研究人员利用离子交换型模拟移动色谱设备分离红豆杉多糖单体PST-1，通过研制的PLC系统控制的离子交换型模拟移动色谱分离设备，确定了最佳的技术参数，产品平均纯度可以达到99%以上，收率为50.9%，连续进行分离试验后可认为该工艺可进行工业化生产；2007年，辽宁科技大学的张伟研究了人参皂苷Rb1的模拟移动床色谱分离技术。人参是我国的传统名贵中药，其主要活性成分是人参皂苷 Rb1。研究人员探讨了三种不同人参皂苷原料中人参皂苷Rb1 的模拟移动色谱分离技术，得到的产品纯度为92%；2012年湖北中医药大学药学院的张建超，高丽娟等采用模拟移动床色谱技术纯化了白藜芦醇。他们采用四柱三带模拟移动床色谱系统，以甲醇为洗脱剂，分区方式为1—2—1，确定了最佳的纯化工艺，可根据产品要求调整白藜芦醇的纯度和收率，白藜芦醇的纯度可达到98%。

主要参考文献

［1］梁雪梅，林欣梅，曹家宝，等．绿豆芽多酚工艺的优化及抗氧化活性的

研究［J］.黑龙江八一农垦大学学报,2020,32（6）:53-60.

［2］刘江宁,李鸿梅,李炳东,等.体外模拟消化粗杂粮粉中多酚、黄酮释放及生物利用率的研究［J］.粮食与油脂,2021,34（4）:37-39.

［3］洪佳敏,林宝妹,邱珊莲,等.杂粮调节血糖生物活性的研究进展［J］.粮食与油脂,2019,32（8）:9-11.

［4］李琴,张海生,许珊,等.绿豆抗氧化活性肽的制备及其抗氧化活性研究［J］.江西农业大学学,2013,35（5）:1063-1069.

［5］颜辉,张琦,江明珠,等.麦胚降血糖肽的分离纯化及鉴定［J］.食品科学,2018,39（20）:92-98.

［6］杜梦霞,李璇,谢建华,等.绿豆蛋白与多肽理化性质及其生物活性研究进展［J］.食品工业科技,2016,37（21）:363-367.

［7］YANG Y REN G X. Mung bean decreases plasma cholesterol by up-regulation of CYP7A1 plant［J］. Foods human Nut, 2014, 69: 134-136.

［8］崔欣悦,张瑞雪,周明,等.豌豆肽缓解胰岛素抵抗形成效果探究［J］.食品工业科技,2019,40（12）:145-148.

［9］冉然,严伟,黎霞,等.苦荞麸皮正丁醇提取物对Ⅱ型糖尿病大鼠降血糖效果［J］.食品工业科技,2018,39（3）:296-300.

［10］张瑞.鹰嘴豆膳食纤维对高脂大鼠脂代谢及肠道菌群的影响［D］.乌鲁木齐:新疆医科大学,2019.

［11］佐兆杭,王颖,刘淑婷,等.杂豆膳食纤维对糖尿病大鼠的降血糖作用［J］.食品科学,2018,39（17）:177-181.

［12］苏现义.植物多糖降血糖作用研究进展［J］.食品与品,2014,16（4）:311-312.

［13］吴梦琪,夏玮,徐志珍,等.植物多糖的分离纯化、结构解析及生物活性研究进展［J］.化学世界,2019,60（11）:737-747.

［14］刘伟杰,陈永新,李佳桓,等.薏苡仁多糖对氯氮平诱导的糖脂代谢紊乱模型大鼠的影响［J］.新中医,2018,50（8）:1-4.

［15］贾岩,赵思俊,秦雪梅,等.苦荞水提取物对糖尿病模型大鼠降糖作用的代谢组学研究［J］.营养学报,2017,39（2）:177-182.

［16］刘灿,姜燕飞,张召锋,等.燕麦β-葡聚糖对2型糖尿病大鼠肠黏

膜屏障的影响[J].食品科学, 2016, 37（11）: 167-173.

[17] ROMERO S R, HEREU M, ATIENZA L, et al.Functional effects of the buckwheat iminosugard-Fagomine on rats with diet-induced prediabetes [J].Molecular Nutrition & Food Research, 2018, 62（16）: e1800373.

[18] 张慧娟, 黄莲燕, 尹梦, 等. 燕麦多肽降血糖功能的研究[J]. 食品工业科技, 2017, 38（10）: 360-363.

[19] VERMA J P, SINGH V, YADAV J. Effect of Copper Sulphate on Seed Germination, Plant Growth and Peroxidase Activity of Mung Bean（Vigna radiata）[J]. International Journal of Botany, 2011, 7（2）:200-204.

[20] GUO X, Li T, TANG, K, et al. Effect of Germination on Phytochemical Profiles and Antioxidant Activity of Mung Bean Sprouts（Vigna radiata）[J]. Journal of Agricultural & Food Chemistry, 2012, 60（44）: 11050-11055.

[21] TANG D, DONG Y, REN H, et al. A review of phytochemistry, metabolite changes, and medicinal uses of the common food mung bean and its sprouts（Vigna radiata）[J]. Chemistry Central Journal, 2014, 8（2）:4-8.

[22] 王鹏, 任顺成. 常见食用豆类的营养特点及功能特性[J]. 食品研究与开发, 2009, 30（12）: 171-174.

[23] BALASUNDRAM N, SUNDRAM K, SAMMAN S. Phenolic compounds in plants and agriiindustrial by-products: antioxidant activity, occurrence, and potential uses [J]. Food Chemistry, 2006, 99（1）: 191-203.

[24] 赖富饶, 吴晖, 温其标, 等. 超声波辅助提取芸豆种皮水溶性多糖的优化工艺研究[J]. 食品工业科技, 2010, 31（2）: 203-207.

[25] 刘岑岑, 任娇艳, 赵谋明. 超声和均质对芸豆凝集素粗提物的影响[J]. 食品工业科技, 2012, 33（1）:115-118.

[26] 陈一昆, 李钦, 赵珊, 等. 芸豆提取物 $\alpha-$ 淀粉酶抑制剂对 SD 大鼠的减肥效果研究[J]. 食品科技, 2012, 37（10）:207-210.

[27] 訾艳, 王常青, 陈晓萌, 等. 具有 $\alpha-$ 淀粉酶抑制活性的白芸豆多肽的制备及其热稳定性研究[J]. 食品科学, 2015, 36（13）: 190-195.

[28] 李次力. 黑芸豆中花色苷色素的微波提取及功能特性研究 [J]. 食品科学, 2008, 29（9）: 299–302.

[29] 陈阳, 王军华, 陈亚光, 等. 红花芸豆色素的提取及稳定性研究 [J]. 食品科学, 2007, 28（6）: 175–179.

[30] 陈晓萌, 王常青, 訾艳, 等. 2 种红芸豆蛋白的提取及组分分析 [J]. 食品科学, 2015, 36（2）: 149–154.

[31] 刘高梅, 任海伟. 不同功率超声波对芸豆蛋白理化和功能性质的影响 [J]. 中国粮油学报, 2012, 27（12）: 17–21.

[32] BOCCO A, CUVELIER M E, RICHARD H, et al. Antioxidant activity and phenolic composition of citrus peel andseed extracts [J]. Journal of Agricultural and Food Chemistry, 1998, 46: 2123–2129.

[33] DYKES L, ROONEY LW. Phenolic compounds in cereal grains and their health benefits [J]. Cereal FoodsWorld, 2007, 52: 105–111.

[34] PEREEZ-JIMENEZ J, TORRES J L. Analysis of non-extractable phenolic compounds in foods: the currentstate of the art [J]. Journal of Agricultural and Food Chemistry, 2011, 59（24）: 12713–12724.

[35] KIM K h, TSAO R, YANG R, et al. Phenolic acid Profiles and antioxidant activities of wheat bran extracts and the effect of hydrolysis conditions [J]. Food Chemistry, 2006, 95（3）: 466–473.

[36] 李巨秀, 李利霞, 曾王旻, 等. 燕麦多酚化合物提取工艺及抗氧化活性的研究 [J]. 中国食品学报, 2010, 10（5）: 14–21.

[37] VERMA J P, SINGH V, YADAV J. Effect of Copper Sulphate on Seed Germination, Plant Growth and Peroxidase Activity of Mung Bean（Vigna radiata）[J]. International Journal of Botany, 2011, 7（2）: 200–204.

[38] PAJAK P, SOCHA R, GALKOWSKA D, et al. Phenolic profile and antioxidant activity in selected seeds and sprouts [J]. Food Chemistry, 2014, 143: 300–306.

[39] LIU H K, CAO Y, HUANG W N, et al. Effect of ethylene on total phenolics, antioxidant activity, and the activity of metabolic enzymes in mung bean sprouts [J]. European Food Research & Technology, 2013,

237（5）：755-764.

［40］陶莎，黄英，康玉凡，等.大孔吸附树脂分离纯化红小豆多酚工艺及
效果［J］.农业工程学报，2013，29（23）：276-285.

［41］汪海波，谢笔钧，刘大川.燕麦中抗氧化成分的初步研究［J］.食品
科学，2003，24（7）：62-67.

［42］李巨秀，李利霞，曾王旻，等.燕麦多酚化合物提取工艺及抗氧化活
性的研究［J］.中国食品学报，2010，10（5）：14-21.

［43］杨红叶，杨联芝，柴岩，等.甜荞和苦荞籽中多酚存在形式与抗氧化
活性的研究［J］.食品工业科技，2011，32（5）：90-94.

［44］LI J，DAVID L，EUNHEE C，et al. Effects of avenanthramides on
oxidant generation and antioxidant enzyme activity in exercised rats［J］.
Nutrition Research，2003，23：1579-1590.

［45］WU L，HUANG Z，QIN P，et al. Chemical characterization of a
procyanidin-rich extract from sorghum bran and its effect on oxidative
stress and tumor inhibition in vivo［J］. Journal of Agri cultural Food
Chemistry，2011，59：8609-8615.

［46］FU L，XU B T，GAN R Y，et al. Total Phenolic Contents and Antioxidant
Capacities of Herbal and Tea Infusions［J］. International Journal of
Molecular Sciences，2011，12（4）：2112-2124.

［47］AGAWA S，SAKAKIBARA H，IWATA R，et al. Anthocyanins in
Mesocarp/Epicarp and Endocarp of Fresh Acai（Euterpe oleracea Mart.）
and their Antioxidant Activities and Bioavailability［J］. Food Science
and Technology Research，2011，17（4）：327-334.

［48］ORHAN I E，SENOL F S，ERCETIN T，et al. Assessment of
Anticholinesterase and Antioxidant Properties of Selected Sage（Salvia）
SpeciesWith their Total Phenol and Flavonoid Contents［J］. Industrial
Crops and Products，2013，41（10）：21-30.

［49］BASU A，LYONS T J.Strawberries，Blueberries，and Cranberries in the
Metabolic Syndrome: Clinical Perspectives［J］. Journal of Agricultural
and Food Chemistry，2011，60（23）：5687-5692.

［50］薛菲，陈燕.膳食纤维与人类健康的研究进展［J］.中国食品添加剂，
　　　2014, 2: 208-213.

［51］SCHNEEMAN B O.DIetary fiber and gastrointestinal function［J］.
　　　Nutrition Research, 2010, 45（7）: 129-132.

［52］ANDERSON J W, BAIRD P, DAVIS R H, et al.Health benefits of
　　　dietary fiber［J］. Nutrition Reviews, 2010, 67（4）: 188-205.

［53］丁莉莉，彭丽，孔庆军.膳食纤维与糖尿病的研究进展［J］.医学综述，
　　　2014, 20（7）: 1265-1268.

［54］AHMED F, SAIRAM S, UROOJ A. In vitrohypoglycemic effects
　　　of selected dietary fiber sources［J］. Journal of Food Science and
　　　Technology, 2011, 48（3）: 285-289.

［55］LU F, LIU Y, LI B. Okara dietary fiber and hypoglycemic effect of okara
　　　foods［J］. Bioactive Carbohydrates and Dietary Fibre, 2013, 2（2）:
　　　126-132.

［56］JING Q, YUE L, KINGSLEY G M, et al. The effect of chemical
　　　treatment on the In vitro hypoglycemic properties of rice bran insoluble
　　　dietary fiber［J］. Food Hydrocolloids, 2016, 52: 699-706.

［57］BABIKER R, ELMUSHARAF K, KEOGH M B, et al.Effect of Gum
　　　Arabic（Acacia Senegal）supplementation on visceral adiposity index
　　　（VAI）and blood pressure in patients with type 2 diabetes mellitus as
　　　indicators of cardiovascular disease（CVD）: a randomized and placebo-
　　　controlled clinical trial［J］. Lipids in Health &Disease, 2018, 17（1）:
　　　1-8.

［58］CAI X J, WANG L, WANG X L, et al. Effect of high dietary fiber low
　　　glycemic index diet on intestinal flora, blood glucose and inflammatory
　　　response in T2DM patients［J］. Biomedical Research, 2017, 28（21）:
　　　9371-9375.

［59］WANG Y, ZHOU Y L, CHENG Y K, et al. Enzymo-chemical preparation,
　　　physico-chemical characterization and hypolipidemic activity of granular
　　　corn bran dietary fibre［J］. Journal of Food Science and Technology,

2015，52（3）：1718−1723.

［60］ZHOU X，LIN W，TONG L，et al.Hypolipidemic effects of oat flakes and β−glucans derived from four Chinese naked oat（Avena nuda）cultivars inWistar−Lewis rats［J］. Journal of the Science of Food & Agriculture，2015，96（2）：644−649.

［61］WANG C L，ZHANG L，ZU Y G，et al.Study on the Hypolipidemic Effect of Betacyanin from Red Beet［J］. Food Industry，2011，32（6）：12−14.

［62］PAN H，YANG Q，HUANG G，et al.Hypolipidemic effects of chitosan and its derivatives in hyperlipidemic rats induced by ahigh−fat diet［J］. Food & Nutrition Research，2016，60（1）：1−12.

［63］FANG，C.Dietary psyllium reverses hypercholesterolemic effect of trans fatty acids in rats［J］. Nutrition Research，2000，20（5）：695−705.

［64］TALAWAR S，HAROHALLY N V，RAMAKRISHNA C，et al.Development of wheat bran oil concentrates rich in bioactives with antioxidant and hypolipidemic properties［J］. Journal of Agricultural and Food Chemistry，2017，65（45）：9838−9848.

［65］ADRIÁN M G，ALBA G，FERAS N，et al.Effects of fiber purified extract of carob fruit on fat digestion and postprandial lipemia in healthy rats［J］. Journal of Agricultural and Food Chemistry，2018，66（26）：6734−6741.

［66］吴洪斌，王永刚，郑刚，等. 膳食纤维生理功能研究进展［J］. 中国酿造，2012，31（3）：13−16.

［67］JIANG G，ZHANG L，WANG H，et al. Protective effects of Aganoderma atrum polysaccharide against acrylamide induced oxidative damage via a mitochondria mediated intrinsic apoptotic pathway in IEC−6 cells［J］. Food & Function，2018，9（12）：1133−1143.

［68］STANISAVLJEVIĆ I T，LAZIĆ M L，VELJKOVIĆ V B. Ultrasonic extraction of oil from tobacco（Nicotiana tabacum L.）seeds［J］. Ultrasonics Sonochemistry，2007，14（5）：646−652.

［69］边洪荣，孙广利，张海岚. 用正交试验法研究超声提取香菇多糖的最佳工艺［J］. 中药材，2006，29（3）：289-291.

［70］张吉祥，欧来良. 正交试验法优化超声提取枣核总黄酮［J］. 食品科学，2012，33（4）：18-21.

［71］WU H Y，HUANG G H，GU Z Y，et al. Optimization of total flavonoids extraction from bamboo leaves by Response Surface Methodology［J］. Food Science，2008，29（11）：196-200.

［72］HE N，YANG X，JIAO Y，et al. Characterisation of antioxidant and antiproliferative acidic polysaccharides from Chinesewolfberry fruits［J］. Food Chemistry，2012，133（3）：978-989.

［73］CHEN C，YOU L J，ABBASI A M，et al. Optimization for ultrasound extraction of polysaccharides from mulberry fruitswith antioxidant and hyperglycemic activity in vitro［J］. Carbohydrate Polymers，2015，130：122-132.

［74］ZHU W，XUE X，ZHANG Z. Ultrasonic-assisted extraction，structure and antitumor activity of polysaccharide from Polygonum multifl orum［J］. International Journal of Biological Macromolecules，2016，91：132-142.

［75］AGUILO-AGUAYO I，WALTON J，VINAS I，et al. Ultrasound assisted extraction of polysaccharides from mushroom byproducts［J］. LWT-Food Science and Technology，2017，77：92-99.

［76］HROMADKOVA Z，EBRINGEROVA A，VALACHOVIC P. Ultrasound-assisted extraction of water-soluble polysaccharides from the roots of valerian（Valeriana offi cinalis L.）［J］. Ultrasonic Sonochemistry，2002，9（1）：37-44.

［77］VILKHU K，MAWSON R，SIMONS L，et al.Applications and opportunities for ultrasound assisted extraction in the food industry—A review［J］. Innovative Food Science & Emerging Technologies，2008，9（2）：161-169.

［78］GÜLSEREN İ，G ZEY D，BRUCE B D，et al.Structural and functional changes in ultrasonicated bovine serum albumin solutions［J］.

Ultrasonics sonochemistry, 2007, 14（2）: 173-183.

［79］ARZENI C, PREZ O E, PILOSOF A M. Functionality of eggwhite proteins as affected by high intensity ultrasound ［J］. Food Hydrocolloids, 2012, 29（2）: 308-316.

［80］MARCHIONI C, RICCARDI E, SPINELLI S, et al.Structural changes induced in proteins by therapeutic ultrasounds ［J］. Ultrasonics, 2009, 49（6）: 569-576.

［81］HU H, LI E C, WAN L, et al. The effect ofhigh intensity ultrasonic pre-treatment on the properties of soybean protein isolate gel induced by calcium sulfate ［J］. Food Hydrocolloids, 2013, 32（2）: 303-311.

［82］MALTAIS A, REMONDETTO G E, SUBIRADE M. Mechanisms involved in the formation and structure of soya protein cold-set gels: A molecular and supramolecular investigation［J］. Food Hydrocolloids, 2008, 22（4）: 550-559.

［83］NGUYEN N H, ANEMA S G. Effect of ultrasonication on the properties of skim milk used in the formation of acid gels ［J］. Innovative Food Science & Emerging Technologies, 2010, 11（4）: 616-622.

［84］ZISU B, BHASKARACHARYA R, KENTISH S, et al. Ultrasonic processing ofdairysystems in largescale reactors ［J］. Ultrasonics Sonochemistry, 2010, 17（6）: 1075-1081.

［85］刘潭, 陈晓青, 蒋新宇, 等. 微波辅助提取龙葵中总生物碱的研究 ［J］. 天然产物研究与开发, 2005, 17（1）: 65-69.

［86］林燕妮, 陈密玉, 吴国欣, 等. 芥子碱提取工艺的研究 ［J］. 海峡药业, 2006, 18（6）: 15-18.

［87］BRACHET A, CHRISTEN P, VEUTHEY J L, et al. Focused microwave-assisted extraction of cocaine and benzoylecgonine from coca leaves ［J］. Phytochem Anal, 2002, 13（3）: 162.

［88］涂瑶生, 毕晓黎. 微波提取技术在中药及天然药物提取中的应用及展望 ［J］. 世界科学技术, 2005, 17（3）: 128-132.

［89］GANZLER K, SZINAI I, SALGO A.Effective sample preparation method for ext racting biologically active compounds from different mat rices by a microwave technique［J］. Journal of Chromatography A.1990，520（1）: 257- 262.

［90］孙萍，李艳，杨秀菊. 肉苁蓉总黄酮的微波提取及含量测定［J］. 现代中药研究与实践，2003，17（2）: 28-29.

［91］张梦军，金建锋，李伯玉. 微波辅助提取甘草黄酮的研究［J］. 中成药，2002，24（5）: 334-336.

［92］吴雪辉，江南，梁颖诗. 微波提取板栗花中黄酮类物质的工艺研究［J］. 食品工业科技，2006，27（8）: 106-109.

［93］DANDEKAR D V, GAIKAR V G. Microwave assisted extraction of cur-cuminoids from Curcuma longa［J］.Separation Science and Technology. 2002，37（11）: 2669-2690.

［94］郭振库，金钦汉，范国强. 黄芩中黄芩苷微波提取的实验研究［J］. 中草药，2001，32（11）: 985-987.

［95］鲁建江，王莉，顾承志. 商陆多糖的微波提取及含量测定［J］. 首都医药，2002，14（1）: 55-56.

［96］李艳，孙萍，顾承志. 新疆党参多糖的微波提取及含量测定［J］. 江西中医学院学报，2002，14（1）: 40-41.

［97］王莉，鲁建江，顾承志. 天花粉多糖的微波提取及含量测定［J］. 药学实践，2001，19（3）: 168-170.

［98］唐克华，曹俊辉，蒲登鑫. 微波提取天仙果多糖的工艺研究［J］. 中国野生植物资源，2002，21（1）: 46-48.

［99］刘依，韩鲁佳. 微波技术在板蓝根多糖提取中的应用［J］. 中国农业大学学报，2002，7（2）: 27-30.

［100］陈金娥，李成义，张海容. 微波法与传统工艺提取枸杞多糖的比较研究［J］. 中成药，2006，28（4）: 573-576.

［101］刘传斌，李宁，白凤武. 酵母胞内海藻糖微波破细胞提取与传统提取比较［J］. 大连理工大学学报，2001，41（2）: 169-172.

［102］MATTINA M J I, BERGER W A I, DENSONM C L.Microwave-assisted extraction of taxanes from Taxus Biomass［J］. J. Agric. Food

Chem, 2005, 45:4691-4693.

[103] 陈雷, 杨屹, 张新祥, 等. 密闭微波辅助萃取丹参中有效成分的研究 [J]. 高等学校化学学报, 2004, 12（1）: 312-315.

[104] CARRO N, GARCIA C M, CELA R. Microwave-assisted Extraction of Monoterpenols in Must Samples [J]. Analyst, 2002, 122: 325-329.

[105] 林棋, 魏林海, 陈焦阳. 微波萃取花生壳天然黄色素及其稳定性研究 [J]. 化学研究, 2002, 13（3）: 38-40.

[106] 刘宜锋. 应用微波技术提取玫瑰茄色素 [J]. 福建轻纺, 2008, 5（1）: 41-43.

[107] 郝守祝, 张虹, 刘丽. 微波技术在大黄游离蒽醌浸提中的应用 [J]. 中草药, 2002, 33（1）:23-25.

[108] 胡秀丽, 刘忠英, 荣会. 微波萃取与常规提取方法对大黄总蒽醌提取率的影响 [J]. 吉林农业大学学报, 2005, 27（2）: 194-196.

[109] 罗金岳, 安鑫南. 植物精油和天然色素加工工艺 [M]. 北京: 化学工业出版社, 2005.

[110] 陈业高. 植物化学成分 [M]. 北京: 化学工业出版社, 2005.

[111] 刘志伟. 超临界流体萃取技术及其在食品工业中的研究进展 [J]. 食品研究与开发, 2004, 4（25）: 3-6.

[112] 曹蕾, 曹纬. 超临界 CO_2 萃取青皮挥发油的工艺研究 [J]. 化学工程, 2007, 35（9）: 75-78.

[113] 吴琳华, 杜霞, 刘红梅. 超临界流体萃取广西莪术挥发油中 β- 榄香烯 [J]. 中草药, 2006, 37（3）: 368-370.

[114] REVERCHON E, TADDEO R. Extraction of sage oil by supercritical CO_2: influence of some process parameters [J]. The Journal of Supercritical Fluids, 1995, 8（4）: 302-309.

[115] BRAGA M E M, EHLERT P A D, MING L C, et al.Supercritical fluid extraction from Lippia alba:global yields, kinetic data, and extract chemical composition [J]. The Journal of Supercritical Fluid, 2005, 34（2）: 149-156.

[116] 孙永跃. 超临界二氧化碳萃取当归与川芎单复方中的药效成分研

究［D］.天津：天津大学，2005.

[117] 佟万兵,曹龙奎,宋亮.响应面法优化超临界 CO_2 萃取玉米蛋白粉中叶黄素工艺［J］.食品科学，2013，34（4）：37-41.

[118] 廖传华,黄振仁.超临界 CO_2 流体萃取技术-工艺开发及其应用［M］.北京：化学工业出版社，2004.

[119] 黄雪,冯光炷,雏廷亮,等.超临界 CO_2 萃取三七总皂苷［J］.精细化工，2008，25（3）：238-242.

[120] 韩志慧.山茱萸有效成分的提取及相关基础研究［D］.郑州：郑州大学，2007.

[121] 林杰.超声波辅助超临界 CO_2 萃取柚皮苷的工艺研究［J］.现代食品科技，2012，28（7）：850-874.

[122] 马晓红,姚向阳,韩凤梅,等.超临界 CO_2 萃取两头尖皂苷研究［J］.湖北大学学报（自然科学版），2003，25（2）：156-159.

[123] 李肇奖.油茶皂苷提取、分离及纯化的研究［D］.天津：天津科技大学，2005.

[124] 盛桂华,周泉城.超临界 CO_2 萃取瓜蒌多糖工艺研究［J］.食品工业科技，2008，29（5）：208-210.

[125] 王大为,单玉玲,图力古尔.超临界 CO_2 萃取对蒙古口蘑多糖提取率的影响［J］.食品科学，2006，27（3）：107-110.

[126] 陈孝泉.植物化学分类学［M］.北京：高等教育出版社，1990.

[127] 张良,袁瑜,李玉锋. CO_2 超临界萃取川贝母游离生物碱工艺研究［J］.西华大学学报，2008，27（1）：39-41.

[128] 蔡建国,张涛,陈岚.超临界 CO_2 流体萃取博落回总生物碱的研究［J］.中草药，2006，37（6）：852-854.

[129] 黄欣,苏乐群,傅春升.超临界 CO_2 流体萃取法和醇回流法提取元胡有效成分的比较［J］.华西药学杂志，2007，22（5）：532-533.

[130] 郑有飞,石春红,等.天然黄酮物质提取技术和分析方法的研究进展［J］.分析科学学报，2009，25（1）：102-107.

[131] 雍技,潘见.超临界 CO_2 萃取黄酮类物质的研究进展［J］.2005，31（3）：22-24.

［132］王晓丹，史桂云．不同方法提取柿叶总黄酮含量的比较［J］．泰山医学院学报，2008，29（6）：454-455.

［133］吕程丽，欧阳玉祝．CO_2超临界萃取葛根总黄酮的研究［J］．食品与发酵科技，2009，5：21-23.

［134］金向群，刘永刚，随志刚．大孔树脂分离纯化淫羊藿黄酮的研究中成药［J］．中成药，2004，26（11）：872-875.

［135］刘颖，魏元锋．大孔树脂对黄芩黄酮吸附的初步研究［J］．湖北中医学院学报，2005，7（2）：28-29.

［136］许沛虎，高媛，张雪琼，等．大孔树脂纯化黄连总生物碱的研究［J］．中成药，2009，3：390-393.

［137］CHANG X，WANG D，CHEN B，et al. Adsorption and desorption properties of macroporous resins for anthocyanins from the calyx extract of roselle（Hibiscus sabdariffa L.）［J］．Journal of agricultural and food chemistry，2012，60：2368-2376.

［138］WEI H，RUAN J L，LEI Y F，et al. Enrichment and purification of flavones from rhizomes of Abacopterispenangiana by macroporous resins［J］．Nat Med，2012，10（2）：119-124.

［139］储晓琴，胡叶青，岳磊．大孔吸附树脂纯化百蕊草总黄酮工艺研究［J］．中药材，2013，36（3）：478-481.

［140］GUO H，FAN K M，QIAN J Q. Purification of flavone C-glycosides from Bamboo leaves by macroporousadsorption resin［J］．Asian J Chem，2014，26（21）：7221-7225.

［141］HAN F，GUO Y P，GU H Y，et al. Application of alkyl polyglycoside surfactant in ultrasonic-assisted extraction followed by macroporous resin enrichment for the separation of vitexin-2-O-rhamnoside and vitexin from Crataegus pinnatifida leaves［J］．Chromatogr B，2016，1012-1013：69-78.

［142］LIU Z，WANG J Y，GAO W Y，et al. Preparative separation and purification of steroidal saponins in Paris polyphylla var. yunnanensis by macroporous adsorption resins［J］．Pharm Biol，2013，51（7）：899-

905.

[143] 盛华刚,林桂涛.大孔树脂纯化夏枯草总黄酮和总皂苷工艺研究 [J].山东中医药大学学报,2012,36(5):436-438.

[144] CHENG D, ZHOU B. Purification of total saponins in fructus tribuli by macroporous adsorption resins [J]. Med Plant, 2011, 2(8):44-45.

[145] 龚行楚,闫安忆,瞿海斌.大孔树脂分离纯化中草药中皂苷类成分的研究进展 [J].世界科学技术——中医药现代化,2013,15(2):329-334.

[146] LI C L, SHI X H, MEN Y, et al. Purification of astragalus polysaccharide with macroporous resins [J].Appl Mechan Mater, 2014, 618(2):326-329.

[147] 陶遵威,张岩,王文彤.大孔吸附树脂对苦豆子多糖纯化工艺研究 [J].现代药物与临床,2013,28(4):515-518.

[148] 吕新建,康宜君,刘红,等.LSA-5B 型大孔树脂纯化沙枣多糖的工艺研究 [J].时珍国医国药,2010,21(11):2785-2786.

[149] 莫永俊,汪春泉,王琦,等.大孔树脂纯化五味子总木脂素、总三萜工艺研究 [J].中国医药导报,2013,10(5):106-111.

[150] 冀德富,郭东艳.HPD100 大孔树脂纯化叶下珠总多酚的工艺研究 [J].中华中医药杂志,2013,28(1):240-242.

[151] KIM J, YOON M, YANG H, et al. Enrichment and purification of marine polyphenol phlorotannins using macroporous adsorption resins [J]. Food Chem, 2014, 162(1):135-142.

[152] ZHU S, BO T T, CHEN X Y, et al.Separation of succinic acid from aqueous solution by macroporous resin adsorption [J]. Chem Eng Data, 2016, 61(2):856-864.

[153] 魏冬青,陈绍民,苗建武,等.丹参总酚酸大孔树脂纯化工艺 [J].中国实验方剂学杂志,2012,18(3):42-44.

[154] 吴建雄,秦建平,万琴,等.大孔树脂纯化红花中羟基红花黄色素A 的产业化探索 [J].中国实验方剂学杂志,2013,19(16):5-7.

[155] 赵文恩,李勇.大孔树脂纯化枣皮红色素的初步工艺 [J].郑州大

学学报，2013，34（6）：28-31.

[156] 李良玉，李洪飞，王学群，等.模拟移动床分离高纯果糖的研究［J］.
食品工业科技，2012，33（3）：302-304.

[157] NGUYEN V D L，LEE J W Y.Separation of D-psicose and D-fructose
using simulated moving bed chromatography［J］.Journal of Separation
Science，2009，32（11）:1987-1995.

[158] 雷华杰.从木糖母液中回收心阿拉伯糖的工艺研究［D］.杭州：浙
江大学，2010.

[159] 杨亚威，王瑞明，李丕武，等.模拟移动床色诺分离海藻糖和葡萄
糖［J］.食品工业科技，2013，34（14）：251-253.

[160] BROUGHOTN D B ，GEHTOLD C. Contniuous sorption Poreess
employing fixed bed of Sobrent Nad moving inlets and oullets［P］. US
Patent，1961.

[161] 王建建，高丽娟，张丽华，等.玉米须黄酮的模拟移动床色谱纯化工
艺［J］.安徽农业科学，2007，35（26）：8096-8098.

[162] 刘江丽.牛初乳中乳铁蛋白分离纯化的产业化技术参数研究［D］.
大庆：黑龙江八一农垦大学，2011.

[163] 刘妍妍，李良玉，张丽萍.模拟移动床分离纯化纳豆激酶的研究［J］.
农产品加工（学刊），2011，11:29-31.

[164] 张建超，高丽娟.模拟移动床色谱纯化白藜芦醇［J］.色谱实验室，
2012，29（1）：150-152.

第二章　苦荞麦壳黄酮的分离技术

第一节　研究背景

苦荞麦壳是苦荞麦加工的废弃物，一般作为饲料使用，或被丢弃，若能从中提取黄酮类化合物，则可以使其增值，提高经济效益，又可减少相应的环境污染。本研究以苦荞麦壳为原料，研究采用超声波辅助提取苦荞麦壳黄酮，研究提取剂、料液比、超声温度、超声功率、超声时间、提取次数等因素对苦荞麦壳黄酮提取率的影响，确定最佳的苦荞麦壳黄酮提取工艺；在单柱的基础上，采用模拟移动色谱纯化苦荞麦壳黄酮，确定最佳的模拟移动床色谱纯化苦荞麦壳黄酮的实验条件；采用紫外光谱、红外光谱、质谱等技术对苦荞麦壳黄酮的结构进行鉴定与分析；最后，对苦荞麦壳黄酮的体外抗氧化性能进行了研究。本研究为苦荞麦的开发利用提供科学依据；建立一种适于工业化提取纯化苦荞麦壳黄酮的方法，制备高纯度芦丁，为综合利用苦荞麦提供理论和实际依据。此外，有利于深入研究苦荞麦药理、保健作用，为苦荞麦资源开发和保健食品的研究打好基础，以期为荞麦资源的充分开发利用提供指导。

一、苦荞概述

苦荞（tartary buckwheat）又名三角麦，又称作鞑靼荞麦，是双子叶蓼科荞麦属（fagopyrum esculentum）植物的成熟种子，为一年生草本植物，是一种粮、饲、药兼用的植物资源。苦荞栽培历史久远，在我国历代的古农书、古医书中都有记载，如早在两千多年以前的《神农书》《齐民要术·杂说》中都有栽培荞麦的记载，中国是苦荞麦的发源地，是世界主产国之一，在我国主要分布在西南山区及陕西、山西等地，其中，西南地区是世界苦荞的主产区，具有丰富的栽培品种和野生资源，是进行遗传育种以及其他科研工作的重要原料。苦荞性喜冷凉气候，适宜在高纬度、高海拔地区生长，而且生育期短（60~90天）、耐旱、耐寒、耐酸、耐脊、适应性强，在我国主要分布于四川凉山、云、贵、晋、冀高原等处，年产苦荞约一亿公斤，每年向日本和韩国出口大量荞麦，能满足国际市场1/10的需求。

苦荞是当今世界上集营养、保健、医疗于一体的天然保健食品之一，被称为"药食两用"的粮食珍品。苦荞麦营养丰富，富含蛋白质、淀粉、脂肪、粗纤维、维生素、矿物质等成分。与甜荞和其他的大宗粮食作物相比有很多独特的优势。苦荞中的蛋白质、脂肪、粗纤维均高于甜荞、大米和小麦，蛋白质和粗纤维也高于玉米，苦荞麦中高活性蛋白含量约为11.64%，而且其高活性蛋白中既含有水溶性清蛋白，又含有脂溶性球蛋白，这两种蛋白质占总蛋白质的50%以上，这与一般谷类粮食的蛋白质组成小致相同，近似于豆类。苦荞麦的蛋白质不仅有人体必需的8种氨基酸，而且其含量都高于小麦、大米和玉米，还含有成年人和儿童的另外两种必需氨基酸——组氨酸和精氨酸，这与鸡蛋比较接近（与小麦粉、玉米粉和大豆粉相比）。苦荞麦蛋白质的另一个显著特点就是富含其他谷类作物的限制性氨基酸——赖氨酸，其含量是玉米的3倍，苦荞中色氨酸含量特别高，是玉米的3.5倍，而且除亮氨酸外，其他七种必需氨基酸含量都高于甜荞、玉米、大米和小麦。就苦荞中氨基酸组成而言，其模式符合WHO推荐的标准，具有较高的生物效价。

二、苦荞麦壳概述

目前，荞麦加工的原料主要是荞麦仁，荞麦壳作为加工的副产物几乎没有利用，苦荞麦壳是荞麦生产的副产物，约荞麦总量的24.4%，研究表明苦荞麦麸皮中总黄酮含量可达6%~7%，荞麦壳中黄酮类化合物的含量高于荞麦仁。我国的苦荞麦壳大部分被直接丢弃，只有少部分被用来作为枕芯填充料，或者直接燃烧，造成了资源的极大浪费。现代医学研究表明荞麦壳具有抗氧化、降血糖、降血脂、抗肿瘤等多种药理活性，而发挥这些药理活性的物质主要是荞麦中所含有的黄酮类化合物，其中苦荞黄酮类化合物含量大大高于甜荞，从苦荞麦壳中提取黄酮类化合物作为保健食品或药品的原料具有较好的前景。苦荞壳黄铜的生理功能主要有以下几个方面：

1. 抗氧化功能

苦荞壳黄酮类化合物具有增强抗氧化酶活性，抗脂质过氧化的作用。伍杨等对苦荞黄酮对老龄鼠的抗氧化功能进行了研究，结果表明，能防止体内抗氧化酶受自由基诱导的氧化损伤，增强抗氧化酶的活性，有效降低老龄鼠体内脂质过氧化水平。韩淑英等研究了荞麦叶总黄酮对异丙肾上腺素诱导大鼠心肌肥厚的影响，皮下注射异丙肾上腺5mg/（kg·d）同时用荞麦叶总黄酮灌胃（ig）给药［0.1mg/（kg·d）、0.2mg/（kg·d）、0.4mg/（kg·d）］连续2周，测定心脏质量指数，心室RNA、AngII、MDA的含量，SOD活性，血清心肌酶活性及心肌病理改变，结果发现，TFBL具有升高SOD活性等功能，对异丙肾上腺素所致心肌肥厚具有抑制作用。

2. 降血糖、降血脂功能

唐春红等研究了荞麦壳黄酮提取液对大鼠高脂血症及血液流变学参数的影响，选用Wistar大鼠60只，雌雄各半，体质量150~180g，空腹称重，剪尾采血测血脂后随机分为5组，每组12只，组间体质量、血脂水平无明显差异。5组分别是正常饲料组，高脂饲料组，黄酮高、中、低剂量组，分别给予基础饲料、高脂饲料和添加黄酮不同剂量的浓缩液的饲料，以每只大鼠口摄入黄酮含量分别为 0.85mg/kg、1.57mg/kg和3.35mg/kg计，大鼠单笼饲养，自由摄食和饮水，每两周称1次体质量并记录动物摄食量，饲喂8周后大鼠用乙醚麻醉，眼底静脉采血，按要求分离血清、血浆进行生化测定及全血和血浆高、中、低切流变学测定。试验结果表明，荞麦黄酮具有明显的降低大鼠血清中总胆固醇的作用，还可以降低血清中甘油三酯和低密度脂蛋白及极低密度脂蛋白的作用。

3. 预防、治疗老年痴呆症功能

随着人们生活水平的提高和医疗卫生事业的发展，人口老龄化已成为社会发展的大趋势，老年性痴呆病成为重大社会问题。而由脑血管障碍引起的阿尔茨海默病（一种精神与肉体全面衰退的老年性痴呆症类的疾病）占有很大的比例。在对阿尔茨海默病患者发病过程的研究中发现：痴呆症状出现前，有β-淀粉样蛋白的蓄积；痴呆症状出现时，有TNF（医学上是肿瘤坏死因子）蓄积。β-淀粉样蛋白是阿尔茨海默病患者老人斑的主要成分。而苦荞中所含的儿茶素是β-淀粉样蛋白毒性的抑制物质。所以，苦荞黄酮对老年痴呆症有一定的预防、治疗作用。伍杨等研究了苦荞黄酮对老龄鼠的抗氧化功能影响，认为苦荞黄酮类化合物是一种天然的自由基清除剂，能清除体内活性氧，减少膜脂质过氧化，减少MDA的产生，并能提高SOD，GSH-PX的活性，增强清除自由基的能力。苦荞壳中的芦丁、槲皮素具有维持血管抵抗力、降低毛细血管脆性和通透性、抑制血管紧张素转换酶的活性的作用，同时对脑出血、贫血病还有预防作用。

4. 杀菌、抑菌功能

具有抑制金黄色葡萄球菌、大肠杆菌和枯草杆菌的作用，对烧伤、创伤、溃疡等有恢复作用。苦荞壳中的黄酮类化合物属于酚类物质或其衍生物，而该类物质一般显酸性，并且一些蛋白质可以在酸性环境中凝固或变性，导致一部分细菌的死亡。Gould指出，酚类物质可通过破坏细胞壁及细胞膜的完整性，导致微生物细胞释放胞内成分引起膜的电子传递、营养吸收、核苷酸合成及ATP活性等功能障碍，从而抑制微生物的生长，起到抑菌作用。

5. 预防动脉粥样硬化功能

尹超彦在研究苦荞壳黄酮对实验性大鼠预防性调节血脂和血流变作用及毒理学评价时发现，一定剂量苦荞黄酮对预防动脉粥样硬化的发生和发展有积极的作用。而且一定剂量苦荞黄酮在明显地降低血脂的同时还明显改善全血比黏度、血浆比黏度，从而降低动脉粥样硬化致心脑血管疾病的发生风险。

6. 抗癌、抑制肿瘤功能

类黄酮的抗癌作用主要是指它能够减小甚至消除一些化学致癌物的毒性。也有人认为，它的抗癌作用是由于类黄酮物质可极大地抑制P450酶的活性，从而抑制了杂环胺类物质的致癌性。

7. 其他作用

除以上功能外，苦荞粉还能防晒、祛斑、治疗胃病、治腹痛、治痢疾、治便血、利尿、镇咳、祛痰、明目、抗炎、抗过敏、解痉、强心、平喘等功效。

三、荞麦黄酮分离技术的研究概况

（一）苦荞壳黄酮提取研究现状

目前，天然产物中黄酮的提取方法主要有：水提取法、有机溶剂提取法、微波法、酶解法、大孔树脂吸附法、超临界萃取法等。这些方法存在着提取温度高、提取时间长、活性低、消耗乙醇量大、成本高、耗能多、得率低、杂质多，且有一定的安全隐患等缺点。

1. 浸提法

目前，荞麦壳中黄酮类化合物的提取多采用此法，主要依据是黄酮类化合物与提取剂相似相溶的原理。黄酮类化合物种类繁多，极性差别较大，因此，采用浸提法提取黄酮类化合物时需要考虑到黄酮类化合物的组分。荞麦中黄酮类化合物的极性较弱，且部分不溶于水，一般采用甲醇、乙醇、丙酮等有机溶剂浸提。浸提法操作简单，对设备的要求也不高，然而耗时较长，一般需要2h以上的浸提时间，且得率较低。

2. 微波辅助提取法

微波辅助提取法是利用微波场加热时产生的生物效应、热效应及"扰动"效应来加快黄酮类化合物的扩散溶解，能够有效提高得率。该方法操作简单，选择性高，耗时短，但是微波加热温度不易控制。韩志萍等采用多种提取方法对甜荞麦不同部位的总黄酮进行含量测定，结果表明，微波辅助提取法优于浸提法和回流法。王军等对荞麦麸皮中黄酮类化合物微波提取工艺进行了研究，结果表明，在乙醇体积分数为80%、料液比为1∶50、中档功率的条件下，微波加热120s，黄酮类化合物的得率为5.51%，比传统提取法更节省时间，节约能量，但是这个方法的设备投入大，不易于产业化生产。

3. 酶辅助提取法

酶辅助提取法是指利用纤维素酶、半纤维素酶和果胶酶等破坏植物细胞壁，从而使黄酮类化合物释放出来。该方法提取条件温和，提取物活性高，但是酶解会产生大量多糖等杂质，同时，酶处理操作复杂，对设备要求较高。张素斌等为探究从甜荞麦中提取黄酮类化合物的最佳工艺，比较了4种提取方法，结果表明，浸提法提取时间最长，纤维素酶辅助提取法时间较短，但得率与浸提法相差不大，但是，酶在生产中所占成本较高，生产成本过高不易于产业化生产。

4. 半仿生提取法

半仿生提取法是近几年新兴的提取方法，是在仿生学的基础上，从生物药剂学的角度出发，模仿口服药物经肠胃转运吸收环境，采用一定pH的酸液和碱液依次连续提取，得到高活性混合物。该方法不使用有机溶剂，可以有效保留活性成分，且成本低，但提取物中杂质较多。蓝峻峰等研究了半仿生法提取叶下珠总黄酮，结果表明，在一定条件下，分别用pH为2.0、7.5、8.3的水溶液模拟肠胃环境各提取一次，黄酮类化合物的提取率为1.505%，优于传统方法，但是这种方法还不成熟，存在一定的风险。

5. 超声波辅助提取法

近年来，超声波辅助提取法发展迅速，提取过程中产生空化效应和热效应可以有效促进黄酮类化合物的溶出，提高得率。该方法操作简单，耗时短，得率高，同时超声温度一般在80℃以下，可以有效保护热敏成分不被破坏。何琳采用超声波辅助法提取甜荞麦麸皮中的黄酮类化合物，结果表明，超声波辅助法的最佳提取时间为30min，比浸提法缩短了5倍，黄酮类化合物的得率提高了20.25%。目前，超声波辅助提取苦荞壳中总黄酮的研究还存在一定的缺陷，还处于试验室研究阶段，需要进一步的研究，因此，本研究在现有的研究的基础上进行苦荞麦壳总黄酮提取的工艺参数优化。

（二）苦荞壳黄酮纯化技术的研究概况

苦荞麦壳黄酮类化合物在提取的过程会有较多的多糖、蛋白质等杂质混入，影响产品的纯度，因此需要进行纯化处理，目前，常用的纯化方法主要是大孔吸附树脂分离法和膜分离法，荞麦中黄酮类化合物的纯化也多采用这两种方法。近年来，随着技术的进步，一些新兴纯化方法受到越来越多的关注，如金属络合法和双水相萃取法等。

1. **超滤法**

超滤是一种膜分离技术，根据体系中相对分子质量的大小和形状，通过膜孔对混合物中各组分的筛分、吸附等作用，在分子水平上进行分离、纯化、浓缩或脱盐作用。近年来在中药领域应用较为广泛，但对于黄酮类化合物的提纯则很少有报道。高琳等在研究银杏叶提取物精制工艺时发现，提取液经超滤纯化除去了大分子水溶性蛋白、多糖等杂质后进柱，有利于黄酮在树脂上的吸附和洗脱。但是超滤法处理量有限，而且对滤膜要求高，不易进行大规模的生产，同时滤膜的清洗和再生困难，定期更换膜也增加了操作的费用。

2. **pH沉淀法**

由于黄酮类在酸性条件下溶解性小，可用酸使其析出。但酸性不宜过强，以免生成烊盐和发生水解。王尚义等把沙棘叶的水提取液pH调节至3.0，产生沉淀，用30%的乙醇淋洗沉淀，除去杂质，干燥，得到总黄酮产品。这种方法的优点是工序少，成本低，操作简单，比较经济，但是由于黄酮类化合物易水解，而且能够沉淀的黄酮类化合物有限，导致收率不高，而且采用此方法提纯的产品纯度也不高，同时，由于植物中的黄酮一般都是很多成分的混合物，不能在同一 pH完全沉淀，所以实际操作存在较大的困难，而且损失比较大。

3. **超速离心法**

超速离心法是通过离心机的高速运转，使离心加速度超过重力加速度，沉降速度增加，以加速药液中杂质沉淀并将其除去的一种方法。具有省时、省力、药液回收完全，有效成分含量高、澄清度高的特点，更适用于分离含难于沉降过滤的细微粒或絮状物的悬浮液。如高速离心法制备的清热解毒口服液避免了药液反复浓缩、转溶使有效成分受热而造成的含量降低，产品稳定，黄酮含量显著高于水醇法。但超速离心法无法除去糖类等杂质，而且因其除杂不完全提取物易吸潮。在应用中本法常作为膜分离法的前处理工艺。

4. **逆流色谱分离法**

Tian-you Zhang 等曾经报道采用逆流色谱来分离沙棘黄酮，用乙醇提取的黄酮粗品，在氯仿、甲醇和水之比为4∶3∶2的两相溶剂中用逆流色谱分离，得到异鼠李素、槲皮素、山奈酚等五种成分。这种方法主要用于分析黄酮的成分和得到黄酮标准品，一般不用于大规模提取黄酮。因为成本太高，而且产量特别低，所以它只能作为混合物的分析手段，而不能作为混合物的分离纯化方法。

5. 硅胶柱层析法

此法应用范围极广，主要适于分离异黄酮、二氢黄酮、二氢黄酮醇及高度甲基化（或乙醚化）的黄酮及黄酮醇类。如阮栋梁等利用硅胶柱层析，从沙棘叶子中分离并鉴定出黄酮类成分，并对其结构进行了结构鉴定，但是该法不适于大生产。

6. 聚酰胺柱层析法

对分离黄酮类化合物来说，聚酰胺是较为理想的吸附剂。其吸附强度主要取决于黄酮类化合物分子中羟基的数目与位置及溶剂与黄酮类化合物或与聚酰胺之间形成氢键缔合能力的大小。聚酰胺柱层析法可用于分离各种类型的黄酮类化合物，包括苷元、查耳酮与二氢黄酮等。如陈景耀等聚酰胺分离蒲公英全草乙醇提取液，得到的黄酮类提取物纯度达 67.4%，但是该法不适于大生产。

7. 超临界流体提取法

超临界流体萃取的原理是利用超临界流体的溶解能力与其密度的关系，利用压力和温度对超临界流体溶解能力的影响而进行的。在超临界状态下，压力和温度发生微小的变化，密度即发生改变，从而引起溶解度的变化。将压力或温度适当调整，会使溶解度在 100～1000 内波动，由此实现目标物质的分离。郭月英采用超临界流体提取法，对苦荞壳中黄酮类化合物的提取工艺进行了较为系统的研究，研究结果表明，超临界 CO_2 萃取苦荞壳黄酮，萃取压力、萃取温度、萃取时间、固液比、乙醇浓度对总黄酮含量都有影响。由正交试验结果得出萃取较优组合为：萃取时间 4h、萃取温度 35℃、固液比 1∶10、萃取压力 25MPa。由于该法设备昂贵，而且制备量较少，一般不用于大规模生产。

8. 铅盐沉淀法

在乙醇或甲醇的提取液中加入饱和的中性乙酸铅溶液，可使具有邻二酚羟基或羧基的黄酮类化合物沉淀析出。如果所含的黄酮类化合物不具有上述结构，则加中性乙酸铅发生的沉淀为杂质，过滤除去。再向滤液中加碱式乙酸铅，可使其他黄酮类化合物沉淀析出。滤取黄酮类化合物的铅盐沉淀，悬浮于乙醇中，通入H_2S进行复分解，滤除硫化铅沉淀，滤液中可得黄酮类化合物。由于操作过程引入了重金属铅，所以铅盐沉淀法在食品与药品原料的制备中很少使用。

9. 重结晶法

此法虽具有制备量大的特点，但操作烦琐，溶剂用量及能耗大，而且不能将混合物中具有相似结构和理化性质的同系物完全分开。所以此法不适合用来大规模纯化高纯度的化合物。

10. 大孔吸附树脂分离法

大孔吸附树脂分离法是目前黄酮类化合物纯化普遍采用的一种方法，主要是利用大孔吸附树脂的吸附性和分子筛的原理，选择性地吸附有效物质，除去杂质，然后再通过洗脱将有效物质从树脂上分离，从而达到纯化的目的。该方法操作简单，产品纯度高，且树脂可以重复利用，但是该法的运行成本高，效率相对低，面对日益激烈的国内外竞争不占有优势，生产成本高，附加值不高。因此，目前我国苦荞壳黄酮的提纯项目还没有真正实现产业化生产。

11. 模拟移动床连续色谱分离法

色谱分离技术最早由俄国植物学家Tswett（1903）提出，他把植物色素的石油醚抽出液倾入装有碳酸钙的吸附柱上，再以石油醚去洗脱，得到植物色素的不同颜色的谱带，这种连续色带被称为色层或色谱。色谱分离技术是基于组分选择吸附原理上的一种分离技术，后来色谱普遍用来分离无色物质，并不存在"色谱"，但这个名称一直被沿用下来。它是通过先将样品注入填满固相（吸附相）的色谱柱上端，然后用适合的溶剂洗脱，由于样品中各个组分对于固相的吸附能力不同，使它们最终分开。在这一过程中，溶质通过分子作用力从液相或气相混合物转移到固相吸附剂表面称为吸附；而解吸则是一个相反过程，使溶质从吸附剂表面移去，组分的吸附和解吸贯穿始终。

色谱分为分析色谱和制备色谱，无论哪种色谱分离都有三个主要指标，即分离度、分离时间和处理量，这三者互相关联和制约。分析色谱追求的是分离度，分离时间和处理量是次要的；制备色谱追求的是处理量而对分离度则可以要求低一些。近年来，色谱分离技术在工业制备生产上的应用日趋广泛，尤其是在制药、精细化工和生物工程等领域方兴未艾。甚至对于某些混合物而言，色谱分离法是得到高纯产品的有效方法，例如，应用于分离大部分的对映体和异构体化合物以及一些沸点相近，或分子量大，或热敏性的有机混合液。

工业化分离色谱的早期装置是固定床色谱吸附分离设备，其设备构造较简单，操作方便，床层内的流体流动状态良好、均一、返混现象较少，有良好的分离效果。因此，固定床在很长的一段时间里一直受到人们的关注。但是，固定床色谱存在着一些缺点：吸附剂的用量大，溶剂消耗大，产品的浓度低，回收困难，且操作不连续，原料的处理量较小。由于制备效率低下，制备成本很高，因此制备成品的价格相对很高，色谱制备技术被看成一种昂贵的制备手段。但是当人们碰到生物、药物活性化合物制备，特别是对映体、同系物等物质制备时，其他制备方法难以胜任，必须依靠色谱制备技术。为了改变这种现状，化学家和工程师们将发展的目光投向连续色谱技术研究。Broughton（1961）的模拟移动床色谱分离设备专利技术中详细介绍了仪器的设计情况，其技术原理是利用阀切换技术改变进样、流动相注入点及分离物收集点的位置来实现逆流操作，因此称为模拟移动床（simulated moving bed，SMB）技术。该篇专利技术的发表，标志着SMB技术的诞生。但是，之后的一段时间内色谱技术未充分发展起来，人们对这一设备不大理解而备受冷落，数十年后仅在石油工业和糖类工业中偶尔应用。

1992年，美国食品药品管理委员会（FDA）对手性药物的上市提高了质量要求，因此人们重新来考虑模拟移动床技术以解决对映体制备问题。Negawa和Shogi（1992）等成功的应用SMB技术分离了苯基乙胺对映体，向人们展示了SMB技术的优越性：与传统制备色谱相比具有高产率（相同色谱条件下，SMB技术制备量是淋洗色谱的61倍）和低流动相消耗（制备相同量的对映体，SMB技术的试剂消耗量为淋洗色谱的1/87）。SMB技术的出现，解决了液相色谱制备效率低下、溶剂消耗量大、生产成本高等弱点。

　　SMB离子交换系统是模拟移动床的技术种类之一，在SMB离子交换过程中强调的是交换量、流动相的流量及切换时间四个参数的确定，SMB离子交换过程中的流动相包括料液、洗脱剂、水、再生剂。而SMB色谱层析强调的是流动相、需要保留组分、被分离组分、弱保留组分的流量及切换时间六个参数的确定，因此，SMB色谱分离技术研究中最好要通过固定化色谱层析柱的试验数据建立或应用相应的数学模型，以便减少繁杂的试验摸索，节省实验时间和试验材料。SMB离子交换的工艺设计也要根据固定化离子交换柱的试验数据，再计算出SMB离子交换系统的工艺参数，以便减少试验次数，加快优化参数的实验进程，节省试验材料。

第二节　苦荞麦壳总黄酮提取的工艺参数优化

一、材料与设备

　　苦荞麦壳（市购）；芦丁标准品（中国药品生物制品检验所）；甲醇、无水乙醇、乙酸钾、氯化铝、三氯化铁、氢氧化钠（分析纯，市购）；恒温水浴箱（上海森信实验仪器有限公司）；MD100—2型电子分析天平（沈阳华腾电子有限公司）；烘干箱（天津市泰斯特仪器有限公司）；岛津UV—260紫外分光光度计（日本岛津）；JBT/C超声波药品处理机（济宁金百特电子有限责任公司）。

二、试验方法

（一）苦荞麦壳黄酮的提取工艺流程

　　苦荞麦壳→50℃烘48h→粉碎过100目筛→70%乙醇溶解→超声波辅助提取→过滤→浓缩→真空干燥

　　苦荞麦壳置于烘箱中50℃条件下烘干48h，粉碎并过100目筛，得到苦荞麦壳粉。取适量苦荞麦壳粉于250mL烧瓶中，加入浓度为70%乙醇溶液，在搅拌条件下，将圆底烧瓶置于超声波仪中进行超声波处理，在一定温度下浸提，提取液抽滤。残渣用相应的提取剂洗涤3次，合并滤液，所得滤液旋转蒸发至干后真空干燥，得到苦荞麦壳粗黄酮。

（二）检测方法

1. 标准曲线绘制

称取干燥至恒重的芦丁标准品10mg，用80%乙醇溶解，转移至50mL容量瓶中定容，此标准溶液浓度为0.2mg/mL。分别量取标准溶液0mL、1.0mL、2.0mL、3.0mL、4.0mL、5.0mL于10mL具塞刻度试管中，加80%乙醇至5mL，加5%的亚硝酸钠溶液0.3mL，摇匀后静置6min；加10%的硝酸铝溶液0.3mL，摇匀后静置6min；加入4%的氢氧化钠溶液4mL，加80%乙醇至刻度，摇匀后静置10min，在510nm的波长下测定吸光度A，以芦丁浓度为横坐标，以吸光度值为纵坐标，根据测定值绘出标准曲线图。

2. 样品测定

取1mL待测液于10mL具塞试管中，按标准曲线的测定方法和步骤于510nm的波长下测定吸光度值，将其带入标准曲线方程得出芦丁含量，再将芦丁含量代入得率计算公式：

$$\omega = \frac{C \times V \times D \times 100}{m \times 100 \times (1-H)} \times 100$$

式中：C为浓度（g/mL）；V为体积（mL）；D为稀释倍数；m为原料质量（g）；H为苦荞麦壳含水率。

计算出得率，然后m（苦荞麦壳试样的质量）×ω（得率）算出总黄酮含量。

（三）单因素试验方法

1. 超声功率对荞麦壳黄酮得率的影响

选择苦荞麦壳10g，70%乙醇为提取剂，超声频率24 kHz，超声时间为25min、超声温度40℃、液料比（mL/g）为25：1的条件下，研究超声功率分别为100W、200W、300W、400W、500W时对苦荞麦壳总黄酮提取效果的影响。

2. 液料比对荞麦壳黄酮得率的影响

选择苦荞麦壳10g，70%乙醇为提取剂，超声频率24kHz，超声功率300W、超声时间25min、超声温度40℃、研究液料比（mL/g）分别为10：1、15：1、20：1、25：1、30：1、35：1、40：1时对苦荞麦壳总黄酮提取效果的影响。

3. 超声温度对荞麦壳黄酮得率的影响

选择苦荞麦壳10g，70%乙醇为提取剂，超声频率24kHz，超声功率300W、超声时间为25min、液料比（mL/g）为25∶1的条件下，研究超声温度分别为40℃、45℃、50℃、55℃、60℃、65℃、70℃时对苦荞麦壳总黄酮提取效果的影响。

4. 超声时间对荞麦壳黄酮得率的影响

选择苦荞麦壳10g，70%乙醇为提取剂，超声频率24kHz，超声功率300W、超声温度为40℃、液料比（mL/g）为25∶1的条件下，研究超声时间分别为10min、15min、20min、25min、30min、35min、40min时对苦荞麦壳总黄酮提取效果的影响。

（四）响应面优化试验方法

在单因素试验基础上，根据二次回归组合试验设计原理，以荞麦壳黄酮得率为响应值，设计超声功率、提取温度、提取时间、液料比四个因素进行响应面分析试验，试验设计见表2-1。

表2-1　因素水平编码表

编码值	超声功率 X_1（W）	液料比 X_2（mL/g）	超声温度 X_3（℃）	超声时间 X_4（min）
−2	200	25	55	25
−1	250	27.5	57.5	27.5
0	300	30	60	30
+1	350	32.5	62.5	32.5
+2	400	35	65	35

（五）试验数据分析处理方法

试验重复3次，采用SAS8.2软件进行数据统计分析。

三、结果与分析

（一）标准曲线

苦荞麦壳总黄酮测定的标准曲线如图2-1所示。

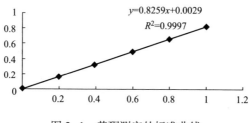

图2-1　黄酮测定的标准曲线

由图2-1可以看出，苦荞麦壳总黄酮测定的计算公式为$y=0.8259x+0.0029$，该标准曲线的R^2为0.9997，因此该曲线可信。

（二）单因素试验结果

1. 超声波功率对苦荞麦壳总黄酮得率的影响

超声波功率与苦荞麦壳总黄酮得率的关系，如图2-2所示。

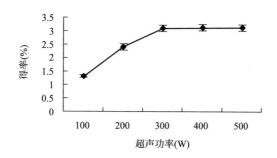

图2-2　不同超声功率与苦荞麦壳黄酮提取的关系

试验采用SAS 8.2统计软件对实验结果进行One—Way—ANOVA分析及Duncan分析，在研究超声功率的五点三次重复的因素分析中，$P<0.01$，相关系数为0.931，说明不同超声功率对荞麦壳黄酮的得率有显著影响。由图2-2可以看出，随着超声功率的不断增大，苦荞麦壳总黄酮的得率呈现上升的趋势；当超声功率为300W后，得率趋于平稳。由于超声波具有强烈的热效应，随着超声功率的增加，其热效应也增强，而黄酮作为功能性物质，在高温下容易失去某些活性甚至部分降解。因此，本试验选择响应面优化处理超声功率范围为在以300W为中心的200～400W。

2. 超声液料比对苦荞麦壳总黄酮得率的影响

超声液料比与苦荞麦壳总黄酮得率的关系图，如图2-3所示。

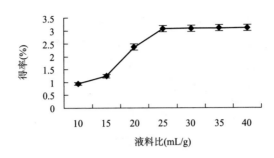

图2-3　不同超声液料比与苦荞麦壳黄酮提取的关系

试验采用SAS 8.2统计软件对实验结果进行One—Way—ANOVA分析及Duncan分析，在研究超声液料比的七点三次重复的因素分析中，$P<0.01$，相关系数为0.978，说明不同超声液料比对荞麦壳黄酮的得率有显著影响。由图2-3可以看出，随着超声液料比的不断增大，苦荞麦壳总黄酮的得率呈现上升的趋势；当超声液料比达到30∶1后，得率趋于平稳。因此，本试验选择响应面优化处理超声液料比范围为在以30∶1为中心的25∶1～35∶1。

3. 超声温度对苦荞麦壳总黄酮得率的影响

超声温度与苦荞麦壳总黄酮得率的关系图，如图2-4所示。

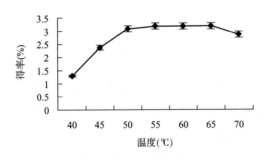

图2-4　不同超声温度与苦荞麦壳黄酮提取的关系

试验采用SAS 8.2统计软件对实验结果进行One—Way—ANOVA分析及Duncan分析，在研究超声温度的七点三次重复的因素分析中，$P<0.01$，相关系数为0.926，说明不同超声温度对荞麦壳黄酮的得率有显著影响。由图2-4可以看出，在60℃时，得率达到最大值，接下来又呈现下降趋势。随着超声波温度的升高，乙醇溶剂的溶解能力和溶解速度也随

之提高，苦荞麦壳中的黄酮分子运动速度也随之提高，在曲线中表现出来的是乙醇溶剂和黄酮分子在寻求互相融合的速度及能力的平衡过程，最终到达60℃时两者到达最佳平衡状态。因此，本试验选择响应面优化处理超声温度范围为在以60℃为中心的55~65℃。

4. 超声时间对苦荞麦壳总黄酮得率的影响

超声时间与苦荞麦壳总黄酮得率的关系图，如图2-5所示。

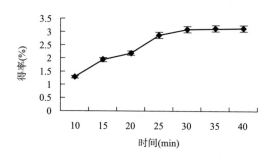

图 2-5　不同超声时间与苦荞麦壳黄酮提取的关系

试验采用SAS 8.2统计软件对实验结果进行One—Way—ANOVA分析及Duncan分析，在研究超声时间的七点三次重复的因素分析中，P<0.01，相关系数为0.924，说明不同超声时间对苦荞麦壳黄酮的得率有显著影响。由图2-5可知随着超声时间的延长，得率总体呈现上升趋势。在20~30min时，得率呈现上升的趋势。在30min时，得率达到最大值。在30~50min时，得率逐步下降并趋于平稳。因为，当超声温度在20~30min时，超声波的空化作用使苦荞麦壳组织细胞达到足够破裂，乙醇溶剂也达到足够穿透能力。因此，得率呈现上升趋势，超声时间到30min时两者达到最适平衡状态，得率也达到最大值。当超声时间超过30min以后会引起部分黄酮结构的变化而使得率降低。因此，本试验选择响应面优化处理超声时间范围为在以30min为中心的25~35min。

（三）响应面试验结果

基于单因素实验结果确定的最佳条件，以超声功率（W），液料比（mg/L），超声温度（℃），超声时间（min），这四个因素为自变量（分别以X_1、X_2、X_3、X_4表示），以苦荞麦壳总黄酮得率为响应值设计4

因素共30个试验点的四元二次回归正交旋转组合实验，保证试验点最少前提下提高优化效率，运用SAS 8.2软件处理，试验结果见表2-2。

表2-2　实验安排表以及实验结果

实验号	X_1	X_2	X_3	X_4	得率（%）
1	1	1	1	1	3.08
2	1	1	1	−1	3.51
3	1	1	−1	1	3.55
4	1	1	−1	−1	2.91
5	1	−1	1	1	3.05
6	1	−1	1	−1	3.26
7	1	−1	−1	1	3.17
8	1	−1	−1	−1	2.44
9	−1	1	1	1	2.02
10	−1	1	1	−1	2.66
11	−1	1	−1	1	3.02
12	−1	1	−1	−1	1.66
13	−1	−1	1	1	1.72
14	−1	−1	1	−1	3.12
15	−1	−1	−1	1	3.06
16	−1	−1	−1	−1	1.52
17	2	0	0	0	3.36
18	−2	0	0	0	2.32
19	0	2	0	0	3.35
20	0	−2	0	0	3.04
21	0	0	2	0	3.03
22	0	0	−2	0	3.13
23	0	0	0	2	2.69
24	0	0	0	−2	2.05
25	0	0	0	0	3.12
26	0	0	0	0	3.32

续表

实验号	X_1	X_2	X_3	X_4	得率（%）
27	0	0	0	0	3.47
28	0	0	0	0	3.15
29	0	0	0	0	3.54
30	0	0	0	0	3.42

采用SAS 8.2统计软件对优化实验进行响应面回归分析（RSREG），回归方程以及回归方程各项的方差分析结果见表2-3、表2-4，二次回归参数模型数据见表2-5。

表2-3 回归方程的方差分析表

方差来源	自由度	平方和	均方和	F 值	p
回归模型	14	8.81	0.889	8.54	0.0001
误差	15	1.105	0.074		
总误差	29	9.915	0.889		

表2-4 回归方程各项的方差分析表

回归方差来源	自由度	平方和	均方和	F 值	p
一次项	4	3.345	0.3374	11.35	0.0002
二次项	4	2.289	0.231	7.77	0.0013
交互项	6	3.176	0.32	7.19	0.0009
失拟项	10	0.9569	0.096	3.23	0.1038
纯误差	5	0.148	0.03		

由表2-3和表2-4可以看出：二次回归模型的F值为11.35，$p<0.01$，大于在0.01水平上的F值，而失拟项的p为0.1038，小于0.05，说明该模型拟合结果好。一次项和二次项的F值均大于0.01水平上的F值，说明它们对得率有极其显著的影响，而交互项的F值均大于0.01水平上的F值，说明其对得率极有显著的影响。

表 2-5　二次回归模型参数表

模型	非标准化系数	T	显著性检验
常数项	−231.472	−4.97	0.0002
X_1	0.009	0.22	0.829
X_2	0.826	0.92	0.372
X_3	3.933	3.55	0.0029
X_4	6.695	7.46	0.0001
X_1^2	−0.000059	−2.84	0.013
X_1X_2	0.000595	1.10	0.2903
X_1X_3	0.00029	0.53	0.6072
X_1X_4	−0.000065	−0.12	0.9063
X_2^2	−0.009317	−1.12	0.2788
X_2X_3	−0.0083	−0.76	0.4564
X_2X_4	0.0027	0.25	0.807
X_3^2	−0.0139	−1.68	0.114
X_3X_4	−0.0695	−6.4	0.0001
X_4^2	−0.0423	−5.1	0.0001

以苦荞麦壳总黄酮的得率为 Y 值，得出超声功率（W）、液料比（mg/L）、超声温度（℃）、超声时间（min）的编码值为自变量的四元二次回归方程为：

$$Y=-231.472+0.009X_1+0.826X_2+3.933X_3+6.695X_4-0.000059X_1^2+0.000595X_1X_2+0.00029X_1X_3-0.000065X_1X_4-0.009317X_2^2-0.0083X_2X_3+0.0027X_2X_4-0.0139X_3^2-0.0695X_3X_4-0.0423X_4^2$$

为了进一步确证最佳点的值，采用SAS8.2软件的Rsreg语句对实验模型进行响应面典型分析，以获得最大的得率时的提取条件。经典型性分析得最优提取条件和得率见表2-6。

表 2-6　最优提取条件及得率

因素	标准化	非标准化	最大得率（%）
X_1	0.792	379.19	3.66
X_2	0.694	33.47	

因素	标准化	非标准化	最大得率（%）
X_3	0.234	61.17	3.66
X_4	−0.069	29.66	

得率最高时的超声功率，液料比，超声温度，超声时间的具体值分别为：379W，33.5∶1，61.2℃，29.7min。该条件下得到的最大得率为3.66%。

（四）回归模型的验证实验

按照最优提取条件进行实验，重复三次。结果苦荞麦壳总黄酮的得率为3.66%±0.2%，实验值与模型的理论值非常接近，且重复实验相对偏差不超过2%，说明试验条件重现性良好。结果表明，该模型可以较好地反映出超声波辅助提取苦荞麦壳总黄酮的条件。

四、结结

本研究研究超声波技术辅助乙醇提取荞麦壳黄酮技术在单因素试验的基础上采用响应面法优化提取工艺参数，建立了二次回归模型，该模型与数据拟合程度较高，具有较好的实用性。经优化后的工艺参数为：超声功率379W，液料比33∶1，超声温度61.2℃，超声时间29.7min的具体值分别为，苦荞麦壳总黄酮的得率达到3.66%±0.2%，大大提高了苦荞麦壳总黄酮的得率，降低生产成本，增加苦荞麦生产副产物的附加值，促进我国苦荞麦产业的发展。

第三节　苦荞麦壳黄酮的单柱纯化技术

一、材料与设备

D296R、AB-8、X-5、D261、NKA-9、D3520、D4006等树脂（市购）；制备色谱系统（10×1200mm 带夹层，国家杂粮工程技术研究中心制造）；分析天平（精确至0.0001g）AR2140；Pharo300紫外可见分光光度计（默克密理博）；恒温摇床HZQ-QX（哈尔滨东联电子技术开发有限公司）；液质联用仪HPLC 1200 SERIES，Q—TOF 6520（美国Agilent）。

二、试验方法

（一）树脂的预处理

将七种大孔吸附树脂用乙醇浸泡24h，使之充分溶胀，待95%乙醇洗至流出液与水混合不产生白色沉淀，用去离子水洗至无醇味；接下来用2%HCl浸泡4h，去离子水洗至中性；最后用2%NaOH浸泡4h，去离子水洗至中性，备用。

（二）树脂的筛选

1. 不同树脂对苦荞麦壳黄酮的吸附性能研究

准确称取预处理后的五种树脂各10.00g，分别放入三角瓶中，加入50mL的苦荞麦壳黄酮提取溶液，于30℃、100r/min下进行静态吸附4h，以吸附率为指标绘制树脂的吸附曲线。

2. 不同树脂对苦荞麦壳黄酮的解吸性能研究

吸附结束后，减压过滤，滤出残液。用50mL80%的乙醇溶液进行解吸，于30℃、100r/min下进行静态解吸1h，以解吸率为指标绘制树脂的解吸曲线。

（三）AB-8树脂的静态吸附特性研究

1. AB-8树脂对苦荞麦壳黄酮的静态吸附动力学研究

准确称取处理好的AB-8树脂（滤纸吸干表面水分）10.000g，加入提取的已知浓度苦荞麦壳黄酮溶液100.00mL，前1h每20min测定1次，1h后每1h测定一次吸附液中总黄酮含量，直至吸附平衡。

2. AB-8树脂分离苦荞麦壳黄酮的静态吸附等温线

称取处理好的AB-8树脂各10.000g，共9份，分别置于具塞三角瓶中（平均分为3组），向每组瓶中依次加入0.6mg/mL、0.8mg/mL、1.0mg/mL三种不同浓度苦荞麦壳黄酮溶液100.00mL，盖塞后分别将3组样品置于恒温摇床中在25℃、30℃、35℃条件下振荡吸附4h，过滤后测定滤液中总黄酮的含量，计算吸附量并绘制静态吸附等温线；并用经验吸附方程Freundlich模型对实验数据进行拟合分析。

$$\ln Q_e = 1/n \ln C_e + \ln K_f$$

式中：Q_e，C_e——分别为平衡吸附量（mg/g resin）和平衡浓度（mg/mL）；

　　　　K_f——平衡吸附常数；

　　　　n——特征常数。

3. AB-8树脂分离苦荞麦壳黄酮的吸附热力学性质研究

分别根据Clausius—Clapeyron方程、Garcia—Delgado公式、Gibbs—Helmholz方程计算ΔH、ΔG和ΔS并对结果进行分析。

4. AB-8树脂吸附焓变ΔH的计算

焓是状态函数，通过计算ΔH的大小可以推知吸附是吸热过程还是放热过程。ΔH可根据Clausius—Clapeyron（克劳修斯—克拉贝龙）方程进行计算：

$$\ln C_e = \Delta H/RT + K$$

式中：C_e——吸附量Q_e时的平衡浓度；

　　　　T——热力学温度，K；

　　　　R——理想气体常数［8.314 J/（mol·K）］；

　　　　ΔH——等量吸附焓，kJ/mol；

　　　　K——常数。

5. AB-8树脂吸附自由能ΔG的计算

ΔG的计算可按Garcia—Delgado提出的方程并结合适用于本吸附体系的弗伦德利希（Freundlich）吸附等温方程式所导出的相关参数进行：

$$\Delta G = -nRT$$

式中：n——Freundlich方程指数；

　　　　T——热力学温度，K；

　　　　R——理想气体常数，$R=8.314$ J/（mol·K）。

6. AB-8树脂吸附熵变ΔS的计算

ΔS按Gibbs—Helmholtz（吉布斯—亥姆霍兹）方程计算。

$$\Delta S = (\Delta H - \Delta G)/T$$

（四）AB-8树脂纯化苦荞麦壳黄酮的动态吸附研究

1. 上样浓度对AB-8树脂纯化苦荞麦壳黄酮效果的影响

用去离子水将装有AB-8树脂的制备色谱柱冲洗干净，饱和进料，流速

2.0mL/min，柱温25℃，以80%乙醇为解吸剂，上样浓度分别在0.6mg/mL、0.8mg/mL、1.0mg/mL、1.2mg/mL、1.4mg/mL五个水平进行试验。合并洗脱液浓缩冷冻干燥，称重并计算经纯化后总黄酮的纯度和收率，研究上样浓度对AB-8树脂纯化苦荞麦壳黄酮效果的影响。

2. 洗脱速度对AB-8树脂纯化苦荞麦壳黄酮效果的影响

用去离子水将装有AB-8树脂的制备色谱柱冲洗干净，饱和进料，上样浓度为195.93mg/mL，柱温25℃，以80%乙醇为解吸剂，洗脱流速分别为1.0mL/min、1.5mL/min、2mL/min、2.5mL/min、3.0mL/min五个水平进行试验。合并洗脱液浓缩冷冻干燥，称重并计算经纯化后总黄酮的纯度和收率，研究洗脱流速对AB-8树脂纯化苦荞麦壳黄酮效果的影响。

（五）检测方法

1. 苦荞麦壳黄酮的测定方法

苦荞麦壳黄酮的测定方法同第二章第二节。

2. 苦荞麦壳黄酮纯度的测定方法

准确称取一定量已充分干燥的苦荞黄酮精提物，质量记为M，将其用水在超声波辅助条件下将其溶解，定容，按照第二章第二节中方法测定苦荞总黄酮含量，即可求得所称精提物中黄酮的质量m，则纯度C可由下式计算：

$$C=(m/M)\times100\%$$

3. 苦荞麦壳黄酮收率的测定方法

准确称取一定量已充分干燥的苦荞黄酮精提物，将其用水在超声波辅助条件下将其溶解，定容，按照第二章第二节中方法测定苦荞总黄酮含量，即可求得所称精提物中黄酮的质量m_1，准确称取一定量已充分干燥的苦荞黄酮粗提物，将其用水在超声波辅助条件下将其溶解，定容，按照第二章第二节中方法测定苦荞总黄酮含量，即可求得所称粗提物中黄酮的质量m_2，则收率可由下式计算：

$$荞麦壳黄酮收率=(m_1/m_2)\times100\%$$

三、结果与分析

（一）树脂筛选实验结果

1. 树脂吸附性能研究结果与分析

树脂吸附性能研究结果如图2-6所示。

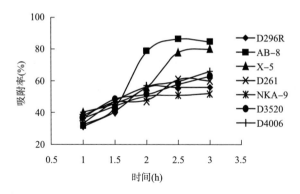

图2-6　七种树脂的吸附曲线

由图2-6可以看出吸附初期七种树脂吸附率逐渐升高，随着时间的增加吸附率趋向饱和，3h后均基本达到吸附平衡。各种树脂的静态吸附能力的顺序依次为：AB-8>X-5>D4006>D3520>D261>D296R>NKA-9，AB-8树脂静态饱和吸附率为86.08%，NKA-9树脂最低为51.92%。用统计分析数据说明，大孔树脂对苦荞麦壳黄酮的吸附具有较强的选择性，其吸附性能的大小与树脂的类型有较大关系。

2. **树脂解吸性能研究与分析**

树脂解吸性能研究结果如图2-7所示。

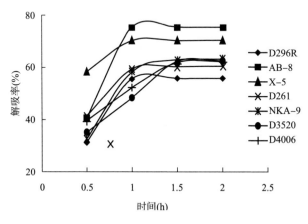

图2-7　七种树脂的解吸曲线

由图2-7可以看出，乙醇溶液对各种树脂都具有较好的解吸能力，解吸速率也较快，基本在2h内就达到解吸平衡，饱和吸附率最大的AB-8树脂最大解吸率达75.31%，其次是X-5树脂，最大解吸率为73.38%，D296R大孔树脂的解吸效果最差。

根据试验结果，AB-8树脂对苦荞麦壳黄酮不仅有较强的吸附能力，而且容易洗脱，是吸附分离苦荞麦壳中总黄酮的优良填料。因此，选用AB-8树脂作为试验分离树脂。

（二）AB-8树脂的静态吸附特性研究结果

1. AB-8树脂对总黄酮类物质的静态吸附动力学特性

AB-8树脂对总黄酮类物质的静态吸附动力学特性，见表2-7。

表2-7　AB-8树脂吸附苦荞麦壳黄酮的静态吸附规律

浓度	时间（min）							
（mg/mL）	0	20	40	60	120	180	240	300
	4.68 ± 0.06^a	2.08 ± 0.08^b	1.32 ± 0.05^c	0.97 ± 0.05^d	0.80 ± 0.03^e	0.63 ± 0.07^f	0.57 ± 0.03^{fg}	0.35 ± 0.05^g

注　字母不同表示差异显著。

由表2-7可以看出，随着时间的增长，吸附液中黄酮的浓度不断降低；在1h内变化很大，之后趋于平衡，可以看出AB-8树脂对苦荞麦壳黄酮的吸附速度很快，1h内即吸附79.3%，1h后下降速度缓慢，3h后趋于平衡，基本达到吸附饱和状态。

2. 静态吸附等温线研究结果

AB-8树脂分离苦荞麦壳黄酮的静态吸附等温线如图2-8所示。

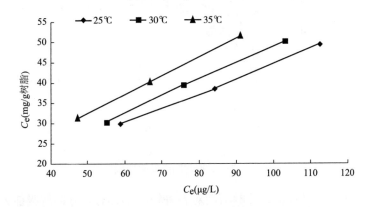

图2-8　AB-8树脂对苦荞麦壳黄酮的吸附等温线

由图2-9可以看出，在相同的平衡浓度下，随着温度的升高吸附量下降，表明AB-8树脂对苦荞麦壳黄酮的吸附是一个放热过程。

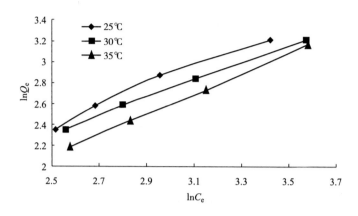

图2-9　$\ln Q_e$ 与 $\ln C_e$ 的线性关系图

表2-8　Freundlich 拟合方程及参数

T/K	拟合方程	$\ln K_f$	n	R^2
298	$\ln Q_e=0.9287\ln C_e + 0.0643$	0.0643	1.077	0.9809
303	$\ln Q_e=0.8459\ln C_e + 0.1984$	0.1984	1.182	0.9979
308	$\ln Q_e=0.9729\ln C_e - 0.3258$	-0.3258	1.028	0.9993

由表2-8看到，回归方程相关系数均大于0.98，表明可以应用Freundlich方程对相关数据进行拟合，结果是可靠的。AB-8树脂对苦荞麦壳黄酮吸附中的K_f较小，说明其吸附能力较弱，但是可以看出K_f具有随着温度的升高而下降的趋势，说明升温更不利于树脂对苦荞麦壳黄酮的吸附，在不同温度下，n均大于1表明在所研究范围内AB-8树脂对苦荞麦壳黄酮的吸附能力较强。

（三）AB-8 树脂对苦荞麦壳黄酮的吸附热力学性质研究结果

根据图2-10中不同温度下的吸附等温线做不同吸附量时的吸附等量线（$\ln C_e$—$1/T$关系图）并根据公式计算焓变 ΔH、自由能 ΔG、熵变 ΔS，结果见表2-9。

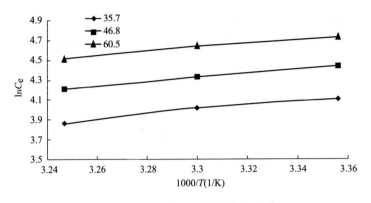

图 2-10 $\ln C_e$ 与 $1/T$ 的线性关系图

表 2-9 AB-8 树脂对苦荞麦壳黄酮的吸附热力学参数

C_0（μg/mL）	ΔH（kJ/mol）	ΔG（kJ/mol）			ΔS［J/（mol·K）］		
		298K	303K	308K	298K	303K	308K
35.7	18.68				73.45	73.66	74.97
46.8	17.53	−3.21	−3.27	−3.66	68.45	68.65	69.63
60.5	15.97				62.27	62.68	63.73

1. 焓变 ΔH

由表2-9数据可以看出，$\Delta H > 0$，表明AB-8树脂对苦荞麦壳黄酮的吸附过程为放热反应，从热力学角度反映了提高温度有利于总黄酮的吸附，同时吸附焓随着吸附量的增加逐渐降低，这可能与已吸附分子偶极矩的存在以及AB-8树脂吸附中心的能量不同有关。从本质上讲，树脂的吸附是一个放热过程，但由于AB-8树脂要吸附总黄酮就必须先解吸很多结构远比自己小的分子，因此导致吸附过程所放出的热量小于解吸过程所需要的热，从而使整个过程表现为吸热。从数值上来看，随着浓度的增加 ΔH 逐渐变小，说明低浓度有利于树脂的吸附，而且吸附焓（5～20kJ/mol）在氢键的键能范围（10～40kJ/mol）之内，因此可以判断AB-8树脂对苦荞麦壳黄酮的吸附是通过氢键作用进行的。

2. 自由能 ΔG

由表2-9结果可知各个温度下的吸附自由能变都为负值，说明吸附过程是自发进行的不可逆过程，而且随着温度的升高，ΔG的绝对值越大，吸附过程的自发趋势也越大。从数值上来看，随着温度的升高ΔG的绝对值越大，这与AB-8树脂吸附苦荞壳黄酮为吸热的结论吻合。

3. 熵变ΔS

由表2-9结果可知$\Delta S>0$，说明吸附过程固相/液相过程是混乱的，可能原因是吸附总黄酮的同时又有大量紧密有序排列的水分子被解吸下来，从而造成体系整体混乱导致熵增。从表中数据可以看出，浓度对ΔS的影响显著大于温度对ΔS的影响，这体现了树脂吸附位点分布可能具有不均匀性。

（四）AB-8树脂分离苦荞麦壳黄酮的动态吸附研究结果

1. 上样浓度对AB-8树脂纯化苦荞麦壳黄酮效果的影响

上样浓度对AB-8树脂纯化苦荞麦壳黄酮效果的影响试验结果，如图2-11所示。

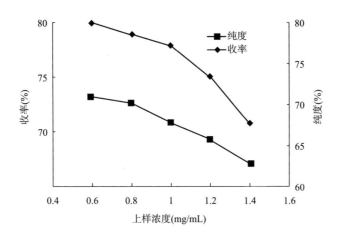

图 2-11　上样浓度 AB-8 树脂纯化苦荞麦壳黄酮效果的影响

由图2-11可看出，上样浓度对AB-8树脂纯化苦荞麦壳黄酮的效果影响显著，在浓度较低时（0.6～1.2mg/mL）苦荞麦壳黄酮的纯度与收率相差不大，当浓度大于1.2mg/mL后苦荞麦壳黄酮的纯度与收率急剧下降。这可能是由于浓度过高苦荞麦壳黄酮分子与树脂接触不充分，导致吸附能力下降，最终影响AB-8树脂纯化苦荞麦壳黄酮的效果。综合考虑纯化效率与纯化效果，确定最佳的上样浓度为1.2mg/mL。

2. 洗脱速度对AB-8树脂纯化苦荞麦壳黄酮效果的影响

洗脱流速对AB-8树脂纯化苦荞麦壳黄酮效果的影响试验结果，如图2-12所示。

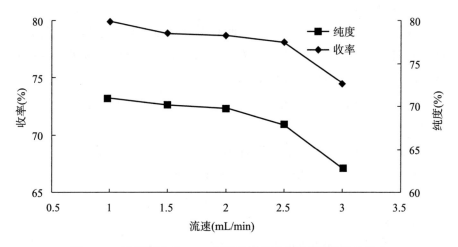

图 2-12　洗脱流速对 AB-8 树脂纯化苦荞麦壳黄酮效果的影响

由图2-12可看出，洗脱流速对AB-8树脂纯化苦荞麦壳黄酮的效果影响显著，在洗脱流速较低时（1.0～2.5mL/min）苦荞麦壳黄酮的纯度与收率相差不大，当洗脱流速大于2.5mL/min后苦荞麦壳黄酮的纯度与收率急剧下降。这可能是由于洗脱流速过快苦荞麦壳黄酮分子与树脂接触不充分，未完全吸附导致吸附效果下降，最终影响AB-8树脂纯化苦荞麦壳黄酮的效果。综合考虑纯化效率与纯化效果，确定最佳的洗脱流速为2.5mL/min。

四、结论

以AB-8树脂分离苦荞麦壳黄酮的吸附性能为研究内容，具体分析了AB-8树脂的吸附等温线、吸附热力学性质和动态吸附参数。结果表明，在静态吸附实验条件下，AB-8树脂对苦荞麦壳黄酮的吸附是放热过程，吸附能力较强，吸附参数能用Freundlich 方程较好拟合，相关系数均大于0.98；动态吸附研究表明，AB-8树脂纯化苦荞麦壳黄酮的最佳上样浓度为1.2mg/mL、洗脱流速2.5mL/min。

第四节　苦荞麦壳黄酮的结构表征

一、材料与设备

AB-8树脂（市购）；芦丁、槲皮素（标准品，中国食品药品检定研究院）；制备色谱系统（10×1200mm 带夹层，国家杂粮工程技术研究中心制造）；分析天平AR2140（精确至0.0001g，奥豪斯中国）；Pharo300紫外可见光分光光度计（默克密理博）；SPectrum100 傅里叶变换红外光谱仪（Perkin Elmer）；1200 型液质联用仪（美国 Agilent 公司）；液质联用仪HPLC 1200sERIES，Q-TOF 6520（美国Agilent公司）。

二、试验方法

（一）苦荞麦壳黄酮的不同浓度乙醇洗脱液的制备方法

用去离子水将装有AB-8树脂的制备色谱柱冲洗干净，流速2.0mL/min，柱温25℃，饱和吸附后用去离子水进行冲洗，去除杂质，冲洗流速2.0mL/min，冲洗2～3倍柱体积。然后依次用40%、60%、80%乙醇进行梯度洗脱，洗脱流速2.0mL/min，分别洗脱2～3倍柱体积收集洗脱液进行各项分析检测，对苦荞麦壳黄酮进行结构表征。

（二）苦荞麦壳黄酮的结构表征方法

1. 显色反应初步确定样品中黄酮类物质的结构

本研究通过盐酸法、浓硫酸法、柠檬酸法、氢氧化钠法、酚羟基反应法及与金属离子的络合反应法对提取液中的黄酮类化合物进行定性鉴定。

2. 紫外光谱检测

取苦荞麦壳黄酮乙醇溶液，紫外—可见分光光度计在波长为200～600nm进行扫描，进行紫外光谱检测。

3. 红外光谱检测

经过KBr压片，上傅里叶变换红外光谱仪分析，扫描范围450～4000cm^{-1}。

4. 液质测定方法

液相色谱条件：色谱柱 Kromasil-C18（250×4mm，5μm）；流动相A：2.0%甲酸溶液，流动相B：含2%甲酸的54%（体积分数）乙腈溶液；洗脱程序：0~1min：10%B，1~17min：10%~25%B；流速：1.0mL/min，进样量30μL，柱温度30℃，检测波长525nm。

质谱条件：电喷雾电离源，正离子模式监测，电喷雾压力0.24MPa（35psi），干燥气流量为 10L/min，干燥气温度325℃，m/z 设置范围100~1000。

三、结果与分析

（一）显色反应实验结果

显色反应实验结果见表2-10。

表 2-10　黄酮类化合物类型的显色反应鉴别

检测方法	试剂	样品	现象	结论
盐酸法	盐酸	40%	无	无花青素和查尔酮
		60%	无	无花青素和查尔酮
		80%	无	无花青素和查尔酮
浓硫酸法	浓硫酸	40%	有	含有双氢黄酮
		60%	有	含有双氢黄酮
		80%	无	无双氢黄酮
柠檬酸法	柠檬酸	40%	无	含有双氢黄酮或异黄酮
		60%	无	含有双氢黄酮或异黄酮
		80%	无	含有双氢黄酮或异黄酮
氢氧化钠法	氢氧化钠	40%	有	含有黄酮醇
		60%	有	含有黄酮醇
		80%	无	无黄酮醇
酚羟基反应法	三氯化铁	40%	有	含有黄酮
		60%	有	含有黄酮
		80%	无	无黄酮
络合反应法	三氯化铝、无水乙醇	40%	有	含有黄酮或黄酮醇
		60%	有	含有黄酮或黄酮醇
		80%	无	无黄酮或黄酮醇

　　盐酸加入苦荞麦壳黄酮类化合物提取液中无反应，说明提取液中不含有花青素和查尔酮；浓硫酸反应颜色40%、60%乙醇洗脱液中由浅黄变成了紫红色，说明提取液中含有双氢黄酮，而80%乙醇洗脱液中没有变化，说明其中不含有双氢黄酮；提取液中滴加柠檬酸，无反应，说明提取液中含有双氢黄酮或异黄酮；加入氢氧化钠溶液后40%、60%乙醇洗脱液颜色变成深黄色，说明提取液中含有黄酮醇，而80%乙醇洗脱液中没有变化，说明其中不含有黄酮醇；加入三氯化铁溶液后40%、60%乙醇洗脱液溶液有墨绿色沉淀生成，从而说明提取液中有黄酮，而80%乙醇洗脱液中没有变化，说明其中不含有黄酮；提取液中加入金属铝离子，40%、60%乙醇洗脱液呈现黄绿色、有荧光，说明提取液中有黄酮或黄酮醇，而80%乙醇洗脱液中没有变化，说明其中不含有黄酮或黄酮醇。通过上述颜色反应说明提取液中主要含有黄酮、黄酮醇和双氢黄酮，具体是哪种还需进一步鉴别。而且，表2-10所列的反应颜色，可以看出80%乙醇洗脱液中黄酮含量较低或者不含有黄酮类物质，40%、60%乙醇洗脱液只是具有相同或相似结构的某类黄酮类化合物所具有的共同颜色，为了能够得出正确的结论，需利用紫外、红外、液质等手段做进一步的鉴别。

　　（二）紫外检测结果

　　苦荞麦壳黄酮的紫外检测结果如图2-13所示。

　　黄酮类化合物一般含有Ⅰ峰、Ⅱ峰两个峰，Ⅱ带在220～280nm处由A—环苯酰系引起，峰Ⅰ带在300～400nm处由B—环肉桂酰系引起，在40%、60%乙醇洗脱液中苦荞黄酮，在200～600nm进行扫描，由图2-13（a）、图2-13（b）光谱图及光谱数据可以看出，该两种溶液中的黄酮特征吸收峰，Ⅰ峰为250～280nm Ⅱ峰为350～380nm，光谱图已与典型的黄酮醇的紫外—可见光谱图非常接近，可能为黄酮苷类化合物。由图2-13（c）光谱图及光谱数据可以看出，80%乙醇洗脱液中的峰较杂，含量较少，缺少黄酮类物质的特征峰，初步鉴定为非黄酮类化合物。

　　（三）红外检测结果

　　苦荞麦壳黄酮的红外检测结果如图2-14所示，芦丁与槲皮素标准品的红外检测结果如图2-15所示，见表2-11和表2-12。

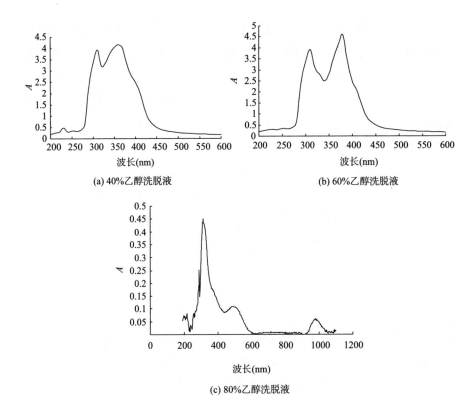

(a) 40%乙醇洗脱液

(b) 60%乙醇洗脱液

(c) 80%乙醇洗脱液

图 2-13　紫外检测结果

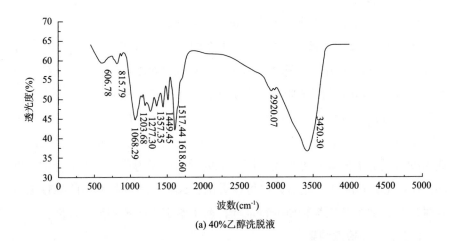

(a) 40%乙醇洗脱液

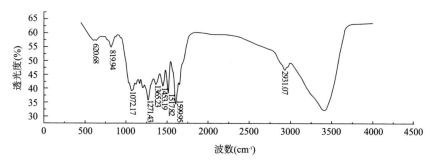

(b) 60%乙醇洗脱液

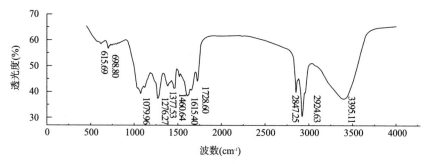

(c) 80%乙醇洗脱液

图 2-14　红外检测结果

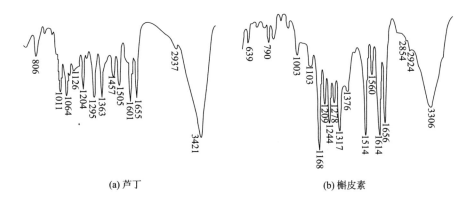

(a) 芦丁　　　　　　　　　　　　　　　(b) 槲皮素

图 2-15　标准品红外检测结果

表 2-11 芦丁的红外光谱分析

频率（cm⁻¹）	归属
3421	酚羟基 Ar—OH 的 OH 伸缩振动
2937	C—H 伸缩振动
1655	α, β-不饱和酮的 C=O 伸缩振动
1601	苯环的骨架振动
1505	
1457	
1363	—CH₃ 的弯曲振动
1295	=C—O—C 的反对称和对称伸缩振动
1064	
1011	
1204	不饱和酮羰基的面内摇摆
806	对位取代苯面外弯曲振动

表 2-12 槲皮素的红外光谱分析

频率（cm⁻¹）	归属
3306	酚羟基 Ar—OH 的 OH 伸缩振动
2924	C—H 伸缩振动
2854	
1656	α, β-不饱和酮的 C=O 伸缩振动
1614	
1560	苯环的骨架振动
1514	C—C 伸缩振动和 C—OH（C-3 位）面内弯曲振动
1376	
1317	=C—O—C 的反对称和对称伸缩振动
1103	
1209	不饱和酮羰基的面内摇摆
1168	C—OH（A-7 位）的面内弯曲振动
790	对位取代苯面外弯曲振动
639	C—OH（C-3 位）的面外弯曲振动

通过样品与标准品频率的比较，40%、60%乙醇洗脱液红外光谱中含有归属于酚羟基Ar—OH的OH伸缩振动、C—H 伸缩振动、苯环的骨架振动、α，β-不饱和酮的C＝O伸缩振动、不饱和酮羰基的面内摇摆等特征峰，与芦丁与槲皮素标准品的红外峰型相似；而80%乙醇洗脱液红外光谱较复杂，虽含有α，β-不饱和酮的C＝O伸缩振动、C—C伸缩振动和C—OH（C-3位）面内弯曲振动、C—H 伸缩振动等特征峰，但是与标准品红外光谱有明显的不同，需要进一步的研究其结构和组成。

（四）液质检测结果

不同浓度乙醇洗脱液中苦荞麦壳黄酮的组成成分分析结果，见表2-13和表2-14。

表 2-13　40% 乙醇洗脱液的液质检测分析结果

序号	分子式	$[M+H]^+$ m/z		偏差 /10^{-6}
		检测值	理论值	
1	$C_{27}H_{30}O_{16}$	610.5211	610.5180	0.76
2	$C_{15}H_{10}O_7$	302.2364	302.2370	−0.019
3	$C_{15}H_{10}O_6$	286.2393	286.2380	0.45
4	$C_{26}H_{29}O_{15}$	581.5023	581.5001	0.38

表 2-14　60% 乙醇洗脱液的液质检测分析结果

序号	分子式	$[M+H]^+$ m/z		偏差 /10^{-6}
		检测值	理论值	
1	$C_{39}H_{50}O_{26}$	611.1611	611.1615	−0.65
2	$C_{21}H_{20}O_{11}$	449.1078	449.1084	−1.34
3	$C_{15}H_{10}O_7$	302.2364	302.2370	−0.019
4	$C_{15}H_{10}O_6$	286.2393	286.2380	0.45

由表2-13、表2-14可以看出，苦荞麦壳黄酮中总黄酮的主要成分为芦丁、槲皮素、山奈酚、槲皮素-3-O-木糖-鼠李糖苷、槲皮素-3-

芸香糖双葡萄苷、山柰酚-3-O-葡萄糖苷、槲皮素-7-O-鼠李糖苷。40%乙醇洗脱液中主要含有芦丁、槲皮素、山柰酚、槲皮素-3-O-木糖-鼠李糖苷，大部分的芦丁主要集中在这一洗脱液中；当乙醇浓度达到60%后，槲皮素-3-芸香糖双葡萄糖苷、山柰酚-3-O-葡萄糖苷或槲皮素-7-O-鼠李糖苷被洗脱出来，其中还含有部分槲皮素、山柰酚，这是由于芦丁的极性强于槲皮素与山柰酚，因此先被洗脱下来；当乙醇浓度达到80%后，黄酮类含量较低，峰较杂，不易判断。

四、结论

（1）通过显色反应判断出40%、60%乙醇洗脱液中含有黄酮、黄酮醇和双氢黄酮，80%乙醇洗脱液中不含有黄酮类物质；

（2）通过紫外光谱分析40%、60%两种溶液紫外光谱中的黄酮特征吸收峰，Ⅰ峰为250~280nm Ⅱ峰为350~380nm，光谱图已与典型的黄酮醇的紫外—可见光谱图非常接近，可能为黄酮苷类化合物。80%乙醇洗脱液中的峰较杂，含量较少，缺少黄酮类物质的特征峰，初步鉴定为非黄酮类化合物；

（3）通过红外光谱分析可知，40%、60%乙醇洗脱液红外光谱中含有归属于酚羟基Ar—OH的OH伸缩振动、C—H伸缩振动、苯环的骨架振动、α，β-不饱和酮的C═O伸缩振动、不饱和酮羰基的面内摇摆等特征峰，与芦丁与槲皮素标准品的红外峰型相似；而80%乙醇洗脱液红外光谱较复杂，虽含有α，β-不饱和酮的C═O伸缩振动、C—C伸缩振动和C—OH（C-3位）面内弯曲振动、C—H伸缩振动等特征峰，但是与标准品红外光谱有明显的不同；

（4）通过液质分析可知苦荞麦壳黄酮中总黄酮的主要成分大约有6种，分别为芦丁、槲皮素、山柰酚、槲皮素-3-O-木糖-鼠李糖苷、槲皮素-3-芸香糖双葡萄糖苷、山柰酚-3-O-葡萄糖苷或槲皮素-7-O-鼠李糖苷。苦荞麦壳黄酮的主成分主要集中在40%~60%乙醇洗脱之间，当乙醇浓度达到80%后，黄酮类含量较低，峰较杂，不易判断。本研究为模拟移动床色谱纯化苦荞麦壳黄酮奠定了理论基础。

第五节　苦荞麦壳黄酮的模拟移动床色谱分离技术

模拟移动床色谱是一种模拟真实移动床的连续色谱分离工艺。在模拟移动床色谱中，固定相的逆流移动由进样口和溶剂入口与残余液出口和提取物出口的周期切换来模拟，相当于柱子向与切换相反的方向移动。它是模拟移动床技术和色谱技术的结合，它是以模拟移动床的运转方式来实现色谱分离过程的一种工艺方法，其中色谱是它主要的工作单元。连续离子交换技术是模拟移动床的一个分支，是一种完全革新的分离工艺技术，不同于传统的固定床、脉冲床、模拟移动床等工艺。它是在传统的固定床树脂吸附和离子交换工艺的基础上结合连续逆流系统技术优势开发而成。本研究利用模拟移动床离子交换设备对苦荞麦壳黄酮粗提液进行了分离和纯化，简化了操作步骤，降低了生产损耗，并且能够连续化生产，提升了生产效率，降低了树脂和各步溶剂的用量，回收率可达80%以上，纯度也达到90%以上，可实现连续化生产，易于工业化推广，有利于节能减排，弥补现有技术的不足。

一、材料与设备

苦荞麦壳粗提取液（自制）；AB-8树脂（市购）；无水乙醇等（分析纯）；多功能色谱分离系统（国家杂粮工程技术研究中心）；安捷伦1200s液相色谱仪；电子天平（梅特勒—托利仪器有限公司）；紫外—可见分光光度计（北京普析通用仪器有限责任公司）。

二、试验方法

（一）模拟移动床系统前处理

1. 模拟移动床的结构特点

本研究所用的模拟移动床为国家杂粮工程技术研究中心自行设计制造的。运用连续层析技术，将传统的模拟移动床根据工艺要求进行了改进。整个工艺循环由一个带有多个树脂柱（20柱）的圆盘，和一个多孔分配阀组成。通过圆盘的转动和阀口的转换，使分离柱在一个工艺循环中完成了吸附、水洗、解吸，再生的全部工艺过程。且在连续分离系统中，所有的工艺步骤同时进行。本工艺研究用于分离的色谱柱是500mm×16mm的制备柱，数量为20根。

2. 制备柱的装填

模拟移动床的工作单元为制备柱，制备柱的分离性能直接影响到模拟移动床的分离性能，而装填方法是影响制备柱性能的因素之一，填料的装填方法不同，对柱效的影响很大，从而直接影响了对样品的分离效果。

装填制备柱前首先应清洗制备柱。在清洗制备型色谱柱时，由于其内径较大，可用大团棉花蘸清洁剂洗涤内壁（具体方法：用一根细长的绑有大团棉花的棉线穿过色谱柱，并将清洁剂蘸在棉花上，来回抽动棉线，使棉花在柱内往复运动），然后用去离子水清洗，再用乙醇浸泡淋洗，自然晾干。

本研究填料的装填方式采用湿法填柱。该方法的优点是操作简单，填料的分布均匀，制备柱柱效高。

（二）各区制备柱数、连接方式及初始条件的选择方法

模拟移动床离子交换色谱分离系统（SMB-IEC）工作原理图，如图2-16所示。

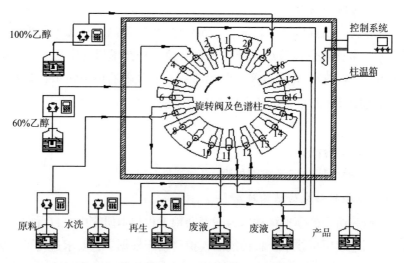

图 2-16　模拟移动床离子交换色谱分离系统装配图

图2-16为模拟移动床离子交换色谱分离系统装配图，该系统装配图适用于多种物质的模拟移动床离子交换色谱分离试验与生产。通过研究发现苦荞麦壳黄酮主要存在于40%～60%乙醇洗脱液中，因此，可以将模拟移动床离子交换色谱分离苦荞麦壳总黄酮的色谱分离系统分为5个区，分别为进料区、水洗1区、解吸区、再生区、水洗2区。进料区是将原料进入系统；水洗1区也可以视为除杂区，采用去离子水去除杂质；解吸区是采用60%的乙醇进行洗脱得到高纯度的黄酮产品；再生区是采用100%的乙醇对色谱柱进行冲洗，完全去除色谱柱中的其他物质；水洗区就是采用去离子水去除色谱柱中的乙醇，为进料区做准备。该系统共有20根色谱柱，系统运行时树脂柱和支撑底盘固定不动，而旋转阀门以规定的速率间歇旋转，以便使20根色谱柱实现料液的连续吸附、醇洗1、醇洗2、再生及水洗五个程序的运行。旋转阀门的20个槽道口与20根柱的固定端相匹配，当系统运行时，流入或流出这些固定槽口的液流是恒定的、不间断的。当旋转阀门旋转一周时，每个树脂柱都将经历一次完整的"吸附—水洗—解吸—再生—水洗"过程。在单柱实验的基础上，以树脂的最大吸附量、各步溶剂最少用量及分离性能最大化为指标确定吸附分离系统的区域分配连接方式及切换时间。

（三）连续色谱连续分离纯化苦荞麦壳黄酮工艺参数的优化

在单柱试验的基础上，对模拟移动色谱进行初始条件的确定，并通过实验对进料量、水洗量、解吸量、再生流速，切换时间以及各区制备柱的分配及连接方式等进行优化。

三、结果与分析

（一）各区制备柱数、连接方式的选择

根据SMB与TMB间的等效性和转换关系，考虑树脂对苦荞麦壳黄酮的饱和吸附量和饱和时间，洗脱剂、再生剂和水洗的流速及洗脱、再生和水洗效果，树脂柱和设备的实际操作性能，确定模拟移动床离子交换色谱分离区各区的分配方式，见表2-15。

表 2-15　SMB-IEC 分离各区分配方式

区域名称	分配方式
吸附区	6 根制备柱（串联）
水洗 1 区	3 根制备柱（串联）
解吸区	5 根制备柱（串联）
再生区	3 根制备柱（并联逆流）
水洗 2 区	3 根制备柱（串联）

（二）初始条件的选择

1. 模拟移动床工艺过程设计

模拟移动床技术的过程设计主要是为了减少试验次数，利用数学模型的方法可以来获得其最佳操作参数。建模方法一般基于两种策略，一种是基于真正的SMB模型，SMB模型考虑了周期性地改变进出位点，即循环切换操作时间，其模型求解复杂，为计算机模拟带来很大困难；另一种是采用相应的TMB模型，TMB模型则假设了柱内两相的真正逆流，由于忽略了循环口的切换，因而可以得到一个连续逆流吸附过程的平衡方程，大大简化了模型，模型较为简单求解方便。Pais等通过大量试验研究认为SMB和TMB两个模型之间只有很小的差别，而且两者模拟预测的产品纯度及收率也极为接近。因此利用TMB模型就可以有效地进行SMB运行过程的研究。本研究中主要采用了基于TMB的优化策略，来实现SMB运行参数的设计。

2. 设计依据

从经济的观点来看SMB的最优化就是使进料、洗脱剂的耗费和树脂的耗费量最优化，位产品的分离成本降到最低水平。分离成本标准是高的生产率和较低的洗脱剂消耗，而对于提取液和残余液的要求是至少保持所需的纯度和收率。表2-16定义了在组分分离纯化的SMB中最关键的工艺参数，其中弱吸附组分B在残液中被收集，而强吸附组分A则在提取液中被收集。其中：C为间平均浓度（0~ts）；Q为流率。

表 2-16　模拟移动床关键工艺参数指标与计算方法

工艺参数	提取液	残余液
纯度（%）	$\dfrac{\overline{C}_{AE}}{\overline{C}_{AE}+\overline{C}_{BE}}$	$\dfrac{\overline{C}_{BR}}{\overline{C}_{BR}+\overline{C}_{AR}}$
收率（%）	$\dfrac{Q_E\overline{C}_{AE}}{Q_FC_{AF}}$	$\dfrac{Q_R\overline{C}_{BR}}{Q_FC_{BF}}$
溶剂消耗（mL/mg）	$\dfrac{(Q_F+Q_D)}{Q_F+\overline{C}_{AE}}$	$\dfrac{(Q_F+Q_D)}{Q_R+\overline{C}_{BF}}$
产率（mg/min）	$Q_E\overline{C}_{AE}$	$Q_R\overline{C}_{BR}$

对于一个新的 SMB 应用技术研究，一般要在两种设计中选择，一种是分离柱的数目与径高比，即柱的多少和柱的长度、直径，也包括分离树脂（固定相）的体积等。其目的是在达到一定的生产率后，选择合适的单元尺寸以达到最佳的柱效率和生产力。另外一种是假定在单元尺寸已定的情况下如何选择操作条件以达到期望的分离性能，本研究已有小型模拟移动床试验设备，因此考虑的是第二种设计。

本研究中现有 SMB 试验设备和它的柱尺寸是固定的，其装填参数是固定数据，其根据试验中得到，并且已知待分离混合物组分的吸附平衡参数。因此所需选择的操作参数有：柱内部流量 kQ（也是各个区的流量）、切换时间 τ（对应于固定化分离柱的固相流量 SQ）和进料组成。本研究分离的猪小肠提取液组成是已知的，所以这一操作参数改为进料浓度。

SMB 分离强调的是技术参数的有效性，如果这些操作参数选择不当，分离制备的工作将无法完成，为此，要先从理论的角度研究如何确定操作参数。操作参数确定的理论依据一般是平衡理论模型（理想模型、三角形理论）、塔板模型、速率模型。本研究研究为黄酮的纯化，属于单一组分与其余杂质的分离，可看作是两组分的分离，可依据平衡理论模型。如考虑两组分离，其物料平衡方程如下：

一阶偏微方程：

$$\frac{\partial}{\delta T}\left[\varepsilon c_{ij}+(1-\varepsilon)q_{ij}\right]+\frac{\partial}{\partial\xi}\left[m_jc_{ij}-q_{ij}\right]=0,\ (i=A,B)\qquad(2-1)$$

其中，$T=rQ_s/V, \xi=x/V, m_j=u_s/u_j$）分别是无纲量时间和空间坐标。另外，吸附相的浓度$q_{ij}$可以从吸附等温线方程计算求得：

$$q_{ij}=f_i（C_{Aj},C_{Bj}）,（i=A,B）rQ_s/V \qquad （2-2）$$

参数m_j就是所谓的流量比，即被定义为j区的固液相流量的比值：

$$m_j=\frac{Q_j^{TMB}}{Q_s} \qquad （2-3）$$

根据转换关系可得m_j与SMB流量之间的关系：

$$m_j=\frac{Q_j^{SMB}\tau-\varepsilon V}{(1-\varepsilon)V} \qquad （2-4）$$

在线性和Langmuir两种吸附平衡等温线情况下，平衡理论证明如已给定常初始和边界条件，则单根逆流吸附柱的模型［即某一个区j的式（3-1）和式（3-2）］可利用流量比m_j来预知这根柱稳态时的组分组成。相应的可推知一个稳态的四区TMB以及等价的循环稳定态时的SMB仅依赖于进料组成和四区流量比m_j（$j=$Ⅰ，Ⅱ，Ⅲ，Ⅳ）。这样一来，在平衡理论的框架下，一旦给定进料组成，TMB或SMB的设计问题就简化为对参数m_j的值的选择。

如图2-17所示，目标组分和残余液可在预定的出口收集到，为了在提取液中回收目标组分A，就必须满足如下约束，这些约束考虑到每一个区组分的净流量。在Ⅰ区，组分A和B的净流必须向上游移动；Ⅱ区和Ⅲ区，组分A的净流必须向下游移动，而组分B的净流必须向上游移动；Ⅳ区，组分A和组分B的净流必须向下游移动，以此类推。这些约束可以表示成不等式如下：

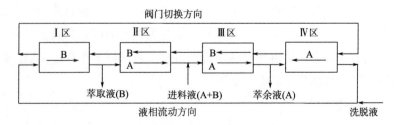

图2-17 移动床色谱示意图

$$\frac{Q_{\mathrm{I}}C_{\mathrm{BI}}}{Q_sq_{\mathrm{BI}}} > 1;\ \frac{Q_{\mathrm{II}}C_{\mathrm{AII}}}{Q_sq_{\mathrm{AII}}} > 1.\text{and.}\ \frac{Q_{\mathrm{II}}C_{\mathrm{BII}}}{Q_sq_{\mathrm{BII}}} < 1; \tag{2-5}$$

$$\frac{Q_{\mathrm{III}}C_{\mathrm{AIII}}}{Q_sq_{\mathrm{AIII}}} > 1.\text{and.}\ \frac{Q_{\mathrm{III}}C_{\mathrm{BIII}}}{Q_sq_{\mathrm{BIII}}} < 1;\ \frac{Q_{\mathrm{IV}}C_{\mathrm{AIV}}}{Q_sq_{\mathrm{AIV}}} < 1$$

取无因次 $m_j = \dfrac{Q_j^{\mathrm{TMB}}}{Q_s}$ 则上述约束变为：

$$m_{\mathrm{I}} > \frac{q_{\mathrm{BI}}}{c_{\mathrm{BI}}};\ \ \frac{q_{\mathrm{AII}}}{c_{\mathrm{AII}}} < m_{\mathrm{II}} < \frac{q_{\mathrm{BII}}}{c_{\mathrm{BII}}} \tag{2-6}$$

$$\frac{q_{\mathrm{AIII}}}{c_{\mathrm{AIII}}} < m_{\mathrm{III}} < \frac{q_{\mathrm{BIII}}}{c_{\mathrm{BIII}}};\ \ m_{\mathrm{IV}} > \frac{q_{\mathrm{AIV}}}{c_{\mathrm{AIV}}}$$

完全分离即意味着两个出口所得产品纯度为100%。另外，根据物料平衡有以下关系：

$$Q_{\mathrm{II}} = Q_{\mathrm{I}} - Q_{\mathrm{E}} \tag{2-7}$$

$$Q_{\mathrm{III}} = Q_{\mathrm{II}} - Q_{\mathrm{F}} \tag{2-8}$$

$$Q_{\mathrm{IV}} = Q_{\mathrm{III}} - Q_{\mathrm{R}} \tag{2-9}$$

$$Q_{\mathrm{I}} = Q_{\mathrm{IV}} - Q_{\mathrm{EI}} \tag{2-10}$$

$$Q_{\mathrm{E}} + Q_{\mathrm{R}} = Q_{\mathrm{F}} + Q_{\mathrm{EI}} \tag{2-11}$$

式中：Q_k（$k=$ I，II，III，IV）为四个区的内部流率；Q_{E}、Q_{F}、Q_{R} 和 Q_{EI} 为四个区的外部流率，对应为提取液、进料液、残余液和洗脱液。

3. SMB与TMB间的转换关系

SMB是将模拟移动床色谱过程假想为连续逆流过程，当有无限多柱子和无限短切换时间时，SMB过程就变成了真实移动床过程，TMB操作在启动一段时间后可达到稳定状态，即柱内浓度分布不随时间而变化。然而对于真实的SMB，在某个切换时间内，柱内浓度分布是随时间变化的，而在接连的一系列切换时间内，出样口的浓度随时间又是周期性变化的，是个循环稳态过程，根据SMB和TMB之间具有的等效性，只要满足简单的几何学和运动学转换规则，就可以用相对较为简单的TMB模型来预测SMB单元的稳态分离性能。SMB分离过程的设计是基于TMB的设计，jm 是指TMB情况下的 j 区流量比，需先将其转化为SMB时的流量比值方可应用于实际的SMB过程，SMB和TMB之间的转换关系由下列等式联系：

（1）SMB中固相流量与切换时间的转换关系：

$$Q_s = \frac{(1-\varepsilon)}{\tau} \qquad （2-12）$$

（2）TMB中流量比公式：

$$m_j = \frac{Q_j^{TMB}}{Q_s} \qquad （2-13）$$

（3）SMB中流量比与TMB中流量比间的转换关系：

$$\frac{Q_j^{SMB}}{Q_s} = \frac{Q_j^{TMB}}{Q_s} + \frac{\varepsilon}{1-\varepsilon} \qquad （2-14）$$

（4）TMB中3流速比与流量比间的转换关系：

$$\frac{u_j^{TMB}}{u_s} = \frac{(1-\varepsilon)D_j^{TMB} - \varepsilon Q_s}{\varepsilon Q_s} = \frac{1-\varepsilon}{\varepsilon} \qquad \frac{Q_j^{SMB}}{Q_s} - 1 \qquad （2-15）$$

4. 固定化离子交换色谱柱的初始工艺参数确定

根据树脂的静态与动态试验和TMB模型的物料平衡方程推算所得初始工艺参数，见表2-17。

表2-17　SMB初始工艺参数

工艺名称	工艺参数
进料速度（mL/min）	25
水洗1区（mL/min）	15
解吸速度（mL/min）	25
再生速度（mL/min）	15
水洗速度（mL/min）	20
切换时间（s）	720

5. 工艺条件的优化实验结果

模拟移动床色谱纯化苦荞麦壳黄酮的工艺参数优化及试验结果见表2-18。

表 2-18　分离操作条件和试验结果

序号	进料流速（mL/min）	水洗1区流速（mL/min）	解吸流速（mL/min）	再生流速（mL/min）	水洗2区流速（mL/min）	切换时间（s）	纯度（%）	收率（%）
1	25.0	15.0	25.0	15.0	20.0	720	81.2	75.6
2	25.0	14.6	23.4	16.7	21.7	730	82.6	74.9
3	25.0	16.1	26.4	18.7	23.8	735	80.2	72.8
4	25.0	15.9	22.9	14.7	19.5	725	81.5	73.4
5	25.0	17.3	21.3	13.5	26.1	725	84.1	76.2
6	20.0	14.1	20.6	14.9	20.3	730	80.3	75.9
7	20.0	15.5	21.8	14.2	25.3	720	84.7	76.3

综合考虑处理量、料水比、纯度和收率等指标，第5组试验的效果好于其他6组，因此，确定模拟移动床色谱纯化苦荞麦壳黄酮的最佳工艺参数为：进料流速25.0mL/min、水洗1区流速17.3mL/min、解吸流速21.3mL/min、再生流速13.5mL/min、水洗2区流速26.1mL/min、切换时间725s，此时，苦荞麦壳黄酮的纯度达到84.1%，收率达到76.2%，且处理量较大，每天可以处理36L苦荞麦壳粗提液。

6. TMB与SMB技术对比分析

TMB与SMB技术对比分析，见表2-19。

表 2-19　TMB 与 SMB 技术对比分析

项目	TMB	SMB
色谱柱数量	20	20
树脂添加量（L）	4	4
运行方式	间接	连续
控制方式	人工	自动
加工能力（L/d）	4.3	10
酒精消耗量（L/d）	114.9	48.9
耗水量（L/d）	189.2	79.5
纯度（%）	89 ± 0.46	90 ± 0.22
收率（%）	84 ± 0.32	85 ± 0.28

SMB和TMB是完全不同的。除了控制装置的不同，操作条件也有很大的不同。SMB和TMB之间的差异见表2-19。SMB和TMB分离方法在纯度和产率方面没有显著差异，两种方法具有良好的再生和可重复使用性。结果与保留机理的原理相一致。然而，与TMB相比，SMB在工业生产中具有明显的优势。首先，SMB是一个由20个分离柱组成的连续操作系统。SMB系统中的树脂具有较高的利用率和生产效率。TMB是一个单列间接操作系统。TMB系统中的树脂利用率相对较低，生产效率较低。为了达到与SMB相同的处理能力，TMB系统中应有20多个分离柱。每列的体积是SMB的两倍，占地面积也相应增加。SMB设备结构紧凑，占地少，安装方便，树脂用量为TMB的1/3～1/2。其次，与TMB中的洗脱液、再生器和水用量相比，SMB的消耗比TMB减少40%～60%。最后，SMB方法使用自动控制，根据生产过程的需要随时调整参数，以达到最佳经济状态。通过参数对比，可以看出该系统具有操作能力大、溶剂消耗少、成本低、生产效率高、连续化程度高等优点。SMB非常适合工业化生产苦荞壳黄酮类化合物。

四、结论

在单柱试验及试验的优化后，确定最佳的分区为，吸附区6个制备柱（串联）、水洗1区3个制备柱（串联）、解吸区5个制备柱（串联）、再生区3个制备柱（并联逆流）、水洗2区3个制备柱（串联）。模拟移动床色谱纯化苦荞麦壳黄酮的最佳工艺参数为：进料流速25.0、水洗1区流速17.3、解吸流速21.3、再生流速、水洗2区流速26.1mL/min、切换时间725s，此时，苦荞麦壳黄酮的纯度达到84.1%，收率达到76.2%。

第六节　苦荞麦壳黄酮的抗氧化活性

一、材料与设备

苦荞麦壳黄酮纯化物（自制）；分析天平（精确至0.0001g）AR2140；Pharo300紫外可见光分光光度计（默克密理博）；芦丁、VC、硫酸亚铁、过氧化氢、水杨酸、磷酸氢二钠、磷酸二氢钾、邻苯三酚、对氨基苯磺酸、盐酸萘乙二胺盐、亚硝酸钠、柠檬酸、碘化钾、硫代硫酸钠、1，1-二苯基-2-苦肼基自由基（DPPH）等试剂均为分析纯。

二、试验方法

1. 清除DPPH·自由基作用的测定方法

DPPH·在517nm处强吸收，其乙醇溶液呈深紫色，当有自由基清除剂存在时，由于与其单电子配对而使其吸收逐渐消失，其褪色程度与配对电子数成化学计量关系，因此，可用分光法进行定量分析。抗氧化能力用抑制率来表示，抑制率越大，抗氧化性越强。具体操作为：分别取0.2mL、0.4mL、0.6mL、0.8mL、1.0mL不同体积的各待测液于具塞试管中，加入2mL DPPH·溶液，然后用无水乙醇将体系补至4mL，摇匀，30min后用无水乙醇作参比测定其吸光度A_i；同时测定2mL DPPH·溶液与2mL无水乙醇混合后吸光度A_c；方法同A_i操作，当加入不同体积待测液后，直接用无水乙醇补至4mL，混合后测体系吸光度A_j，实验以芦丁为对照。

$$抑制率 = [1-(A_i-A_j)/A_c] \times 100\%$$

式中：A_i——样品DPPH·溶液的吸光度；

$\quad\quad\quad A_j$——样品液在测定波长时的吸光度；

$\quad\quad\quad A_c$——未加抗氧剂时DPPH·溶液的吸光度。

2. 清除超氧阴离子自由基（$O_2 \cdot^-$）作用的测定

取0.05mol/L Tris-HCl缓冲溶液（pH 8.2）4.5mL，置于25℃水浴中预热20min，分别加入1mL浓度分别为0.2mg/mL、0.4mg/mL、0.6mg/mL、0.8mg/mL、1.0mg/mL的纯化后的苦荞黄酮乙醇溶液和0.4mL 25mmol/L邻苯三酚溶液，混匀后于25℃水溶液中反应5min，加入8mmol/L HCl 1.0mL终止反应，于299nm处测定吸光度（A_f），空白对照组以相同体积蒸馏水代替样品，每个试样作三次平行试验，取其平均值。清除率计算公式为：

$$超氧化离子清除率 = [(A_0-A_f)/A_0] \times 100\%$$

式中：A_0为空白样吸光度；A_f为试样吸光度。

3. 清除羟自由基（·OH）的能力测定

在6支试管中分别加入浓度均为6.0mmol/L Fe^{2+}、水杨酸—乙醇溶液各1.0mL，分别加入1.0mL浓度分别为0.2mg/mL，0.4mg/mL，0.6mg/mL，0.8mg/mL，1.0mg/mL的苦荞壳黄酮乙醇溶液，加蒸馏水至5.0mL，再分别加入6.0mmol/L H_2O_2 1.0mL，10min后以蒸馏水为参比于510nm处测吸光值 A_f，代入公式计算清除率。

$$羟自由基（·OH）清除率=\left[（A_0-A_f）/A_0\right]×100\%$$

式中：A_0 为试剂空白液的吸光度；A_i 为试样吸光度。

4. 对 Fe^{2+} 诱导的脂质过氧化反应抑制作用

体外测定脂质过氧化，采用硫代巴比妥酸法检测氧化产物含量，脂质过氧化反应的最终产物丙二醛（MDA）在酸性条件下与2分子的硫代巴比妥酸（TBA）共热（100℃，20~60min），生成粉红色物质，测定532nm的吸光度，可计算出MDA的量，从而得知脂质过氧化的情况。在实验过程中，过氧化物降解产生的自由基又可使其他脂质分子过氧化，扩大反应的值为消除之，可在加TBA前先加丁基化羟基甲苯（BHT）阻断链式反应，或加三氯醋酸改变pH以防止试验过程中过氧化的扩大和干扰实验结果。以卵黄脂蛋白为底物的脂质过氧化（LPO）模型反应体系包括:10%的蛋黄匀浆0.5mL（$V_{蛋黄}$：$V_{水}$=1∶10），加入0.1mL不同浓度的样品液，用水补足1mL，加入0.07mol/L的 $FeSO_4·7H_2O$ 溶液0.05mL后孵育30min，取出后加入20%的TCA 0.05mL，20%（pH 3.5）的乙酸1.5mL，0.8%TBA溶液（溶于1.1%SDS溶液）1.5mL，混匀后置于沸水浴60min，冷却后加入5mL正丁醇萃取，3000r/min离心10min，取上清在532nm处测定吸光值A。空白不加TBA，对照不加样，以VC作为阳性对照。根据下列公式计算抑制率：

$$抑制率=\left[（A_0-A_i）/A_0\right]×100\%$$

式中：A_0 为未加样品的阴性对照吸光值；A_i 为试样管吸光值。

5. 还原力的测定

试验采用Oyaizu法，通过观察在黄酮存在时，Fe^{3+} 和 Fe^{2+} 之间的转化来检测样品的还原能力。取2.5mL的样品溶液，加入2.5mL的磷酸盐缓冲液（0.2mol/L，pH 6.6）及2.5mL的1%$K_3Fe（CN）_6$溶液，于50℃水浴反应20min后急速冷却，加入2.5mL的1%三氯乙酸溶液，取反应液5mL，加入5mL H_2O 和0.1%$FeCl_3$溶液1mL，混合均匀，10min后于700nm处测定其吸光度值，以水为空白，吸光度值越大表示还原能力越强，以上实验均以抗坏血酸作阳性对照。

6. 抗氧化能力测定

采用β-胡萝卜素/亚油酸自氧化体系测定，参照Shon的方法。反应液的配制:将5mg的β-胡萝卜素溶于10mL氯仿中，再加入0.25mL的亚油酸和2.0mL的Tween-20，将此混合物移入圆底瓶中于50℃旋转蒸发4.0min，之后加入500mL蒸馏水。向各试管中加入1.0mL不同浓度的样品液和4.0mL反应液，置于50℃水浴中，每隔25min测其在470nm的吸光度A（分别在不同浓度待测液构成的体系中，以蒸馏水代替β-胡萝卜素作为空白调零），直到测量150min。抗氧化能力按下列公式计算：

$$抗氧化力 = \left[1 - (A_0 - A_t) / (A_0' - A_t') \right] \times 100\%$$

式中：A_0和A_t分别为加入样品后0min和150min时的吸光度；A_0'和A_t'分别为不加样品时0和150min时的吸光度。

三、结果与分析

1. 清除DPPH·自由基的作用

苦荞麦壳黄酮清除DPPH·自由基的作用研究结果见表2-20。

表2-20　苦荞麦壳黄酮对DPPH·自由基的清除作用

浓度（mg/mL）	0	0.2	0.4	0.6	0.8	1.0
芦丁	0	39.34 ± 0.04	48.21 ± 0.02	56.76 ± 0.01	61.68 ± 0.02	63.42 ± 0.03
苦荞麦壳黄酮	0	31.88 ± 0.01	43.49 ± 0.04	50.67 ± 0.02	56.71 ± 0.03	59.54 ± 0.02

由表2-20可知，苦荞麦壳黄酮有比较强的清除DPPH·的能力，且清除能力随着黄酮含量的增加而增加，呈线性关系，但苦荞麦壳黄酮清除DPPH·的能力比芦丁清除DPPH·的能力弱。

2. 清除超氧阴离子的作用

苦荞麦壳黄酮清除O_2^-·的作用研究结果见表2-21。

表 2-21　苦荞麦壳黄酮对超氧阴离子的清除作用

浓度（mg/mL）	0	0.2	0.4	0.6	0.8	1.0
VC	0	49.98 ± 0.02	56.92 ± 0.03	60.76 ± 0.03	69.68 ± 0.02	72.35 ± 0.02
苦荞麦壳黄酮	0	31.01 ± 0.03	35.19 ± 0.02	45.38 ± 0.02	53.24 ± 0.01	62.31 ± 0.03

由表2-21可知，苦荞麦壳黄酮有比较强的清除$O_2^-\cdot$的能力，且清除能力随着黄酮含量的增加而增加，呈线性关系，但苦荞麦壳黄酮的清除超氧阴离子能力要比抗坏血酸清除超氧阴离子的能力弱。

3. 清除羟自由基的作用

苦荞麦壳黄酮清除·OH的作用研究结果见表2-22。

表 2-22　苦荞麦壳黄酮对羟自由基的清除作用

浓度（mg/mL）	0	0.2	0.4	0.6	0.8	1.0
VC	0	39.31 ± 0.03	42.52 ± 0.01	51.59 ± 0.03	63.34 ± 0.03	66.73 ± 0.02
苦荞麦壳黄酮	0	30.52 ± 0.02	34.88 ± 0.04	47.91 ± 0.01	51.35 ± 0.02	63.63 ± 0.02

由表2-22可知，苦荞麦壳黄酮有比较强的清除·OH的能力，且清除能力随着黄酮含量的增加而增加，呈线性关系，但苦荞麦壳黄酮的清除羟自由基能力要比抗坏血酸的清除羟自由基的能力弱。

4. 苦荞麦壳黄酮对Fe^{2+}诱导的脂质过氧化反应抑制作用

苦荞麦壳黄酮对Fe^{2+}诱导的脂质过氧化反应抑制作用的测定结果见表2-23。

表 2-23　苦荞麦壳黄酮对脂质过氧化反应的抑制率

浓度（mg/mL）	0	0.2	0.4	0.6	0.8	1.0
VC	0	11.52 ± 0.04	23.73 ± 0.02	28.21 ± 0.01	32.59 ± 0.03	40.68 ± 0.03
苦荞麦壳黄酮	0	41.66 ± 0.03	53.03 ± 0.04	69.37 ± 0.03	78.95 ± 0.03	86.27 ± 0.03

由表2-23可知，在浓度为0.2~1.0mg/mL时，苦荞麦壳黄酮对脂质过

氧化的抑制作用随着浓度的升高而增强，且呈一定的剂量依赖性，且苦荞麦壳黄酮的脂质过氧化反应抑制作用能力要比抗坏血酸的抑制作用能力强。

5. **苦荞麦壳黄酮还原能力测定**

苦荞麦壳黄酮还原能力的测定结果见表2-24。

表2-24 苦荞麦壳黄酮的还原能力

浓度（mg/mL）	0	0.2	0.4	0.6	0.8	1.0
VC	0	39.31 ± 0.03	42.52 ± 0.01	51.59 ± 0.03	63.34 ± 0.03	66.73 ± 0.02
苦荞麦壳黄酮	0	30.52 ± 0.02	34.88 ± 0.04	47.91 ± 0.01	51.35 ± 0.02	63.63 ± 0.02

由表2-24可知，苦荞麦壳黄酮有较强的还原能力，且清除能力随着黄酮含量的增加而增加，呈线性关系是一种良好的抗氧化剂，但是苦荞麦壳黄酮的还原能力弱于抗坏血酸。苦荞麦壳黄酮具有相当好的还原能力，是良好的电子供应者，其供应的电子除可以使Fe^{3+}还原成Fe^{2+}外，还可与自由基形为较惰性的物质，以中断自氧化链锁反应。

6. **苦荞麦壳黄酮抗氧化能力测定**

苦荞麦壳黄酮抗氧化能力的测定结果见表2-25。

表2-25 苦荞麦壳黄酮的抗氧化能力

浓度（mg/mL）	0	0.2	0.4	0.6	0.8	1.0
芦丁	0	0.067 ± 0.005	0.094 ± 0.003	0.137 ± 0.004	0.216 ± 0.003	0.268 ± 0.005
苦荞麦壳黄酮	0	0.052 ± 0.003	0.087 ± 0.004	0.118 ± 0.006	0.197 ± 0.004	0.232 ± 0.006

由表2-25可知，在浓度为0.2～1.0mg/mL时，苦荞麦壳黄酮对脂质过氧化的抑制作用随着浓度的升高而增强，且呈一定的剂量依赖性，且苦荞麦壳黄酮的抗氧化能力比芦丁的抗氧化能力弱。

四、结论

通过实验研究发现，苦荞麦壳黄酮具有较强的清除DPPH·自由基作用、清除超氧阴离子自由基（O_2^-·）作用、清除羟自由基（·OH）的能力、对Fe^{2+}诱导的脂质过氧化反应抑制作用、还原力、抗氧化能力，且呈一定的剂量依赖性。苦荞麦壳黄酮的脂质过氧化反应抑制作用能力要比抗坏血酸的抑制作用能力强。但是，苦荞麦壳黄酮的清除超氧阴离子能力、清除羟自由基能力以及还原能力均弱于抗坏血酸；但苦荞麦壳黄酮的清除DPPH·能力和总抗氧化能力比芦丁弱。

主要参考文献

［1］CHRISTEL Q d, BERNARDG, JACQUES V, et al. Phenolic compounds and antioxidant activities of buckwheat（Fagopyrum esculentum Moench）hulls and flour［J］. Journal of Ethnopharmacology, 2000, 72（1）: 35-42.

［2］GUIOCHON G, FELINGER A, SHIRAZI D G, et al. Fundamentals of Preparative and Nonlinear Chromatography［M］. Boston: Academic Press, 2006.

［3］GIOVANNI O D, MAZZOTTI M, MORBIDELLI M, et al.supercritical fluidsimulated moving bed chromatography: Ⅱ. Langmuir isotherm［J］. Journal of Chromatogr. A, 2001, 919（6）:1-12.

［4］GUO Y Y.study on extracting flavonoids from buckwheat hulls［D］. Hohhot: Inner Mongolia Agricultural University, 2004.

［5］HUNG C Y, TSAI Y C, LI K Y, et al. Phenolic antioxidants isolated from the flowers of Osmanthus fragrans［J］. Molecules, 2012, 17（9）: 10724‒10737.

［6］LI P H, PIAO C H, ZHANG L. Antidiabetic Effect and Mechanism of Flavonoids Extracted from Bunckwheat Hulls in Type 2 Diabetic Rats［J］. Food science, 2017, 38（5）:244-250.

［7］ LIU B G, ZHU Y Y. Extraction of flavonoids from flavonoid-rich parts in tartary buckwheat and identification of the main flavonoids ［J］. Journal of Food Engineering, 2007, 78（2）: 584 - 587.

［8］ LUO Q L, SHAO J R, HU J P, et al. Research progress of flavonoids in buckwheat ［J］. Food Research and Development, 2008, 29（2）: 160-164.

［9］ MATSUI T, EBUCHI S, KOBAYASHI M. Caffeoylsophorose, a new natural alpha-glucosidase inhibitor, from red vinegar by fermented purple-fleshed sweet potato ［J］. Biosci Biotechnol Biochem, 2004, 68（11）: 2239-2246.

［10］ NIU F L, CHU J X, HAN S Y. Inhibitory effects of total flavones of buckwheat flower on the non-enzymatic glycation of proteins in vivo and in vitro ［J］. Chinese Journal of Clinical Rehabilitation, 2006, 10（43）: 210-213.

［11］ PIAO C H, LIU L P, CHU Q. Optimization of Extraction Technology of Flavones in Buckwheat shell With Hot-water Method and Their Antioxidant Activity ［J］. Journal of Jilin Agricultural University, 2014, 36（6）: 719-722.

［12］ QIN P, WU L, YAO Y. Changes in phytochemical compositions, antioxidant and α-glucosidase inhibitory activities during the processing of tartary buckwheat tea ［J］. Food Research international, 2013, 50（2）:562-567.

［13］ SCHRAMM H, KASPEREIT M, KIENLE A.simulated moving bed process with cyclic modulation of the feed concentration ［J］. Journal of Chromatography A, 2003, 1006（7）: 77-86.

［14］ WANG S H, HUANG W L, CHEN Q S. Inhibition of rutin and quercetin on α-glycosidase ［J］. China Brewing, 2012, 31（1）: 133-135.

［15］ YANG F L, CHEN X Q.Study on surfactant assisted ultrasonic extraction of flavonoids from buckwheat hull ［J］. Cereals & Oils, 2013, 26（6）: 46-49.

［16］ZHANG L, ZHANG C, HUANG S. Effect of Buckwheat Hull Flavonoids（BHF）on Serum Lipid Metabolism in NIDDM Rats［J］. Food Research and Development, 2016, 37（21）: 164−168.

［17］ZHANG Z L, ZHOU M L, TANG Y. Bioactive compounds in functional buckwheat food［J］. Food Research International, 2012, 49（1）: 389−395.

［18］ZHANG Z Y, MAZZOTTI M, MORBIDELLI M. Power Feed changing flow−rates during the switching interval. operation of simulated moving bed units［J］. Journal of Chromatography A, 2003, 1006（7）: 87−99.

［19］甄云鹏. 苦荞壳中黄酮类化合物提取、纯化与其组分分离、测定［D］. 成都: 成都理工大学, 2007.

［20］王炜, 欧巧明, 杨随庄, 等. 苦荞麦化学成分及生物活性研究进展［J］. 园艺与种苗, 2010, 30（6）:419−423.

［21］蒋高华, 蔡冰, 彭兴华, 等. 苦荞麦化学成分及药理活性研究进展［J］. 药物化学, 2018, 6（2）: 20−28.

［22］林兵, 胡长玲, 黄芳, 等. 苦荞麦的化学成分和药理活性研究进展［J］. 现代药物与临床, 2011, 26（1）: 29−32.

［23］许钢. 苦荞麦黄酮提取最佳条件及抗氧化研究［J］. 中国食品学报, 2008, 8（3）:78−83.

［24］李鹏程, 朴春红, 张岚, 等. 荞麦壳黄酮提取物对Ⅱ型糖尿病大鼠的血糖改善作用及机制［J］. 食品科学, 2017, 38（5）: 244−250.

［25］CHO N H. Fifive questions on the 2015 IDF Diabetes Atlas［J］.Diabetes Research and Clinical Practice, 2016, 115: 157−159.

［26］BUNKENBORG, M. The uneven seepage of science:diabetes and biosociality in China［J］.Health & Place, 2016, 39: 212−218.

［27］FORCE T. AACE comprehensive diabetes management algorithm［J］. Endocrine Practice, 2013, 19（2）: 327−328.

［28］俞浩, 毛斌斌, 周国梁, 等. 白背三七总黄酮对糖尿病大鼠的降血糖作用［J］. 食品科学, 2013, 34（15）: 295−298.

［29］李超, 崔珏, 周小双, 等. 鼠曲草总黄酮改善糖尿病小鼠抗氧化功能

的研究［J］.食品科学, 2013, 34（21）: 311-314.

［30］李丹, 彭成, 谢晓芳. 黄酮类化合物治疗糖尿病及其并发症的研究进展［J］.中国实验方剂学杂志, 2014, 20（11）: 239-242.

［31］朴春红, 刘丽苹, 初琦, 等. 热水法提取荞麦壳黄酮工艺优化及抗氧化活性［J］.吉林农业大学学报, 2014, 36（6）: 719-722, 734.

［32］陈旭清. 荞麦壳精深加工综合利用研究［D］.西安: 陕西科技大学, 2014.

［33］SATO H, SAKAMURA S. Isolation and identification of flavonoids in immature buckwheat seed（Fagopyrum esculentum Monch）［J］. Agric Chem Soc Jpn, 1975, 49: 53-55.

［34］HERNANDEZ-BELTRAN N, MORENO C B, GUTIERREZ-ALVAREZ A M, et al. Contribution of mitochondria to pain in diabetic neuropathy ［J］. Endocrinol Nutr, 2013, 60（1）: 25-32.

［35］SOUZA B M, ASSMANN T S, KLIEMANN L M, et al. The role of uncoupling protein 2（UCP2）on the development of type 2 diabetes mellitus and its chronic complications［J］. Arq Bras Endocrinol Metabol, 2011, 55（4）: 239-248.

［36］SELVARAJU V, JOSHI M, SURESH S, et al.Diabetes, oxidative stress, molecular mechanism, and cardiovascular disease--an overview［J］. Toxicol Mech Methods, 2012, 22（5）: 330-335.

［37］SALIB J Y, MACHAELH N, ESKANDE E F. Anti-diabetic properties of flavonoid compounds Isolated from Hyphaene the baica epicarp on alloxan induced diabetic rats［J］. Pharmacognocy Res, 2013, 5（1）: 22-29.

［38］郭月英. 苦荞壳中黄酮类化合物提取的研究［D］.呼和浩特: 内蒙古农业大学, 2004.

［39］尤玲玲, 刘幻幻, 李晓雁, 等. 苦荞黄酮的纯化及抗氧化活性的研究［J］.中国粮油学报, 2014, 29（8）: 22-24.

［40］苏俊峰, 郭长江. 食物黄酮槲皮素的抗氧化作用［J］.解放军预防医学杂志, 2001, 26（3）: 229-231.

［41］郭乾城. 荞麦茎中总酚和总黄酮的提取工艺研究［J］.中国农业文摘:

农业工程, 2020, 32 (4):27-31.

[42] 文平, 陈进红. 荞麦芦丁的研究进展 [J]. 中国粮油学报, 2006, 21 (3):107-111.

[43] 施卫省, 罗小林, 曹新佳, 等. 苦荞麦黄酮含量萃取工艺的研究 [J]. 中国农学通报, 2012, 28 (15):260-263.

[44] 贾雪峰. 苦荞麦叶黄酮提纯及其功能活性研究 [D]. 重庆: 西南大学, 2007.

[45] TANG Y, DING M Q, TANG Y X. Chapter two-Germplasm Resources of Buckwheat in China [M]. New York: Academic Press, 2016.

[46] WANG C L, LI Z Q, DING M Q. Fagopyrum longzhoushanense, a newspecies of Polygonaceae from Sichuan, China [J]. Phytotaxa, 2017, 291 (1):73-80.

[47] 方玉梅, 王毅红, 张春生, 等. 苦荞麦苗期黄酮类化合物的抗氧化性作用 [J]. 食品科技, 2009, 34 (9):94-97.

[48] GIRARD V, HILBOLD N J, NG C K. Large-scale monoclonal antibody purification by continuous chromatography, from process design to scale-up [J]. Journal of Biotechnology, 2015, 213: 65-73.

[49] IBERER G, SCHWINN H, JOSIĆ D. Improved performance of protein separation by continuous annular chromatography in the size-exclusion mode [J]. Journal of Chromatography A, 2001, 921 (1):15-24.

[50] ZHU J, CUI W, XIAO W. Isolation and enrichment of GInkgo biloba extract by a continuous chromatography system [J]. Journal of Separation Science, 2018, 41 (11):2432-2440.

[51] LI L Y, SONG D W, D IAO J J. Adsorption characteristics of AB-8 resin for anthocyanins from Lonicera edulis Turcz [J]. Nat Prod Res Dev, 2016, 28 (8):1289-1295.

[52] WANG H Z, ZHU Y, ZHU Y. Phenolic composition and antioxidant activity of seed coats of kidney beansWith different colors [J]. Food Science, 2020, 41 (12):204-210.

[53] ZHAOW J, ZHAO Y W. Optimization test on extraction process of

anthocyanin pigment from black kidney bean [J]. Modern Agricultural Science and Technology, 2016, 278（16）:244-247.

[54] WANG Y W, Luan G X, ZhouW.Subcritical Water extraction，UPLC- Triple-TOF/MS analysis and antioxidant activity of anthocyanins from Lycium ruthenicum Murr[J]. Food Chemistry, 2018, 249（5）:119-126.

[55] ARNAO M B, CANO A, ACOSTA M. The hydrophilic and lipophilic contribution to total antioxidant activity [J]. Food Chemistry，2001，73 （2）:239-244.

[56] 张清安，范学辉，张志琪.D301 树脂对沙苑子酚类物质的吸附动力学研究 [J].现代食品科技, 2013, 29（7）:1471-1476.

第三章　燕麦麸皮多糖的制备与活性研究

第一节　研究概况

燕麦麸皮是清洁的燕麦或者燕麦片经碾磨、筛分后得到的燕麦的外层组织。但燕麦结构松软，不能做到麸皮与胚乳完全分开，致使燕麦麸皮中含有较多的胚乳粉质，与其他谷物麸皮相比，燕麦麸皮中富含大量的水溶性膳食纤维，这些膳食纤维是重要的功能性多糖。燕麦多糖就是一种存在于燕麦中的可溶性膳食纤维，其主要成分是β-葡聚糖。有研究表明，其中还含有一定量的戊聚糖。由于β-葡聚糖显著的生物活性，目前燕麦多糖的研究实际上基本都是关于燕麦β-葡聚糖的。同时，由于β-葡聚糖是燕麦胚乳细胞壁的重要成分，故常从燕麦麸皮中提取。提取后的物质溶于水，不溶于乙醇。高纯度的燕麦多糖为白色，无味，完全中性，它的化合物结构和功能作用比较理想，不含谷蛋白和肌醇六磷酸，重金属和农药的残留极少，也不含微生物，比较稳定。而且几乎不受温度和pH的影响，具有较强的持水性和较完整的纤维网络结构。近年来，关于燕麦多糖的研究主要是围绕其提取、纯化及生物活性进行的研究。

一、燕麦多糖的提取及纯化

原料预处理、提取溶剂和提取条件等都会不同程度地影响到多糖得率、纯度及分子结构等。因此目前国内外提取燕多糖的流程主要是：先将原料磨粉过筛进行前处理；再通过灭酶处理除去游离糖、小分子蛋白和一些非极性化合物；然后用水、稀碱或酸在不同条件下浸提；提取物浓缩后用乙醇、丙酮和硫酸铵等沉淀得到多糖粗提物；最后对多糖粗提物进行除杂纯化。

1. 浸提

目前国内外现有的燕麦β-葡聚糖的浸提方法主要有水提法、碱提法和酸提法3种。其中酸提法虽然几乎可以100%地提出β-葡聚糖，但由于它对β-葡聚糖的黏度降低很大，而且酸提在生产过程中要考虑制冷，设备成本太大，一般不予采用；Beer等在研究燕麦β-葡聚糖的功能活性时，利用碱提取法对燕麦中的β-葡聚糖提取，其提取率为87%；申瑞玲以及董吉林等研究分别利用水浸提法和碱浸提法对燕麦麸皮中的β-葡聚糖进行提取，提取率分别为69%和81%；管骁、姚惠源采用水作为溶剂浸提燕麦中的β-葡聚糖，同时研究不同温度对β-葡聚糖提取率的影响，最终发现当水的温度在80℃时β-葡聚糖提取率最高。同时Charles等的研究也说明β-葡聚糖的提取率和温度成正比，最高的提取率可达84%。

2. 去淀粉

Beer等提出的提取工艺没有去淀粉这一道工序，他们提取的产品中淀粉含量高达16.7%。因此，去淀粉是必不可少的步骤。现在国内外主要利用耐热α-淀粉酶进行水解淀粉。

3. 脱蛋白

国外主要研究了等电点法和胰液素法去除蛋白质，Beer等主要提倡用等电点法，他们的产品中蛋白质含量为4.02%，较未处理的17.55%减小13.53个百分点。因此，等电点是有效去蛋白方法，燕麦中的蛋白质的等电点为pH 4.5。Irakli等在研究希腊大麦中β-葡聚糖分离时主要使用胰液素法去蛋白。其产品中的蛋白质含量小于4%。为了能减少淀粉和蛋白质的污染，以使提取的β-葡聚糖能用于生理学实验，胰液素处理不失为一种有效的方法。另外，国内管骁等在这一方面做了研究，分析了Sevage法（氯仿：正丁醇=4：1）、三氯乙酸法（30%）以及等电点法，结果发现等电点结合Sevage法去除蛋白质效果较好。

4. 分离纯化

国外主要用乙醇沉淀或硫酸铵沉淀后，再进行透析处理，把氨基酸、小分子肽以及葡萄糖等从β-葡聚糖粗产品中分离出去，从而纯化β-葡聚糖。使用透析法虽然耗时较长，但能提取纯度高、黏度高的β-葡聚糖，同时这种方法不适宜大规模生产。国内汪海波在分离纯化方面研究较多，主要提出超滤纯化、等电点脱蛋白结合溶剂沉淀法纯化、活性炭脱蛋白结合乙醇沉淀纯化、乙醇沉淀结合聚酰铵法。其中乙醇沉淀结合聚酰铵法提取的产品的纯度较高，可达91.38%，总糖含量达97.18%。但是产品的得率较低。

综上所述，对原料的前处理时先将原料磨粉过50目筛，然后用85℃高温或体积分数为70%~80%的乙醇回流使内源酶灭活。浸提提取多糖时，水提条件最温和，能最大程度保持β-葡聚糖的理化及生物活性，但此方法的得率较低；而碱法提取率高却又会伴随分子降解，影响其生物活性。因此选择弱碱辅助热水浸提法对燕麦多糖进行提取，提取温度一般为60℃左右，pH一般为0~11，料液比为1:10~1:30，提取时间一般30~120min。除杂时，选择耐高温α-淀粉酶结合液体糖化酶去除其中淀粉；选择等电点结合Sevage法脱去蛋白；乙醇沉淀多糖；最后采用透析法去除其中的小分子物质。

二、燕麦多糖的生物活性

关于燕麦多糖生物活性的研究大多是关于β-葡聚糖的，其作为一种可溶性高品质膳食纤维，对人体健康有很重要的生理功能，并已被国内外大量的研究事实与流行病学调查结果所证实。

1. 清肠作用

郭小权等认为燕麦β-葡聚糖作为膳食纤维，在动物体内的消化器官中有一定的体积，难以消化，有助于胃肠的蠕动，从而促进肠内有害物质的排泄，减少肠内致病因素与肠黏膜的接触，间接预防结肠癌。

2. 降血糖活性

燕麦多糖中主要成分β-葡聚糖本身为非淀粉碳水化合物，具有低能、低糖的特点。研究表明，食用富含燕麦多糖的食品及保健品可以有效地降低人体血糖水平，对于糖尿病患者更为有利。20世纪90年代Jenkins、Lnglett、Yun等研究了β-葡聚糖在调节血糖方面作用。许皓进一步研究后发现其降血糖的机理可能是通过增加胃内容物的黏滞性，推迟胃排空速度同时降低小肠内糖的吸收量，从而达到降低餐后血糖上升速度。汪海波等研究发现，试验动物经灌胃后食物在小肠中的推进速度显著增加，小肠平滑肌的蠕动频率和幅度也大幅提升，这使餐后血糖水平得到有效控制。Hooda等进行了动物试验，试验动物饮食中添加6%的β-葡聚糖可起到降低血糖浓度的效果，同时可增加短链脂肪酸的含量。蔡凤丽等研究发现，燕麦β-葡聚糖可显著降低Ⅱ型糖尿病小鼠空腹血糖并明显改善胰岛素分泌提高机体的糖耐量能力。另外，相关的体外试验表明燕麦β-葡聚糖可激活B细胞并促进胰岛素分泌，且与剂量存在正相关。其机理是通过促进过氧化物酶体增殖物激活受体γ和肝糖原生成，减少体内游离脂肪酸含量，从而减少高血糖对胰岛的毒害作用。Melissa等研究发现人体在摄入燕麦多糖后，其中的β-葡聚糖能在体内形成黏弹性凝胶，这种凝胶黏度较高可以有效降低餐后血糖含量从而起到调节餐后血糖的作用。食用燕麦片和燕麦粥两种燕麦制品后均具有较低的餐后血糖值，且燕麦粥的餐后血糖浓度及胰岛素释放量更低。Tappy等在对糖尿病患者的临床试验中发现，患者的早餐中分别加入含有4.0g、6.0g、8.4g的燕麦葡聚糖，其餐后血糖升高量分别为67%、42%、38%，患者食用含有越高比例的燕麦葡聚糖食品其餐后血糖升高比重越低。Tapola等研究表明燕麦麸皮粉具有良好的降血糖效果，其主要原因是燕麦葡聚糖主要存在于燕麦麸皮粉中，在一定程度上具有预防Ⅱ型糖尿病的功效，通过分析试验组餐后血糖的峰值走向发现燕麦葡聚糖具有延缓血糖峰值出现的功能。在另一项临床研究中发现食用燕麦麸的受试者的血糖变化情况要优于食用小麦麸的受试者，燕麦麸是良好的葡聚糖来源。Panahi等试验中发现，患者食用不同黏度的燕麦葡聚糖所出现的餐后血糖降低水平不同，高黏度燕麦葡聚糖的降糖效果最佳。Wood等认为黏度是燕麦葡聚糖降糖的主要因素，其黏度不同直接影响降糖效果，餐后血糖的高低与食物的黏度呈正相关性。

综合前人的研究可以概括出降血糖的主要作用分为以下三个方面：

（1）β-葡聚糖经人体摄入后进入肠道可以形成黏性薄膜附着于肠壁上形成屏障并阻止部分糖类向血液中扩散和吸收；

（2）β-葡聚糖的高黏性可起到固定葡萄糖的作用，从而减少葡萄的吸收利用；

（3）通过抑制淀粉酶的活动、延长酶解时间来减少淀粉类的酶解与吸收，从而减缓人体对葡萄糖的吸收。

通过以上三个方面，显著降低了肠壁细胞对糖的吸收，进而降低血糖、胰岛素水平，最终达到降血糖的目的。然而，黏度并不是燕麦多糖制品降血糖功能的唯一因素，近年来研究发现，燕麦葡聚糖的降糖效果不只是因为其高黏度而导致的糖吸收放缓。Zheng等试验中发现，燕麦葡聚糖可以显著降低大鼠的胰岛素抵抗作用，同时显著提高了大鼠肝脏葡萄糖激酶活性，因此表明燕麦葡聚糖参与体内代谢，具有重要的代谢组学研究意义。而另一项关于代谢组学方面的研究表明，燕麦葡聚糖用于替代糖类降低血糖生成指数从而降低患Ⅱ型糖尿病的发病率。Hooda等指出，燕麦葡聚糖不仅可显著降低餐后血糖峰值及胰岛素的产生，同时还降低了促胰岛素多肽及胰高血糖素样肽的量，从而达到预防Ⅱ型糖尿病的作用。Zhang等研究表明，燕麦葡聚糖可提高胰岛素敏感性，同时提高小肠中钠钾钙镁离子ATP酶活性，达到增加能量代谢的目的。因此，从代谢组学角度研究多糖的调节血糖活性具有重要意义。为此一些研究人员开始通过这一角度来试图阐明燕麦多糖在机体中参与代谢的行为。

3. *降血脂活性*

近年来由于生活条件改善人们呈现出摄入高度营养化饮食的趋势，这些高营养的食物常伴随着高热量和高胆固醇，如鸡蛋、动物油脂等。研究表明，亚洲人的血清TC每增加0.6×10^{-3}mol/L，罹患冠心病的风险将会增加三成。因此调控血脂水平可有效防治冠心病。对于减缓动脉粥样硬化病情发展方面具有显著的疗效，大幅度降低了冠心病的发生率。降低血清胆固醇水平对高脂血症的控制具有重要意义。

高脂血症患者多伴有并发症，如动脉粥样硬化、冠心病、中风、糖尿病等，也与高血压、糖尿病、脂肪肝、肥胖及衰老等密切相关，是急性心肌梗死、脑中风、坏死性胰腺炎等重大疾病的潜在危险致病因素。根据我国地区性高脂血症情况调查显示城市高脂血症人群中伴有高血压、糖尿病和冠心病高于农村。调查表明城市群体的高脂血症是引发高血压、糖尿病和冠心病的重要因素。世界范围的调查结果显示，心脑血管疾病的平均患病率最高可达30%，其趋势逐年递增。在西方发达国家中，心血管疾病的所占比例也不容小觑，仍然给人们的健康造成巨大威胁，以美国为例，心血管疾病的死亡率占总死亡率的43%。以我国为例的发展中国家，心血管疾病问题则更加明显，甚至排到死因的第1位。在我国，心血管疾病的死亡率高居首位，达到40%，远超过位居第二的癌症死亡率（16%）。2003年世界卫生组织的调查数据显示中国心血管疾病患病率高达17.7%，是威胁我国成人健康的重要疾病之一。2005年，我国公共卫生资源消耗约14000亿元，其中高血脂、高血压、糖尿病、动脉硬化等慢性病医疗支出占30%以上。不仅危害人们的身心健康及生活水平，也对我国的经济造成巨大的损失，阻碍社会的发展。

防治高胆固醇血症主要可以采用两种途径，一是减少摄入外源性胆固醇，如减少食用高胆固醇食品（豆固醇、谷固醇、菜固醇等），减少脂肪食品的比重，同时增加食用降胆固醇的食物，如芹菜、菌类等可抑制胆固醇的吸收；二是抑制体内胆固醇合成，并促其代谢。2010～2012年一项广州地区实践调查显示，多摄入蔬菜、豆及其制品可以有效减少高胆固醇血症的发生。另外通过机体代谢的角度还可通过药物抑制合成胆固醇达到降低血清胆固醇的目的。在胆固醇合成过程中，通过抑制β-羟基-β-甲基戊二酸单酰辅酶A（HMG-CoA）还原酶来限制甲基戊醇合成。限制甲基戊醇的合成可有效减少体内胆固醇合成。目前主要使用他汀类药物限制还原酶。另外，通过提高血清中HDL-C的水平来降低胆固醇合成，HDL-C能引导胆固醇的逆转运，减少脂质在血管壁的沉积。HDL-C可将胆固醇运输到肝脏，通过代谢再循环作用将胆固醇消解并排出体外。同时HDL-C将机体内胆固醇携带并转运至肝脏转化为胆酸，经代谢形成胆汁，最终排出体外。因此HDL-C能减少胆固醇沉积，平衡血液中胆固醇水平，降低动脉硬化指数。同时提高抗氧化也可降低血脂。自由基具有一个单电子，在代谢过程中随时与其他物质配对，影响正常生化过程，如增加细胞膜通透性。在血液中，LDL-C经自由基氧化后，进入血管内皮，沉积形成动脉粥样硬化斑块。因此减少体内自由基的参与也是降血脂的重要途径。

据有关动物试验发现，燕麦β-葡聚糖可以改善高脂血症大鼠餐后血脂分布，降低肝脏脂肪病变；能够促进高胆固醇血脂大鼠血脂代谢，具有降胆固醇作用。裴素萍等认为β-葡聚糖可有效地抑制血清胆固醇上升，其机理可能是由于β-葡聚糖能促进胆固醇向胆汁酸转化并加速胆汁酸的代谢排出体外的原因。申瑞玲等人对燕麦β-葡聚糖对高脂血症大鼠肝损伤的保护作用进行了研究。他们发现，燕麦β-葡聚糖能够对大鼠肝损伤有治疗及恢复作用，其功效和抗肝损伤作用均优于壳寡糖。同时通过降低血脂水平及动脉硬化指数可预防动脉粥样硬化、降低心脑血管疾病。因此，可作为防治动脉粥样硬化性心脑血管疾病的功能性食品原料。燕麦麸多糖中的戊聚糖及酚类物质可降低心血管疾病以及肥胖症的发病率。Kern等研究了谷物麸皮中的酚类化合物在人体内的代谢和吸收过程，发现高麸皮含量谷物中可溶性阿魏酸主要在小肠部位被吸收利用。而不溶性阿魏酸在大肠中的结肠部位消化，经肠道菌群作用后被肠道菌群代谢利用或经粪便排出体外。燕麦多糖降血脂机制可能是β-葡聚糖在肠内形了一层黏性薄膜，有效降低了胆汁酸和胆固醇的吸收利用。Gerard等也证实了燕麦β-葡聚糖的降脂功效，高胆固醇病人摄入后，可以有效降低总胆固醇（TC）和低密度脂蛋白—胆固醇（LDL-C）的含量，尤其对低密度脂蛋白胆固醇的效果最明显。根据Charles等的研究，每日食用添加了β-葡聚糖的橘子汁，可显著降低机体低密度脂蛋白胆固醇，同时低密度脂蛋白胆固醇与高密度脂蛋白胆固醇的比率也得到降低。β-葡聚糖的FDA每日推荐摄入量为3g，不仅可补充人体所需的营养物质，还可起到降低胆固醇的作用。Bell等指出每天摄入2.1gβ-葡聚糖，就可降低9.5%的胆固醇。

关于葡聚糖降血脂的机理，贝尔等研究总结了其四种可能机制：

（1）β-葡聚糖进入人体后与胆酸在小肠中互相作用，不断消耗胆酸，从而引起机体内胆固醇直接合成胆酸，降低了胆固醇含量；

（2）β-葡聚糖在大肠中被细菌利用产生短链脂肪酸，减少高密度脂蛋白还原酶的能力，并通过提高低密度胆固醇来减少肝脏中胆固醇的产生；

（3）β-葡聚糖的高黏性可提高饱腹感延长胃排空过程，降低了餐后胰岛素浓度因此也进一步影响高密度脂蛋白还原酶的调节机制；

（4）β-葡聚糖可能在小肠中形成黏性薄膜阻碍了部分脂肪与胆固醇的吸收。

综上所述，植物多糖对高脂血症动物模型的干预具有可行性。但是应用燕麦麸多糖混合物作为研究对象直接作用在造模成功的高脂血症动物模型上的研究并未见报道。在过去的研究中人们过于追求将多糖混合物中的β-葡聚糖分离纯化，而在这个过程中其他活性物质被弃用，这种行为本身便是一种资源的浪费，如果能通过系统的试验研究对燕麦多糖混合物的降血脂功能活性做出评价，那么无论是在资源利用上还是降血脂保健品开发上都具有重要意义。

4. 其他活性

多糖还可调节机体免疫活性，其主要表现在：激活免疫细胞（如巨噬细胞、树突状细胞、单核细胞），诱导NO的合成，降低电离辐射对机体免疫力的损伤，调控与免疫反应相关的细胞信号传递，促进免疫球蛋白的合成等。Christof、Murphy Alaroon-Aguilar等研究证明燕麦β-葡聚糖具有良好的免疫调节功能。酚类抗氧化物质常与戊聚糖共价结合，也具有多种生理功能。其中，与戊聚糖相连的阿魏酸是一种酚类化合物，其通过酯键与细胞壁中戊聚糖、蛋白质及木质素形成共价交联，是一种天然抗氧化剂。同时，燕麦多糖可有效提高哺乳动物体内巨噬细胞的活性及吞噬能力，进一步证实了其具有提高机体免疫力的作用，这也是葡聚糖的重要的生理活性。有关燕麦β-葡聚糖的动物试验也证实了燕麦β-葡聚糖具有调节免疫力的功能。Yun-Cheolheui等研究发现，β-葡聚糖可提高小鼠的免疫功能，试验小鼠摄入β-葡聚糖后血清中免疫球蛋白数量得到显著提升。

另一些研究表明，燕麦多糖在抗癌、抗肿瘤方面也具有突出的功效，多糖虽然不能直接杀死癌细胞，但通过利用机体本身的自然杀伤细胞、巨噬细胞、中性粒细胞等的表达受体识别肿瘤细胞的靶向抗原，达到杀伤肿瘤细胞、提高人体免疫力的作用。郑建仙等研究发现燕麦β-葡聚糖可增强老鼠的免疫力。Christof指出燕麦β-葡聚糖能结合机体自身免疫系统的巨噬细胞，并增强其活性，从而增强抗病能力。墨菲等以Muis为材料，发现燕麦β-葡聚糖可一定程度阻抑肺部肿瘤细胞的扩散，并能提高巨噬细胞的抗癌活性。研究显示，燕麦是多糖类物质优质的来源，原因是它相对于其他谷物具有较低的植酸含量。植酸是一种抗营养因子，植酸的过多摄入可降低人体的营养利用率。多糖的表面常带有许多的活性基团，可携带少许植酸。Rosa等定量测定了几种谷物（麸皮、面粉和研磨后的小麦制品）和面包中的植酸，其中燕麦中含量为4mg/g，是小麦麸皮含量的1/2。植酸与麸皮密不可分，随着人们对谷物麸皮摄取量的增加，对植酸的摄取量也相对增加，一些麸皮中植酸的含量可超过5%。用燕麦麸皮多糖替代小麦麸皮多糖，可有效地降低植酸的摄入，降低营养缺失。Herranen等在燕麦麸皮中分离出产叶酸的细菌并研究了其特性。结果发现其产叶酸能力优于乳酸菌。这说明燕麦麸皮中的内源微生物可以改善谷物食品的营养价值，为谷物食品的开发提供良好的前景。陈东方研究指出燕麦麸皮粉所提取出的多糖淀粉酶解作用后释放出了更多的多酚类物质，其抗氧化作用显著提高，具有清除自由基和阻抑部分癌症细胞增殖等功能活性。

由此可以发现，燕麦麸多糖与药物相比较，两者不仅在来源及作用机制存在着差异，在安全性上也不尽相同。燕麦麸多糖作为植物源的天然提取物具有更高的安全性，且来源广泛，是一种具有很好前景的天然保健品。为此，一些研究人员越来越关注于燕麦麸皮及其副产物多糖的开发利用。另外值得注意的是，燕麦麸皮提取出的多糖不仅具备多种生理活性，其在稳定性、吸收性和细胞毒性等方面都表现优异有开发保健食品的前景，但其作为食物需要经过机体消化道的消化作用后才能被吸收，在这个过程中的燕麦麸多糖是否仍然能发挥其功效，仍需要进行深入的研究。例如，可通过动物试验的方法来达到检验其功效的目的。市售的一些保健品大多有效成分含量低、量产困难、成本高昂，利用加工剥出的燕麦麸皮提取天然多糖的方法相对廉价、可靠性高，因而备受瞩目。

第二节　燕麦麸皮多糖超声—微波协同提取法的工艺

最近几年的研究中多数人采用了微波助提法和超声助提法，微波助提法是借助微波辐射直接作用细胞内部，可以达到均匀受热的目的，释放出更多的多糖组分，具有节能、高效的优点；超声助提法的原理是借助超声波的震荡和空化效用使得更多的多糖扩散并释放，是一种有效提高多糖得率的手段。在众多微波助提法和超声助提法研究中，申瑞玲等确定的最佳工艺参数为：液料比12：1、微波功率720W、时间9min、提取液pH=10条件下效果最优，燕麦β-葡聚糖得率为8.31%；查宝萍得出的超声助提法工艺条件为：超声波功率720W作用20min，多糖的得率可达5.82%。分析以上各种提取方法，可以看出微波助提法和超声波助提法都具有节省提取时间并提高燕麦麸多糖得率的特点。如果将超声波和微波两者结合共同作用提取燕麦麸多糖是否能达到协同增效的目的还有待于研究。目前尚未有研究报道利用超声微波协同手段提取燕麦麸多糖的研究，因此优化超声波和微波两者结合共同作用提取燕麦麸多糖的提取工艺具有重要意义。

一、材料与设备

燕麦麸皮粉末（坝莜1号）；超声—微波协同萃取/反应仪CW-2000A（上海新拓分析仪器科技有限公司）；超声波处理仪FS-450N（上海斯祁科学仪器）；冷冻干燥机55110-4L/55-9L（丹麦labogene Coolsafe™）；紫外/可见分光光度计UVmini-1240（日本岛津仪器公司）；超纯水系统NW10LVF（Heal Force）；超速冷冻离心机H-2050R（湖南湘仪）。

二、试验方法

1. 工艺流程

燕麦麸皮→粉碎过筛→脱脂灭酶→超声—微波协同浸提→除淀粉→去蛋白→灭酶→真空减压浓缩→醇沉→透析→冷冻干燥→粗燕麦麸多糖

2. 指标的测定

燕麦麸多糖总糖含量测定采用苯酚—硫酸法：

$$燕麦麸多糖得率 = \frac{粗多糖质量}{原料质量} \times 100\%$$

$$燕麦麸多糖纯度 = \frac{测定的多糖质量}{粗多糖质量} \times 100\%$$

3. 单因素试验

以燕麦麸多糖的得率及纯度为指标，研究微波功率（400W、500W、600W、700W、800W）、液料比（18mL/g、26mL/g、34mL/g、42mL/g、

50mL/g）、提取液pH（8、9、10、11、12）以及超声—微波协同时间（5min、10min、15min、20min、25min）4个因素对燕麦麸多糖提取的影响进行单因素试验，确定各因素的最佳范围。每组试验分别称取20.00g燕麦麸皮粉原料，试验水平设计见表3-1。

表3-1　单因素试验水平表

水平	微波功率（W）	液料比（mL/g）	pH	超声—微波协同时间（min）
1	400	18	8	5
2	500	26	9	10
3	600	34	10	15
4	700	42	11	20
5	800	50	12	25

4. 响应面法优化提取试验

在单因素试验基础上，以微波功率X_1、液料比X_2、提取液pH X_3、超声—微波协同时间X_4为响应因素，燕麦麸多糖得率为响应值，根据二次回归组合试验设计原理，采用四因素五水平的响应面分析法，对数据进行回归分析及显著性检验，确定最佳工艺。试验设计因素水平表见表3-2。所得结果采用SAS 8.2统计软件对优化试验进行响应面回归分析。

表3-2　因素水平编码表

编码值	微波功率（W）X_1	液料比（mL/g）X_2	pH X_3	时间（min）X_4
-2	500	26	9	15
-1	550	30	9.5	17.5
0	600	34	10	20
+1	650	38	10.5	22.5
+2	700	42	11	25

5. 数据分析方法

所有单因素试验平行重复3次，并取试验结果平均值进行分析。单因素试验，采用Microsoft Excel 2010进行图表绘制及误差分析。响应面优化采用SAS 8.2统计软件进行数据分析。

三、结果与分析

（一）提取单因素条件对燕麦麸皮多糖的影响

1. 微波功率

图3-1是不同微波功率下提取燕麦麸多糖所测得的多糖得率和纯度。

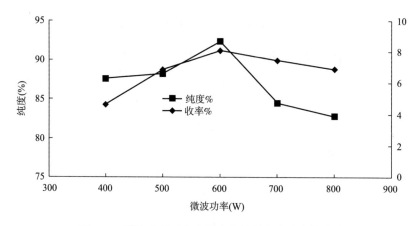

图 3-1　微波功率对燕麦麸皮多糖得率和纯度的影响

由图3-1可知，当微波功率在400～600W范围内变化时，燕麦麸多糖的得率及纯度均呈上升趋势，当功率达600W时，得率及纯度达到最大值，分别为8.1%和92.37%，说明此条件下提取效果最好，当微波功率超过600W时，得率及纯度有一定的下降趋势，其中纯度下降较为明显，这说明一定强度的微波有助于燕麦麸粉中多糖组分的溶出并溶于提取液中，这与史德芳等的研究结论是一致的。但过高的微波功率会导致体系内压力过大，破坏了多糖原有的结构，从而导致纯度的下降，与此同时，过高的微波功率使得溶剂温度快速上升，溶剂的挥发导致多糖不能充分的溶于提取介质，进而得率随之下降。

2. **液料比**

图3-2是不同液料比下提取燕麦麸多糖所测得的多糖得率和纯度。

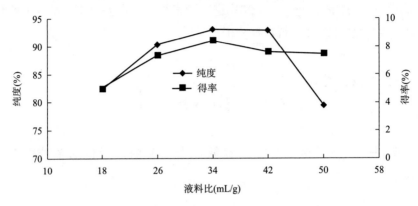

图 3-2　液料比对燕麦麸皮多糖得率和纯度的影响

由图3-2可知，随着液料比的增加（18∶1～34∶1），燕麦麸多糖的得率呈一定的上升趋势，当液料比超过34∶1后，得率开始下降，而在整个液料比变化过程中，纯度变化不大。马国刚在提取青稞β-葡聚糖时发现，理论上，随着液料比的增加，溶解出的多糖的量也应随之增加，但β-葡聚糖具有较高的黏性，增大液料比的同时会吸附更多的杂质；本试验燕麦麸多糖本身也含有大量β-葡聚糖，因此同样适用。适当的增大液料比微观上增大了分子之间的接触面积有利于燕麦麸皮粉充分与提取液混合，而过大的液料比又会导致浓缩时间增加，造成能耗损失，同时液体体积增大也增加了多糖的挂壁概率，因此在得率上也会产生部分损失，因此，选择适当的液料比为34∶1。

3. **提取液pH**

图3-3是不同提取液pH下提取燕麦麸多糖所测得的多糖得率和纯度。

由图3-3可知，随着pH的增加，提取液中燕麦麸多糖的得率及纯度均呈先上升后下降趋势，pH=10时，纯度达到最大值91.47%，这是由于燕麦麸多糖主要成分β-葡聚糖本身的碱溶性所致，但继续升高提取液pH则会导致多糖分解，因此后续pH升高至11时，虽然得率有小幅度上升但纯度反而下降，同时试验发现，pH越高提取液的颜色越深，这可能与体系内存在美拉德反应有关，因此本试验选择最适pH为10。

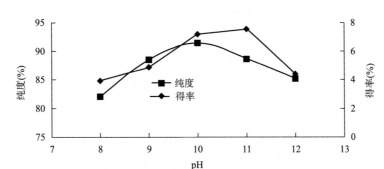

图 3-3　提取液 pH 对燕麦麸皮多糖得率和纯度的影响

4. 超声微波协同时间

图3-4是不同超声—微波协同时间下提取燕麦麸多糖所测得的多糖得率和纯度。

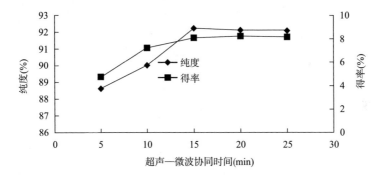

图 3-4　超声—微波协同时间对燕麦麸皮多糖得率和纯度的影响

由图3-4可知，15min内燕麦麸多糖的提取基本达到平衡，多糖的得率及纯度均达到最大值（8.1%，92.24%），时间过长反而会使得率及纯度的下降，原因是微波加热的均匀、升温的迅速结合超声波的机械振荡使得细胞内分子的高效释放，但随着时间增加一方面提取液体系黏度随之增大，这会导致后续的多糖成分溶出过程中受黏度影响溶出速度减慢并使得其他物质溶出影响纯度；另一方面会导致多糖分解转化，因此过长的超声—微波协同时间对燕麦麸多糖的提取意义不大，选择适当的超声—微波协同时间为15min。

（二）响应面优化提取工艺的实验结果

1. 回归方程的建立及其显著性检验

在单因素试验的结果上，利用SAS8.2软件系统进行响应面分析，以微波功率X_1、液料比X_2、提取液pH X_3、超声—微波协同时间X_4为自变量，燕麦麸多糖的得率为响应值Y，设计超声—微波协同浸提燕麦麸多糖工艺结果见表3-3。

表 3-3　试验安排表以及试验结果

实验号	X_1	X_2	X_3	X_4	OD 值
1	1	1	1	1	7.295
2	1	1	1	−1	8.255
3	1	1	−1	1	5.995
4	1	1	−1	−1	6.955
5	1	−1	1	1	7.159
6	1	−1	1	−1	8.098
7	1	−1	−1	1	5.722
8	1	−1	−1	−1	6.693
9	−1	1	1	1	7.984
10	−1	1	1	−1	6.155
11	−1	1	−1	1	5.557
12	−1	1	−1	−1	4.618
13	−1	−1	1	1	7.07
14	−1	−1	1	−1	5.29
15	−1	−1	−1	1	6.543
16	−1	−1	−1	−1	5.939
17	2	0	0	0	6.93
18	−2	0	0	0	5.53
19	0	2	0	0	7.58
20	0	−2	0	0	7.33
21	0	0	2	0	8.03
22	0	0	−2	0	5.475
23	0	0	0	2	7.81

实验号	X_1	X_2	X_3	X_4	OD 值
24	0	0	0	−2	7.73
25	0	0	0	0	8.09
26	0	0	0	0	8.32
27	0	0	0	0	8.21
28	0	0	0	0	8.49
29	0	0	0	0	8.55
30	0	0	0	0	7.722
31	0	0	0	0	8.02
32	0	0	0	0	8.523
33	0	0	0	0	8.31

回归方程以及回归方程各项的方差分析结果见表3-4、表3-5，二次回归参数模型数据见表3-6。

表 3-4　回归方程的方差分析表

方差来源	自由度 DF	平方和	均方和	F 值	P
回归模型	14	35.701	0.915		
误差	17	3.298	0.194	13.14	<0.0001
总计	31	38.999	1.109		

表 3-5　回归方程各项的方差分析表

回归方差来源	自由度 DF	平方和	均方和	F 值	P
一次项	4	12.766	0.327	16.45	<0.00001
二次项	4	16.411	0.421	21.15	<0.00001
交互项	6	6.525	0.167	5.60	0.0023
失拟项	10	2.713	0.271	3.25	0.0658
纯误差	7	0.585	0.084		

由表3-4和表3-5可知：二次回归模型的F值为13.14，P<0.01，大于在0.01水平上的F值，而失拟项的P为0.066，大于0.05，说明该模型拟合效

果好。一次项和二次项的F值均大于0.01水平上的F值，说明它们对燕麦麸多糖的得率有极其显著的影响，而交互项的F值均大于0.01水平上的F值，说明其对燕麦麸多糖的得率极有显著影响。

表 3-6　二次回归模型参数表

模型	非标准化系数	T	显著性检验
常数项	−263.3493	−4.78	0.0002
X_1	0.322377	5.02	0.0001
X_2	−0.327070	−0.43	0.6730
X_3	28.631417	3.84	0.0013
X_4	2.843958	2.35	0.0312
X_{12}	−0.000232	−7.17	−7.17
X_1X_2	0.000424	0.77	0.4521
X_1X_3	0.004000	0.91	0.3765
X_1X_4	−0.004491	−5.10	<0.0001
X_{22}	−0.017160	−3.39	0.0035
X_2X_3	0.120125	2.18	0.0435
X_2X_4	0.002337	0.21	0.8344
X_{32}	−1.800708	−5.55	<0.0001
X_3X_4	0.104900	1.19	0.2501
X_{42}	−0.031328	−2.42	0.0272

以燕麦麸多糖的得率为Y值，得出超声功率（W）、液料比、提取液pH、超声—微波协同时间（min）的编码值为自变量的四元二次回归方程为：

$Y=-263.3493+0.322377X_1-0.327070X_2+28.631417X_3+2.843958X_4-0.000232X_1^2+0.000424X_1X_2,0.004000X_1X_3-0.004491X_1X_4-0.017160X_2^2+0.120125X_2X_3+0.002337X_2X_4-1.800708X_3^2+0.104900X_3X_4-0.031328X_4^2$

为进一步确定最佳点的数值，采用SAS8.2软件的Rsreg语句对实验模型进行响应面典型分析，以获得最大燕麦麸多糖得率时的条件。经典型性分析后得到最优提取条件和燕麦麸多糖得率见表3-7。

表 3-7　最优提取条件及燕麦麸多糖得率

因素	标准化	非标准化	最大得率（%）
X_1	0.387504	638.750425	
X_2	0.248706	35.989651	
X_3	0.394446	10.394446	8.623612
X_4	−0.329733	18.351333	

燕麦麸多糖得率最高时的微波功率、液料比、提取液pH、超声时间的具体值分别为：639W，36∶1，10，18min。该条件下得到的最大得率为8.624%。

2. 响应面分析结果

各因素间交互作用对燕麦麸多糖得率的响应面分析通过SAS8.2系统软件实现。根据回归方程可绘制响应曲面图，图3-5～图3-7分别为交互相 X_1X_4、X_1X_2和X_2X_4，它们为对响应值燕麦麸多糖得率影响较显著的三个因素交互作用响应面图，其他交互作用均不显著。

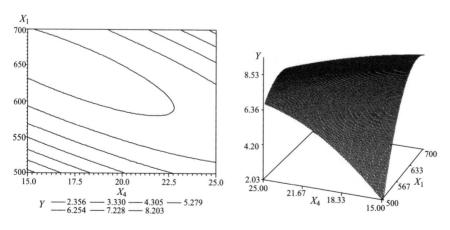

图 3-5　微波功率和时间对燕麦麸多糖得率的交互作用

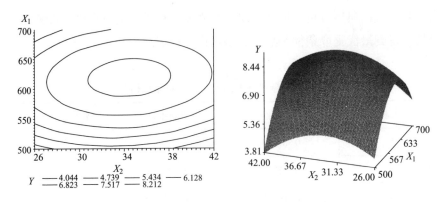

图3-6 波功率和液料比对燕麦麸多糖得率的交互作用

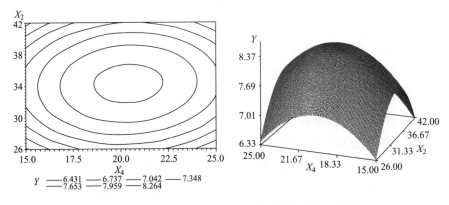

图3-7 液料比和时间对燕麦麸多糖得率的交互作用

由图3-5可知,微波功率在500～675W,时间在15～18min时,二者具有显著增效作用,燕麦麸多糖的得率随着微波功率和时间的增加而增加;当微波功率在675～700W,时间在18～25min时,燕麦麸多糖的得率随微波功率的增加而减小。由图3-6可知,微波功率在500～640W,液料比在26～36时,二者存在显著的增效作用,燕麦麸多糖得率随二者的增加而增加;微波功率在640～700W,液料比在36～42时,燕麦麸多糖的得率随二者的增加而下降。由图3-7可知液料比在26～36时,时间在15～20.5min时,二者增效作用显著,燕麦麸多糖的得率随二者的增加而上升;当液料比36～42,时间在20.5～25min时,燕麦麸多糖的得率随之降低。

3. 回归模型验证结果

对得到的最优条件进行可靠性验证,在最优条件下重复试验三次。结果燕麦麸多糖的平均得率为8.45%，试验结果与模型理论值非常接近，最高得到8.57%，同时重复试验的相对偏差不超过2.00%，说明实际操作试验值的重现性良好。结果表明，该模型可较好地反映出超声-微波提取燕麦麸多糖的条件，具有实际应用价值。

（三）超声—微波协同浸提与传统热水浸提法比较

选择两种方法的最佳提取条件（其中，通过预试验确定传统热水浸提法最佳工艺条件为提取温度80℃、提取时间2h、液料比18∶1、pH=10）分别进行三次燕麦麸多糖提取试验，试验结果取平均值，比较两种提取方法对燕麦麸多糖的得率及纯度影响，结果见表3-8。

表 3-8　不同提取方法对燕麦麸多糖得率及纯度的影响

方法	提取时间（min）	得率（%）	纯度（%）
超声—微波协同浸提法	18	8.45	93.2
传统热水浸提法	120	4.3	92.1

结果表明，超声—微波协同浸提法与传统热水浸提法相比，不仅可以显著缩短提取时间（由120min缩短至18min），而且能够有效地提高得率及纯度，其原因可能是超声波的振动效应及水力空化效应与微波的热效应及破坏细胞壁作用使多糖成分更好地与提取液接触、融合，从而提高了燕麦麸多糖的得率及纯度。

（四）超声微波处理对燕麦麸多糖微观结构的影响

1. 扫描电镜分析结果

为考察超声微波处理前后燕麦麸多糖微观结构的变化，对其进行扫描电镜分析，结果如图3-8所示。

由图3-8可知，燕麦麸皮粉在提取前的微观构象呈现不规则球体且结构较为致密；两种方法提取出的多糖微观构象基本一致，均呈现出分子聚集程度降低，体积增大的状态，这是分子间作用力减小，紧密连接状态被打开的结果，分布于燕麦麸皮粉内部的多糖组分散出来与提取液结合，这与相关研究结果一致。结合后续红外光谱对两种方法提取出的多糖的特征基团谱图分析结果可以判断超声微波共同作用产生的高能量是否可以帮助打开燕麦麸皮粉的细胞壁结构但不会对其多糖组分造成破坏。

(a) 传统热水浸提法　　　　　　　　(b) 超声—微波协同法

图 3-8　超声—微波协同处理前后燕麦麸多糖的扫描电镜图（20μm）

2. 傅里叶红外光谱分析结果

为进一步对比两种提取方法得到的对燕麦麸多糖重要基团的影响，分别原料燕麦麸皮粉、优化条件下超声—微波协同浸提法和传统热水浸提法提取出的燕麦麸多糖进行红外光谱分析，结果如图3-9所示。

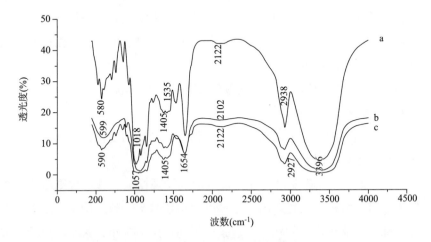

图 3-9　两种提取方法的红外光谱对比图

a—原料燕麦麸皮粉　b—传统热水浸提法　c—超声—微波协同法

由图3-9可知，在3396cm⁻¹处出现的较强的宽峰处于3200～3600cm⁻¹

波长范围内，因此是糖分子内—OH伸缩振动峰，2927cm^{-1}附近出现的弱吸收峰处于2800～3000cm^{-1}波长范围内，是糖类物质C—H伸缩振动产生的，以上两峰共同组成糖类物质特征吸收峰。1654cm^{-1}处强吸收峰为糖醛酸振动吸收，其与1405cm^{-1}均为多糖中的羰基C＝O伸缩振动峰。图中可以看出原料燕麦麸皮粉1535cm^{-1}处有尖而强的吸收峰；传统水提法所得到的多糖峰强度明显减弱而超声–微波处理后得到的多糖该峰基本消失，1650～1500cm^{-1}是蛋白吸收谱带，因此可以判定超声—微波协同处理的去除蛋白质杂质效果最优。1405cm^{-1}附近出现的弱峰是C—H弯曲振动吸收峰；1057cm^{-1}处吸收峰处于1000～1300cm^{-1}范围内，是由吡喃糖环上C—O—C、糖苷键和糖醛酸上的C—O共同产生的。590cm^{-1}附近的峰是由C—C—O变形振动产生。其余微弱峰型为杂峰，可能与操作上的误差和一些调节pH时带入的杂质离子振动产生，不存在实际意义。综上分析可知两种提取方法得到的燕麦麸多糖特征吸收峰的峰形位置基本一致，进而表明传统热水浸提法和超声—微波协同法所得的燕麦麸多糖基团基本相同。超声微波协同提取法在提高得率的同时并未对燕麦麸多糖结构造成破坏。

四、结论

目前关于燕麦麸皮多糖的提取方法主要采用热浸提法，借助于超声波或微波手段提高得率的工艺已有文献报道，但超声波和微波协同作用提取燕麦麸皮多糖的研究还未见报道。本试验对超声–微波协同提取工艺进行了研究并确定了最佳提取工艺。与传统水提法进行对比并评价提取得率及结构上的影响，系统比较得出了本工艺的优势及可行性。超声波提取的原理主要是机械、空化及热效应；微波则是依靠电磁波的吸收、穿透和反射性。超声微波协同法对于提高燕麦麸多糖得率效果显著，是提高燕麦麸多糖得率及纯度的可行方法。超声—微波协同提取燕麦麸多糖最佳工艺条件为微波功率639W、液料比36∶1、pH10、超声—微波协同时间18min；相比于传统热水浸提法提取时间缩短了102min，多糖得率提高了4.15%，超声微波协同法对于提高燕麦麸多糖得率效果显著；通过红外光谱分析看出超声—微波协同提取法对燕麦麸多糖结构没有破坏作用。而超声微波协同提取法对于提高多糖得率的具体机制与超声波及微波具体的关联性需要进一步的研究验证。

第三节　燕麦麸皮多糖提取物的组分与理化性质分析

多糖的组成、分子量分布、溶解性、黏度特性与其生物活性紧密相关。如裂褶多糖具有显著的抗肿瘤效果，但由于其黏度过大，难以用于临床，而通过部分解聚使其基本重复结构不变，分子量降低，黏度下降，则可进入临床应用。因此了解多糖的组成、分子量分布、溶解性、黏度特性，对于工业化生产制备各种多糖产品，拓展多糖的利用途径等有着重要作用。研究表明，燕麦麸皮多糖提取物中除了β-葡聚糖外还含有一定量的戊聚糖。但是关于燕麦麸皮多糖的研究基本是针对β-葡聚糖而进行的，对于燕麦麸皮多糖提取物的性质分析鲜有报道。本研究对水提醇沉法制备的燕麦麸皮多糖提取物（POG）的单糖组成、平均分子量、溶解性、黏度特性等进行了测定分析，可为燕麦麸皮多糖的综合开发和功能研究提供基础数据。

一、材料与设备

燕麦麸皮（坝莜1号燕麦麸皮后三道麸皮混合）；耐高温α-淀粉酶（酶活力20000 U/mL）［阿拉丁试剂（上海）有限公司］；糖化酶（酶活力200000 U/mL）［阿拉丁试剂（上海）有限公司］；考马斯亮兰G—25（武汉大风生物技术有限公司）；牛血清蛋白（国药集团化学试剂有限公司）；刚果红（AR，北京化工试剂厂）；衣酚（AR，Sigma公司）；单糖标准品（AR，美国Acros公司）；其他主要试剂：正丁醇、氯仿、乙醇、葡萄糖、苯酚、硫酸、Na_2CO_3（分析纯）；TD5A—WS 台式低速离心机（厦门东星电子仪器厂）；UV2300 II 紫外分光光度计（郑州创宇科技有限公司）；GC—MS气质联用仪（美国Waters公司）；体积排阻色谱柱（美国Mongomeryville公司）；UV检测器（美国Waters公司）；示差折光检测器（RI，美国Wyatt技术公司）；十八角激光光散射仪（MALLS，美国Wyatt技术公司）；ASTRA 5.3工作站（美国Wyatt技术公司）。

二、试验方法

（一）燕麦麸皮多糖提取物的精制

1．除淀粉

将两次上清液加热到75℃，调节pH至6.4，加入适量耐热α-淀粉酶，搅拌，直至碘液检测不变蓝为止；冷却至60℃，调节pH至4.5，加一定量的液体糖化酶搅拌作用30min。

2．除蛋白

提取液加热到100℃，保温15min，离心，收集上清液，调节pH至7.0；加入提取液体积1/4的氯仿—正丁醇混合液（4∶1），搅拌30min，离心收集上清液；反复5~7次直至无沉淀；真空减压浓缩；缓慢搅拌加入等体积的5%的乙醇溶液，在4℃下静置，过夜后离心，收集沉淀。

3．透析

沉淀复溶装入截流量为12000 Da的透析袋中，先用自来水流动透析48h，再用蒸馏水透析24h。

4．干燥

透析液浓缩后冷冻干燥即得燕麦麸皮多糖提取物POG。

（二）燕麦麸皮多糖提取物化学成分的测定

1．粗多糖含量的测定

采用硫酸—苯酚法测定燕麦麸皮多糖提取物的粗多糖含量，以葡萄糖为标准品制作标准曲线。制作的葡萄糖标准曲线如图3-10所示。

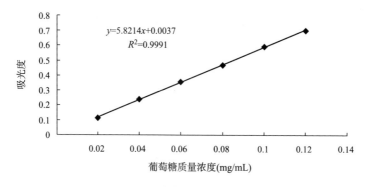

图3-10　葡萄糖溶液标准曲线

按标准曲线制作的方法，将10mg燕麦麸皮多糖提取物配制成一定浓度的溶液，取1mL在其中分别加入6%苯酚1.0mL和浓硫酸5.0mL，迅速摇匀，室温下放置15～20min后转入比色杯中，在490nm处测定燕麦麸皮多糖提取物的吸光度值，按照线性回归方程计算粗多糖浓度，根据下面公式计算燕麦麸皮多糖提取物中粗多糖的含量。

$$粗多糖含量 = \frac{C \times V}{m} \times 100\%$$

式中：C为由标准曲线得到的粗多糖浓度；V为样品溶液体积；m为样品质量。

2. 蛋白质含量的测定

采用考马斯亮蓝法对燕麦麸皮多糖中蛋白质含量进行测定的实验方法，以牛血清蛋白为标准样品制作标准曲线。制作的牛血清蛋白标准曲线如图3-11所示。

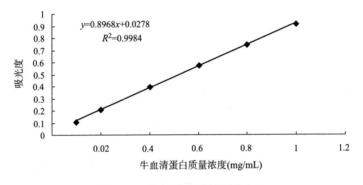

图 3-11　牛血清蛋白质标准曲线

按标准曲线制作的方法，取10mg燕麦麸皮多糖提取物配制成一定浓度的溶液，吸取1mL该样品溶液，加入5.0mL考马斯G—250试剂，混匀，室温下静置2～5min后转入比色杯中，于595nm处测定燕麦麸皮多糖的吸光度值，按照线性回归方程计算蛋白质浓度，根据下式计算燕麦麸皮多糖提取物中蛋白质的含量。

$$蛋白质含量 = \frac{C \times V}{m} \times 100\%$$

式中：C为由标准曲线得到的蛋白质浓度；V为样品溶液体积；m为样品质量。

3．灰分的测定

按照GB 5009.4—2016《食品安全国家标准　食品中灰分的测定》，采用恒重法对燕麦麸皮多糖提取物中灰分含量测定。

4．水分的测定

按照GB 5009.3—2016《食品安全国家标准　食品中水分的测定》，采用直接干燥法测定燕麦麸皮多糖提取物的水分含量。

5．燕麦麸皮多糖提取物单糖组成测定

采用气相色谱—质谱联用技术（GC—MS）对燕麦麸皮多糖进行单糖组成测定。取燕麦麸皮多糖提取物样品3mg，溶解在二甲基亚砜（DMSO）中，之后加入碘甲烷进行甲基化，100℃时用4mol/L的三氟乙酸（TFA）水解6h，水解产物用硼氢化钠（$NaBH_4$）还原，之后再加入0.5mL二氯甲基，进行乙酰化反应，作用30min后对样品利用GC—MS进行单糖组成分析，单糖标样的处理方法与样品相同。

色谱条件：HP—5MS毛细管柱规格为30m×0.25mm×0.25μm，氦气作为载体，流速为1.2mL/min。工作参数为：柱箱升温程序160～210℃（10min之内），10min后再升温到240℃，进口温度保持在250℃，进样量1μL。MS检测范围为35～450m/z。根据样品气谱出峰时间和质谱的离子峰与单糖标品进行对比确定燕麦麸皮多糖提取物的单糖组成。

6．燕麦麸皮多糖提取物中多糖组分测定

对燕麦麸皮多糖提取物的单糖组成测定之后，为了进一步分析燕麦麸皮多糖提取物中的多糖组分，首先对多糖提取物进行柱层析分离，然后收集分离得到的各多糖组分，分别对它们进行单糖组成分析，进而判断其是哪种多糖。

（1）燕麦麸皮多糖提取物层析分离。取燕麦麸皮多糖提取物50mg，60℃下溶于10mL蒸馏水中，经3μm滤膜过滤后注入DEAEsepharose Fast Flow阴离子交换柱中纯化，分别以蒸馏水，0.5mol/L NaCl，1mol/L NaCl，1.5mol/L NaCl和2mol/L NaCl溶液洗涤，分部收集合并多糖单一峰部分，浓缩，透析后冻干得到分离组分。

（2）多糖组分测定。对通过阴离子交换柱分离得到的分离组分进行单糖组成的测定，进而判断提取物中的多糖组分。

7. β-葡聚糖含量的测定

燕麦麸皮多糖提取物中β-葡聚糖的含量采用刚果红法进行测定。测定原理：β-葡聚糖可以特异性地与刚果红形成有色物质，可经紫外分光光度计测定其吸收值，根据β-葡聚糖含量与复合物颜色呈正比的关系计算β-葡聚糖含量。参考韩玉杰等的操作方法，以吸光值为纵坐标、各组溶液所含β-葡聚糖毫克数为横坐标绘制的β-葡聚糖标准曲线如图3-12所示。

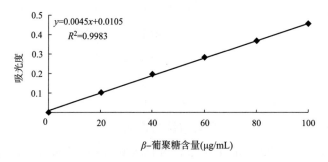

图3-12 β-葡聚糖的标准曲线

按标准曲线制作的方法，吸取2mL浓度为0.02mg/mL的燕麦麸皮多糖提取物溶液，并在试管内分别加入4.0mL刚果红溶液，快速摇匀，25℃下反应15min，用分光光度计，在545nm波长下测定其吸光值。实验重复三次。按照标准曲线的回归方程计算样品中β-葡聚糖含量。

$$\beta\text{-聚糖含量} = \frac{C_1}{C_2} \times 100\%$$

式中：C_1为由标准曲线得到的β-葡聚糖浓度；C_2为燕麦麸皮多糖提取物浓度。

8. 戊聚糖含量的测定

燕麦麸皮多糖提取物中戊聚糖的含量采用地衣酚—盐酸法进行测定。测定原理：戊聚糖在强酸作用下水解，其水解物脱水生成糖醛，糖醛与显色剂反应生成有颜色的复合物，根据戊聚糖含量与复合物颜色呈正比的关系计算戊聚糖含量。具体测定方法在冯焱等的基础上略加改动，以木糖为标准品，分别于580nm和670nm下测定吸光度，用双波长吸光度差值法制作标准曲线。以木糖含量为横坐标，吸光度 ΔA（波长

670nm 与波长 580nm的吸光度差值）为纵坐标绘制的标准曲线如图3–13
所示。

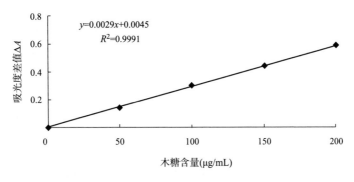

图 3–13　木糖标准曲线

　　按照标准曲线的制作方法，对样品戊聚糖含量进行测定，取2mg燕麦
麸皮多糖提取物加入10mL浓度为4mol/L的HCl，85℃下水解2h后稀释至
1mg/mL，取1mL加2mL蒸馏水，再分别加入0.3mL的1%地衣酚溶液和3mL
0.1%的$FeCl_3$溶液，沸水浴下作用30min，然后于580nm和670nm波长下测
定吸光度，实验重复三次。用双波长吸光度差值法通过木糖标准曲线的回
归方程计算提取物溶液中木糖的含量，按下式计算多糖提取物中戊聚糖
含量。

$$戊聚糖含量 = \frac{C \times n \times 0.88}{m \times 10^3} \times 100\%$$

　　式中：C为由标准曲线得到的样品溶液中木糖的浓度值；n为稀释倍
数；0.88为木糖聚合为戊聚糖德尔聚合系数；m为样品干重（mg）。

　　9. 燕麦麸皮多糖提取物平均分子量的测定

　　多糖的活性和理化性质与其分子量及分布密切相关，燕麦麸皮多糖
提取物分子质量是它的一个重要特性，直接影响其溶解性、在水溶液中的
存在状态及黏度特性等，进而影响到其生理功能的发挥。燕麦麸皮多糖
提取物平均分子质量及分子质量分布采用高效凝胶排阻色谱—多角度激
光光散射检测器—示差折光检测器联用法（HPSEC—MALLS—RI）进行
测定。

　　测定条件：4mg燕麦麸皮多糖提取物溶于2mL蒸馏水中，60℃溶解

后，3μm醋酸纤维素膜过滤后注入高效体积排阻色谱—多角度激光光散射仪—示差折光检测器联用系统（HPSEC—MALLS—RI）中测定分子量。该系统包括泵，注射器，体积排阻色谱柱，MALLS检测器，RI检测器。流动相是0.15mol/L NaNO$_3$和0.02%NaN$_3$，流速为0.4mL/min。根据MALLS和RI检测器收集的数据，采用ASTRA 6.1软件直接计算出燕麦麸皮多糖提取物的平均分子量及分子尺寸。

10. 燕麦麸皮多糖提取物溶解性的研究

参考Benavenete—Garcia的方法，对燕麦麸皮多糖提取物的溶解性进行考察。称取一定量的多糖提取物样品放入装有足量蒸馏水的烧杯中，用磁力搅拌器在一定转速下搅拌，记录样品完全溶解所需时间。考察温度、盐溶液、pH对燕麦麸皮多糖提取物溶解性的影响。

（1）温度对燕麦麸皮多糖提取物溶解性的影响。称取50mg已干燥的燕麦麸皮多糖提取物，配制成浓度为0.5%的溶液，分别测定燕麦麸皮多糖提取物在20℃、40℃、60℃、80℃、100℃下完全溶解所需要的时间。

（2）盐溶液对燕麦麸皮多糖提取物溶解性的影响。配制NaCl浓度分别为0、0.2%、0.4%、0.6%、0.8%的溶液，在此系列NaCl溶液中各加入50mg已干燥的燕麦麸皮多糖提取物，使其浓度为0.5%，在60℃下，测定各实验组燕麦麸皮多糖提取物全部溶解所需要的时间。

（3）pH对燕麦麸皮多糖提取物溶解性的影响。配制pH分别为3.0、5.0、7.0、9.0、11.0的水溶液，在此系列溶液中各加入50mg燕麦麸皮多糖提取物，使其溶液浓度为0.5%，在60℃下，测定各实验组燕麦麸皮多糖提取物完全溶解所需要的时间。

11. 燕麦麸皮多糖提取物黏度特性的研究

（1）浓度对燕麦麸皮多糖提取物黏度的影响。称取一定量已干燥的燕麦麸皮多糖提取物，配制成浓度分别0.2%、0.4%、0.6%、0.8%（质量分数）的水溶液，调节pH=7，温度20℃，用黏度计测定各试验组溶液的黏度。

（2）温度对燕麦麸皮多糖提取物黏度的影响。称取一定量干燥的燕麦麸皮多糖提取物，配制成浓度为0.8%（质量分数）的水溶液，调pH为

7，控制温度20～80℃，用黏度计测定各试验温度下溶液的黏度。

（3）pH对燕麦麸皮多糖提取物黏度的影响。称取一定量干燥的燕麦麸皮多糖提取物，配制成浓度为0.8%（质量分数）的水溶液，温度20℃下，调节pH=3～10，用黏度计测定各试验pH下溶液的黏度。

三、结果与分析

（一）燕麦麸皮多糖提取物化学成分

由葡萄糖标准曲线和牛血清蛋白标准曲线计算得到，葡萄糖标准曲线的回归方程为：$y=5.8214x+0.0037$，相关系数$R^2=0.9991$；牛血清蛋白标准曲线的回归方程为：$y=0.8968x+0.0278$，相关系数$R^2=0.9984$。可见葡萄糖的吸光度值对粗多糖含量线性关系良好、G2050—蛋白复合物的吸光度值对蛋白含量的线性关系良好分别应用图3-10、图3-11方程计算燕麦麸皮多糖提取物中粗多糖和蛋白质含量。试验结果得出燕麦麸皮多糖提取物中粗多糖96.4%、蛋白质3.1%，同时测得灰分0.3%、水分0.2%。

（二）燕麦麸皮多糖提取物的单糖组成

图3-14、图3-15是测定的单糖标准品和燕麦麸皮多糖提取物的气相色谱图。

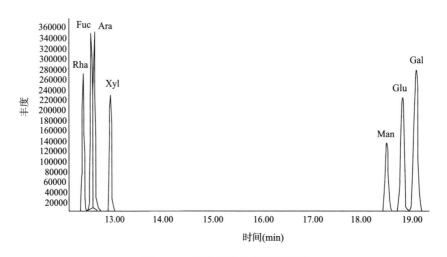

图3-14 标准单糖的气相色谱图

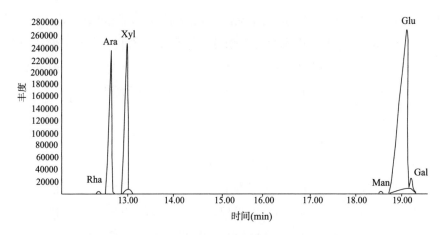

图 3-15　燕麦麸皮多糖提取物气相色谱图

从图3-14可知，七个单糖标准品的出峰顺序分别为鼠李糖：12.339min；岩藻糖：12.509min；阿拉伯糖：12.569min；木糖：12.894min；甘露糖：18.498min；葡萄糖：18.815min；半乳糖：19.098min。与图3-15比较，多糖提取物的色图谱重现性好，对比两组图谱的主峰保留时间和质谱离子峰，得到燕麦麸皮多糖提取物POG的单糖组成结果（表3-9）。

表 3-9　燕麦麸皮多糖提取物的单糖组成

样品	单糖种类及含量（%）					
	鼠李糖	阿拉伯糖	木糖	甘露糖	葡萄糖	半乳糖
POG	0.3 ± 0.1	16.3 ± 0.9	20.3 ± 1.1	0.2 ± 0.1	61.3 ± 1.8	1.6 ± 0.1

从表3-9可知，该燕麦麸皮多糖提取物POG的单糖组成主要为葡萄糖61.3%、木糖20.3%、阿拉伯糖16.3%，此外还含有少量的半乳糖1.6%、鼠李糖0.3%和甘露糖0.2%。

（三）燕麦麸皮多糖提取物的多糖组分及含量

POG经DEAE Sepharose Fast Flow柱层析分级得到2个组分F_1及F_2。对F_1和F_2分别进行单糖组成测定，分析结果见表3-10。

表 3-10　两种分离组分的单糖组成

样品	单糖种类及含量（%）					
	鼠李糖	阿拉伯糖	木糖	甘露糖	葡萄糖	半乳糖
F_1	—	2.6 ± 0.2	3.0 ± 0.1	0.3 ± 0.1	93.7 ± 2.0	0.4 ± 0.1
F_2	0.9 ± 0.3	44.7 ± 1.0	46.8 ± 1.4	1.1 ± 0.2	5.3 ± 0.8	1.2 ± 0.3

注　—为不含。

从表3-10可知，F_1的单糖组成主要为葡萄糖，其含量高达93.7%，由此可知此多糖主要是β-葡聚糖；F_2的单糖组成主要是木糖和阿拉伯糖，含量为91.5%，同时还有5.3%的葡萄糖，由此可知该多糖主要为戊聚糖，此外还有一定量的β-葡聚糖。因此可知，该燕麦麸皮多糖提取物主要是β-葡聚糖和戊聚糖。另外两种组分的单糖组成中还有少量的半乳糖和甘露糖，这可能是由于燕麦麸皮细胞壁中的β-葡聚糖、戊聚糖、阿拉伯半乳聚糖和葡甘露聚糖等半纤维素之间紧密缔合，并发生物理性缠结，导致在提取过程中被一并融出。

Temelli F. 和申瑞玲等的研究结果都表明，燕麦麸皮中的多糖主要是β-葡聚糖和戊聚糖，同时刘焕云在研究燕麦麸皮β-葡聚糖的提取及纯化时，发现其粗品中含有少量的阿拉伯木聚糖（即戊聚糖）和半乳甘露糖，本试验提取的燕麦麸皮多糖提取物检测结果与其一致。从β-葡聚糖标准曲线可知，其回归方程为：$Y=0.0045X+0.0105$，相关系数$R^2=0.9983$，β-葡聚糖含量在0～100μg/mL时与吸光值呈正比，这一趋势与比尔定律相符；从上述小节制作的木糖标准曲线可知，其回归方程为$Y=0.0029X+0.0045$，相关系数$R^2= 0.9991$，可见戊聚糖的含量与ΔA呈较好的线性关系。说明可以分别应用两个方程进行β-葡聚糖和戊聚糖含量的计算。通过计算得出燕麦麸皮多糖提取物中β-葡聚糖含量为62.3%，戊聚糖含量为35.9%。

（四）燕麦麸皮多糖提取物的平均分子量

图3-16为燕麦麸皮多糖提取物的RI色谱图。

从图3-16可知，燕麦麸皮多糖提取物在HPSEC上得到1个色谱峰，出峰时间为26.2～45.3min。该峰形陡峭尖锐，对称性好，说明燕麦麸皮多糖提取物的分子量分布均一，也说明在此测定条件下，燕麦麸皮多糖提取物

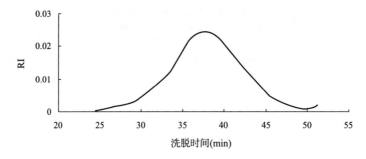

图 3-16　燕麦麸皮多糖提取物的 RI 色谱图

中β-葡聚糖和戊聚糖的分子量的分布是一致的。同时说明该多糖提取物纯度较高，多糖作为一种高分子聚合物而言，通常所说的纯度高，实质上是指某一相似链长的分子均匀分布，即均一组分所占的比例高。

经MALLS技术计算得到该多糖提取物的平均分子量为733.1×10^3。据相关文献报道，燕麦多糖的分子量大约在$2.0 \times 10^3 \sim 3.0 \times 10^8$，其中，水溶性燕麦多糖的分子量分布范围在$10^3 \sim 10^5$，可见本研究的试验结果与其一致。同时应用MALLS技术，计算得到该多糖提取物的分子尺寸为160.7nm。

（五）燕麦麸皮多糖提取物的溶解性

1. 温度对燕麦麸皮多糖提取物溶解性的影响

图3-17是不同温度下测得的燕麦麸皮多糖提取物的溶解时间。

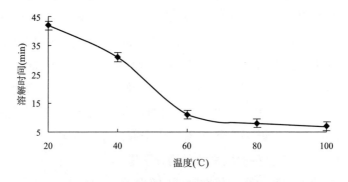

图 3-17　不同温度下燕麦麸皮多糖提取物的溶解时间

从图3-17中可以看出，在20~60℃时，温度对燕麦麸皮多糖提取物的溶解性有显著影响，在此温度的范围内，随着温度的升高，燕麦麸皮多糖提取物溶解速度迅速提高，溶解时间明显缩短。而当温度超过 60℃

时，温度对燕麦麸皮多糖提取物溶解性的影响不大，溶解速度趋于平稳，溶解时间稳定，温度继续升高燕麦麸皮多糖提取物的溶解时间并没有进一步缩短。因此，当溶解燕麦麸皮多糖提取物时，可以选择 60℃左右进行，省时节能。

造成这一现象的主要原因是因为多糖分子间存在大量氢键，使其与水分子之间形成氢键的机会降低，其分子量越大，分支程度越高，多糖分子间形成的氢键越多，因此溶解性下降，而加热破坏了多糖这种分子间氢键，从而使多糖与水分子间形成氢键的机会增加，使其溶解性提高，溶解速度加快。同时，升温能使水分子的运动速度加快，也加快了多糖与水的接触，从而加快了其溶解速度。但温度的作用并不是无限的，一定程度地提高了溶解速度后，多糖的溶解性更多取决于其本身的性质。

2. 盐对燕麦麸皮多糖提取物溶解性的影响

图3-18是燕麦麸皮多糖提取物在不同浓度的氯化钠溶液中的溶解时间。

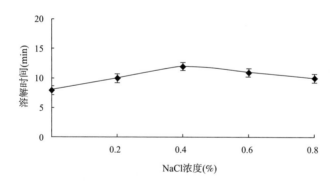

图 3-18　不同盐浓度下燕麦麸皮多糖提取物的溶解时间

盐在食品工业中使用广泛，许多食品在加工过程中都离不开使用食盐或钠盐，它不仅起到调味作用，还与改善产品性状、提高加工特性和保藏性等有关。从图3-18中可以看出，在 60℃条件下，氯化钠浓度对燕麦麸皮多糖提取物的溶解速度影响不大，溶解时间都在9min左右。燕麦麸皮多糖提取物在盐溶液中具有良好的溶解性，溶解速度不受食品加工中常用盐浓度的影响，这个溶解特性将有利于燕麦麸皮多糖提取物在食品加工业中的应用。

3. pH对燕麦麸皮多糖提取物溶解性的影响

食品加工中不可避免地会使用一些酸碱调节剂，以使食品获得更好的感官性状、提高保藏性或改善加工特性等。图3-19是燕麦麸皮多糖提取物在不同酸碱度水溶液中的溶解时间。

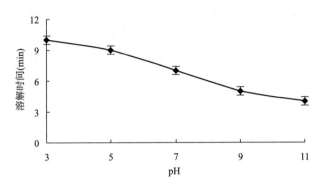

图 3-19　不同 pH 下燕麦麸皮多糖提取物的溶解时间

从图3-19可以看出，在60℃条件下，燕麦麸皮多糖提取物在较宽泛的酸碱度范围内都具有较好的溶解性，溶解速度较快，且碱性条件下更有利于其溶解，此时溶解时间在5min左右。其中pH在5.0～9.0，pH的变化对溶解速度影响较大，随pH的升高，溶解速度上升，溶解时间缩短。而在pH<5.0的高酸环境下以及pH>9.0的强碱环境下，燕麦麸皮多糖提取物的溶解速度受pH变化的影响不大。综上可知，燕麦麸皮多糖提取物在各酸碱条件下都能保持较好溶解性，有利于其在食品加工中的应用。

（六）燕麦麸皮多糖提取物的黏度特性

1. 浓度对燕麦麸皮多糖提取物黏度的影响

图3-20是不同浓度下测得的燕麦麸皮多糖提取物溶液的黏度。

由图3-20可知，随浓度的增加燕麦麸皮多糖提取物溶液的黏度增大。这是可能是由于燕麦麸皮多糖分子在溶液中以无规则线团的形式存在，其多分支的结构使得分子在溶液中旋转时需要占有大量的空间，随溶液浓度增加，单位体积内燕麦麸皮多糖分子数增多，分子间彼此碰撞的概率增加，使分子流动阻力增加，因而黏度增大。

2. 温度对燕麦麸皮多糖提取物黏度的影响

图3-21是不同温度下测得的燕麦麸皮多糖提取物溶液的黏度。

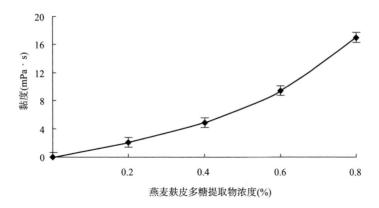

图 3-20　不同浓度下燕麦麸皮多糖提取物的黏度

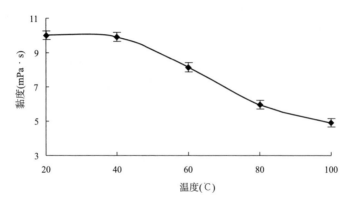

图 3-21　不同温度下燕麦麸皮多糖提取物的黏度

　　从图3-21可看出随温度的升高燕麦麸皮多糖提取物溶液的黏度总体
呈下降趋势。在40～100℃时，温度对燕麦麸皮多糖提取物黏度的影响较
大，这可以从Arrhenius公式$\eta=Ae-Ea/RT$中得到很好的解释，A为频率因
子，Ea为活化能，Ea的大小取决于浓度及剪切速率，一定的浓度和剪切
速率之下，溶液均有较大的Ea值，这就决定了温度对溶液黏度的影响很
大。随温度升高，热力作用会破坏燕麦麸皮多糖分子侧链间的氢键，降低
多糖聚合度，导致了黏度的下降。在20～40℃时，燕麦麸皮多糖提取物的
黏度基本不变，这主要是由于此时燕麦麸皮多糖提取物溶解度较低，升温
促进了燕麦麸皮多糖分子在水中的溶胀，减弱了分子运动速率加快造成的
黏度降低，因此在该温度范围内燕麦麸皮多糖提取物黏度总体稳定。

3. pH对燕麦麸皮多糖提取物黏度的影响

图3-22是不同pH下测得的燕麦麸皮多糖提取物溶液的黏度。

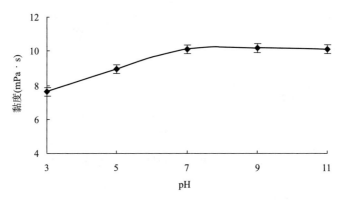

图 3-22　不同 pH 下燕麦麸皮多糖提取物的黏度

从图3-22可知，随pH的增大燕麦麸皮多糖提取物溶液的黏度呈上升趋势。在pH= 7～11的范围内燕麦麸皮多糖提取物溶液的黏度变化不明显，相对稳定。而在较低的pH下，燕麦麸皮多糖提取物黏度有所下降，可能是因为酸性条件下，一部分燕麦麸皮多糖分子发生水解，使其分子量减小，从而造成黏度下降。因此，当燕麦麸皮多糖提取物作为增稠剂或胶体使用时，应尽量避开酸性体系。

四、结论

研究测得燕麦麸皮多糖提取物的化学组成为：粗多糖96.4%、蛋白质3.1%、灰分0.3%、水分0.2%；单糖组成为葡萄糖61.3%、木糖20.3%、阿拉伯糖16.3%、半乳糖1.6%、鼠李糖0.3%和甘露糖0.2%；通过实验得到多糖提取物中主要多糖组分是β-葡聚糖和戊聚糖，且其含量分别为62.3%和35.9%；测定其平均分子质量为733.1×10^3，分子尺寸为160.7nm；同时研究发现，燕麦麸皮多糖提取物的溶解性受温度影响较大，且低温下不易于溶解，60℃为其适宜溶解温度；溶解性受盐浓度的影响较小，不同盐浓度下其溶解时间都在9min左右；不同酸碱度下其溶解性都较好，但碱性条件下溶解更快，此时溶解时间在5min左右。研究还发现，燕麦麸皮多糖提取物溶液的黏度受浓度和温度影响较大，随浓度增大，黏度显著提高；

随着温度升高，黏度下降。其黏度受pH影响较小，且在中性和碱性条件下较稳定。燕麦麸皮多糖提取物过程中遇到的物理化学因素对其溶解性和黏度特性造成了一些影响。由于提取的理化条件比较复杂，除了酸碱、盐溶液、温度等条件外还有很多会对多糖提取物溶解和黏度特性带来影响的其他因素，例如，消毒、金属离子、油脂、乳化剂等添加剂，因此在研究中不可避免地产生一定的误差，将来在开发燕麦麸皮多糖提取物产品的时候，应该对这些干扰因素进行严格的控制，以提高产业化产品的功能特性造。同时由于产品形式及加工工艺不同，除了溶解性和黏度特性外还应该对其他性质进行研究，如乳化性及乳化稳定等。再者，化学结构是生物活性物质呈现功能的内在因素，许多研究表明，多糖的生物活性与其结构有着密切关系。在掌握燕麦麸皮多糖提取物的组成成分基础上，进一步研究其结构、加工特性以及生物功能特性等具有重要意义。

第四节　燕麦麸皮多糖提取物体外抗氧化活性研究

氧化是一个重要的生化过程，生物体在氧化代谢过中产生一定量的自由基，正常的细胞功能需要一定浓度的自由基，但自由基过量会损坏细胞本身中的脂质、蛋白质和DNA。例如，·OH能引起脂质氧化，损伤生物膜进而导致细胞损伤或者死亡。研究表明，人类的许多疾病都和自由基有关，如风湿性关节炎、恶性肿瘤、动脉粥样硬化、老年痴呆症等。大量研究证实，β-葡聚糖具有抗氧化活性，可以增强机体对自由基的清除能力，另有研究表明，小麦麸皮中的戊聚糖也具有较强的抗氧化活性。本试验提取的以β-葡聚糖和戊聚糖为主要组分的燕麦麸皮多糖提取物也应该具有较强的抗氧化活性，因此，本章对燕麦麸皮多糖提取物进行了体外抗氧化活性试验，以评价其抗氧化活性的水平。

一、材料与设备

燕麦麸皮多糖提取物（自制）；1，1-二苯基-2-三硝基苯肼（DPPH）（美国Sigma公司）；抗坏血酸［AR，阿拉丁试剂（上海）有限公司］；邻苯三酚［AR，阿拉丁试剂（上海）有限公司］；邻二氮菲［AR，阿拉丁试剂（上海）有限公司］；H_2O_2（沈阳化工试剂厂）；铁氰化钾（沈阳化工试剂厂）；三氯乙酸（北京化工试剂厂）；其他主要试剂：乙醇、磷酸、$FeSO_4$、浓HCl等均为分析纯。TU–1810紫外可见分光光度计（深圳市凯铭杰仪器有限公司）；HH–2数显恒温水浴锅（金坛科兴仪器厂）；TD5A–WS台式低速离心机（厦门东星电子仪器厂）；RE–52型旋转蒸发仪（上海亚荣实验设备有限公司）；SHZ–IIIB循环水真空泵（上海华琦科学仪器有限公司）；电子分析天平（上海天平仪器厂）；玻璃层析柱（上海青浦沪西仪器厂）；HL–2恒流泵（上海青浦沪西仪器厂）；DZF–6050型真空干燥箱（上海精宏仪器设备有限公司）。

二、试验方法

（一）燕麦麸皮多糖提取物清除DPPH自由基（DPPH·）能力的测定

二苯代苦味酰基自由基（DPPH·）是一种相当稳定的以氮为中心的自由基，常被用于活性物质抗氧化能力的研究中。正常情况下DPPH的乙醇溶液呈紫色，在517nm处有显著的吸收，抗氧化活性物质存在时可以提供一个电子使其与DPPH·的孤对电子配对而使DPPH乙醇溶液褪色，褪色程度与其接受的电子数量呈定量关系。溶液褪色使得其在517nm处的吸光度变小，变化程度与抗氧化活性物质的自由基清除程度呈线形关系，即抗氧化活性物质清除自由基的能力越强，则DPPH乙醇溶液的吸光度越小。

VC作为已知的DPPH·清除剂被用作对照。参考Wuhuichun的方法对燕麦麸皮多糖提取物清除DPPH·能力进行测定。将燕麦麸多糖提取物配成不同浓度的溶液，取0.5mL的溶液分别加入等体积的DPPH乙醇溶液，随后立即混匀，避光静置30min，于517nm波长下测定其吸光度A_1；以等量的无水乙醇代替DPPH乙醇溶液，其他操作不变测定其吸光度A_2；以等量的蒸馏水代替样品溶液加入DPPH乙醇溶液中，相同操作条件下测定其吸光度A_3。样品燕麦麸皮多糖提取物对DPPH·的清除作用，以DPPH·清除率表示，按照公式计算。

$$清除率＝\left[1-(A_1-A_2)/A_3\right]\times100\%$$

式中：A_1为样品组的吸光度；A_2为无DPPH·组的吸光度；A_3为无样品组的吸光度。

（二）燕麦麸皮多糖提取物清除羟自由基（·OH）能力的测定

羟自由基（·OH）可以轻松穿过细胞膜，与碳水化合物、蛋白质和脂质等细胞内生物大分子起化学反应，损伤组织或者杀死细胞。其是导致机体氧化的主要原因，被认为是最有害的自由基。因此，清除·OH对生物系统很重要，·OH清除能力常被来测定物质的抗氧化活性。

以VC作阳性对照，采用邻二氮菲比色法对燕麦麸皮多糖提取物清除·OH的能力进行测定。取一定量的试管分别加入0.05mol/L邻二氮菲溶液0.5mL和0.1mol/L pH=7.4的磷酸盐缓冲液1.0mL，两者混合均匀后，在其中加入0.5mL的0.05mol/L硫酸亚铁溶液；试验组的试管中分别加入不同浓度的燕麦麸皮多糖提取物溶液0.5mL，加入后迅速摇匀，之后再加入0.5mL的0.02%H_2O_2溶液；无·OH组的试管中样品溶液和H_2O_2溶液均用等量的蒸馏水替代；无样品组加入等量的蒸馏水替代样品溶液；将所有试管放入37℃水浴锅中恒温反应60min后取出，于536nm处分别测定吸光度。样品燕麦麸皮多糖提取物对·OH的清除作用，以·OH清除率表示，按照公式计算。

$$清除率＝\left[(A_1-A_2)/(A_0-A_2)\right]\times100\%$$

式中：A_1为样品组的吸光度；A_2为无·OH组的吸光度。

（三）燕麦麸皮多糖提取物清除超氧阴离子自由基（O_2^-·）能力的测定

超氧阴离子（O_2^-·）是活性氧中相对较弱的氧化剂，来自线粒体的电子传递系统，是生物体内最初的自由基，能导致细胞死亡，酶失活，DNA和膜的降解，并能间接引发脂质过氧化，形成过氧化氢，生成羟自由基前体。因此，研究清除超氧阴离子的能力是研究抗氧化机理的重要方面。邻苯三酚自氧可产生超氧阴离子自由基（O_2^-·），且在pH<9.0时，邻苯三酚自氧的速率与O_2^-·的生成浓度呈正相关，O_2^-·的含量可通过分光光度仪检测。当抗氧化活性物质存在时，会对O_2^-·的浓度产生影响，进而使其吸光度发生变化。因此，通过溶液吸光度的变化对活性物质清除O_2^-·的抗氧

化功能进行评价。

以VC作为阳性对照，采用邻苯三酚—分光光度法对燕麦麸皮多糖提取物清除$O_2^-\cdot$能力进行测定。参照Cheung Y C等实验方法，取不同浓度燕麦麸皮多糖提取物溶液0.1mL，加入5mL 0.05mol/L pH 8.2的磷酸盐缓冲溶液和4.7mL蒸馏水，均匀混合后在25℃下水浴20min，随后立即加入0.20mL浓度为0.03mol/L的邻苯三酚，摇匀后迅速倒入比色杯，于325nm处，1min后开始记录吸光度值，每隔30s记录1次，一直记到4min。空白组邻苯三酚自氧化时以等量的蒸馏水代替样液，其他操作与添加样液组一致。邻苯三酚自氧速率ΔA_c按照公式计算。样品对$O_2^-\cdot$的清除作用，以$O_2^-\cdot$清除率表示，按照公式计算。

$$\Delta A_c = (A_4 - A_1)/3$$

式中：A_1为第1min吸光度；A_4为第4min吸光度。

$$清除率 = \frac{\Delta A_c - \Delta A}{\Delta A_c} \times 100\%$$

式中：ΔA_c为空白组邻苯三酚自氧化速率；ΔA为加入燕麦麸皮多糖提取物溶液后邻苯三酚自氧化速率。

（四）燕麦麸皮多糖提取物还原能力的测定

一般情况下，物质的还原能力与其抗氧化性成显著的相关性，其还原能力可以作为潜在的抗氧化活性的一个重要指标，因此测定还原能力是评价物质抗氧化活性常用的一种方法。而铁氰化钾法则是常用的测定物质还原能力的方法。样品与铁氰化钾经一定的条件反应后的生成物在700nm处有最大吸收，因此通过吸光度的大小可以反映其抗氧化能力，吸光度值越大，则样品的还原能力越强，即其抗氧化能力也就越强。

实验采用铁氰化钾法测定燕麦麸皮多糖提取物的还原力。取不同浓度的燕麦麸皮多糖提取物溶液各2mL，分别加入浓度为0.2mol/L，pH 6.62的磷酸缓冲液2mL和质量分数1%的铁氰化钾溶液，充分混合均匀后在50℃水浴下保温20min，迅速冷却至室温。随后加入2mL质量分数10%的三氯乙酸（TAC）溶液，充分反应后，3000r/min离心10min。然后取上清液2mL，加入2mL蒸馏水和0.4mL质量分数0.1%的$FeCl_3$溶液，充分混匀后在50℃水浴下保温10min，当体系溶液的颜色由黄色变为蓝色时，于700nm

波长处测定其吸光度*A*。以等量的蒸馏水代替多糖提取物作为空白对照，VC作为阳性对照。吸光度越大，表明燕麦麸皮多糖提取物的还原力越强。

三、结果与分析

（一）燕麦麸皮多糖提取物清除 DPPH · 的能力

图3-23是不同浓度下燕麦麸皮多糖提取物及对照组VC对DPPH·的清除率。

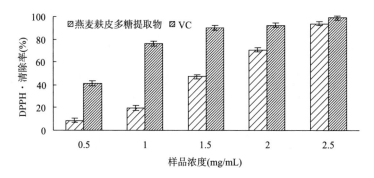

图 3-23　不同浓度的燕麦麸皮多糖提取物和 VC 对 DPPH · 的清除率

从图3-23看出，在试验测定的浓度范围内，多糖提取物随着浓度的增加，其DPPH·清除率逐渐提高，DPPH·清除能力与浓度呈现一定的量效关系。方差分析表明不同浓度的燕麦麸皮多糖提取物对DPPH·的清除作用有显著差异。当多糖提取物浓度为2.5mg/mL时，其对DPPH·清除率达到93.91%，此时只比同浓度下VC的DPPH·清除率（98.98%）低5.1%。

半数有效浓度（median effective concentration，EC_{50}）是指清除率为50%时的样品浓度，EC_{50}可作为评价物质抗氧化能力的重要参数。相关研究显示，当物质的EC_{50}低于10mg/mL，则表明该物质具有很好的抗氧化活性。对浓度—自由基清除率关系图进行拟合并分别计算多糖提取物和VC清除DPPH·的EC_{50}，得到燕麦麸皮多糖提取物及VC的EC_{50}分别为（1.47±0.11）mg/mL、（0.81±0.02）mg/mL。多糖提取物清除DPPH·的EC_{50}小于10mg/mL，说明燕麦麸皮多糖提取物具有显著清除DPPH·的能力。

近年来，有关燕麦β-葡聚糖清除DPPH·能力的研究已有很多，杨杰在评价燕麦β-葡聚糖的抗氧化活性时，发现当燕麦麸皮β-葡聚糖浓度为1mg/mL时，燕麦麸皮β-葡聚糖对DPPH自由基的清除率为52.2%，而浓度为1.2mg/mL时，清除率为55%左右，由此可见燕麦麸皮多糖提取物对DPPH·的清除能力与纯化的燕麦β-葡聚糖相当。

（二）燕麦麸皮多糖提取物清除·OH的能力

不同浓度下燕麦麸皮多糖提取物和对照组VC对·OH的清除率如图3-24所示。

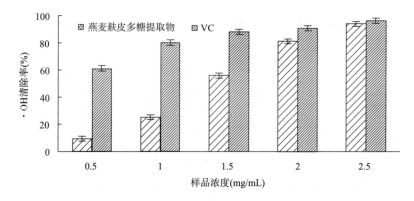

图3-24　不同浓度的燕麦麸皮多糖提取物和VC对·OH的清除率

从图3-24可看出，在0.5～2.5mg/mL浓度范围内，燕麦麸皮多糖提取物对·OH的清除能力随其浓度增大而增强。在浓度为0.5～1.5mg/mL时，燕麦麸皮多糖提取的·OH清除率明显低于阳性对照VC，而当浓度为1.5mg/mL时，多糖提取物的·OH清除率为79.85%，浓度为2mg/mL时，清除率为92.97%，在上述浓度时，VC对·OH的清除率分别为90.67%和96.18%，在此浓度范围内，燕麦麸皮多糖提取物清除·OH的能力与VC基本相当。同时燕麦麸皮多糖提取物对·OH的清除作用的EC_{50}为（1.39±0.9）mg/mL，远低于10mg/mL，也说明燕麦麸皮多糖提取物有较强的·OH清除能力。

李莺在比较燕麦β-葡聚糖和其酚类提取物自由基清除能力时，发现在2～10mg/mL浓度范围内，β-葡聚糖对·OH的清除能力并不强；而杨杰的研究也显示，当β-葡聚糖浓度为1.2mg/mL时，其对羟自由基的清除率只有45%左右。可见，与燕麦β-葡聚糖相比，燕麦麸皮多糖提取物具有更强的清除·OH能力。而袁小平等在对小麦麸皮戊聚糖生物活性研究时，发现其中具有清除自由基的作用，可抑制红细胞溶血小鼠的红细胞膜脂质过氧化，因此燕麦麸皮多糖提取物更强的清除能力可能和其中戊聚糖有关系。

（三）燕麦麸皮多糖提取物清除 O_2^-· 的能力

不同浓度下燕麦麸皮多糖提取物和对照组VC对O_2^-·的清除率如图3-25所示。

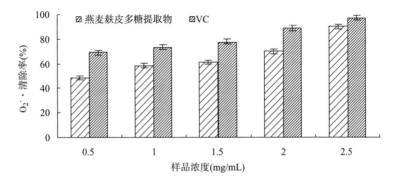

图 3-25　不同浓度的燕麦麸皮多糖提取物和 VC 对 O_2^-· 的清除率

从图3-25看出，在试验浓度范围内，随燕麦麸皮多糖提取物随浓度的增加，其对O_2^-·的清除率不断提高。当浓度为1mg/mL时，燕麦麸皮多糖提取物对O_2^-·的清除率已经达到58.31%，在整个试验浓度范围内其对O_2^-·的清除率与VC相当，同时燕麦麸皮多糖提取物及VC的EC_{50}分别为（1.09±0.02）和（0.69±0.09）mg/mL，也可以看出两者清除O_2^-·的能力相当，说明燕麦麸皮多糖提取物具有很强的O_2^-·清除能力。

人体在正常生理作用下产生的超氧阴离子自由基（O_2^-·）会被超氧化物歧化酶SOD作用生成H_2O_2，H_2O_2则可迅速被细胞内的过氧化酶除去，但是当这些酶不足时或者生成O_2^-·过多，H_2O_2则会与另一O_2^-·在变价铁离子催化作用下，迅速生成氧化性更强的羟自由基（·OH）。从自由基形成及对细胞的损伤过程可以看出，体内的活性氧物质主要是单线态氧（$1O_2$）和过氧化氢（H_2O_2），而燕麦麸皮多糖提取物对O_2^-·的清除作用，则阻断了活性氧的生成，在一定程度上减少了自由基对机体造成的损伤，即其具有良好的抗氧化活性。

（四）燕麦麸皮多糖提取物的还原能力

图3-26是不同浓度下燕麦麸皮多糖提取物和对照组VC对铁氰化钾溶液体系的吸光度。

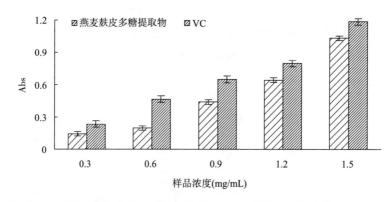

图3-26　不同浓度燕麦麸皮多糖提取物和VC下铁氰化钾溶液体系的吸光度

由图3-26可知，在0.3～1.5mg/mL的浓度范围内，燕麦麸皮多糖提取物的还原能力显著，且还原力随着其浓度的增加而增加，当浓度为0.3mg/mL时，吸光度为0.142；当浓度为1.5mg/mL时，吸光度为1.036，对于分光光度法而言，吸光度高于1.0时，测定的结果相对误差较大，因此试验选取0.3～1.5mg/mL的浓度范围，不再进一步加大燕麦麸皮多糖提取物的浓度，在所测定的浓度范围内燕麦麸皮多糖提取物的还原能力低于VC。

四、结论

评价一个物质的抗氧化能力的方法有很多，总体可以分为体外评价方法和体内评价方法。本章采用了体外抗氧化化活性的试验，只是初步检测燕麦麸皮多糖提取物的抗氧化性能，其抗氧化活性能力和机理有待进一步通过动物实验加以证明。关于燕麦麸皮戊聚糖的生物活性研究较少，本研究制备的燕麦麸皮多糖提取物含有大量的戊聚糖，经过抗氧化活性的试验表明，燕麦麸皮多糖提取物与燕麦麸皮β-葡聚糖的抗氧化活性相当。这里面不可否认戊聚糖起到的活性作用，因此还应对燕麦麸皮多糖提取物中β-葡聚糖和戊聚糖进行分离纯化，做对比试验，以进一步明确二者的抗氧化水平。研究利用邻苯三酚自氧化反应测定对超氧阴离子自由基的清除作用，邻苯三酚在弱碱性环境中自身氧化分解产生$O_2^-\cdot$该体系常用于测定SOD或类SOD活性物质对$O_2^-\cdot$的歧化活性。随着反应的进行，$O_2^-\cdot$在体系中不断积累，并生成有色中间产物，导致反应液在325nm波长的吸光度在反应开始一段时间内随时间变化而线性增大。因此这段时间内，在325nm波长处测定含有被测反应液的吸光度随时间变化的变化率，并与空白液对比即可得出被测样品抑制$O_2^-\cdot$积累作用的能力。由于邻苯三酚自氧化反应机理非常复杂，至今尚未研究清楚，无法以精确的反应速率方程描述其反应过程，因而只能根据反应开始后各反应液的吸光度变化来对其结果进行分析。

本节研究选用体外评价法对燕麦麸皮多糖提取物的总还原能力和清除自由基的能力进行了初步考察，初步证实燕麦麸皮多糖提取物具有显著的还原能力，对DPPH自由基（DPPH·）、羟自由基（·OH）、超氧阴离子自由基（$O_2^-\cdot$）都表现出良好的清除能力，其对这三种自由基清除的EC_{50}值分别为1.47mg/mL、1.39mg/mL、1.09mg/mL，远低于EC_{50} 10mg/mL的评价标准，表明该物质具有很好的抗氧化活性。实验还表明，随着多糖提取物浓度的增加，其还原能力及对三种自由基清除能力均相应增强。综合可知，燕麦麸皮多糖提取物具有较强的抗氧化活性，可作为潜在天然抗氧化剂应用于食品和保健品中。

第五节　燕麦麸皮多糖提取物对巨噬细胞免疫调节作用研究

免疫是机体产生的一种保护性生理反应，是机体具有的对自我和异己抗原的认识或应答能力，正常情况下机体的免疫系统可以维护机体的健康。但当免疫系统功能失调时，机体会出现各种疾病如感染、系统性红斑狼疮等。同时，一些疾病（如肿瘤等）在治疗时所使用的药物会对免疫系统造成不良影响，引起机体免疫功能下降，影响了治疗效果。因此，免疫调节剂在有关免疫系统失调的疾病的治疗中有重要的作用。在众多的免疫调节剂中，多糖的免疫调节作用令人瞩目，多糖是机体免疫系统良好的调节剂，具有高效低毒的特点。研究已证实从燕麦麸皮中分离得到的 β-葡聚糖具有良好的免疫调节活性，而对于燕麦麸皮多糖提取物的免疫调节活性是否有差异应进一步明确。本章通过燕麦麸皮多糖提取物对小鼠巨噬细胞的免疫调节作用研究，以对燕麦麸皮多糖提取物的免疫学功能活性进行评价，为其在医药、卫生或者保健品中的应用提供参考。

一、材料与设备

燕麦麸皮多糖提取物（自制）；小鼠腹腔巨噬细胞（中国科学院上海生命科学研究院）；胎牛血清（杭州四季青生物工程研究所）；RPMI 1640培养液（美国Gibco公司）；Griess试剂（Sigma公司）；脂多糖（LPS）（Sigma公司）；PCR引物（上海生物化工厂）；PCR kit（Sigma公司）；DNA marker（晶美生物有限公司）；超净工作台（苏州净化仪器厂）；$25cm^2$培养瓶（美国Corning Coster公司）；96孔平底细胞培养板（美国Corning Coster公司）；CO_2培养箱（上海森信实验仪器有限公司）；EL-800酶标仪（美国BioTek）；ELISA试剂盒（晶美生物有限公司）；PCR扩增仪GenAmp（美国Bio-Rad）。

二、试验方法

1. 小鼠巨噬细胞的扩大培养

首先将买来的小鼠腹腔巨噬细胞系RAW264.7细胞（1mL）接种于 $25cm^2$ 的培养瓶中，在其中加入3mL含10%胎牛血清的RPMI 1640 培养液，在37℃、5%CO_2的培养箱中培养3h左右，待细胞完全贴壁后，倒掉上清液。然后将得到的细胞以1∶2的比例进行传代培养，一般传代4~5次。通过显微镜观察，取处于对数期的传代细胞接种于培养板中，进行各种实验研究。

2. 小鼠巨噬细胞增殖的测定

燕麦麸皮多糖提取物对小鼠巨噬细胞增殖的影响采用WST-1法进行测定。WST-1是一种类似于MTT的化合物，在电子耦合试剂存在的情况下，可以被线粒体内的一些脱氢酶还原生成橙黄色的甲臜染料。该物质在450nm处有显著的吸收。细胞增殖越多越快，则颜色越深；细胞毒性越大，则颜色越浅。因此，可通过酶标仪测定反应体系的OD值，来对巨噬细胞增殖情况进行评价。

取100μL浓度为1×10^6个/mL生长对数期的小鼠巨噬细胞将其接种于96孔培养板中；在5%CO_2培养箱中于37℃培养24h；待细胞贴壁后，倒掉培养液，实验组每孔加入200μL含不同浓度燕麦麸皮多糖提取物的RPMI-1640培养基继续培养（燕麦麸皮多糖提取物浓度分别为0、5μg/mL、25μg/mL、50μg/mL、100μg/mL），对照组以不含燕麦麸皮多糖提取物的RPMI-1640培养基继续培养，在培养的第24h于每孔加入110μL 10%WST-1溶液，在37℃、5% CO_2培养箱中继续培养2h；然后吸取100μL细胞悬液到新的96孔板中，于450nm处用酶标仪测定实验组和对照组各孔的光密度值，按下式计算小鼠巨噬细胞增值率。实验组和对照组分别设3个重复孔。

$$细胞增值率 = （实验孔OD_{450}/对照孔OD_{450}）\times 100\%$$

3. 小鼠巨噬细胞释放NO的测定

采用Griess（格里斯氏）试剂法测定燕麦麸皮多糖提取物对小鼠巨噬细胞释放NO的影响。NO在机体内外都极易被氧化生成NO_2^-，在酸性条件下，NO_2^-与重氮盐磺胺发生重氮反应，并生成重氮化合物，后者进一步与萘基乙烯基二胺发生耦合反应。该耦合物反应的产物在540～560nm有最大吸收峰，且产物的浓度与NO_2^-浓度具有线性关系。通过酶标仪测定反应体系的OD值，即可衡量巨噬细胞释放NO情况。

首先绘制NO标准曲线：取 1.0mL 10mmol/L的$NaNO_2$溶液，用蒸馏水定容到10mL，稀释为100μmol/L的浓度，分别取0、20mL、40mL、60mL、80mL、100mL $NaNO_2$溶液，用蒸馏水补足到100μL，各取50μL稀释溶液，然后加入50μLGriess试剂，振摇10min，550nm处检测OD值，制得的NO标准曲线（单位mol/μL）。然后按照4.2.2小节中的细胞培养方法，待细胞贴壁后，倒掉培养液，实验组每孔加入200μL含不同溶度燕麦麸皮多糖提取物的RPMI-1640培养基（燕麦麸皮多糖提取物浓度分别为0、5μg/mL、25μg/mL、50μg/mL、100μg/mL），阳性对照组加入200μL含浓度为5μg/mL的LPS的RPM I-1640培养基，在37℃、5%CO_2培养箱中继续培养24h后，分别吸取100μL细胞培养上清液，加入新的96孔细胞培养板中，然后在每孔中加入等体积的Griess试剂混合，避光条件下充分反应10min后，用酶标仪于540nm处，测定其光密度。之后按NO标准曲线计算体系NO产量。实验组和对照组分别设3个重复孔。

4. 小鼠巨噬细胞分泌PGE_2的测定

取4.2.3小节中的添加燕麦麸皮多糖提取物和脂多糖的培养液培养的细胞培养上清液，用酶联免疫试剂盒（ELIAS法）对小鼠巨噬细胞释放前列腺素E_2（PGE_2）分泌量进行检测。具体操作按照酶联免疫试剂盒说明书进行。

5. 小鼠巨噬细胞TNF-α mRNA表达的测定

采用RT-PCR法对TNF-α mRNA相对表达量进行检测。具体方法参考郭兰芳的方法进行。取经过燕麦麸皮多糖提取物刺激后的小鼠巨噬细胞，用Trizol对细胞进行裂解提取总RNA，调整浓度后以RNA为模板经逆转录合成cDNA，再以cDNA为模板加入上下游引物后进行PCR扩增，扩增的产物经过电泳后照相，得到的条带利用Quantity One 1d Analysis SOftware进行分析，之后同β-actin进行对比得到细胞因子TNF-α mRNA的相对表达量。

三、结果与分析

1. 燕麦麸皮多糖提取物对小鼠巨噬细胞增殖的影响

图3-27是不同浓度燕麦麸皮多糖提取物下测定的小鼠巨噬细胞的增殖率。

从图3-27实验结果可发现，加入燕麦麸皮多糖提取物（0、5μg/mL、25μg/mL、50μg/mL、100μg/mL）的细胞培养孔中，培养基的颜色清澈，细胞透亮、折光性强、轮廓不清，细胞长势良好。WST-1检测结果表明，燕麦麸皮多糖提取物对小鼠巨噬细胞无毒作用，并且其能有效地促进小鼠巨噬细胞的增殖。多糖提取物浓度为25μg/mL时，小鼠巨噬细胞的增殖率为113.89% ± 3.21%，当多糖提取物浓度增加至100μg/mL时，细胞增

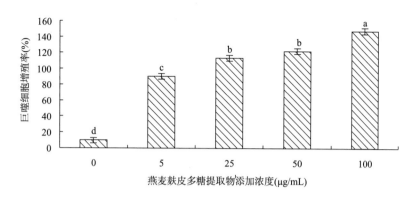

图3-27 不同浓度燕麦麸皮多糖提取物下巨噬细胞的增殖率

殖率可达148.05%±3.44%，可见燕麦麸皮多糖提取物促巨噬细胞增殖对多糖的剂量有一定的依赖性。

巨噬细胞是机体免疫系统中重要的细胞成分之一，它除了吞噬消灭入侵的病原体、有害异物及消除衰老、死亡和突变的细胞功能外，还具有参与识别和处理抗原，传递免疫信息等作用，在特异性免疫和非特异性免疫中起着重要的作用。现今人们多认为多糖与巨噬细胞表面的多糖受体结合之后激活巨噬细胞，促进其发挥免疫调节功能。现已发现巨噬细胞表面表达的活性多糖受体有TLR4、CD14、补体受体3、甘露糖受体及Dectin-1等，燕麦麸皮多糖提取物可能也是通过与这些受体结合，通过受体的胞内结构域的变化激活多种信号转导途径，最后将信号传到不同通路的终端，终端的活化因子进入细胞核内，作用于核转录因子，调节基因的表达，进而促进巨噬细胞的增殖的。因此，通过燕麦麸皮多糖提取物对巨噬细胞增殖影响的实验结果，可证明燕麦麸皮多糖提取物具有调节机体免疫功能的活性。

2. 燕麦麸皮多糖提取物对小鼠巨噬细胞释放NO的影响

图3-28为按照4.2.3小节的方法制作的NO标准曲线。NO标准曲线的回归方程为：$Y=0.0158X+0.0831$，相关系数$R^2=0.9965$，可见NO浓度与吸光度呈较好的线性关系。可以应用该方程进行燕麦麸皮多糖提取物释放NO的计算。不同浓度的燕麦麸皮多糖提取物下测定的小鼠巨噬细胞的NO释放量如图3-29所示。

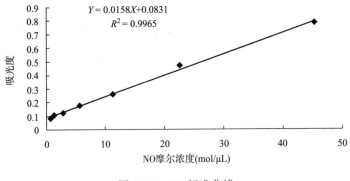

图 3-28　NO 标准曲线

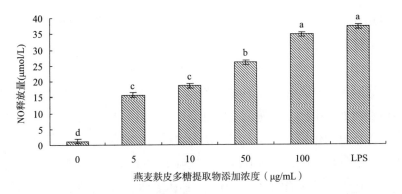

图 3-29　不同浓度燕麦麸皮多糖提取物下巨噬细胞 NO 的释放量

由图3-29可知，在不添加任何成分，也就是在静息状态下，小鼠巨噬细胞释放的NO很少，添加燕麦麸皮多糖提取物后，细胞分泌的NO量显著提高（$P<0.01$），当多糖提取物浓度为100 μg/mL时，其NO释放量为（34.7 ± 1.02）μmol/L 与阳性对照LPS相当。通过实验结果可知巨噬细胞分泌NO的量随燕麦麸皮多糖提取物剂量的增加而增加，即呈剂量依赖关系。

NO是近年发现的重要细胞信使分子，在生物体内参与神经系统、免疫系统和心血管系统的调节作用。多种免疫活性细胞在受到抗原、脂多糖（LPS）及细胞因子刺激时，表达诱生型NO合成酶（iNOS）并产生NO，所以NO被用来检测活性物质对于细胞的免疫情况从而评价其生物活性。该实验结果显示，燕麦麸皮多糖提取物显著增加了小鼠巨噬细胞释放NO的能力，说明燕麦麸皮多糖提取物对小鼠巨噬细胞具有显著的免疫调节活性。

3. 燕麦麸皮多糖提取物对小鼠巨噬细胞分泌PGE₂的影响

图3-30是不同浓度燕麦麸皮多糖提取物下测定的小鼠巨噬细胞PGE₂分泌量。

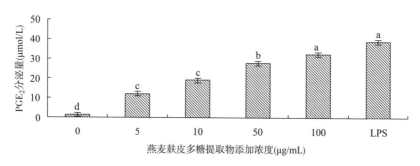

图 3-30　不同浓度的燕麦麸皮多糖提取物下巨噬细胞 PGE₂ 的分泌量

由图3-30实验结果可知，小鼠巨噬细胞在添加燕麦麸皮多糖提取物后，分泌PGE₂的能力明显较未添加时高（$P<0.01$），且生成量随燕麦麸皮多糖提取物剂量的增加而增加，呈剂量依赖关系。PGE₂是一种重要的细胞生长和调节因子，可介导炎症反应和抗感染，同时具有扩张血管，增加器官血流量，降低血管外周阻力，降低血压及免疫调节的作用，其同NO一样是巨噬细胞在免疫过程中产生的一种重要的活性介质。由本研究结果可看出，燕麦麸皮多糖提取物显著增加了巨噬细胞分泌PGE₂的能力，说明燕麦麸皮多糖提取物具有调节机体免疫功能的活性。

4. 燕麦麸皮多糖提取物对小鼠巨噬细胞TNF-α mRNA表达量的影响

图3-31是不同浓度燕麦麸皮多糖提取物下测定的小鼠巨噬细胞TNF-αmRNA相对表达量。

由图3-31实验结果可知，正常培养的小鼠巨噬细胞TNF-αmRNA相对表达量极低，当添加燕麦麸皮多糖提取物后，其表达量增加，且随着多糖提取物浓度的增加mRNA表达量逐渐增加。当多糖提取物浓度为100μg/mL时，细胞TNF-αmRNA的相对表达量达到0.51，与阳性对照LPS的0.55相当。说明燕麦麸皮多糖提取物可以刺激小鼠巨噬细胞TNF-αmRNA的表

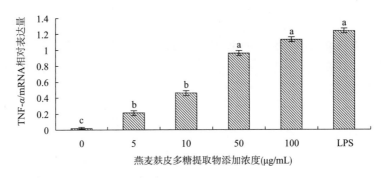

图 3-31　不同浓度的燕麦麸皮多糖提取物下巨噬细胞 TNF-αmRNA 的相对表达量

达。TNF-α是同PGE$_2$一样是由激活的巨噬细胞产生的一种多向性细胞因子，是炎症反应的主要介质，在宿主防御真菌感染的反应中发挥着重要作用。TNF-α主要通过刺激其他炎性细胞因子的释放、增强血管内皮细胞的通透性，增加巨噬细胞的黏附性和活性，进而引起组织固有巨噬细胞的激活，加速其进一步聚集，从而增强机体免疫系统功能。而当燕麦麸皮多糖提取物进入血液或深部组织后，经巨噬细胞的吞噬、消化等处理，与巨噬细胞表面的多糖受体结合，从而被巨噬细胞吞噬并产生TNF-α等炎性介质。因此从本研究结果可知，燕麦麸皮多糖提取物有明显的巨噬细胞免疫调节作用。

四、结论

巨噬细胞是机体的非特异性免疫细胞，能够主动吞噬、清除外源性异物，直接杀伤病原微生物。多糖的免疫调节功能实际上就是多糖作为抗原引起机体的免疫应答。评价多糖机体免疫调节活性的方法有很多种，本研究采用小鼠巨噬细胞进行燕麦麸皮多糖提取物的免疫调节活性评价。在测定巨噬细胞增殖、NO释放量、细胞因子PGE$_2$分泌及TNF-αmRNA表达的情况时，由于选择测定方法及测定因子有限，所得实验结果只是在一定程度上反映了多糖提取物的免疫调节活性，对于燕麦麸皮多糖提取物的机体免疫调节活性还应该继续深入做动物实验，以便更好地证明其所具有的免疫调节活性，分析出免疫调节机理。燕麦麸皮多糖提取物能强烈刺激小鼠巨噬细胞增殖，且随多糖提取物浓度增加小鼠巨噬细胞增殖率增加。同时燕麦麸皮多糖提取物能够促进小鼠巨噬细胞释放NO、分泌PGE_2以及TNF–αmRNA的表达，随多糖提取物浓度的增加NO的释放量、PGE_2的分泌量以及mRNA的相对表达量也逐渐增加。综合而言，燕麦麸皮多糖提取物具有显著的免疫调节活性，可以作为免疫调节剂应用于医药、卫生或者保健品中。

第六节　燕麦麸多糖对高脂血大鼠的降脂作用研究

一、材料与设备

燕麦麸皮多糖（自制）；SPF级SD大鼠（长生生物技术有限公司）；甲基硫氧嘧啶（远成赛创科技有限公司）；猪油（新鲜猪肉实验室炼制）；胆固醇（Ch，北京索莱宝科技有限公司）；胆酸钠（胆盐）（华悦化工产品有限公司）；聚山梨酯80（吐温）（郑州博研生物科技有限公司）；丙二醇（浩康生物科技）；负压管（山东华博医药有限公司）；β–葡聚糖保健品（美国杰诺公司）；戊巴比妥钠盐（Sigma）；精密pH计S40KCN（梅特勒—托利多）；离子溅射仪E–1045（日本日立高新技术有限公司）；紫外—可见分光光度计UVmini–1240（日本岛津仪器公司）；超纯水系统NW10LVF（Heal Force）；超速冷冻离心机H–2050R（湖南湘仪）；石蜡切片机LEICA RM2235（徕卡）。

二、试验方法

（一）高脂血症大鼠模型的建立

1. 高脂饲料法

高脂饲料饲喂法常用配方（表3–11）：Ch（1%~4%）、猪油（10%）、甲基硫氧嘧啶（0.2%）、基础饲料（86%~89%）；蛋黄粉（10%）、猪油（5%）、胆酸钠（0.5%）、基础饲料（85%）；Ch（1%）、猪油（7.5%）、甲基硫氧嘧啶（0.2%）、胆酸钠（0.3%）、蛋黄粉（10%）、基础饲料（81%）。（注：高脂饲料配方《中药药理研究方法学》陈奇）

2. 高脂乳剂法

高脂乳剂灌胃法配方（表3-11）：猪油（20%）、胆固醇（10%）、胆酸钠（2%）、甲基硫氧嘧啶（1%）、吐温80（20%）、丙二醇（30%）加水至100mL制成脂肪乳。以10mL/（kg·d）灌胃，每天1次，需30d。（注：高脂乳剂配方《药理实验方法学》刘建文）

表3-11　配方

试剂名称	配方
高脂饲料	Ch（1%）、蛋黄粉（6%）、猪油（7%）、胆酸钠（0.5%）、基础饲料（85%）、甲基硫氧嘧啶（0.2%）
高脂乳剂	猪油（20%）、Ch（10%）、胆酸钠（2%）、甲基硫氧嘧啶（1%）、吐温80（20%）、丙二醇（30%）

3. 造模试验的分组与处理

30只SPF级雄性青年SD大鼠（2月龄），体重（200±20）g，根据体重测定结果将大鼠随机分为正常对照组（一）、高脂模型饲料组（二）、高脂模型乳剂组（三），每组10只。正常对照组采用基础饲料饲喂，自由采食饮水。高脂饲料组以高脂饲料替代普通饲料投喂，自由摄食，平均每天每只采食20g左右。高脂乳剂组每日灌胃高脂乳剂2mL左右。

4. 指标测定与方法

（1）体重：新到30只SPF级SD大鼠先进行体重测定1次；经过适应性喂养1周，称重1次；造模期间，每7d称大鼠体重，共12次。

（2）血清生化指标测定及肝脏病理切片制作：血清生化指标检测包括血脂六项（总胆固醇TC、三酰甘油TG、高密度脂蛋白HDL-C、低密度脂蛋白LDL-C、载脂蛋白apo-A、载脂蛋白apo-B）。基础饲料喂养观察1周后进行采血，采血前一天晚上禁食12h不禁水，次日早上统一剪尾采血，取血后室温静置2h后使用低温离心机离心，分离出血清，4℃冷藏，进行血清生化指标的测定；造模结束时（第5、第9周末），尾尖取血，检测血清生化指标；待试验结束后，禁食不禁水后14~16h，腹主静脉取血，用于测定上述血清生化指标。

石蜡切片制作：摘取肝脏，取完好无损的同一部位肝脏（如右叶离边缘1cm处）PBS缓冲液洗净，储存于10%中性甲醛溶液中固定，横切一块肝组织，不同浓度乙醇常规脱水后石蜡包埋，切3mm切片于温水浴中展平，平铺于载玻片上置于37℃恒温箱过夜后在4℃冰箱内保存。

HE染色操作：二甲苯脱蜡→95%酒精脱水→100%酒精脱水→苏木精染色→流水冲洗→1%盐酸酒精分化→流水冲洗→饱和硫酸锂水溶液复蓝→流水冲洗→1%伊红溶液染色→流水冲洗→80%酒精处理→90%酒精处理→95%酒精处理→无水乙醇→水杨酸甲酯→二甲苯→中性树脂膜封片。制作好的肝脏病理切片于显微镜下镜检。

其他肝脏适当剪碎后用锡箔纸包好，迅速置于液氮中，后移至-80℃冰箱内冻存。利用全自动生化分析仪测定血清中六项血脂成分（TC、TG、HDL-C、LDL-C、apo-A、apo-B）。

观察血脂六项指标在停止高脂干预后第5周变化。评价所造高脂模型的稳定性，合理选择动物模型造模方法及试验条件，为后续试验做准备。

（3）内脏质量测定：试验结束后采取大鼠部分内脏及组织（包括：心脏、肝脏、脾脏、肾脏、胰腺、脏器间脂肪）剔除多余结缔组织后用生理盐水洗净，实验室无菌纸擦净后用天平称重并记录。

（二）燕麦麸多糖对高脂血症大鼠降脂作用研究

1. 试验动物的分组与处理

健康SPF级青年SD雄性大鼠（2月龄）120只，体重（200±20）g，基础饲料适应性喂养1周后，根据体重随机分为12组，每组10只，除空白对照组给予基础饲料外，其余组均以高脂饲料喂养，自由饮食饮水（表3-12）。造模喂养4周结束后，剔除长势差、体重过轻和过重的大鼠。再次随机分组，进入灌胃期，共4周。

除设空白对照组、高脂模型对照组、阳性对照组外，其余组设为试验组，选用燕麦麸多糖、燕麦麸皮粉、β-葡聚糖，试验组各设高、中、低剂量组。保证每组7只以上。给食方式换为造模前基础饲料喂养，试验组每日灌胃给药设置分别按照表内高、中、低剂量的溶液灌胃；空白对照组和高脂模型对照组以等量蒸馏水灌胃；阳性对照组灌辛伐他汀溶液。整个实验期为10周。

表 3-12 降血脂试验动物分组设计

编号	组名	数量	供试样品	样品用量（mg/kg.bw）
一	空白对照组	10	蒸馏水	
二	高脂模型对照组	10		
三	阳性对照组	10	辛伐他汀	9
四	燕麦麸多糖高剂量组	10	燕麦麸多糖 + 蒸馏水	169.00
五	燕麦麸多糖中剂量组	10		84.50
六	燕麦麸多糖低剂量组	10		42.25
七	燕麦麸皮粉高剂量组	10	燕麦皮粉 + 蒸馏水	2000
八	燕麦麸皮粉中剂量组	10		1000
九	燕麦麸皮粉低剂量组	10		500
十	β- 葡聚糖高剂量组	10	β- 葡聚糖 + 蒸馏水	100
十一	β- 葡聚糖中剂量组	10		50
十二	β- 葡聚糖低剂量组	10		25

注 国内外燕麦产品有效推荐用量 50g/（kg·d），β- 葡聚糖保健品有效成分含量 80%。

2. **指标测定与方法**

（1）体重：新到120只SPF级SD大鼠先进行体重测定1次并随机分组；经过适应性喂养1周，称重1次；此后每周记录大鼠体重变化，并观察其饮水、粪便、毛发、活动等情况。造模期间，每7d称大鼠体重，共4次；灌胃期间，每7d称大鼠体重，共4次；试验结束动物处死前称重1次，共计12次。

（2）内脏质量测定：试验结束后采取大鼠部分内脏及组织（包括：心脏、肝脏、脾脏、肾脏、胰腺、脏器间脂肪）剔除多余结缔组织后用生理盐水洗净，实验室无菌纸擦净后用天平称重并记录。

（3）血清生化指标测定及肝脏病理切片制作：血清生化指标检测血脂六项（TC、TG、HDL-C、LDL-C、apo-A、apo-B）。适应性喂养观察1周后，取血前禁食不禁水12h，次日早上剪尾取血，进行血清生化指标测定，每次取血后于2000r/min，5℃离心，分离血清，4℃冷藏，进行血清生化指标的测定；造模结束时（第5周末），再次尾尖取血，检测血清生化指标；待灌胃结束后，禁食不禁水14～16h，戊巴比妥钠盐（1.5%，每100g体重注射0.33mL）麻醉后腹主动脉采血，用于测定上述血清生化指标；并迅速摘取肝脏，取完好无损的同一部位肝脏储存于10%中性甲醛溶液中，留作肝脏病理切片用；其他肝脏适当剪碎后用锡箔纸包好，迅速置于液氮中，后移至-80℃冰箱内保存。

三、结果与分析

（一）大鼠体重动态变化

图3-32是造模试验中三组大鼠从第0周至第10周体重变化测定结果。

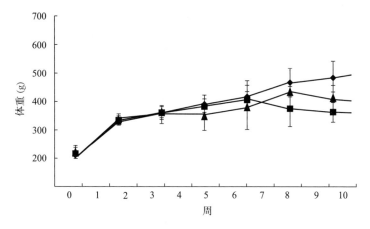

图 3-32　造模试验各组周大鼠每周体重变化

由图3-32可知，第0周末时三组大鼠的体重无显著差异（$P>0.05$）；第1周末，三组大鼠体重无显著差异（$P>0.05$）；第2周末，三组大鼠体重无显著差异（$P>0.05$）；第3周末，高脂饲料组（二）与空白对照组（一）比较无显著差异（$P>0.05$），高脂乳剂组（三）与空白对照组（一）差异显著（$P<0.05$），而高脂饲料组（二）与高脂乳剂组（三）无显著差异（$P>0.05$）；第4周末，高脂饲料组（二）与空白对照组（一）比较无显著差异（$P>0.05$），高脂乳剂组（三）与空白对照组（一）差异显著（$P<0.05$），高脂饲料组（二）与高脂乳剂组（三）无显著差异（$P>0.05$）；第5周末，高脂饲料组（二）与空白对照组（一）比较差异极显著（$P<0.01$），高脂乳剂组（三）与空白对

照组（一）无显著差异（$P>0.05$），高脂饲料组（二）与高脂乳剂组（三）差异显著（$P<0.05$）；第6周末，高脂饲料组（二）与空白对照组（一）比较差异极显著（$P<0.01$），高脂乳剂组（三）与空白对照组（一）差异显著（$P<0.05$），高脂饲料组（二）与高脂乳剂组（三）差异显著（$P<0.05$）；第7周末，高脂饲料组（二）与空白对照组（一）比较差异极显著（$P<0.01$），高脂乳剂组（三）与空白对照组（一）比较差异极显著（$P<0.01$），高脂饲料组（二）与高脂乳剂组（三）差异显著（$P<0.05$）；第8周末，高脂饲料组（二）与空白对照组（一）比较差异极显著（$P<0.01$），高脂乳剂组（三）与空白对照组（一）比较差异极显著（$P<0.01$），高脂饲料组（二）与高脂乳剂组（三）差异显著（$P<0.05$）；第9周末，高脂饲料组（二）与空白对照组（一）比较差异极显著（$P<0.01$），高脂乳剂组（三）与空白对照组（一）比较差异极显著（$P<0.01$），高脂饲料组（二）与高脂乳剂组（三）无显著差异（$P>0.05$）；第10周末，高脂饲料组（二）与空白对照组（一）比较差异极显著（$P<0.01$），高脂乳剂组（三）与空白对照组（一）无显著差异（$P>0.05$），高脂饲料组（二）与高脂乳剂组（三）无显著差异（$P>0.05$）。

在大鼠饲养过程中发现，高脂饲料组（二）及高脂乳剂组（三）大鼠的生理状态较空白对照组（一）表现出毛色暗淡、眼神浑浊、行为缓慢等现象。同时高脂饲料组（二）大鼠出现便秘现象，而高脂乳剂组则表现为腹泻多尿现象。整个饲养期，大鼠体重呈现生长趋势。

（二）血脂六项指标动态变化

表3-13、表3-14、表3-15分别是大鼠血清TC、TG、HDL-C、LDL-C、apo-A、apo-B的三次检测结果（三次分别为造模前、造模4周、造模10周）。

表 3-13　血清 TC、TG 含量变化表

组别	TC_1	TC_2	TC_3	TG_1	TG_2	TG_3
一	1.570 ± 0.203	1.335 ± 0.31^C	0.944 ± 0.266^B	1.240 ± 0.268	0.974 ± 0.402^A	0.884 ± 0.490^a
二	1.640 ± 0.431	2.732 ± 0.641^B	2.086 ± 0.404^A	1.379 ± 0.331	0.199 ± 0.063^B	0.253 ± 0.193^b
三	1.497 ± 0.428	2.053 ± 0.758^A	0.618 ± 0.348^B	1.000 ± 0.246	0.215 ± 0.075^B	0.456 ± 0.139^b

表 3-14　血清 HDL-C、LDL-C 变化表

组别	$HDL-C_1$	$HDL-C_2$	$HDL-C_3$	$LDL-C_1$	$LDL-C_2$	$LDL-C_3$
一	1.198 ± 0.216	0.816 ± 0.172^b	0.741 ± 0.180	0.658 ± 0.254	0.358 ± 0.118^C	0.321 ± 0.069^B
二	1.122 ± 0.434	1.422 ± 0.382^a	0.902 ± 0.402	0.724 ± 0.120	$1.119. \pm 0.207^A$	0.770 ± 0.127^A
三	1.145 ± 0.326	1.172 ± 0.392^a	0.550 ± 0.216	0.638 ± 0.178	0.753 ± 0.374^B	0.288 ± 0.097^B

表 3-15　血清 apoA、apoB 变化表

组别	$apo-A_1$	$apo-A_2$	$apo-A_3$	$apo-B_1$	$apo-B_2$	$apo-B_3$
一	0.022 ± 0.004	0.160 ± 0.009	0.160 ± 0.005	0.081 ± 0.009^b	0.169 ± 0.016^B	0.169 ± 0.006
二	0.022 ± 0.006	0.160 ± 0.007	0.159 ± 0.003	0.076 ± 0.008^a	0.195 ± 0.009^A	0.158 ± 0.011
三	0.017 ± 0.005	0.168 ± 0.006	0.158 ± 0.004	0.070 ± 0.006^a	0.195 ± 0.010^A	0.165 ± 0.012

　　注　同一列上小写字母不同差异显著（$P < 0.05$），大写字母不同差异极显著（$P < 0.01$），相同字母或未标记差异不显著（$P > 0.05$）。

1. 血脂六项指标组内变化情况

　　由表3-13、表3-14和表3-15可以看出，第一组，TC：可能由于空白对照组随着饲养周龄的增加也开始出现肥胖的迹象，因此TC_3变化显著（$P < 0.05$）；TG变化不显著（$P > 0.05$）；HDL-C：$HDL-C_2$变化极显著（$P < 0.01$），$HDL-C_3$时较为平稳；LDL-C、apoA及apoB变化显著（$P < 0.05$），其原因也与肥胖趋势化有关。第二组，TC：经过高脂饲料喂养后，大鼠出现了高脂血症状，且造模后停止高脂饲料供应后5周内，大鼠血清TC、TG指标较为稳定；HDL-C在整个试验期间的变化不显著（$P > 0.05$）；LDL-C：出现先增高后略有下降现象，说明造模成功后，大鼠血清LDL-C水平上升，但停止饲喂高脂饲料后，其自身机体调节作用使得LDL-C有回落趋势；apoA随HDL-C的变化而变化明显。第三组，TC：经过高脂乳剂灌胃后出现高脂血症状，TC明显上升，但可能由于灌胃组大鼠死亡数量较多导致样本量变少独立样本t检验结果显示灌胃组TC_2与TC_1指标结果差异不显著，而实际上从平均值的结果来看灌胃组的TC_2与TC_1的对比是显著升高的；TG先下降后又上升但仍维持较低水平，低于空白对照组（一）；HDL-C、LDL-C上升趋势及稳定性均低于高脂饲料组（二）；apoA、apoB变化不显著（$P > 0.05$）。

2. 每项血脂指标组间变化情况

（1）血清TC含量变化。图3-33是大鼠血清中TC含量变化情况。

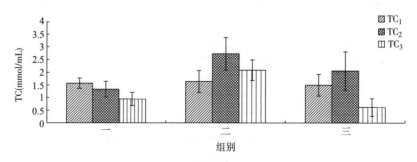

图 3-33　各组大鼠血清 TC 含量变化

由图3-33结果说明，经过造模试验后的大鼠停止高脂饲料和高脂乳剂供应后，高脂乳剂组的大鼠虽然在造模期间通过强制性的灌胃措施使得其血清TC水平得到了提升，但在造模结束后5周内血清TC水平剧烈下降甚至低于正常水平，这是由于高脂乳剂灌胃对其造成了机体损伤，多数大鼠出现了不同程度的病态反应，如毛色暗淡、肮脏、腹泻等，值得一提的是整个造模试验期间，高脂乳剂组（三）的死亡率最高（达40%），虽然不排除试验初期由于灌胃手法不成熟可能对大鼠食道或气管组织造成了潜在的损伤但总体模型效果不如高脂饲料组（二）；同时高脂饲料组（二）造模后的大鼠血清TC水平虽有下降现象但仍然能保持在较高的水平，模型在造模后5周内能保持较好的血清TC稳定性。

（2）血清TG含量变化。图3-34是大鼠血清中TG含量变化情况。

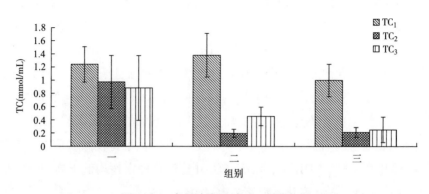

图 3-34　各组大鼠血清 TG 含量变化

图3-34结果说明，经过造模试验后的大鼠停止高脂饲料和高脂乳剂供应后，高脂血症模型大鼠在造模后5周内能保持较好的血清TG稳定性。

（3）血清HDL-C含量变化。图3-35是大鼠血清中HDL-C含量变化情况。

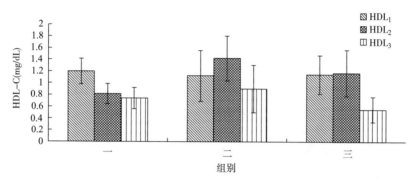

图3-35　各组大鼠血清HDL-C含量变化

图3-35结果说明高脂饲料喂养和高脂乳剂喂养4周后大鼠的血清HDL-C水平均显著上升，大鼠停止高脂饲料和高脂乳剂供应后由于大鼠本身具有机体的自我调节能力，换为基础饲料喂养后其血清HDL-C水平向正常水平发展，高脂乳剂组（三）的稳定性低于高脂饲料组（二）。

（4）血清LDL-C含量变化。图3-36是大鼠血清中LDL-C含量变化情况。

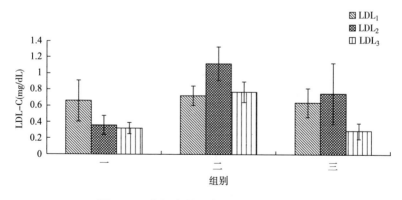

图3-36　各组大鼠血清LDL-C含量变化

图3-36结果说明，大鼠停止高脂饲料和高脂乳剂供应后由于大鼠本

身的调节机制发挥作用，使得血清LDL-C水平向正常水平发展，高脂乳剂组（三）在停止灌胃的第五周其血清LDL-C已经降低到正常水平，高脂饲料组（二）血清LDL-C稳定性良好。

（5）血清apo-A含量变化。图3-37是大鼠血清中apo-A含量变化情况。

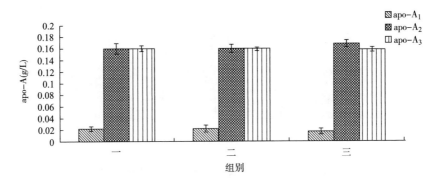

图3-37　各组大鼠血清 apo-A 含量变化

图3-37结果说明，大鼠在整个造模期及造模结束后5周内其血清apo-A水平变化不明显。

（6）血清apo-B含量变化。图3-38是大鼠血清中apo-B含量变化情况。

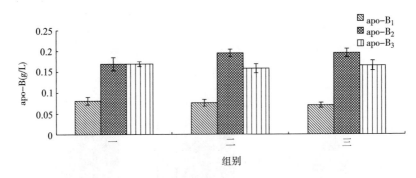

图3-38　各组大鼠血清 apo-B 含量变化

图3-38结果说明高脂饲料组（二）和高脂乳剂组（三）的血清apo-B水平高于空白试验组（一），是因为apo-B是LDL-C的主要成分，因此apo-B的升高与高脂饮食诱发血清LDL-C升高有关。大鼠造模结束后5周

内其血清apo-B水平有向正常水平变化的趋势。

3. 内脏质量测定结果

大鼠内脏质量测定结果见表3-16。

表 3-16　各组大鼠内脏质量比较表

组别	心脏（g）	肝脏（g）	脾脏（g）	肾脏（g）	胰腺（g）	脏器间脂肪（g）
一	1.695 ± 0.176^a	17.386 ± 1.726^A	0.911 ± 0.149	3.199 ± 0.346	1.191 ± 0.461	14.734 ± 2.539^b
二	1.400 ± 0.113^b	13.245 ± 1.164^B	0.757 ± 0.046	2.787 ± 0.335	1.529 ± 0.567	18.121 ± 2.188^a
三	1.485 ± 0.215^b	13.967 ± 1.625^B	0.921 ± 0.479	2.892 ± 0.461	1.593 ± 0.453	16.609 ± 3.136^a

注　同一列上小写字母不同差异显著（$P < 0.05$），大写字母不同差异极显著（$P < 0.01$），相同字母或未标记差异不显著（$P > 0.05$）。

三组大鼠内脏质量比较结果如图3-39所示。

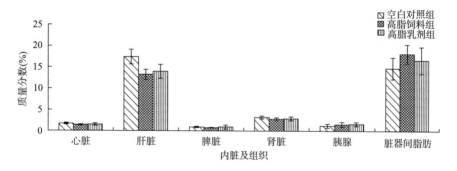

图 3-39　各组大鼠内脏质量测定结果

由图3-39可知，三组大鼠心脏、脾脏、肾脏、胰腺质量差异不显著（$P > 0.05$）；三组大鼠肝脏质量差异极显著（$P < 0.01$），其中，空白对照组（一）肝脏质量最大，空白对照组（一）与高脂饲料组（二）及高脂乳剂组（三）差异极显著（$P < 0.01$），高脂饲料组（二）和高脂乳剂组（三）之间差异不显著（$P > 0.05$）；三组大鼠脾脏质量差异不显著（$P > 0.05$）；三组大鼠脏器间脂肪的质量差异显著（$P < 0.05$），高脂饲料组（二）脏器间脂肪含量最高，空白对照组（一）与高脂饲料组（二）差异显著（$P < 0.05$），空白对照组（一）与高脂乳剂组（三）差异不显著

（$P > 0.05$），高脂饲料组（二）与高脂乳剂组（三）差异不显著（$P > 0.05$）。

4. 肝脏病理学切片结果

试验结束后，解剖并摘取大鼠的肝脏，用生理盐水洗净并用无菌纸擦干，先进行肉眼观察，空白对照组（一）大鼠肝脏色泽鲜红而光滑，肝叶边缘锐利，质地质软。高脂饲料组（二）大鼠肝脏肿胀体积变大，色泽偏黄，肝叶边缘处变钝，切取肝小叶时切面滑腻，与空白对照组（一）差异显著。而高脂乳剂组（三）大鼠肝脏体积较空白对照组（一）增大，但明显比高脂饲料组（二）小，肝小叶边缘也出现变钝现象。将同一部位切片后石蜡包埋、HE染色进行下一步观察。

各组大鼠的肝脏病理学切片显微镜观察结果如图3-40所示。

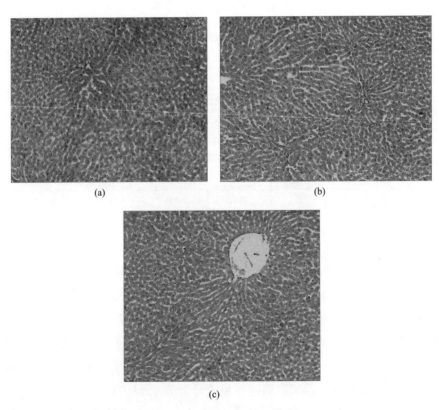

(a)   (b)

(c)

图3-40　各组大鼠肝脏病理学切片结果

由图3-40（a）为空白对照组（一），通过观察发现大鼠肝细胞结构较为整齐且连续性好，呈索状排列，胞核圆而清晰且胞质丰富，内壁界限分明；图3-40（b）为高脂饲料组（二），肝细胞内有不规则的空泡弥散分布（脂肪变性结果），胞核模糊，胞质有炎性细胞浸润现象；图3-40（c）为高脂乳剂组（三）仅有少量脂肪滴出现，细胞结构较完整，结构较清晰表现出较轻的脂肪病变。

（三）燕麦麸皮多糖对高脂血症大鼠的体重、血脂及肝脏的影响

1. 体重动态变化

图3-41为各组大鼠从第0周至第11周体重变化情况。

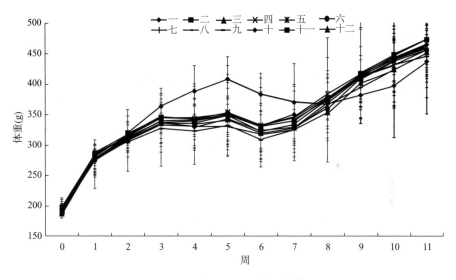

图 3-41　各组大鼠周体重变化

由图3-41可知，第0周末时，各组大鼠的体重均无显著差异（$P>0.05$）；第1周末，高脂饲料组（二）与空白对照组（一）差异显著（$P<0.05$），高脂饲料组（二）与其余10组差异不显著（$P>0.05$）；第2周末，高脂饲料组（二）与其余11组差异不显著（$P>0.05$）；第3周末，高脂饲料组（二）与空白对照组（一）差异极显著（$P<0.01$），高脂饲料组（二）与其余10组差异不显著（$P>0.05$）；第4周末，高脂饲料组（二）与空白对照组（一）差异极显著（$P<0.01$），高脂饲料组（二）与其余10组差异不显著（$P>0.05$）；第5周末，高脂饲料组（二）

与空白对照组（一）差异极显著（$P<0.01$），高脂饲料组（二）与燕麦麸皮粉低剂量组（九）差异显著（$P<0.05$），高脂饲料组（二）与阳性对照组（三）、燕麦麸多糖高剂量组（四）、燕麦麸多糖中剂量组（五）、燕麦麸多糖低剂量组（六）、燕麦麸皮粉高剂量组（七）、燕麦麸皮粉中剂量组（八）、β-葡聚糖高剂量组（十）、β-葡聚糖中剂量组（十一）、β-葡聚糖低剂量组（十二）差异不显著（$P>0.05$）；第6周末，高脂饲料组（二）与空白对照组（一）差异极显著（$P<0.01$），高脂饲料组（二）与其余10组差异不显著（$P>0.05$）；第7周末，高脂饲料组（二）与空白对照组（一）差异极显著（$P<0.01$），高脂饲料组（二）与其余10组差异不显著（$P>0.05$）；第8周末，高脂饲料组（二）与其余11组差异不显著（$P>0.05$）；第9周末，高脂饲料组（二）与空白对照组（一）差异显著（$P<0.05$），高脂饲料组（二）与其余10组差异均不显著（$P>0.05$）；第10周末，高脂饲料组（二）与空白对照组（一）差异显著（$P<0.05$），高脂饲料组（二）与其余10组差异均不显著（$P>0.05$）；第11周末，高脂饲料组（二）与空白对照组（一）差异显著（$P<0.05$），高脂饲料组（二）与其余10组差异均不显著（$P>0.05$）。

在大鼠的饲养过程中发现，高脂血症模型大鼠普遍表现出毛色暗淡、行为迟缓、便秘、排尿量大等现象。整个饲养期，大鼠体重呈现生长趋势。

2. 血脂六项指标动态变化

表3-17 ~ 表3-19分别是大鼠血清TC、TG、HDL-C、LDL-C、apo-A、apo-B的三次检测结果（三次分别为造模前、造模后、灌胃后）。

表3-17 血清TC、TG含量变化比较表

组别	TC_1	TC_2	TC_3	TG_1	TG_2	TG_3
一	1.851 ± 0.313	1.431 ± 0.278^C	1.637 ± 0.305^B	0.568 ± 0.203	0.586 ± 0.243^A	0.551 ± 0.215^A
二	1.825 ± 0.317	2.570 ± 0.357^A	2.374 ± 0.353^A	0.601 ± 0.093	0.132 ± 0.040^B	0.149 ± 0.026^E
三	1.721 ± 0.456	2.248 ± 0.427^{AB}	1.502 ± 0.279^B	0.610 ± 0.043	0.101 ± 0.047^B	0.321 ± 0.102^{BCD}
四	1.507 ± 0.380	2.097 ± 0.493^B	1.339 ± 0.418^B	0.645 ± 0.097	0.133 ± 0.043^B	0.417 ± 0.205^B

续表

组别	TC_1	TC_2	TC_3	TG_1	TG_2	TG_3
五	1.919 ± 0.505	2.685 ± 0.395^A	1.606 ± 0.532^B	0.580 ± 0.050	0.114 ± 0.034^B	0.455 ± 0.249^{AB}
六	1.462 ± 0.287	2.353 ± 0.325^{AB}	1.420 ± 0.291^B	0.544 ± 0.074	0.105 ± 0.028^B	0.266 ± 0.094^{CDE}
七	1.701 ± 0.358	2.252 ± 0.605^{AB}	1.448 ± 0.232^B	0.623 ± 0.054	0.111 ± 0.038^B	0.397 ± 0.064^{BC}
八	1.809 ± 0.455	2.520 ± 0.417^{AB}	1.519 ± 0.426^B	0.588 ± 0.055	0.089 ± 0.046^B	0.334 ± 0.152^{BCD}
九	1.717 ± 0.382	2.223 ± 0.455^{AB}	1.433 ± 0.331^B	0.574 ± 0.087	0.099 ± 0.025^B	0.273 ± 0.139^{CDE}
十	1.701 ± 0.424	2.473 ± 0.510^{AB}	1.369 ± 0.297^B	0.579 ± 0.047	0.134 ± 0.086^B	0.361 ± 0.094^{BC}
十一	1.739 ± 0.299	2.529 ± 0.485^A	1.488 ± 0.283^B	0.594 ± 0.044	0.070 ± 0.022^B	0.258 ± 0.088^{CDE}
十二	1.792 ± 0.385	2.417 ± 0.413^{AB}	1.532 ± 0.279^B	0.532 ± 0.059	0.100 ± 0.050^B	0.215 ± 0.049^{DE}

表 3-18　血清 HDL-C、LDL-C 含量变化比较表

组别	$HDL-C_1$	$HDL-C_2$	$HDL-C_3$	$LDL-C_1$	$LDL-C_2$	$LDL-C_3$
一	1.000 ± 0.151	1.081 ± 0.157^b	0.931 ± 0.201^B	0.627 ± 0.184	0.510 ± 0.123^B	0.497 ± 0.118^B
二	1.097 ± 0.221	1.646 ± 0.253^a	1.388 ± 0.356^A	0.616 ± 0.138	1.135 ± 0.173^A	0.923 ± 0.241^A
三	1.066 ± 0.292	1.515 ± 0.349^a	0.985 ± 0.247^B	0.549 ± 0.182	0.970 ± 0.232^A	0.590 ± 0.194^B
四	0.905 ± 0.210	1.369 ± 0.293^a	0.787 ± 0.280^B	0.467 ± 0.142	0.981 ± 0.266^A	0.496 ± 0.194^B
五	1.184 ± 0.292	1.549 ± 0.521^a	0.970 ± 0.344^B	0.648 ± 0.198	1.115 ± 0.285^A	0.626 ± 0.217^B
六	0.846 ± 0.230	1.565 ± 0.197^a	0.815 ± 0.164^B	0.483 ± 0.121	1.048 ± 0.160^A	0.505 ± 0.141^B
七	0.994 ± 0.221	1.424 ± 0.366^a	0.838 ± 0.132^B	0.547 ± 0.119	0.991 ± 0.291^A	0.462 ± 0.084^B
八	1.093 ± 0.236	1.694 ± 0.298^a	0.846 ± 0.271^B	0.602 ± 0.194	1.063 ± 0.230^A	0.516 ± 0.160^B
九	0.998 ± 0.165	1.464 ± 0.276^a	0.823 ± 0.206^B	0.600 ± 0.241	0.954 ± 0.256^A	0.480 ± 0.180^B
十	0.994 ± 0.226	1.597 ± 0.348^a	0.798 ± 0.166^B	0.591 ± 0.261	1.031 ± 0.207^A	0.483 ± 0.156^B
十一	0.866 ± 0.379	1.497 ± 0.311^a	0.897 ± 0.177^B	0.590 ± 0.111	1.063 ± 0.163^A	0.532 ± 0.125^B
十二	1.041 ± 0.232	1.622 ± 0.264^a	0.862 ± 0.154^B	0.709 ± 0.334	1.030 ± 0.210^A	0.600 ± 0.165^B

表 3-19　血清 apo-A、apo-B 含量变化比较表

组别	$apo-A_1$	$apo-A_2$	$apo-A_3$	$apo-B_1$	$apo-B_2$	$apo-B_3$
一	0.153 ± 0.020	0.157 ± 0.007	0.148 ± 0.012^A	0.188 ± 0.018	0.174 ± 0.010^B	0.149 ± 0.010^{BC}
二	0.160 ± 0.008	0.162 ± 0.004	0.007 ± 0.015^{CD}	0.185 ± 0.012	0.204 ± 0.007^A	0.171 ± 0.019^A
三	0.161 ± 0.003	0.161 ± 0.003	0.018 ± 0.023^{DE}	0.177 ± 0.015	0.197 ± 0.009^A	0.146 ± 0.018^{BCD}
四	0.161 ± 0.006	0.160 ± 0.005	0.069 ± 0.020^B	0.175 ± 0.010	0.200 ± 0.015^A	0.144 ± 0.008^{BCD}
五	0.159 ± 0.004	0.160 ± 0.000	0.075 ± 0.035^B	0.184 ± 0.018	0.201 ± 0.008^A	0.144 ± 0.012^{BCD}
六	0.159 ± 0.003	0.161 ± 0.007	0.018 ± 0.047^{DE}	0.185 ± 0.020	0.199 ± 0.009^A	0.153 ± 0.023^B
七	0.162 ± 0.006	0.159 ± 0.003	0.022 ± 0.037^{DE}	0.182 ± 0.016	0.204 ± 0.005^A	0.143 ± 0.009^{BCD}
八	0.159 ± 0.006	0.160 ± 0.000	0.007 ± 0.011^{DE}	0.180 ± 0.007	0.206 ± 0.007^A	0.140 ± 0.007^{BCD}
九	0.160 ± 0.005	0.159 ± 0.003	0.000 ± 0.000^E	0.181 ± 0.011	0.201 ± 0.006^A	0.139 ± 0.013^{CD}
十	0.159 ± 0.003	0.160 ± 0.000	0.031 ± 0.039^C	0.178 ± 0.016	0.204 ± 0.005^A	0.136 ± 0.008^{CD}

组别	apo-A$_1$	apo-A$_2$	apo-A$_3$	apo-B$_1$	apo-B$_2$	apo-B$_3$
十一	0.160 ± 0.005	0.162 ± 0.004	0.031 ± 0.040^C	0.173 ± 0.013	0.208 ± 0.026^A	0.135 ± 0.009^D
十二	0.161 ± 0.006	0.162 ± 0.004	0.000 ± 0.049^E	0.184 ± 0.017	0.203 ± 0.005^A	0.135 ± 0.005^D

注 同一列上小写字母不同差异显著（$P < 0.05$），大写字母不同差异极显著（$P < 0.01$），相同字母或未标记差异不显著（$P > 0.05$）。

（1）血脂六项指标组内变化情况。由表3-17～表3-19可以看出，第一组：TC、TG、HDL-C、LDL-C、apo-A变化不显著（$P > 0.05$）；apo-B：随着饲养周期的增长以及自由采食等原因，空白对照组（一）的健康大鼠也出现了轻度肥胖趋势，apo-B$_3$变化极显著（$P < 0.01$）。第二组：大鼠经高脂饲料喂养后均出现高脂血症状，其血清TC、TG、HDL-C、LDL-C、apo-B变化显著（$P < 0.05$）且在后续的试验期内较为稳定。第三～第十二组：大鼠经高脂饲料喂养后均出现高脂血症状，其血清TC、TG、HDL-C、LDL-C、apo-B变化显著（$P < 0.05$），经不同制剂灌胃后，血脂六项水平均有所改善，其中TC改善效果最显著的是第四组；TG改善效果最显著的是第五组；HDL-C改善效果最显著的是第四组；LDL-C改善效果最显著的是第七组；apo-A改善效果最显著的是第五组；apo-B改善效果最显著的是第十组。综合比较结果：第五组血脂水平改善效果最佳。

（2）每项血脂指标组间变化情况。

①血清TC含量变化。图3-42是大鼠血清中TC含量变化情况。

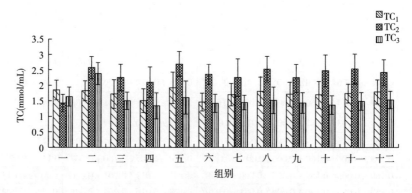

图3-42　各组大鼠血清TC含量变化

由图3-42可知，造模后，空白对照组（一）血清中TC含量明显低于其他高脂模型组，说明试验组大鼠经高脂饲料喂养后，血清中TC水平显著升高。通过第三次大鼠的血清TC检测结果发现，空白对照组（一）血清TC水平有小幅度上升，其余组除了高脂模型对照组（二）血清TC稍有下降但仍维持较高水平外，其他组血清TC水平均得到不同程度的大幅下降。这个结果说明空白对照组（一）在基础饲料喂养过程中由于对其实行自由采食的处理，随着饲养期和大鼠日龄的增加也出现了血清TC增高的趋势；而高脂模型对照组（二）在造模结束由高脂饲料换回基础饲料后因其自身存在一定的调节修复作用，血清TC水平出现了小幅度下降，但总体水平仍明显高于剩余试验组，因此模型的总体稳定性良好。试验组的血清TC下降的结果从高到低顺序为β-葡聚糖保健品高剂量组（十）、燕麦麸多糖中剂量组（五）、β-葡聚糖保健品中剂量组（十一）、燕麦麸皮粉中剂量组（八）、燕麦麸多糖低剂量组（六）、β-葡聚糖保健品低剂量组（十二）、燕麦麸皮粉高剂量组（七）、燕麦麸皮粉低剂量组（九）、燕麦麸多糖高剂量组（四）、阳性对照组（三）。第十、第五、第十一、第八、第六组之间比较差异不显著（$P>0.05$），燕麦麸多糖可以很好地降低血清总胆固醇含量且效果仅次于市售的β-葡聚糖保健品。

②血清TG含量变化。图3-43是大鼠血清中TG含量变化情况。

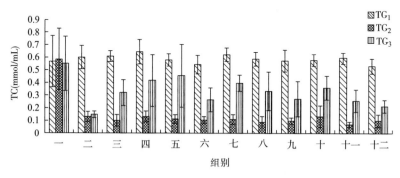

图3-43　各组大鼠血清 TG 含量变化

由图3-43可知，造模后除空白对照组（一）外，各个高脂模型组的血清TG水平显著下降，说明饲喂高脂饲料的大鼠可能出现了甲状腺功能亢进、肾上腺皮质机能减退、原发性β脂蛋白缺乏症等引起的甘油三酯偏低，还与脂肪肝引起的肝功能下降有关。通过观察第三次血清TG（TG_3）检测结果发现，空白对照组（一）血清TG水平变化不大，而其余组除了高脂模型对照组（二）血清TG稍有上升但仍维持较低水平外，其他组血清TG水平均得到不同程度的大幅上升。这个结果说明高脂模型对照组（二）大鼠自身代谢修复了一部分的机体损伤，但总体水平还维系在较低的病态状态，模型总体上呈稳定状态。试验组的血清TG上升结果从高到低顺序为燕麦麸皮多糖中剂量组（五）、燕麦麸皮粉高剂量组（七）、燕麦麸皮多糖高剂量组（四）、燕麦麸皮粉中剂量组（八）、β-葡聚糖保健品高剂量组（十）、阳性对照组（三）、β-葡聚糖保健品中剂量组（十一）、燕麦麸皮粉低剂量组（九）、燕麦麸皮多糖低剂量组（六）、β-葡聚糖保健品低剂量组（十二）。第五、第七、第四、第八、第十之间差异不显著（$P>0.05$），燕麦麸多糖可以有效缓解低甘油三酯症状且效果最优。

③血清HDL-C含量变化。图3-44是大鼠血清中HDL-C含量变化情况。

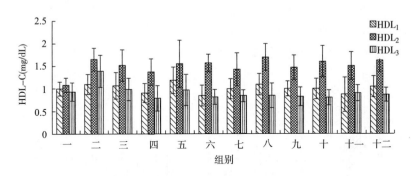

图3-44 各组大鼠血清HDL-C含量变化

由图3-44可知，造模后除空白对照组（一）外，而其余11组高脂模型组的血清HDL-C水平显著增高，这与大鼠本身具有先天性的高HDL-C储备有关。高脂饲料诱导LDL-C升高进而激发了HDL-C的升高。通过第三次血清HDL-C（$HDL-C_3$）检测结果发现，与其他组相比空白对照组（一）血清HDL-C水平变化不明显，高脂模型对照组（二）血清HDL-C稍有下降，其余组血清HDL-C均呈现大幅下降趋势，结果均低于高脂模

型对照组的血清HDL-C水平。试验组血清HDL-C下降结果从高到低顺序
为燕麦麸皮粉中剂量组（八）、β-葡聚糖保健品高剂量组（十）、β-葡
聚糖保健品低剂量组（十二）、燕麦麸多糖低剂量组（六）、燕麦麸皮粉
低剂量组（九）、β-葡聚糖保健品中剂量组（十一）、燕麦麸皮粉高剂
量组（七）、燕麦麸多糖高剂量组（四）、燕麦麸多糖中剂量组（五）、
阳性对照组（三）。各组差异不显著（$P>0.05$）。

　　④血清LDL-C含量变化。图3-45是大鼠血清中LDL-C含量变化
情况。

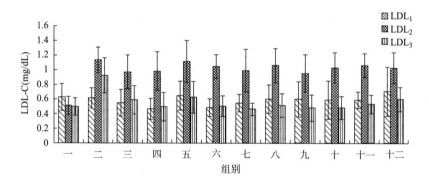

图3-45　各组大鼠血清LDL-C含量变化

　　由图3-45可知，造模后除空白对照组（一）外其余11组高脂模型组
经过高脂饮食喂养后的大鼠血清LDL-C水平均大幅上升。通过第三次血
清LDL-C检测结果发现，空白对照组（一）血清LDL-C水平基本不变，
高脂模型对照组（二）血清LDL-C水平小幅下降，其余组血清LDL-C均
大幅下降，全部下降至低于高脂模型对照组（二）血清HDL-C水平。
试验组血清LDL-C下降结果从高到低顺序为β-葡聚糖保健品高剂量组
（十）、燕麦麸皮粉中剂量组（八）、燕麦麸多糖低剂量组（六）、β-
葡聚糖保健品中剂量组（十一）、燕麦麸皮粉高剂量组（七）、燕麦麸多
糖中剂量组（五）、燕麦麸多糖高剂量组（四）、燕麦麸皮粉低剂量组
（九）、β-葡聚糖保健品低剂量组（十二）、阳性对照组（三）。各组
差异不显著（$P>0.05$）。

　　⑤血清apo-A含量变化。图3-46是大鼠血清中apo-A含量变化情况。

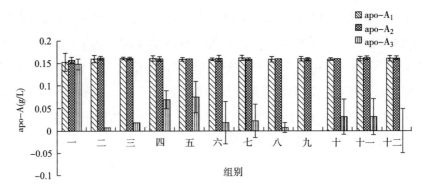

图 3-46 各组大鼠血清 apo-A 含量变化

由图3-46可知,试验结束后第三次血清apo-A检测结果可以发现,除空白对照组(一)外,其他组的apo-A水平均巨幅下降甚至消失,apo-A是HDL-C重要的组成(可达70%),HDL-C下降导致apo-A也随之下降,同时,apo-A主要在肝脏和小肠中产生,因此可能与高脂饮食造成肝脏的损伤有关。由图可明显看出,燕麦麸多糖高、中剂量组(四、五)的apo-A值下降的最少,因此燕麦麸多糖具有调节高脂血症状的效果。

⑥ 血清apo-B含量变化。图3-47是大鼠血清中apo-B含量变化情况。

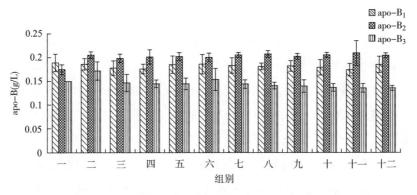

图 3-47 各组大鼠血清 apo-B 含量变化

图3-47可知,造模后空白对照组(一)血清apo-B检测结果稍有降低,而其余11组造模后均有升高现象,这与高脂饮食诱发的LDL-C升高密切相关。通过第三次血清apo-B检测结果发现,除高脂模型对照组(二)外,其余各个实验组大鼠的血清apo-B均下降到高脂模型对照组(二)水

平之下，且各组之间差异不显著（P＞0.05）。

3. 内脏质量测定结果

表3-20是大鼠内脏质量测定结果。

表 3-20　内脏质量结果比较表

组别	心脏（g）	肝脏（g）	脾脏（g）	肾脏（g）	胰腺（g）	脏器间脂肪（g）
一	1.402 ± 0.133	12.625 ± 2.637	0.912 ± 0.138	3.086 ± 0.289	1.095 ± 0.376	9.666 ± 3.252[b]
二	1.330 ± 0.205	10.771 ± 1.613	0.839 ± 0.191	2.934 ± 0.324	1.015 ± 0.368	11.054 ± 2.677[a]
三	1.467 ± 0.139	11.923 ± 2.182	0.802 ± 0.084	3.258 ± 0.127	1.009 ± 0.275	6.162 ± 3.993[c]
四	1.280 ± 0.220	10.696 ± 1.769	0.835 ± 0.179	2.821 ± 0.398	1.030 ± 0.431	7.320 ± 4.800[c]
五	1.301 ± 0.127	11.348 ± 1.732	0.815 ± 0.141	2.988 ± 0.345	1.168 ± 0.528	6.885 ± 3.829[c]
六	1.376 ± 0.308	11.094 ± 1.785	0.806 ± 0.125	2.857 ± 0.224	1.218 ± 0.371	7.605 ± 4.771[c]
七	1.343 ± 0.190	11.535 ± 1.656	0.866 ± 0.151	3.007 ± 0.422	1.061 ± 0.528	6.352 ± 2.311[c]
八	1.317 ± 0.079	11.090 ± 1.482	0.827 ± 0.082	2.933 ± 0.299	0.790 ± 0.092	6.597 ± 4.883[c]
九	1.350 ± 0.117	11.261 ± 0.962	0.740 ± 0.143	2.966 ± 0.218	1.200 ± 0.389	7.335 ± 1.658[c]
十	1.384 ± 0.095	11.218 ± 1.167	0.827 ± 0.095	3.057 ± 0.138	1.069 ± 0.285	5.677 ± 2.552[c]
十一	1.391 ± 0.144	11.480 ± 0.723	0.798 ± 0.151	3.039 ± 0.197	1.262 ± 0.381	7.955 ± 4.831[c]
十二	1.304 ± 0.209	10.537 ± 1.369	0.746 ± 0.122	3.002 ± 0.289	1.172 ± 0.424	5.479 ± 3.694[c]

注　同一列上小写字母不同差异显著（P < 0.05），大写字母不同差异极显著（P < 0.01），相同字母或未标记差异不显著（P > 0.05）。

图3-48是各组大鼠内脏质量比较结果。

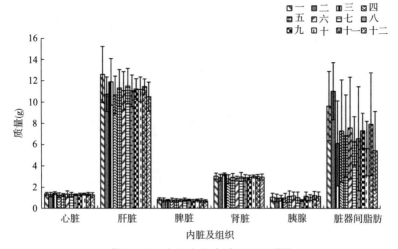

图 3-48　各组大鼠内脏及组织质量

由图3-48可知，各组大鼠心脏、肝脏、脾脏、肾脏、胰腺质量差异并不显著（$P>0.05$）；而大鼠的脏器间脂肪的质量差异显著（$P<0.05$），其中，高脂模型对照组（二）与空白对照组（一）差异显著（$P<0.05$），其中高脂模型对照组（二）分别与阳性对照组（三）、燕麦麸多糖高剂量组（四）、燕麦麸多糖中剂量组（五）、燕麦麸皮粉高剂量组（七）、燕麦麸皮粉中剂量组（八）、β-葡聚糖高剂量组（十）、β-葡聚糖低剂量组（十二）差异显著（$P<0.05$），高脂模型对照组（二）分别与燕麦麸多糖低剂量组（六）、燕麦麸皮粉低剂量组（九）、β-葡聚糖中剂量组（十一）差异不显著（$P>0.05$）。

4. 肝脏病理学切片结果

试验结束后，解剖摘取大鼠的肝脏，用生理盐水洗净后先进行肉眼观察，空白对照组（一）大鼠肝脏色泽鲜红而光滑，肝叶边缘尖锐，质地质软。高脂模型对照组（二）大鼠肝脏肿胀体积变大，色泽偏黄，肝叶边缘处变纯，切取肝小叶时切面滑腻，与空白对照组（一）差异显著。其余各组大鼠肝脏体积较空白对照组（一）增大，但比模型组明显减小，减小程度有所不同，肝小叶边缘也出现变钝现象。将同一部位切片后用石蜡包埋、HE染色进行进一步观察。

各组大鼠的肝脏病理学切片显微镜观察结果如图3-49所示。

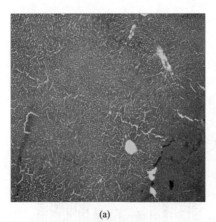
(a)

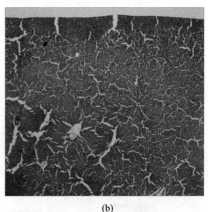
(b)

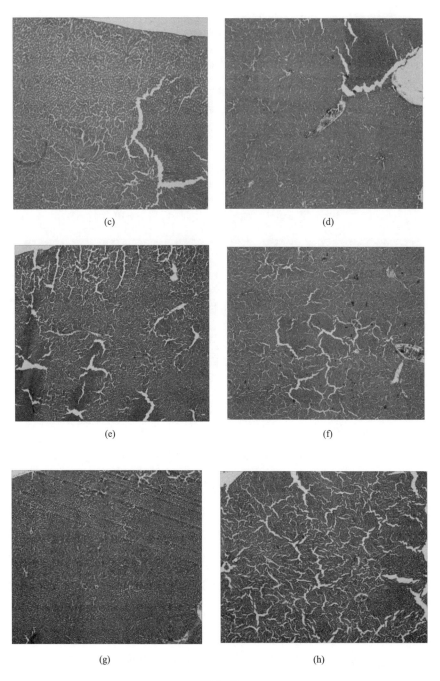

图 3-49

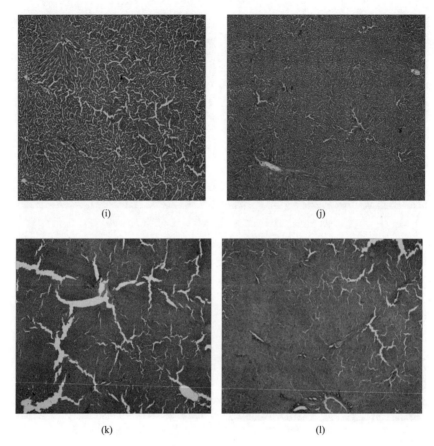

(i)　　　　　　　　　　　　　　(j)

(k)　　　　　　　　　　　　　　(l)

图3-49　各组大鼠肝脏病理学切片结果

由图3-49可以看出，（a）空白对照组（一）的肝脏组织HE染色效果图，通过观察发现正常大鼠肝细胞结构较为整齐连续性好，以静脉为点向外放射状排列，胞核圆而清晰胞质丰富，无脂肪沉积或空泡状的脂肪变异情况；（b）高脂模型对照组（二）的肝细胞内有不规则的空泡弥散分布（脂肪变性结果），胞核模糊，胞质有浸润淡染现象，有明显的脂肪变性情况；（c）阳性对照组（三）、（d）燕麦麸多糖高剂量组（四）、（e）燕麦麸多糖中剂量组（五）、（g）燕麦麸皮粉高剂量组（七）、（h）燕麦麸皮粉中剂量组（八）、（j）的β-葡聚糖高剂量组（十）的大鼠肝脏HE染色效果图可以观察到与高脂模型对照组（二）相比空泡状的脂肪变性情况相对较少，并无明显的病理改变较接近正常大鼠的肝脏；

（f）燕麦麸多糖低剂量组（六）及（i）燕麦麸皮粉低剂量组（九）表现为轻度病变，只有少量的脂肪空泡现象出现并伴随有胞质浸润现象；（k）的 β-葡聚糖高剂量组（十一）及（l）β-葡聚糖高剂量组（十二）表现为中度病变，由图可以看到大小及数量不等脂肪空泡，局部伴有弥漫性肿胀现象。

四、结论

建立大鼠高脂血症比较常用的方法有高脂饲料法和高脂乳剂灌胃法。高脂乳剂灌胃法可以有效地保证大鼠高脂饮食的摄入提高造模成功的效率，但在实际操作过程中发现这种方式不仅会增大大鼠死亡率、也不符合生物体高脂血症形成机制，而且在停止灌胃后大鼠的各项指标会迅速反弹，稳定性较差，影响后续试验；而高脂饲料法虽然存在造模时间长、大鼠摄入量不易掌控等问题，但一旦造模成功，模型维持稳定性的时间较长，在操作上相对简便，能减少大鼠的应激反应，是相对可靠的大鼠高脂血症造模手段。本试验观察到经过高脂饲料造模后的大鼠血清TG不升反降且显著低于空白对照组，这与王静凤、刘小美等的试验结果相符，其原因是，长期摄入高脂饮食可促进大鼠肝脏产生TG，并引起 β-氧化反应降低，肝脏脂肪酸代谢下降，减少了肝脏中TG向血液中扩散，因此血清TG浓度低于正常水平。另外，在试验过程中还发现，与基础饲料相比大鼠并不喜食高脂饲料，原因可能是受以下几方面影响：

（1）由于大鼠缺乏胆囊，因此在饲料中添加胆盐，以达到促进大鼠有效吸收胆固醇和脂肪的目的，但是胆酸味苦，大鼠比较排斥，一定程度上影响进食量。

（2）猪油是影响血清TG水平的关键物质，因此高脂饲料中加入大量的猪油成分，这导致高脂饲料质地偏软且脆性较大不能很好满足大鼠作为啮齿动物需要不断磨牙的生理需求，而且猪油本身也会影响消化吸收。

（3）甲基硫氧嘧啶是抑制甲状腺功能的药物，因此其添加于饲料中能减少胆固醇的氧化代谢过程从而达到升高血清胆固醇的目的，但药物本身也可能会引起大鼠的机体损伤。因此，今后建立动物高脂血症模型过程中需要不断探索新的方法来提高模型的成功率和可行性。

在评价燕麦麸多糖、燕麦麸皮粉及β-葡聚糖保健品的降脂作用效果时，主要的评价指标分别是大鼠血脂水平（TC、TG、HDL-C、LDL-C、apo-A、apo-B）、体重变化、肝脏组织的病理学切片。其中血脂水平改善较好的前三组分别为燕麦麸多糖中剂量组（TC降低1.079mmol/mL、TG升高0.341mmol/mL、HDL-C降低0.579mg/dL、LDL-C降低0.489mg/dL）；β-葡聚糖高剂量组（TC降低1.104mmol/mL、TG升高0.227mmol/mL、HDL-C降低0.799mg/dL、LDL-C降低0.548mg/dL）；燕麦麸皮粉高剂量组（TC降低0.804mmol/mL、TG升高0.286mmol/mL、HDL-C降低0.586mg/dL、LDL-C降低0.529mg/dL）；体重动态变化结果显示，高脂模型组大鼠体重低于空白对照组，差异不显著（$P>0.05$），这说明，高脂饮食并不一定会导致体重的增加。综合考虑各个指标结果后总结出燕麦麸多糖的降脂效果与市售的β-葡聚糖保健品效果相当，值得一提的是相比β-葡聚糖保健品，燕麦麸多糖具有原料造价低廉、来源广、提取工艺简便等优势。同时，燕麦麸多糖在大鼠体内的具体降脂机理可能与肝脏细胞脂质代谢相关酶和基因的表达有关，应当进一步进行相关的代谢组学方面研究，以便更好地证明燕麦麸多糖的降脂作用机理。

主要参考文献

[1] 汪海波, 刘大川, 汪海婴, 等. 燕麦 β- 葡聚糖的分子链高级结构及溶液行为研究 [J]. 食品科学, 2008, 10: 80-84.

[2] BEER M U, WOOD P J, WEISE J. Moleeular Weight Distribution and（1-3）,（1-4）-β-Glucan Content of Consecutive Extracts of Various Oat and Barley Cultivars [J]. Cereal Chemical, 1997, 74: 476-480.

[3] 申瑞玲, 董吉林, 姚惠源. 燕麦 β- 葡聚糖的结构研究 [J]. 中国粮油学报, 2006, 2: 44-48.

[4] 董吉林, 郑坚强, 申瑞玲. 燕麦 β- 葡聚糖的黏性及其在冰淇淋中的应用 [J]. 食品研究与开发, 2007, 7: 193-196.

[5] 管骁, 姚惠源. 燕麦 β- 葡聚糖流变特性的测定 [J]. 中国粮油学报,

2003, 3: 28–31.

［6］赵素斌,张晓平,任清.3种方法提取燕麦麸蛋白及其产物的比较［J］.
食品科学, 2010, 14:71–79.

［7］IRAKLI M, BILIADERIS C.G, IZYDORCZYK M, et al. Isolation,structure
features and rheological properties of water–extractable beta–glucans from
different Greek barley eultivars［J］. Journal of the science of Food and
Agriculture, 2004, 84: 1170–1178.

［8］管骁,姚惠源,周素梅.燕麦麸中 β– 葡聚糖的提取及其分子量分布测
定［J］.食品科学, 2003, 7: 40–43.

［9］汪海波.改进荧光法测定 β– 葡聚糖含量研究［J］.中国粮油学报,
2004, 19（1）: 70–74.

［10］杨卫东.燕麦 β– 葡聚糖的物理特性和生理功能研究进展［J］.现代
食品科技, 2007, 98（8）: 91.

［11］周林,郭祀远,蔡妙颜,等.粘度法测定水溶液中裂褶多糖分子量［J］.
功能高分子学报, 2005, 4: 692–695.

［12］曹文红,章超桦,吴红棉,等.几种南海贝类酶解产物的生物活性及
其分子量分布研究［J］.食品与机械, 2009, 2:52–57.

［13］李楠,李卓,张燕,等.高效分子排阻色谱法同时测定白及多糖分子
量和含量［J］.药物分析杂志, 2012, 10: 1801–1803.

［14］WOOD P J, FLUCHER R G, STONE B A. Studies on the specificity of
interaction of cereal cell well components with Congo Red and Calcofluor–
specific detection and histochemistry of（1 → 3）（1 → 4）–glucan［J］.
Journal of Cereal Science, 1983, 1:95–110.

［15］WOOD P J, BRAATEN J T, Scott F W, et al. Effect of dose and modification
of Viscous properties of oat gum Oil plasma glucose and insulin following
all oral glucose load［J］. British Journal of Nutrition, 1994a, 72: 731–
743.

［16］BHATTY R S. Laboratory and pilot plant extraction and pur if canon of
β–glucan from hull less barley and oat brans［J］. Cereal Sci, 1995,
22:163–170 .

［17］MALKKI Y, AUTIO K, HANNINEN O, et al. Oat bran concentrates-physical properties of β-glucan and hypocholesterolemic effects in rats ［J］. Cereal Chem, 1992, 5: 647-653.

［18］张美莉, 高聚林, 乌汉其木格, 等. 裸燕麦麸皮 β- 葡聚糖特性及与食用胶的比较研究 ［J］. 食品与发酵工业, 2006, 8: 44-47.

［19］王超, 赵有斌, 赵建城, 等. 燕麦 β- 葡聚糖的研究进展 ［J］. 粮油加工（电子版）, 2014, 2: 62-65.

［20］INGLETT G E, NEWMAN R K. Oat β-glucan-amylodextrins: Preliminary Preparations and Biological Properties ［J］. Plant Foods for Human Nutrition, 1994, 45: 53-61.

［21］傅蕙英, 许皓. 莜麦粉中可溶性膳食纤维的降糖、降脂作用 ［J］. 中国粮油学报, 1998, 4:39-41.

［22］KERCKHOFFS D A J M, HORNSTRA G, Mensink R P. Cholesterol lowering effect of β-glucan from oat bran in mildly hypercholesterolemic subjects may decrease when β-glucan is incorporated into bread and cookies ［J］. American Journal of Clinical Nu trition, 2003, 78（8）: 221-227.

［23］ZHANG M, LIANG Y, PEI Y. Effect of process on polysicochemical properties of oat bran soluble dietary fiber ［J］. Journal of Food Science, 2009,74（8）: C628-C636.

［24］杨杰. 呼和浩特市武川县产燕麦麸 β- 葡聚糖的提取及其抗氧化特性研究 ［D］. 呼和浩特: 内蒙古农业大学, 2014.

［25］王娜, 张民, 於洪建, 等. 燕麦胶的提取分离及其抗氧化活性研究 ［J］. 食品研究与开发, 2006, 3:61-63.

［26］陈刚, 郭晓蕾, 宝丽. 银耳、麦冬、燕麦多糖的抗氧化活性及吸湿保湿性能研究 ［J］. 中华中医药学刊, 2013, 1: 212-214.

［27］宁鸿珍, 王思博, 刘英莉, 等. 燕麦葡聚糖对高胆固醇血症大鼠血管内皮活性物质及炎症反应的影响 ［J］. 中国食品卫生杂志, 2011, 3: 233-235.

［28］ESTRADA, ALBERTO. Immunomodulatory activities of oat P-glucan in vitro and in vivo［J］. Microbiology–and–Immunology, 1997, 41（112）: 991–998.

［29］齐冰洁, 刘景辉. 燕麦 β– 葡聚糖研究进展［J］. 中国农业科技导报, 2007, 2: 69–72.

［30］王金亭. 膳食纤维及其生理保健作用的研究进展［J］. 现代生物医学进展, 2007, 9: 1414–1416.

［31］杨文挺, 魏春华, 韩晓锋. 燕麦膳食纤维的开发及应用研究［J］. 粮油加工, 2010, 5: 51–53.

［32］王常青, 朱志昂. 挤压法生产可溶性燕麦纤维的研究［J］. 食品与发酵工业, 2002, 2: 45–48.

［33］陕方, 田志芳, 马晓凤, 等. 燕麦高纤食品基料加工技术及生理活性研究［J］. 食品科技, 2004, 5: 82–85.

［34］马晓凤, 刘森. 燕麦品质分析及产业化开发途径的思考［J］. 农业工程学报, 2005, S1: 242–244.

［35］王金华, 张声华, 陈雄, 等. 麦糟戊聚糖降脂功能研究［J］. 食品科学, 2005, 9: 450–452.

［36］杜丽平, 肖冬光. 生物活性多糖的研究现状与展望［J］. 化工时刊, 2005, 4: 31–35.

［37］朱雪颖, 池爱平, 张海猛. 植物多糖对机体运动影响的研究现状及趋势［J］. 体育科技, 2012, 1: 63–66, 79.

［38］刘影, 董利. 燕麦 β– 葡聚糖的提取及测定研究进展［J］. 安徽农业科学, 2009, 13: 6134–6135.

［39］汪艳群. 五味子多糖的分离、结构鉴定及免疫活性研究［D］. 沈阳: 沈阳农业大学, 2012.

［40］林俊, 李萍, 陈靠山. 近 5 年多糖抗肿瘤活性研究进展［J］. 中国中药杂志, 2013, 8: 1116–1125.

［41］孙元琳, 陕方, 赵立平. 谷物膳食纤维——戊聚糖与肠道菌群调节研究进展［J］. 食品科学, 2012, 9: 326–330.

［42］姜琼, 谢妤. 苯酚 – 硫酸法测定多糖方法的改进［J］. 江苏农业科学, 2013（12）: 316–318.

［43］王艾平, 周丽明. 考马斯亮蓝法测定茶籽多糖中蛋白质含量条件的优化［J］. 河南农业科学, 2014（3）: 150-153.

［44］邓永智, 李文权, 袁东星. 海水小球藻中多糖的提取及其单糖组成的气相色谱—质谱分析［J］. 分析化学, 2010, 34（12）: 1697-1701.

［45］韩玉杰, 马建卢, 寇永磊, 等. 刚果红法测定乳酸发酵液中的 β- 葡聚糖类物质［J］. 食品科技, 2011, 10: 247-251.

［46］冯焱, 佟建明. 地衣酚—盐酸测定小麦中戊聚糖含量的研究［J］. 粮食与饲料工业, 2004, 7: 44-45.

［47］佟丽丽, 李滨辛. 多糖生物活性研究进展［J］. 安徽农业科学, 2014, 31: 10973-10975.

［48］BENAVENETE-GARCIA, O. Uses and properties of citrus flavonoids［J］. Journal of Agriculture and Food Chemistry, 1997, 45（12）: 4505-4516.

［49］孙元琳, 李文多, 张生万, 等. 黑小麦麦麸戊聚糖的提取、纯化与组成分析［J］. 中国食品学报, 2010, 5: 54-59.

［50］TEMELLI F. Extraction and functional properties of barley β-glucan as affected by tempera-ture and pH［J］. Jounral of Food Science, 1997, 62（2）: 1194-1201.

［51］申瑞玲, 姚惠源. 谷物 β- 葡聚糖提取和纯化［J］. 粮食与油脂, 2003（7）: 19-21.

［52］刘焕云, 李慧荔, 马志民. 燕麦麸中 β- 葡聚糖的提取与纯化工艺研究［J］. 中国粮油学报, 2008, 2: 56-58.

［53］谢明勇, 聂少平. 天然产物活性多糖结构与功能研究进展［J］. 中国食品学报, 2010, 2: 1-11.

［54］ARO H, JÄRVENPÄÄ E, MÄKINEN J, et al. The utilization of oat polar lipids produced by supercritical fluid technologies in the encapsulation of probiotics［J］. LWT-Food Science and Technology, 2013, 53（2）: 540-546.

［55］张曼, 张美莉, 郭军, 等. 中国燕麦分布、生产及营养价值与生理功能概述［J］. 内蒙古农业科技, 2014, 2: 116-118.

［56］董吉林, 申瑞玲. 裸燕麦麸皮的营养组成分析及 β- 葡聚糖的提取

［J］. 山西农业大学学报（自然科学版），2005, 25（1）: 70–73.

［57］ANDERSSON A A M, BÖRJESDOTTER D. Effects of environment and variety on content and molecular weight of β–glucan in oats［J］. Journal of cereal science, 2011, 54（1）: 122–128.

［58］陈文, 王楠, 张民. 燕麦多糖的纤维素酶降解及理化性质分析［J］. 中国食品添加剂, 2014, 2: 159–163.

［59］JOHANSSON L, VIRKKI L, MAUNU S, et al. Structural characterization of water soluble β–glucan of oat bran［J］. Carbohydrate Polymers, 2000, 42（2）: 143–148.

［60］何余堂, 潘孝明. 植物多糖的结构与活性研究进展［J］. 食品科学, 2010, 31（17）: 493–496.

［61］CHEN X M, LU J X, ZHANG Y D, et al. Studies of macrophage immuno-modulating activity of polysaccharides isolated from Paecilomyces tenuipes［J］. International Journal of Biological Macromolecules, 2008, 43: 252–256.

［62］张志军, 李淑芳, 魏雪生, 等. 灵芝多糖体外抗氧化活性的研［J］. 化学与生物工程, 2011, 28（3）: 63–65.

［63］王艳丽, 刘凌, 孙慧, 等. 几种不同来源 β– 葡聚糖的体外功能特性［J］. 食品与发酵工业, 2013, 11: 68–72.

［64］黄觉非. 小麦戊聚糖提取物抗便秘、抗氧化作用的实验研究［D］. 南宁: 广西医科大学, 2012.

［65］葛霞, 陈婷婷, 蔡教英, 等. 青钱柳多糖抗氧化活性的研究［J］. 中国食品学报, 2011, 5: 59–64.

［66］杨娜, 王鸿飞, 许凤, 等. 蕨麻多糖提取及抗氧化活性研究［J］. 中国食品学报, 2014, 2: 60–66.

［67］CHEN X L, WU G H, HUANG Z L. Structural analysis and antioxidant activities of polysaccharides from cultured Cordyceps militaris［J］. Int J Biol Macromol, 2013, 58（1）: 18–22.

［68］李学鹏, 周凯, 王金厢, 等. 羟自由基对六线鱼肌原纤维蛋白的氧化规律［J］. 中国食品学报, 2014, 6: 19–27.

［69］黄生权，敖宏，曾凡逵，等．灵芝蛋白酶解产物分析及其抗氧化活性的研究［J］.现代食品科技，2013，29（1）：24-28.

［70］王崔平.活性氧自由基的检测及其清除研究［D］.北京：首都师范大学，2007.

［71］CHEUNG Y C, SIU K C, LIU Y S, et al.Molecular properties and antioxidant activities of polysaccharide-protein complexes from selected mushrooms by ultrasound — assisted extraction［J］. Process Biochemistry, 2012, 47（5）：892-895.

［72］张强，牟雪姣，周正义，等.豆渣多糖的提取及其抗氧化活性研究［J］.中国粮油学报，2007,5: 49-52.

［73］刘星，陈义伦，张小丹，等.提取条件对洋葱提取物清除亚硝酸盐效果的影响［J］.食品与工业发酵，2012, 3（10）：189-193.

［74］郑义，王卫东，李勇，等.高良姜多糖提取工艺优化及其抗氧化活性［J］.食品科学，2014, 2: 126-131.

［75］LEE J, KOO N, MIN D B. Reactive oxygen species, aging, and antioxidative nutraceuticals［J］. Comprehensive Reviews in Food Science and Food Safety, 2004, 3: 21-33.

［76］杨杰.呼和浩特市武川县产燕麦麸 β- 葡聚糖的提取及其抗氧化特性研究［D］.呼和浩特：内蒙古农业大学，2014.

［77］李莺，籍保平，周峰，等.燕麦提取物清除自由基及抑制低密度脂蛋白氧化能力研究［J］.食品科学，2008, 6: 75-78.

［78］贾莹.青稞麸皮水溶性 β- 葡聚糖的提取、分离纯化和性质研究［D］.上海：华东理工大学，2013.

［79］马虎飞，王思敏，杨章民.陕北野生枸杞多糖的体外抗氧化活性［J］.食品科学，2011（3）：67-70.

［80］JUNLONG WANG, JI ZHANG, XIAOFANG WANG, et al. A comparison study on microwave-assisted extraction of Artemisia sphaerocephala polysaccharides with conventional method: Molecule structure and antioxidant activities evaluation［J］. International Journal of Biological Macromolecules, 2009.

［81］李国婧.超氧阴离子的产生及其在植物体内作用的研究［J］.生物技术世界, 2012, 4: 24-25.

［82］任国艳, 刘志龙, 郭金英, 等.海蜇糖蛋白及其糖肽的体外免疫活性［J］.食品科学, 2013, 17: 250-253.

［83］牛爽, 郝利民, 赵树欣, 等.茯苓多糖的研究进展［J］.食品科学, 2012, 13: 348-353.

［84］陈健, 向莹.滑子菇多糖的免疫活性及抗肿瘤作用［J］.现代食品科技, 2013, 8: 1800-1804.

［85］任国艳, 邵征, 曹力, 等.海蜇糖蛋白对小鼠脾脏细胞因子 mRNA 表达的影响［J］.食品科学, 2013, 23: 305-308.

［86］俞晓丽, 郭兰芳, 陈璐, 等.β- 葡聚糖对小鼠单核巨噬细胞系 RAW264.7 的免疫刺激作用［J］.中国微生态学杂志, 2009, 10: 902-903, 909.

［87］杨迪, 韩愈, 寇恂, 等.多巴胺 D1 类受体在小鼠巨噬细胞上的表达及其对 ox-LDL 诱导的小鼠巨噬细胞增殖的影响［J］.第三军医大学学报, 2014, 1: 11-14.

［88］尹乐乐, 曾耀英, 侯会娜.连翘提取物对小鼠腹腔巨噬细胞体外吞噬和 NO 释放的影响［J］.细胞与分子免疫学杂志, 2008, 6: 557-559, 563.

［89］郭兰芳.β- 葡聚糖对小鼠单核—巨噬细胞系 RAW264.7 作用的研究［D］.镇江:江苏大学, 2008.

［90］郭秋均, 李杰.肿瘤相关巨噬细胞在重塑肿瘤免疫微环境中的作用［J］.肿瘤, 2013, 10: 922-927.

［91］LINDE N, LEDERLE W, DEPNER S, et al. Vascular endothelial growth factor - induced skin carcinogenesis depends on recruitment and alternative activation of macrophages［J］. The Journal of pathology, 2012, 227（1）: 17-28.

［92］邓敏贞, 秦劭晨, 黎同明.复方土牛膝合剂对急性炎症大鼠 MDA、SOD、NO 及免疫功能影响的研究［J］.中医学报, 2012, 3: 322-324.

［93］KERWIN J F. Advances in NOS Inhibitors and NO-Based Therapeutics［J］. Curr Pharm Des, 1995, 1: 507–532.

［94］Federici A B. Acquired von Willebrand syndrome associated with hypothyroidism: a mild bleeding disorder to be further investigated［C］// Seminars in thrombosis and hemostasis. © Thieme Medical Publishers, 2011, 37（1）: 35–040.

［95］罗高兴. 巨噬细胞产生 NO 及 PGE$_2$ 的相互关系［J］. 国外医学免疫学分册, 1997, 20（1）: 19–22.

［96］Billiar T R. Nitric oxide. Novel biology with clinical relevance［J］. Annals of surgery, 1995, 221（4）: 339.

［97］申利红, 王建森, 李雅, 等. 植物多糖的研究及应用进展［J］. 中国农学通报, 2011, 2: 349–352.

［98］徐辉. 黏膜免疫调节的研究进展［J］. 免疫学杂志, 2004, 2: 155–157, 159.

［99］王爱萍, 徐今宁. 中药免疫调节作用研究进展［J］. 中国药业, 2011, 3: 75–77.

［100］刘颖, 崔立然, 张玲, 等. 多糖免疫研究进展［J］. 中国现代医生, 2013, 3: 36–37.

［101］申瑞玲, 王志瑞, 李宏全, 等. 燕麦 β– 葡聚糖对高胆固醇血症大鼠血脂和生长的影响［J］. 中国粮油学报, 2009, 24（1）: 44–48.

［102］王娟. 燕麦 β– 葡聚糖的提取纯化功能性及应用的研究展望［J］. 农产品加工（学刊）, 2012, 11（5）: 86–88.

［103］JENKINS, D J A, WOLEFER T M S, BARKER R H, et al. Glycemic index of foods: a physiological basis for carbohydrate exchange［J］. The American Journal of Clinical Nutrition, 1981, 34（3）: 362–366.

［104］许皓. 莜麦粉中可溶性膳食纤维的降糖、降脂作用［J］. 中国粮油学报, 1998, 14（8）: 37–39.

［105］汪海波, 刘大川, 汪海婴, 等. 燕麦 β– 葡聚糖对小肠蠕动及淀粉酶活性的影响研究［J］. 营养学报, 2006, 28（2）: 148–151.

［106］HOODA S, MATTE J J, VASANTHAN T, et al. Dietary Oat beta–Glucan Reduces Peak Net Glucose Flux and Insulin Production and Modulates

Plasma Incretin in Portal-Vein Catheterized Grower Pigs [J]. Journal of Nutrition, 2010, 140（9）: 1564-1569.

［107］蔡凤丽. 燕麦产品的降血糖功效和机理研究 [D]. 郑州: 郑州轻工业学院, 2011.

［108］KWONG M G Y, WOLEVER T M S, BRUMMER Y, et al. Attenuation of glycemic responses by oat β-glucan solutions and viscoelastic gels is dependent on molecular weight distribution [J]. Food & function, 2013, 4（3）: 401-408.

［109］GRANFELDT Y, HAGANDER B, BJORCK I. Metabolic responses to starch in oat and wheat products. On the importance of food structure, incomplete gelatinization or presence of viscous dietary fibre [J]. European Journal of Clinical Nutrition, 1995, 49（3）: 189-199.

［110］TAPPY L, GUGOLZ E, WURSCH P. Effects of breakfast cereals containing various amounts of beta-glucan fibers on plasma glucose and insulin responses in NIDDM subjects [J]. Diabetes Care, 1996, 19（8）: 831-834.

［111］TAPOLA N, KARVONEN H, NISKANEN L, et al. Glycemic responses of oat bran products in type 2 diabetic patients [J]. Nutrition, Metabolism, and Cardiovascular Diseases, 2005, 15（4）: 255-261.

［112］JUVONEN K R, SALMENKALLIO M M, Lyly M, et al. Semisolid meal enriched in oat bran decreases plasma glucose and insulin levels, but does not change gastrointestinal peptide responses or short-term appetite in healthy subjects [J]. Nutrition, Metabolism, and Cardiovascular Diseases, 2011, 21（9）: 748-756.

［113］PANAHI S, EZATAGHA A, TEMELLI F, et al. β-glucan fromtwo sources of oat concentrates affect postprandial glycemia in relation to the level of viscosity [J]. Journal of the American College of Nutrition, 2007, 26（6）: 639-644.

［114］WOOD P J, BEER M U, BUTLER G. Evaluation of role of concentration and molecular weight of oat β-glucan in determining effect of viscosity on plasma glucose and insulin following an oral glucose load［J］. British Journal of Nutrition, 2000, 84（1）: 19-23.

［115］白鑫. 燕麦多糖的理化性质及对小鼠生长发育的影响［D］. 天津：天津科技大学, 2010.

［116］刘博, 林亲录, 罗非君. 燕麦葡聚糖的生理功能研究进展［J］. 粮食与油脂, 2016, 30（2）: 1-5.

［117］ZHENG J, SHEN N, WANG S, et al. Oat β-glucan ameliorates insulin resistance in mice fed on high-fat and high-fructose diet［J］. Food & Nutrition Research, 2013, 57（4）: 449-465.

［118］WILLETT W, MABSON J, LIU S. Glycemic index, glycemic load, and risk of type 2 diabetes［J］. American Journal of Clinical Nutrition, 2002, 76（1）: 274-280.

［119］HOODA S, MATTE J J, VASANTHAN T, et al. Dietary oat β-glucan reduces peak net glucose flux and insulin production and modulates plasma incretin in portal-vein catheterized grower pigs［J］. Journal of Nutrition, 2010, 140（9）: 1564-1569.

［120］ZHANG P P, HU X Z, ZHEN H M, et al. Oat β-glucan increased ATPases activity and energy charge in small intestine of rats［J］. Journal of Agricultural and Food Chemistry, 2012, 60（39）: 9822-9827.

［121］YOU M, CONSIDINE R V, LEONE T C, et al. Role of adiponectin in the protective action of dietary saturated fat against alcoholic fatty liver in mice［J］. Hepatology, 2005, 42（3）: 568-577.

［122］宋剑南. 蛋白质组学和代谢物组学技术在脂代谢紊乱及其相关性疾病研究中的应用［J］. 中国动脉硬化杂志, 2007, 15（7）: 526.

［123］COLE P, RABASSEDA X. Enhanced hypercholesterolemia therapy: the ezetimibe /simvastatin tablet［J］. Drugs Today, 2005, 41（5）: 317-327.

［124］ZAK A, ZEMAN M, VECKA M, et al. Nicotinic acid: an unjustly neglected remedy［J］. Cas Lek Cesk, 2006, 145（11）: 825-831.

［125］廖晓阳, 许国藩, 伍佳, 等. 城乡社区高脂血症伴心血管危险因素

的流行病学现状研究［J］.华西医学,2013,20(1):22-25.

［126］ZHOU H, DEJIE Y, YU G H. An investigation of hypercholesterolemia in 87 older patients［J］. Journal of Southwest University of Nationalities, 2011, 37(2):2418.

［127］HE J, GU D, REYNOLDS K, et al. Serum total and lipprotein cholesterol levels and awareness, treatment, and control of hypercholesterolemia in China［J］. Circulation, 2004, 110(4):405 –411.

［128］吴钢.健康与健康管理［J］.江苏预防医学,2005,16(3):75-77.

［129］张琦,江泳,陈建杉.苓桂术甘汤对高脂血症大鼠血流变学影响的实验研究［J］.成都中医药大学学报,2003,26(3):11-14.

［130］戴萌,赵艾,陈玉娟,等.广州地区高胆固醇血症与膳食危险因素的病例对照研究［J］.中国食物与营养,2012,18(5):79-82.

［131］YOU M, CONSIDINE R V, Leone T C, et al. Role of adiponectin in the protective action of dietary saturated fat against alcoholic fatty liver in mice［J］. Hepatology, 2005, 42(3):568-577.

［132］徐叔云.药理实验方法学［M］.3 版.北京:人民卫生出版,2002.

［133］裴素萍,买文军.燕麦β-葡聚糖对高脂血症大鼠肝损伤的保护作用［J］.营养学报,2009,31(1):55-58.

［134］申瑞玲,王志瑞.燕麦β-葡聚糖对高脂血症大鼠空腹和餐后脂代谢的影响［J］.食品科学,2009,30(1):258-260.

［135］孙元琳,顾小红,陕方,等.黑小麦麦麸戊聚糖的部分酸水解特征与甲基化分析［J］.高等学校化学学报,2012,33(5):964-968.

［136］KERN S M, BENNETT R N, MELLON, F.A., et al. Absorption of hydroxycinnamates in humans after high-bran cereal consumption［J］. Journal of Agricultural and Food Chemistry, 2003, 51(20):6050-6055.

［137］GERARD H, RONALD P M. Cholesterol-lowering effect of β-glucan from oat bran in mildly hypercholesterolemic subjects may decrease when β-glucan is incorporated into bread and cookies［J］. The American Journal of Clinical Nutrition, 2003, 78(2):221-229.

［138］ZHONG K, WANg Q. Optimization of ultrasonic extraction of polysaccharides from dried longan pulp using response surface methodology ［J］. Carbohydrate Polymers, 2010, 80（1）: 19–25.

［139］BELL S, COLDMANM V M, Bistrian B R, et al. Effect β–glucan from oat and yeast on serum lipids ［J］. Critical reviews in food science and nutrition, 1999, 39（2）: 189–202.

［140］吴昊, 张建法. β– 葡聚糖免疫调节作用的研究进展 ［J］. 细胞与分子免疫学杂志, 2014, 30（1）: 97–100.

［141］Christof R, Nancy A, Joanne S. Development of a monoclonal antibody based enzyme–linked immunosorbent assay to quantify soluble β–glucan in oats and barley ［J］. JournaI of AgricuIturaI and Chemistry, 2003, 51（20）: 5882–5887.

［142］MURPHY E A, DAVIS J M, BROWN A S, et al. Effects of moderate exercise and oat β–glucan on lung tumor metastases and macrophage antitumor cytotoxicity ［J］. Journal of Applied Physiology, 2004, 97（3）: 955–959.

［143］GOBBETTI M, ANGELIS M D, CORSETTI A, et al. Biochemistry and physiology of sourdough lactic acid bacteria ［J］. Trends in Food Science&Technology, 2005, 16（1–3）: 57–69.

［144］GARCOA–ESTEPA R M, GUERRA–HERNANDEZ E, GARCOA–VILLANOVA B. Phytic acid content in milled cereal products and breads ［J］. Food Research International, 1999, 32（3）: 217–221.

［145］HERRANEN M, KARILUOTO S, EDELMANN M, et al. Isolation and characterization of folate–producing bacteria from oat bran and rye flakes ［J］. International Journal of Food Microbiology, 2010, 142（3）: 277–285.

［146］陈东方. 酶解提高燕麦粉抗氧化活性的作用机制 ［D］. 杨凌: 西北农林科技大学, 2016.

［147］尚菊菊. 黄丽娟教授学术思想临床经验总结及治疗高脂血症的临床研究 ［D］. 北京: 北京中医药大学, 2016.

［148］张惟杰. 糖复合物生化研究技术 ［M］. 杭州: 浙江大学出版社,

1999.

［149］范会平, 符锋, Giuseppe Mazza, 等. 微波提取法对樱桃 – 猕猴桃和枸杞多糖特性的影响［J］. 农业工程学报, 2009, 25（10）: 355-361.

［150］吴艳, 艾连中, Cui S W, 等. 微波辅助提取胖大海多糖的工艺研究［J］. 食品工业, 2007, 29（1）: 4-6.

［151］马国刚, 王建中. 超声波辅助提取青稞—葡聚糖的工艺条件优化［J］. 食品科技, 2009, 34（11）: 168-174.

［152］史德芳, 高虹, 谭洪卓, 等. 香菇柄多糖的微波辅助提取及其活性研究［J］. 食品研究与开发, 2010, 31（2）: 10-15.

［153］查宝萍. 超声波辅助提取燕麦麸中多糖的方法研究［J］. 粮食与饲料工业, 2010, 8（8）: 28-31.

［154］邹林武. 香菇多糖提取工艺及其分子结构改性研究［D］. 广州: 华南理工大学, 2013.

［155］陈义勇, 窦祥龙, 黄友如, 等. 响应面法优化超声—微波协同辅助提取茶多糖工艺［J］. 食品科学, 2012, 33（4）: 100-103.

［156］GIOVINNI M. Response surface methodology and product optimization［J］. Food Technology, 1999, 37（2）: 41-45.

［157］夏朝红, 戴奇, 房韦, 等. 几种多糖的红外光谱研究［J］. 武汉理工大学学报, 2007, 29（1）: 46-47.

［158］杜广芬, 蔡志华, 王刚, 等. 黄芪多糖超声—微波协同提取研究［J］. 天然产物研究与开发, 2012, 24（109）: 114-117.

［159］MORGAN K R, ROBERTS C J, TENDLER S J B, et al. A 13C CP/MAS NMR spectroscopy and AFM study of the structure of Glucagel, a gelling β-glucan from barley［J］. Carbohydr Res, 1999, 315（1-2）: 169-179.

［160］BHATTY R S. Laboratory and Pilot Plant Extraction and Purification of β-Glucans from Hull-less Barley and Oat Brans［J］. Journal of Cereal Science, 1995, 22（2）: 163-170.

［161］DAWKINS N L, NNANNA I A. Oat Gum and β-Glucan Extraction from

Oat Bran and Rolled Oats: Temperature and pH Effects [J]. Journal of Cereal Science, 1993, 58（3）: 562–567.

[162] WANG X, Xu X, ZHANG L, et al. Thermally induced conformation transition of triple–helical lentinan in Na Cl aqueous solution [J]. Journal of Physical Chemistry, 2008, 112（33）: 10343–10351.

[163] 王小梅. 超声对麦冬多糖结构、溶液行为及生物活性影响的研究 [D]. 西安: 陕西师范大学, 2013.

[164] 陈晓春. 高密度脂蛋白对动脉粥样硬化抵抗作用及其机制 [D]. 上海: 复旦大学, 2010.

[165] 董兴叶. 燕麦 β– 葡聚糖的提取、纯化及性质研究 [D]. 哈尔滨: 东北农业大学, 2014.

[166] 周艳, 王晓红, 王同坤, 等. 盐酸提取法和微波提取法提取燕山板栗多糖的最佳工艺及比较 [J]. 河北科技师范学院学报, 2016, 30（1）: 14–19, 25.

[167] 郭建, 高福云, 李宏. 大鼠高脂血症建模的改进方法 [J]. 实验动物科学, 2008, 25（6）: 52–53.

[168] 赵金明, 朱竞赫, 陈贺, 等. 不同配方高脂乳剂大鼠高脂血症模型的研究 [J]. 中药药理与临床, 2012, 28（1）: 177–180.

[169] 王静凤, 逢龙, 王玉明, 等. 两种海参对实验性高脂血症大鼠治疗作用的比较研究 [J]. 中国海洋大学学报, 2007, 37（4）: 597–600.

[170] 刘小美, 方肇勤, 潘志强, 等. 两种配方高脂饲料致高脂血症大鼠的证候比较 [J]. 安徽中医学院学报, 2008, 27（2）: 33–37.

[171] LIU C H, HUANG M T, HUANG P C. Sources of Triacylglycerol Accumulation in Livers of Rats Fed a Cholesterol–Supplemented Diet [J]. Lipids, 1995, 30（6）: 527–531.

[172] 张智, 闪增郁, 向丽华, 等. 大鼠实验性高脂血症两种造模方法的比较 [J]. 中国中医基础医学杂志, 2004, 10（2）: 33–34.

[173] 林征, 吴小南, 汪家梨. 雄性 SD 大鼠高脂血症模型饲料配方的实验研究 [J]. 海峡预防医学杂志, 2007, 13（6）: 56–57.

第四章 绿豆抗性糊精的制备与分离技术

第一节 研究概况

绿豆又称青小豆（vigna radiata），古时称为菉豆、植豆，是一种营养价值很高的杂粮。绿豆最早出现于印度和缅甸，两千多年前传入中国，种植历史悠久。绿豆在我国种植区域分布广泛，主要集中在山东、河南、黑龙江等粮食大省。绿豆在世界各国均有种植，主要分布于东南亚国家和一些欧美国家，其中种植面积最大的是印度。绿豆具有很高的食用价值，经发芽后可得到绿豆芽，口感和风味得到很大改变；绿豆加水熬煮成绿豆汤，便是倍受欢迎的夏季消暑食品。绿豆主要成分为蛋白质、碳水化合物、膳食纤维和脂肪，还含有多种的维生素、微量元素、黄酮等，具有抗氧化、调节肠道菌群、调节血糖、血脂和调节免疫等功效。绿豆的蛋白含量远高于小米、小麦、藜麦等杂粮，其蛋白含量因品种或种植环境不同而存在一定差异，平均含量约为24%。绿豆中另一重要成分是碳水化合物，含量约为63%，其中主要为淀粉，淀粉是植物体贮存的营养物质之一，对植物体意义非凡。绿豆淀粉中支链淀粉含量高于直链淀粉，受热时具有很好的膨胀性和热黏度，因而常被用以制成粉条和粉丝等食品。碳水化合物中另一个主要成分是膳食纤维，其60%存在于绿豆皮中，主要为不溶性膳食纤维，含量约为16%，膳食纤维被不能被人体消化吸收，不能为人体提供热量与营养，但可以吸附葡萄糖和有害物，并且在肠道内可被微生物发酵，促进肠道蠕动，对人体具有不可替代的有益作用和价值。绿豆中的脂肪含量很低，含量约为2%，是一种低脂的健康食品。

一、绿豆的功能作用

1. 降血脂作用

绿豆具有降血脂的功效。王沛等研究了绿豆降血脂的功效，研究结果表明，绿豆能显著降低家兔血清中的胆固醇含量，且无毒副作用。安建钢等和陈萍等的研究也表明绿豆具有降血脂功效。Nakatani等用绿豆蛋白饲喂小鼠，结果表明绿豆蛋白能有效减少脂肪堆积，抑制脂肪变性，对控制血脂具有一定效果。研究发现，每100g绿豆中含有23.20mg植物甾醇，高于马铃薯、西红柿和苹果等常见植物。植物甾醇是一种广泛分布于植物中的功能活性成分，在油料作物种子中含量最高。植物甾醇结构与动物甾醇相似，多摄入可以起到降血脂功效。

2. 抑菌作用

绿豆具有抑菌作用，绿豆中活性成分具有直接或间接抑菌的作用，如绿豆中的生物碱、单宁、香豆素等。郭彩珍等提取绿豆中的生物碱，进行抑菌实验，研究发现绿豆生物碱对这几种菌具有较好的抑制效果，且在中性条件下抑制效果最好。李健等用不同方法提取绿豆中的活性物质，测定其对抑菌效果的影响，研究发现通过正丁醇得到的绿豆提取物抑菌活性和抑菌稳定性最佳。田海娟等提取绿豆活性蛋白，结果发现绿豆蛋白具有抑菌作用。绿豆中含有香豆素、生物碱等成分，可以加强人体免疫能力。

3. 解毒作用

绿豆为一种药食同源的食物，在中医中可被用作清热解毒药。研究发现绿豆与甘草、白茅根等配合使用，能有效治疗有机磷农药中毒。绿豆中蛋白质含量很高，蛋白能与重金属和农药结合形成沉淀物质，降低了机体对有毒物质的吸收，从而具有解毒作用。目前关于绿豆解毒的机制研究尚不深入，当机体中毒时，绿豆能调节基因的表达，改变血清成分，加速毒素排出体外，或者消除毒素产生的副作用。

4. 抗氧化作用

绿豆中含有多糖、多酚和活性肽等多种具有抗氧化活性的成分，具有抗氧化作用。研究表明绿豆多糖、绿豆多酚和活性肽具有较强的抗氧化性。

5. 其他作用

绿豆中含有苯丙氨酸氨解酶，对人类白血病K562细胞有较好的抑制作用，具有一定的抗肿瘤作用。绿豆中含有多种活性成分，可以增加体内的巨噬细胞或增强其活性，从而提高免疫力。绿豆还富含无机盐和多种维生素，人体在剧烈运动或酷暑时节，消耗大量的矿物质，绿豆可以及时为人体补充必需营养物质。绿豆中还含有多种不能被人体消化的低聚糖成分，能量低，并且有益于肠道菌群的繁殖，能够起到辅助减肥、控制血糖和调节肠道菌群的作用。

二、绿豆的加工与研究现状

目前绿豆的加工应用主要集中在传统产业上，如提取绿豆淀粉、绿豆蛋白，制成绿豆糕、绿豆粥、绿豆粉条及绿豆饮料等。目前关于绿豆深加工的投入和研发较少，主要针对提取或制备绿豆蛋白、改性淀粉、膳食纤维、黄酮等功能产品。绿豆蛋白的研究主要集中在提取和酶解制备绿豆多肽。刘咏等采用正交试验优化稀碱提取绿豆蛋白的工艺参数，确定最佳条件为：pH 12、温度30℃、用水量10mL/g。潘妍等采用正交试验优化酶法提取绿豆蛋白，确定加酶量7%、料液比1∶25、提取时间1h，此时蛋白提取率最高。张玉霞等研究超声波协同稀碱提取绿豆蛋白，确定超声波处理时间对蛋白提取率影响显著，与传统稀碱提取法相比，提取率显著提高。乔宁研究超声波等多种辅助方式对绿豆蛋白提取率的影响，确定最佳的辅助条件为超声波处理，pH 10、提取温度40℃、固液比1∶15，此法提取率高，时间短。Thompson等研究制备绿豆蛋白的最佳条件，确定最佳条件为pH 9、温度25℃、液料比1∶15、提取20min。

制备改性淀粉主要有物理法、化学法、生物法，变性淀粉相比于淀粉具有更丰富的性质，提升了淀粉的品质，抗老化性、透明性和平滑性均有所改善。淀粉改性最广泛的方法为化学法，淀粉分子是由葡萄糖组成的具有大量醇羟基的结构，对其相应官能团进行取代衍化即可得对应改性淀粉，常用方法有：氧化、酯化、酸水解等。物理法改性所得改性淀粉产品安全性比化学法高，不会对环境造成污染，常用物理方法有：超声波处理、微波处理、挤压处理等。生物法又称酶处理法，利用各种酶处理淀粉，改性条件温和，制得的改性淀粉产品更符合食品加工的要求生物改性。

国内绿豆加工中存在的问题主要是：绿豆品种混杂、生产水平低、开发不全面和质量参差不齐，对于绿豆深加工的研究和投入尚少，加工水平落后于发达国家，综合利用率低，产品附加值低，深加工龙头企业少。绿豆富含蛋白质，可提供丰富的人体所需营养；深加工制备绿豆蛋白和活性肽，可作为潜在的营养补充剂或功能性保健食品的配料。绿豆淀粉还可制备抗性淀粉、糊精、抗性糊精，改性后消化率低，含丰富的膳食纤维，具有很高的保健价值。国内对于绿豆的研究主要围绕在选育优良品种、遗传及突变研究、绿豆分离蛋白制备及其性质研究、绿豆淀粉相关性质研究及与其他豆类淀粉性质比较、绿豆发芽的相关性质研究、绿豆及其提取物的生理功能研究和绿豆肽的制备及其性质研究这几方面。国外对于绿豆的研究主要集中在绿豆分离蛋白制备及其功能特性研究、绿豆淀粉及其他淀粉理化性质及其功能特性比较研究和绿豆萌发生长及绿豆芽的理化性质及其功能特性研究。国内外关于绿豆的研究方向大体一致，国外主要集中在分离提取绿豆单一有效成分，而我国则主要集中在开发绿豆制品，主要是关于淀粉、蛋白，另外还有少量高端的绿豆功能性产品。未来对于绿豆产品的加工特性、产品品质、功特特性和副产物的利用方面还需要加大资金投入和研究。

三、绿豆渣概述

绿豆渣是绿豆企业生产时得到的加工副产物，目前国外关于绿豆渣的研究报道较少。大多数企业生产淀粉、制备绿豆蛋白后，得到剩余产物——绿豆渣，通常将其作为饲料或是废弃物直接丢弃，其价值并未得到充分利用，造成极大的资源浪费。并且绿豆渣中仍含有许多营养成分，不经处理直接丢弃容易腐败，造成环境污染。绿豆渣中仍含有较高的蛋白和淀粉成分未被提取利用，可再次加工提取残存的绿豆蛋白，制备绿豆多肽、蛋白粉、蛋白补充剂等功能食品。绿豆渣中含有约13%淀粉，可再次提取绿豆淀粉，并制备变性淀粉、糊精、抗性糊精等功能性成分。绿豆渣中还含有约6%的脂肪，可以提取纯化其中油脂，提高绿豆渣的附加值。绿豆渣中还含有多种微量元素，微量元素对人体健康和新陈代谢至关重要。人体必需的微量元素共有20种，当缺乏其中任意一种时机体生理就会出现不健康或异常状况。其中铁元素缺乏时人体容易出现贫血，影响人体健康。而绿豆中其中含有较多铁元素，能够及时补充人体所需的铁元素，维持机体代谢平衡和正常生理活动。绿豆中还含有铜、锌、锰等人体必需的微量元素。

　　郭玲玲等根据传统桃酥饼的配方，加入绿豆渣粉和紫薯粉研制出新型桃酥饼，与传统配方制作出的桃酥饼相比，其膳食纤维及矿物质含量均有所提高，更符合现代人追求营养与健康的心理。李积华等用酶水解绿豆渣，提取绿豆渣中的纤维素，采用响应面法优化提取条件，并测定酶解提取反应后几种微量元素的含量，研究发现优化后提取率可达49.39%，对几种微量元素有较好的提取率，并且绿豆渣中的微量元素含量高于绿豆。刘静等以绿豆渣为原料，对提取可溶性膳食纤维的工艺进行了研究，采用正交实验优化提取条件，并测定其理化性质，研究发现最优制备条件下可溶性膳食纤维的得率为21.07%。李庆波对绿豆渣的基本成分进行了测定，并用绿豆渣制备肽类，极大程度提高了绿豆渣的产品附加值。Mushtaq等将绿豆加工副产物运用到生产木糖醇中，并在饲料中添加木糖醇饲喂糖尿病模型大鼠和正常大鼠，发现其对大鼠血清生化指标具有改善作用，绿豆副产物作为木糖醇生产的新原料具有很高的应用前景。Naeem等将绿豆渣运用到种植中，对比加绿豆渣与其他组微生物活性、有机碳和有效氮含量，发现种植土壤中添加绿豆渣的效果最好，可以减少小麦的无机氮肥的用量。Singh等将绿豆渣添加到土壤中，三年后测定土壤肥力水平，发现添加绿豆渣后高粱籽粒产量有所提高，土壤中的有效氮、磷和有机碳含量增加。目前关于绿豆渣相关的研究报道较少，绿豆渣的潜在利用价值与前景并未得到应有的关注与重视。国内关于绿豆渣的研究主要是关于提取其中的膳食纤维、提取蛋白制备多肽和改善食品配方赋予食品更丰富的口感和营养价值。绿豆渣中还含有淀粉成分可以用以制备抗性糊精，提高绿豆渣的利用率及附加值。国外关于绿豆渣的研究，则主要是将绿豆渣作为土壤肥料，有关食品方面的研究很少。

四、抗性糊精概述

1989年，抗性糊精（resistant dextrin，RD）于日本研发出来，又称难消化糊精，通常是白色或淡黄色粉末。抗性糊精是短链葡萄糖聚合物，无甜、低热量，对人体消化酶的水解作用具有很强的抵抗性。抗性糊精形成的四个基本阶段是：热解、酶解、转葡萄糖和再聚合。淀粉在加热及催化剂作用下断裂成一些单糖、双糖和一些小分子糊精，之后在酶的作用下，α-1，4-糖苷键断裂，断裂形成的小分子新物质之间化学键重新连接，形成葡萄糖和抗性糊精，也可能重新聚合成大分子。抗性糊精的结构比原料淀粉更为复杂。淀粉中α-1，4和α-1，6-糖苷键不参与反应而被保留下来，在形成抗性糊精过程中生成了α-1，2和α-1，3-糖苷键等不能被人体消化酶水解的糖苷键，因而具有抗消化性，被称为抗性糊精。

（一）抗性糊精的制备概述

常用的制备抗性糊精的方法有酸热法、酶法和微波法。最早出现的制备方法是酸热法，淀粉在高温条件下加入盐酸作催化剂制备抗性糊精。我国对于抗性糊精的研究起步较晚，在20世纪90年代才有相关研究报道。林勤保等首次对抗性糊精进行了研究，他们用盐酸制得焦糊精后加入相应的淀粉酶酶解，后经精制等一系列操作制得难消化糊精。他们的研究对后续研究抗性糊精具有重要参考意义，后面的制备方法多以此为基础。Shigeru等以马铃薯淀粉为原料，高温裂解制得抗性糊精，用高效液相色谱测得纯度为91.6%。Kapusniak等通过酸热法制备玉米抗性糊精，并对其理化特性、分子量和还原糖含量进行了研究。徐仰丽等研究了微波条件下制备抗性糊精，发现微波处理有利于抗性糊精形成。大隈一裕等申请了一项新的制备抗性糊精的专利，最后产物纯度可达90%。吴胜旭等研究了微波法制备抗性糊精，用乙醇沉淀法对其进行纯化。张新武等研究焙烤法制备抗性糊精，发现制备工艺过程简单，终产物含量高、副产物少。吕行等用"干热三步法"制备抗性糊精，转化率及产量有所上升，终产物的纯度为84.96%。Kamonrat等测定了不同条件下得到的抗性糊精的理化性质及分子结构，发现在糊化过程中，水解改变了分子结构和性质，成品的抗性糊精含量低于50%，低于商业的85%的标准。

（二）抗性糊精的纯化概述

纯化抗性糊精其他常用的方法有酵母发酵法、乙醇沉淀法和色谱分离法和模拟移动床纯化法。我国规定抗性糊精应用纯度在82%以上即可，而日本产品纯度可达92%。孙鲁等运用酵母发酵法除去粗产品中可发酵的糖类，对纯化功能性糖分离。但是微生物发酵葡萄糖时不可避免会产生代谢产物，给纯化造成了新的困扰。乙醇沉淀法操作简便，但需多次洗涤才能达到较好的纯化效果，并且乙醇的回收利用程序烦琐，消耗量大，不适合产业化加工。普通色谱分离法分离效率低，时间长，投入高，操作复杂，在纯化抗性糊精应用中受限。模拟移动床色谱技术运用色谱原理对物质进行分离纯化，分离效率高并且效果好，分离热敏感的物质时能保护物质的功能特性，设备的占地面积小，适合大规模工业化生产。SMB具有很好的分离效果，在糖醇行业应用广泛，且已经从研发落实到实际工业化生产中，具有良好的效益。

（三）抗性糊精的功能特性

1. 调节血糖

Shigeru等研究马铃薯抗性糊精对大鼠胆固醇代谢的影响，验证了其促进脂类代谢的作用。欧仕益对抗性糊精调控血糖的机理进行了研究，发现其能抑制小肠对葡萄糖的吸收。张泽生等用抗性糊精灌胃糖尿病模型小鼠，研究其对小鼠血糖和耐糖量的影响，研究发现4周后小鼠生长状况良好，空腹血糖显著下降。Aliasgharzadeh等研究抗性糊精对Ⅱ型糖尿病女性患者的胰岛素抵抗改善作用，比较干预前后空腹血糖和胰岛素浓度，结果表明适当补充抗性糊精可以调节糖尿病妇女对胰岛素的抵抗性。乔峰等将抗性糊精配合青钱柳提取物使用研究二者对胰岛素抵抗大鼠模型进行研究，通过测定空腹血糖、餐后0.5h血糖、餐后2h血糖水平来综合评定二者对降血糖的效果，结果发现比单独使用青钱柳提取物，配合使用抗性糊精具有更显著的降血糖效果。

2. 调节肠道菌群和减肥

抗性糊精可以增加饱腹感，调节消化系统，还可以预防多种胃肠道疾病。Le等研究了低聚果糖对大鼠肠道菌群的影响，结果表明其对肠道菌群具有有益作用，可以预防直肠癌。Barczynska等以盐酸结合柠檬酸制备改性马铃薯淀粉，研究其对肠道菌群生长的影响，对生长动力学进行了评估，并测定发酵产物，结果表明柠檬酸改性抗性糊精具有益生元作用。Lanubile等对抗消化性化合物的理化结构、肠道菌群的影响和减肥功能，可作为益生元这一特性进行了综述。Christine等在受试者的午餐饮料中添加可溶性纤维糊精，对健康成人餐后食欲及后续食物摄入的影响，结果发现受试者饥饿感和食欲降低，饱腹感提高。Rocío等在无酒精啤酒中加入抗性麦芽糊精，给受试者饮用，20周后观察结果，结果表明加入麦芽抗性糊精后饱腹感增加，对减肥有一定的有益作用。此外，许多有关减肥产品的发明专利中也可见到抗性糊精的影子。

3. 降血脂

膳食纤维在肠道中经微生物发酵产生短链脂肪酸，能够减少肝脏合成胆固醇，对改善高血脂具有有益作用。朱洁用抗性糊精对小鼠进行灌胃，研究其对小鼠糖、脂代谢及抗氧化的影响，结果表明抗性糊精对小鼠血糖和血脂水平具有一定的控制作用。韩冬以急性高脂小鼠模型为研究对象，用抗性糊精饲喂小鼠，观察其对血脂的调控作用并观察与脂代谢相关的激素的可能性指数改变，结果发现抗性糊精对由急性高脂血症所引起的高血脂能起到良好的预防作用。董吉林等研究燕麦膳食纤维对小鼠的影响，发现小鼠腹腔的脂肪堆积显著减少，结果表明膳食纤维具有降脂的作用。

4. 其他作用

抗性糊精可以减少消化道激素的分泌，改变肠道内消化酶活性从而调节人体新陈代谢，这有助于维持机体代谢活动平衡，对人体健康具有促进作用；抗性糊精热量低，口感好且来源广泛，可以作为脂肪替代品添加至肉制品中，能够提高产品出品率，赋予肉制品多样的口感和风味，并且降低肉制品的热量和脂肪含量，减少摄入油脂能够预防很多慢性疾病，具有一定的保健价值；还可添加至焙烤食品中，改善产品的口感的同时还能延长产品的货架期。抗性糊精还具有很多有益健康的特性，存在广阔的应用前景。

第二节　绿豆渣抗性糊精制备工艺

一、材料与设备

绿豆渣（烟台双塔食品有限公司）；氢氧化钠、盐酸、亚硝酸钠、盐酸萘乙二胺等（辽宁泉瑞试剂有限公司）；无水乙醇（天津鑫铂特化工有限公司）；阿卡波糖水合物（上海阿拉丁有限公司）；2-吗啉乙磺酸（MES）（BIOSHARP公司）；3，5-二硝基水杨酸、淀粉葡萄糖苷酶、胃蛋白酶、α-淀粉酶、耐高温α-淀粉、胰蛋白酶等（博美化学试剂公司）；紫外可见光度计（上海元析仪器有限公司）；高速低温离心机（北京东南仪诚实验室设备有限公司）；DGG-9140A电热恒温鼓风干燥箱（上海森信实验仪器有限公司）；1200s液相色谱仪（美国安捷伦科技有限公司）。

二、试验方法

（一）绿豆淀粉的制备

绿豆渣加适量水经高速组织粉碎机打浆后、按液料比3∶1加入石油醚在45℃条件下搅拌1h脱脂，如此重复两次。然后按液料比12∶1加入pH 10的NaOH溶液，在45℃条件下搅拌1h除蛋白，加入稀盐酸调节溶液pH至中性。倒去多余液体取上层物质放入恒温鼓风干燥箱中，45℃干燥至恒重，即制得绿豆淀粉。

（二）抗性糊精的制备方法

采用酸热处理采用微波加热与直接加热两种方法，制得焦糊精，盐酸添加方式为喷雾，取适量盐酸于雾化喷壶中，对淀粉进行喷酸。焦糊精加适量纯净水制成质量浓度为30%的溶液，用1mol/L NaOH调节pH为5.5～6.5，然后加0.5%质量分数的耐高温α-淀粉酶于95℃反应2h，冷却至室温后加0.5%（质量分数）淀粉葡萄糖苷酶于55℃反应2h。反应结束后加入四倍体积质量分数为95%的乙醇灭酶，即得到绿豆抗性糊精粗品。

1. 制备抗性糊精单因素试验

（1）微波时间对抗性糊精含量的影响。称取制备的绿豆淀粉100g，微波时间设置6min、8min、10min、12min、14min这5个值，微波功率500W，微波时间10min，加酸量7%，盐酸浓度1.0%。

（2）微波功率对抗性糊精含量的影响。称取制备的绿豆淀粉100g，微波功率设置300W、400W、500W、600W、700W这5个值，微波时间10min，加酸量7%，盐酸浓度1.0%。

（3）盐酸浓度对抗性糊精含量的影响。称取制备的绿豆淀粉100g，盐酸浓度0.6%、0.8%、1.0%、1.2%、1.4%这5个处理，微波时间10min，加酸量7%，微波功率500W。

（4）盐酸添加量对抗性糊精含量的影响。称取制备的绿豆淀粉100g，设置盐酸添加量5%、6%、7%、8%、9%这5个值，微波时间10min，微波功率500W，盐酸浓度1.0%。

（5）酸热法对照组。称取制备的绿豆淀粉100g，设置盐酸添加量7%，盐酸浓度1.0%，160℃反应2h。

2. 响应面优化制备抗性糊精

在单因素试验的基础上，进行Box-Benhnken试验设计，以期获得微波酶法制备绿豆抗性糊精的最佳工艺条件。

（三）数据处理

每组实验平行测定至少三次，应用Excel建立数据库，采用SPSS 17.0软件分析数据结果，利用Design-Expert 10.0.1软件对实验数据进行统计分析，以$P<0.05$视为差异显著。

三、结果与分析

（一）单因素试验

1. 微波时间对绿豆抗性糊精含量的影响

图4-1为不同微波时间对抗性糊精含量的影响结果。

由图4-1可知，喷雾加1%浓度盐酸，添加量为7%，微波功率设置为500W，在微波时间为6～14min时，绿豆抗性糊精的含量随着微波处理时间的增加而增加，在处理8min后，抗性糊精含量有大幅提升，而在微波时间超过12min后，抗性糊精含量增长变缓慢。随着微波时间的增加，淀粉内部聚集的能量越来越多，热反应程度加剧，有助于糊精化反应的发生，从而抗性糊精的含量增加。

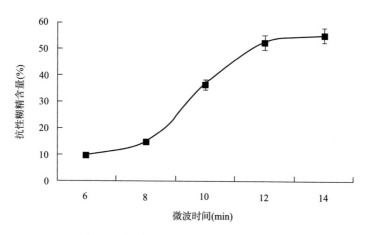

图 4-1　微波时间与抗性糊精含量的关系

2. 微波功率对绿豆抗性糊精含量的影响

图4-2为不同微波功率对抗性糊精含量的影响结果。

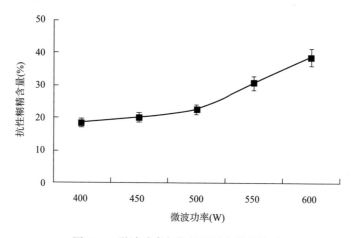

图 4-2　微波功率与抗性糊精含量的关系

由图4-2可知，喷雾加1%浓度盐酸，添加量为7%，微波时间设置为10min，在微波功率为400～600W时，绿豆抗性糊精的含量随着微波处理功率的增加而增加。功率由450W升高至500W时，抗性糊精含量大幅提升，而在微波时间超过12min后，抗性糊精含量增长变缓。这可能是因为，随着功率的上升，淀粉分子内部聚集的能量急剧增加，致使糊精化反应加速完成，抗性糊精的含量随之上升。但随着微波功率上升，抗性糊精颜色也随之加深。综合考虑抗性糊精含量与后期脱色成本，选择微波功率为500～600W进行后期响应面优化试验。

3. 微波功率对绿豆抗性糊精含量的影响

图4-3为不同盐酸浓度对抗性糊精含量的影响结果。

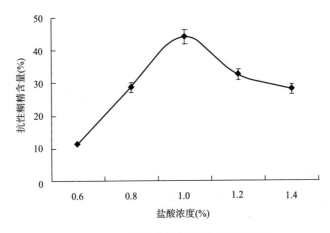

图4-3　盐酸浓度与抗性糊精含量的关系

由图4-3可知，喷雾加酸量为7%，微波时间和功率分别设置为10min、500W，添加不同浓度盐酸时，绿豆抗性糊精含量随着酸浓度增加而增加；当添加盐酸浓度超过1%时，绿豆抗性糊精的含量随酸浓度的上升而下降。酸的添加对糊精化的进行至关重要，当盐酸浓度较低时，催化效果较差，淀粉内部的糖苷键不易断裂，难以裂解成小分子，因而抗性糊精的含量较低；另外，当盐酸浓度过高时，被喷洒部位的淀粉与盐酸分子接触快速反应焦煳化，形成焦化层，阻碍了盐酸分子与其他淀粉分子进一步接触，糊精化反应难以进行，致使抗性糊精含量下降。

4. 盐酸添加量对绿豆抗性糊精含量的影响

图4-4为不同盐酸添加量对绿豆抗性糊精含量的影响结果。

由图4-4可知，喷雾加1%浓度盐酸，微波时间和功率分别设置为10min、500W，在添加盐酸的量为5%～9%时，绿豆抗性糊精含量随着酸浓度增加而增加；当添加盐酸浓度超过1%时，绿豆抗性糊精的含量随着

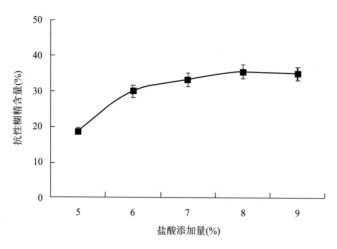

图4-4　盐酸添加量与抗性糊精含量的关系

酸浓度的上升而下降。酸的添加对糊精化的进行至关重要。当盐酸浓度较低时，淀粉内部的糖苷键不易断裂，难以发生裂解，因而抗性糊精的含量较低；当盐酸浓度过高时，被喷洒部位的淀粉与盐酸分子接触快速反应焦糊化，阻碍了盐酸分子与其他淀粉分子的接触，致使抗性糊精含量下降。

（二）响应面优化试验

1. 响应面试验因素水平和结果

基于单因素试验结果，根据Box-Behnkendesign的采样原理，以微波时间 A、微波功率 B、盐酸添加量 C 为自变量，抗性糊精含量为 Y 值，进行三因素三水平的响应面分析试验。响应面试验因素水平和结果见表4-1和表4-2。

表 4-1　响应面试验因素水平和编码

编码水平	微波时间 A（min）	微波功率 B（W）	盐酸添加量 C（%）
−1	10	500	7
0	12	550	8
1	14	600	9

表 4-2　响应面试验设计与结果

序号	微波时间 A（min）	微波功率 B（W）	盐酸添加量 C(%)	抗性糊精含量 Y（%）
1	0	0	0	50.31
2	0	1	1	49.63
3	1	0	1	52.12
4	0	0	0	50.52
5	0	0	0	51.31
6	0	0	0	50.90
7	1	0	−1	47.52
8	0	−1	1	35.21
9	0	0	0	49.83
10	1	1	0	55.24
11	1	−1	0	43.72
12	−1	0	1	36.52
13	0	1	−1	48.81
14	−1	0	−1	39.64
15	−1	−1	0	32.71
16	0	−1	−1	36.22
17	−1	1	0	49.41

2. 响应面试验结果及方差分析

表4-3为方差分析结果。

表4-3　响应面拟合回归方程的方差分析结果

方差来源	平方和	自由度	方差	F 值	P	显著性
回归模型	784.18	9	87.13	81.33	<0.0001	$P<0.01$
A	203.01	1	203.01	189.49	<0.0001	$P<0.01$
B	383.65	1	383.65	358.09	<0.0001	$P<0.01$
C	0.15	1	0.15	0.14	0.7182	
AB	6.76	1	6.76	6.31	0.3	$P<0.05$
AC	14.82	1	14.82	13.84	0.0075	$P<0.01$
BC	1.00	1	1.00	0.93	0.3662	
A^2	15.08	1	15.08	14.08	0.0072	$P<0.01$
B^2	49.18	1	49.18	45.90	0.0003	$P<0.01$
C^2	94.70	1	94.70	88.39	<0.0001	$P<0.01$
残差	7.50	7	1.07			
失拟项	6.19	3	2.06	6.29	0.0539	
纯误差	1.31	4	0.33			
合计	791.68	16				

注　$R^2=0.9905$，Adj $R^2=0.9783$，Pred $R^2=0.8724$；$P<0.05$ 表示差异显著，$P<0.01$ 表示差异极显著。

利用Design-Expert10.0.1软件对实验数据进行统计分析，得到多项式回归方程：抗性糊精含量$Y=50.56+5.0375 \times X_1+6.925 \times X_2+0.1375 \times X_3-1.3 \times X_1X_2+1.925 \times X_1X_3+0.5 \times X_2X_3-1.8925 \times X_1^2-3.4175 \times X_2^2-4.7425 \times X_3^2$

F值用以检验各变量对响应值影响的显著性的高低，F越大，则相应变量的显著程度越高。当模型显著性检验$P<0.05$时，说明该模型具有统计学意义。由表4-3可知，工艺条件对抗性糊精含量影响大小顺序为：$B>A>C$，即微波功率>微波时间>盐酸添加量。模型的决定系数R^2为

0.9905，说明模型具有高的显著性，而R^2_{Adj}=0.9783，能够解释实验97.83%的响应值变异，且与预测相关系数Pred R^2也接近，说明此实验模型与真实数据拟合程度良好，具有实践指导意义，由此可以用该模型来分析和预测抗性糊精含量最优工艺。

3. 响应曲面分析

图4-5～图4-7不同工艺条件对抗性糊精含量的影响。

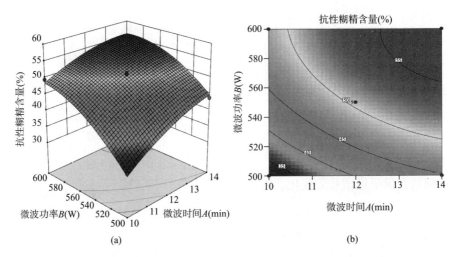

(a)   (b)

图4-5　微波时间和微波功率的交互作用对抗性糊精含量的影响

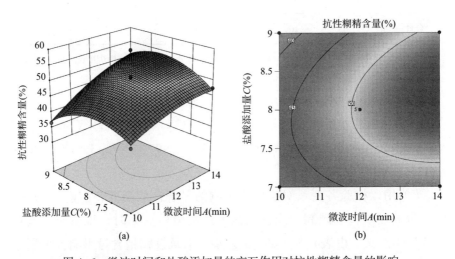

(a)   (b)

图4-6　微波时间和盐酸添加量的交互作用对抗性糊精含量的影响

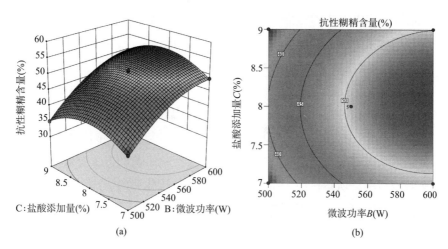

图 4-7　微波功率和盐酸添加量的交互作用对抗性糊精含量的影响

从图4-5中可以看出，微波时间和微波功率的交互作用对抗性糊精含量的影响呈倾斜曲面分布，当微波时间一定时，随着微波功率的增加，抗性糊精含量呈递增趋势变化。同理，当微波功率不变时，抗性糊精含量随微波时间的增加而增加。相较而言，交互作用曲面整体纵向跨度较大，表明二者交互作用对抗性糊精含量影响显著。同时，在微波功率方向，曲面波动幅度较大，表明微波功率对抗性糊精含量的影响较微波时间的影响更大。仅考虑二者因素作用下的最优工艺组合集中于微波时间13～14min，微波功率580～600W水平组合附近。图4-6所示的交互作用中，曲面呈现倾斜拱形状，盐酸添加量的变化引起抗性糊精含量先增后减变化，而微波时间则与抗性糊精含量呈正相关关系，取适中水平：微波时间14min、盐酸添加量8%，有利于提高产物抗性糊精含量。图4-7展示了微波功率与盐酸添加量的交互作用曲面，该曲面整体在微波功率方向纵向跨度较大，表明二者交互作用中微波功率对抗性糊精含量影响较盐酸添加量影响显著。当微波功率趋于600W、盐酸添加量取8%左右水平，利于抗性糊精的提取。

为进一步确定最优解，以绿豆抗性糊精含量最大为优化目标，根据Design—Expert 10.0.1 软件运行结果，抗性糊精含量在微波时间A、微波功率B、盐酸添加量C的共同影响下的最优工艺为：微波时间为13.28min、微波功率为581.96W、盐酸添加量为8.09%，在此条件下模型预测的最大抗性糊精含量为55.62%。

4. 最优工艺条件试验验证

根据软件预测结果，结合实际工艺设置的可行性，取盐酸浓度为1%、微波时间为13min、微波功率为582W、盐酸添加量为8%为条件进行三次重复试验，得平均抗性糊精含量为54.82%，与模型预测结果接近，表明基于该响应面模型分析优化抗性糊精含量优化工艺的方法有效可行。酸热法对照组制备所得抗性糊精含量为40.11%，优化后微波法制备所得抗性糊精含量与之相比提高了14.71%。

四、结论

目前，最常用于制备抗性糊精（RD）的方法为酸热法。制备的原料来源丰富，最常选用的为玉米淀粉。林勤保为国内最早一批研究难消化糊精的研究人员，用玉米淀粉制备所得产品聚合度约为50%，此为制备抗性糊精的基础方法。徐仰丽等以玉米淀粉为原料，以柠檬酸替换惯用的盐酸，最终产品含量可达60.81%，此方法加酸量较高，同时加热时间较长，投入成本高；马梦垚等以玉米淀粉为原料，加入食用油作为导热介质，抗性糊精含量比传统酸热法有了大幅提升，但此方法成本较高，存在后期不易分离纯化等问题；张新武等用焙烤法制备RD，虽产品含量有所上升，但温度高、加热时间长，产品最终色度、品质得不到保证。以上研究中的方法存在产品含量低或投入成本高、精制成本高等问题，运用微波加热可以适当降低成本。微波加热效率高、时间短，不仅适合实验室研究，也适用于大规模工业化生产。试验选用绿豆渣为原料，提取其中淀粉，提高绿豆渣的利用率和产品附加值。试验以微波加热代替传统的加热方式，具有理论依据与可行性。绿豆抗性含量所得产品含量由40.11%提高到54.82%，较之前提高了14.71%。试验制备抗性糊精方法简单、投入成本低，含量较传统方法有大幅提升，可应用于企业大规模生产。

第三节　模拟移动床色谱纯化抗性糊精技术

一、材料与设备

抗性糊粗品（自制）；去离子水（自制）；制备色谱（自制）；RPL-ZD10色谱分析型装柱机（大连日普利科技仪器有限公司）；紫外可见光度计（上海元析仪器有限公司）；高速低温离心机（北京东南仪诚实验室设备有限公司）；模拟移动床色谱设备（自制）。

二、试验方法

（一）制备色谱评价试验

1. 进料浓度对分离度的影响试验

用去离子水冲洗制备色谱柱，进料9mL，流速1.6mL/min，柱温60℃，以去离子水为解吸剂，选取30%、40%、50%、60%、70% 5个水平做单因素试验，每2min收集一个样品，采用HPLC测定样品中抗性糊精的纯度，以分离度为指标，绘制进料浓度对分离度的影响曲线，确定最佳的进料浓度。

2. 柱温对分离度的影响试验

选取30℃、40℃、50℃、60℃、70℃5个水平进行试验，其余步骤同上。

3. 洗脱流速对分离度的影响试验

选取1.00mL/min、1.20mL/min、1.40mL/min、1.60mL/min、1.80mL/min、2.0mL/min、2.20mL/min7个水平进行试验，每2min收集一个样品，其余步骤同上。

（二）纯化工艺的研究

试验采用SSMB-6Z6L顺序式模拟移动色谱装置，进行SSMB纯化抗性糊精的纯化试验，工艺流程如图4-8所示。装置共设置有6根色谱柱，以串联方式连接，一个运行周期内每根色谱柱均要经过全进全出、大循环、小循环三个步骤，然后切换到下一根色谱柱，循环直至试验结束。

当系统运行到某一根色谱柱时，全进全出阶段：在色谱柱上端进解吸剂（D）即纯净水，下端放出杂质（I），在间隔第三根色谱柱的柱上端进待分离物料，即抗性糊精粗品（R），在间隔的第四根色谱柱的下端放出抗性糊精组分（RD）；大循环阶段：物料在设备中不进不出，只进行大循环，之后进入小循环；小循环阶段：色谱柱上端进解吸剂，在间隔的第四根色谱柱的下端放出抗性糊精组分。然后切换到下一根色谱柱，依次进行三个步骤对物料进行分离纯化，然后循环下去直至试验结束。

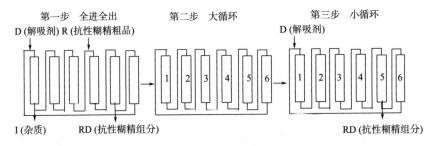

图4-8　SSMB工艺流程图

（三）纯度、收率、分离度的测定

采用HPLC测定纯度，色谱条件为：糖柱（美国环球基因公司CHO—99—9453），流动相为去离子水，进样量10μL，柱温80℃，流速0.60mL/min；收率（Y）、分离度（Rs）分别按下式计算：

$$Y = \frac{\rho_1 \times V_1 \times C_1}{\rho \times V \times C} \times 100\%$$

式中：ρ_1为纯化后绿豆抗性糊精的纯度；V_1为纯化后绿豆抗性糊精纯度；C_1为纯化后绿豆抗性糊精折光；ρ为原料液中绿豆抗性糊精的纯度；V为原料液的体积，mL；C为原料液折光。

$$Rs = \frac{2(t_1 - t)}{w_1 + w} \times 100\%$$

式中：t_1为杂糖保留时间，min；t为绿豆抗性糊精保留时间，min；w_1为杂糖色谱峰峰宽；w为抗性糊精色谱峰峰宽。

三、结果与分析

（一）制备色谱评价单因素试验结果与分析

1. 进料浓度对分离度的影响试验结果与分析

图4-9为制备色谱评价试验中进料浓度对分离度的影响结果。

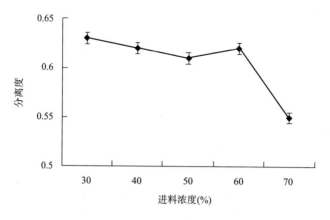

图4-9　物料进料浓度对分离度的影响

由图4-9可知，在进料浓度为30%～50%时，分离度随原料液浓度的增大而减小；进料浓度为50%～60%，分离度上升；进料浓度高于60%时，分离度大幅减小。进料浓度增加，色谱柱的分离负荷增大，树脂周围的含水量下降，物料在树脂颗粒中的扩散速率降低，分离效果比低物料浓度时差。同时，进料浓度增加，色谱柱中黏度上升，致使物料扩散速率下降，树脂层的压降增加，分离度降低，分离效果下降。由试验结果可知，原料液进料浓度较低时，比高浓度时具有更好的分离效果，但进料浓度太低降低了生产效率，不符合实际生产应用，进料浓度为60%时，具有较好的分离效果，结合实际情况确定制备色谱的进料浓度为60%。

2. 柱温对分离度的影响试验

图4-10为制备色谱评价试验中温度对分离度的影响结果。

由图4-10可知，在温度为30～60℃时，分离度随温度的升高而逐渐增大。随着温度的升高，物质的扩散速率随之上升，传质速率加快，物料通过树脂层的压降减少，分离效果更好。温度超过60℃后分离度

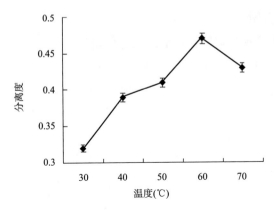

图4-10 柱温对分离度的影响

大幅下降，分离度在温度30～60℃时有最大值。可能因为温度过高时，吸附剂吸附性能下降，致使分离度下降。因此选择柱温60℃进行后续试验。

3. 洗脱流速对分离度的影响试验

图4-11为制备色谱评价试验中洗脱流速对分离度的影响结果。

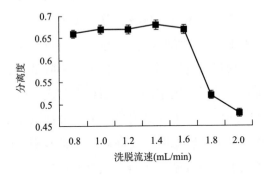

图4-11 洗脱流速对分离度的影响

由图4-11可知，洗脱流速在0.8～1.6mL/min时，分离度变化不明显，当洗脱流速大于1.6mL/min时，洗脱流速过高吸附剂快速吸附物料，可能影响树脂对后续物料的分离，分离度下降，分离效果下降。当洗脱流速较低时，吸附剂能充分与物料结合，吸附效果好，分离效果好。一般来说，洗脱流速越小分离效果越好，降低了树脂吸附边层的厚度，物料分离的效率下降。洗脱流速设置过低，分离效果虽好，但总体分离效率较低，因此选用洗脱流速为1.6mL/min进行后续试验。

4. 洗脱曲线绘制

在单因素的基础上，按照进料9mL、流速1.6mL/min、柱温60℃、进料浓度60%进行试验，每2min收集一个样品，采用HPLC测定样品中抗性糊精的纯度，以分离度为指标，绘制抗性糊精的洗脱曲线，试验结果见表4-4，洗脱曲线如图4-12所示。

表4-4　制备色谱试验结果

管数	体积（mL）	浓度（%）	抗性糊精纯度（%）	杂糖纯度（%）	抗性糊精干物质（mg）	杂糖干物质（mg）
1	54.40	4.00	100.00	0.00	125.00	0.00
2	57.60	8.00	100.00	0.00	259.00	0.00
3	60.80	12.00	100.00	0.00	384.00	0.00
4	64.00	13.00	100.00	0.00	415.00	0.00
5	67.20	13.50	100.00	0.00	433.00	0.00
6	70.40	13.50	100.00	0.00	403.00	0.00
7	73.60	12.00	97.51	2.49	354.44	9.56
8	76.80	8.50	97.33	2.67	264.74	7.26
9	83.20	7.50	56.85	43.15	136.44	103.56
10	86.40	9.50	31.29	68.71	95.12	208.88
11	89.60	15.50	17.78	82.22	89.19	407.81
12	92.80	21.00	18.63	81.37	125.19	546.81
13	96.00	22.50	13.35	86.65	96.12	623.88
14	99.20	22.50	9.99	90.01	72.93	648.07
15	102.40	21.00	7.58	92.42	50.94	621.06
16	105.60	18.00	4.19	95.81	24.13	551.87
17	108.80	7.00	3.80	96.20	8.51	215.49

续表

管数	体积（mL）	浓度（%）	抗性糊精纯度（%）	杂糖纯度（%）	抗性糊精干物质（mg）	杂糖干物质（mg）
18	112.00	3.00	1.50	98.50	1.44	94.56

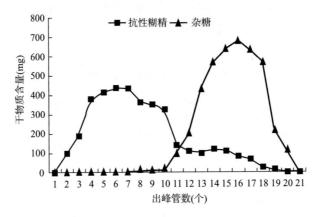

图 4-12　洗脱曲线图

从表4-4和图4-12可以看出，抗性糊精和杂糖的保留时间相差较大，分离度达到0.53，虽然还有一些重合的部分没有的完全分开，但可以增加模拟移动色谱分离距离和时间，增加洗脱进水量，并通过试验的优化完全可以达到更好的分离效果。

5. 纯化后抗性糊精高效液相色谱分析图谱

图4-13和表4-5分别为SSMB纯化后抗性糊精组分的液相色谱图和组分表。

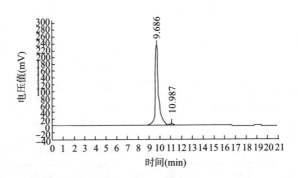

图 4-13　抗性糊精组分液相色谱分析图谱

表4-5 抗性糊精组分液相色谱分析结果

出峰顺序	保留时间（min）	含量（%）	组分名
1	9.686	99.17	绿豆抗性糊精
2	10.987	0.83	二糖

由图4-13和表4-5可知，绿豆抗性糊精的保留时间为9.686min，随后出峰的为二糖，峰面积大小表示组分的纯度，结果表明经纯化后，其纯度大幅上升，杂质明显减少。

6．纯化工艺参数优化结果

表4-6为利用SSMB纯化绿豆抗性糊精的技术参数优化试验结果。

表4-6 SSMB分离操作条件和试验结果

序号	进料量（g/h）	进水量（g/h）	循环量（mL）	出口浓度（%）	抗性糊精纯度（%）	抗性糊精收率（%）
1	455	1137.50	364	11.50	99.62	87.49
2	455	1137.50	336	10.80	99.69	86.02
3	455	910.00	336	16.60	99.23	89.36
4	455	910.00	373	18.90	98.79	91.52
5	455	682.00	328	22.70	99.21	88.42
6	455	682.00	346	24.60	99.17	91.31
7	455	682.00	364	25.50	97.21	92.76

由表4-6可知，综合考虑进样量、料水比、出口浓度、纯度和收率等指标，第6组试验的效果好于其他六组，因此确定最佳的分离条件为：进料量为455g/h、进水量为682.00g/h，循环量为346mL，此时出口浓度为24.60%，纯度为99.17%，此时收率为91.31%。

四、结论

研究报道中纯化抗性糊精的方法有微生物发酵法、乙醇沉淀法、膜过滤法，目前常用乙醇沉淀法。有国外研究者用酵母纯化抗性糊精，产品最终纯度为94%。张颖研究酵母发酵法对纯化抗性糊精的效果，结果发现此法所得产品纯度均低于90%，纯化效果并不理想。膜过滤法运用膜分离技术，利用膜的孔径大小不同，对不同粒径大小的物质进行分离。运用此法分离除去残余葡萄糖，可对抗性糊精进行纯化。已有研究报道证实利用膜分离技术纯化多糖，具有很好的分离效果。Zhen等利用膜过滤技术对抗性糊精进行纯化，在膜过滤处理后，抗性糊精中的杂质和悬浮物被完全去除，所得产物的浊度可忽略不计。乙醇沉淀法操作简便，时间短。张颖选用乙醇沉淀法纯化抗性糊精，经78%乙醇连续洗涤6次后，抗性糊精纯度最高为95.3%。已有多篇关于乙醇沉淀多糖的研究报道。

模拟移动床（SMB）已广泛应用于天然产物、手性药物、糖醇行业的生产中，具有很好的纯化效果，占地面积小，分离效率高。余书奇等运用SMB纯化灵芝中的功能物质，去除了其中的高极性杂质与低极性杂质，纯化后产品的纯度显著提高。以上研究中所用的方法纯化抗性糊精，微生物发酵法过程中会产生新杂质和不良的风味，给后期分离带来新的问题；膜过滤法分离效果较好，但膜过滤设备昂贵，且容易被污染，需要经常清洗、杀菌，难以在工业生产中大规模应用；乙醇沉淀法所得产品纯度不高，且存在试剂消耗大、纯化成本高等问题。模拟移动床色谱技术纯化抗性糊精则可以很好地解决上述问题，可以大规模连续化生产、无多余消耗、色谱柱可反复多次使用且纯化后产品纯度高。试验将SMB应用于纯化绿豆抗性糊精，纯化后纯度可达99.17%，相比于常用的方法所得抗性糊精纯度明显提高，且投入成本低、效率高，适合大规模连续纯化抗性糊精。

第四节　抗性糊精理化性质

一、材料与设备

抗性糊纯品（自制）；去离子水（自制）；制备色谱（自制）；糠醛、胆固醇、对硝基苯-β-D-吡喃半乳糖苷（PNPG）（上海麦克林生化有限公司）；麦芽糖、胆酸钠、碱性蛋白酶、胰酶、猪胰α-淀粉酶、α-

葡萄糖苷酶等（上海蓝季科技有限公司）；葡萄糖氧化酶试剂盒（南京建成生物工程研究所）；恒温变速摇床（上海森信实验仪器有限公司）；6890N/MSD5973gC-MS分析仪（美国Agilent公司）。

二、试验方法
（一）抗性糊精理化性质的研究
1. 溶解性及持水力测定

溶解性（S）测定：将10g样品溶解在100mL水中，室温搅拌离心（4500r/min，10min），105℃烘干。持水力（WHC）测定：称取10g样品置于烧杯中，25℃下加水浸泡30min后过滤，待水滴干后称重，计算公式如下。

$$S=\frac{m_1-m_2}{m}\times100$$

式中：m_1为样品加入量（g）；m_2为干燥后沉淀质量（g）；m_3为所需水质量（g）。

$$WHC=\frac{m_1-m_2}{m}$$

式中：m_1为样品湿重（g）；m_2为样品干重（g）；m为样品干重（g）。

2. 电镜扫描

对绿豆淀粉及绿豆抗性糊精进行分析、观察，观察处理前后样品的形貌特征。

3. 红外光谱检测

将绿豆淀粉及纯化后的绿豆抗性糊精分别与KBr混合研磨，利用真空压片机进行压片，在400~4000cm⁻¹范围进行红外光谱扫描，测定其官能团。

4. X射线衍射测定

将绿豆淀粉及纯化后的绿豆抗性糊精进行干燥、粉碎，然后采用X—射线衍射仪进行测定，判断其晶体结构形态。

5．分子量测定

参照肖健等的方法稍作改动。利用排阻色谱—十八角度激光光散射仪—示差折光检测器联机系统测定绿豆淀粉与绿豆抗性糊精的分子质量及分布情况。流动相为0.15mol/L NaNO$_3$和0.02% NaN$_3$，流速0.4mL/min，柱温45℃，结果用Astra 6.1软件进行分析。

6．单糖组成成分分析

单糖组成测定参照Ciucanu等的方法稍作改动。还原和乙酰化处理后利用GC—MS对组分进行分析，色谱柱为HP—5MS石英毛细管色谱柱（30m×0.25mm，0.25μm）。根据气谱出峰时间和质谱的离子峰对单糖进行定性分析，确定绿豆抗性糊精的单糖组成。

（二）抗性糊精功能特性的研究

1．抗性糊精体外模拟消化性

（1）体外模拟酶水解法测定体外消化性。参照郭峰等的方法稍做修改。准确称取1g抗性糊精加入20mL醋酸钠缓冲溶液，于沸水中水浴30min，不断振荡。糊化完全后加入5mL猪胰α-淀粉酶和淀粉葡萄糖苷酶混合酶液，置于37℃水浴，并准确计时。在酶解20min和120min时，取0.5mL酶解液置于20mL 66%的乙醇后沸水浴10min灭酶，按照葡萄糖氧化酶法测定葡萄糖含量，分别计为G_{20}、G_{120}。每个样品平行测定3次，RDS、SDS、RS按下式计算：

$$RDS = \frac{(G_{20} - G_0) \times 0.9}{M} \times 100\%$$

$$SDS = \frac{(G_{120} - G_0) \times 0.9}{M} \times 100\%$$

$$RS = \frac{M_{TS} - (M_{RDS} - M_{SDS})}{M_{TS}} \times 100\%$$

式中：RDS为易消化淀粉含量；SDS为慢消化淀粉含量；RS为抗性淀粉；G_0为初始葡萄糖质量酶水解处理前抗性糊精中葡萄糖含量（以0计）（mg）；G_{20}为抗性糊精酶解20min时产生的葡萄糖质量（mg）；G_{120}为抗性糊精酶解120min时产生的葡萄糖质量（mg）；M为淀粉质量（mg）；

M_{RDS}为易消化淀粉质量（mg）；M_{SDS}为慢消化淀粉质量（mg）。

（2）模拟肠胃液消化法测定体外消化性。参照李智等的方法稍做修改，准确称取1g样品于离心管中，加入10mL人工模拟胃液，置于37℃振荡水浴30min，精确计时。然后加入5mL醋酸盐缓冲液后继续振荡30min。最后，向管中加入5mL模拟小肠液开始反应，继续振荡，分别于20min和120min时取0.50mL水解液，加2mL无水乙醇灭酶，离心后取上清液，于540nm处测定其吸光度，计算其麦芽糖含量，RDS、SDS、RS按下式计算：

$$RDS = \frac{(R_{20} - R_0) \times 0.9}{W} \times 100\%$$

$$SDS = \frac{(R_{120} - R_{20}) \times 0.9}{W} \times 100\%$$

$$RS = \frac{W - (W_{RDS} - W_{SDS})}{W} \times 100\%$$

式中：SDS为慢消化淀粉含量；RDS为快消化淀粉含量；RS为抗性淀粉含量；R_{120}为120min时淀粉分解的麦芽糖含量（mg）；R_{20}为20min时淀粉分解的麦芽糖含量（mg）；R_0为初始麦芽糖含量（以0计）（mg）；W为淀粉质量（mg）；W_{RDS}为易消化淀粉质量（mg）；W_{SDS}为慢消化淀粉质量（mg）。

2. 体外降糖功能测定

（1）测定对α-葡萄糖苷酶的抑制作用。参照刘杰超等的方法稍做改动，以PNPG为底物，测定绿豆抗性糊精对α-葡萄糖苷酶活性的抑制作用。配置绿豆抗性糊精样品溶液（1mg/mL、5mg/mL、10mg/mL、15mg/mL、20mg/mL、25mg/mL）、0.1mol/L磷酸盐缓冲溶液、10mmol/L PNPG溶液、0.1mol/L Na_2CO_3溶液和0.1U/mL α-葡萄糖苷酶溶液。每组取三支试管，设为空白管、样品管和背景管，空白管中加入2mL磷酸盐缓冲液和1mL α-葡萄糖苷酶溶液，样品管加入1.5mL磷酸盐缓冲液、0.5mL样品溶液和1mL α-葡萄糖苷酶溶液，背景管加入2.5mL磷酸盐缓冲液和0.5mL样品溶液。各管于37℃水浴15min后加入1mL PNPG溶液，于37℃水浴30min后，加入

4mL Na$_2$CO$_3$溶液终止反应，于405nm处测定其吸光度值。同时以阿卡波糖为对照，每个试验重复3次。α-葡萄糖苷酶的抑制率R按如下公式计算：

$$R=\frac{A_0-(A_1-A_2)}{A_0} \times 100\%$$

式中：A_0为空白管吸光度；A_1为样品管；A_2为背景管吸光度。

（2）α-淀粉酶活性抑制试验。参照Apostolidis等的方法，稍作改动。如上（1）配置不同浓度的绿豆抗性糊精样品溶液。向试管中依次加入0.5mL样品溶液、1mL磷酸钠缓冲液、0.5mL α-淀粉酶溶液，25℃水浴10min后加0.5mL可溶性淀粉溶液，于37℃条件下开始反应，水浴10min后加入1mLDNS试剂终止反应，以阿卡波糖为对照，540nm测定吸光度，每个试验重复3次，按如下公式计算抑制率R：

$$R=\frac{A_0-A_1}{A_0} \times 100\%$$

式中：A_1为样品吸光度值；A_0为对照组的吸光度值。

3. 体外降血脂功能测定

减少体内胆酸钠、胆固醇和油脂可以起到降血脂的效果，测定绿豆抗性糊精吸附三者的效果代表体外降血脂的性质。

（1）抗性糊精吸附胆酸盐测定。糠醛比色法绘制胆酸钠标准曲线。锥形瓶中加入50mL胆酸钠（2mg/mL、3mg/mL），调节pH为7.0，分别加入抗性糊精0.5g、1.0g、1.5g、2.0g、2.5g，37℃搅拌2h后，离心后准确移取1mL上清液测定残余的含量。胆酸盐含量以标准曲线计算。

（2）对油脂的吸附作用。称取1g抗性糊精于离心管中，分别加入9g猪油和豆油，37℃静置1h，离心后吸干表面剩余的油，吸油量B按下式计算：

$$B=\frac{W_2-W_1}{W}$$

式中：W_2为油脂质量（g）；W_1为样品质量（g）。

（3）对胆固醇的吸附作用。参照钟希琼等的方法，稍做修改，绘制胆固醇标准曲线。取鸡蛋的蛋黄用9倍蒸馏水充分搅打成乳液。分别取1g

抗性糊精加入50g稀释蛋黄液中，分别调节体系pH为2.0和7.0，37℃振荡2h，离心后取0.04mL上清液，550nm测定吸光度计算胆固醇含量，吸附前后胆固醇差值即为每克抗性糊精的吸附量。

4. 吸附亚硝酸盐测定

参照周文斌的方法，稍做修改，绘制亚硝酸盐标准曲线。称取1g抗性糊精加入100mL 100 μmol/L亚硝酸钠溶液中，分别调节pH为2.0和7.0，37℃振荡2h，吸取1mL上清液于540nm测定吸光度，计算亚硝酸盐含量。吸附前后亚硝酸盐质量差值即为每克抗性糊精的吸附量。

（三）数据处理

每组实验平行测定至少三次，应用Excel建立数据库，采用SPSS 17.0软件分析数据结果，利用Design—Expert 10.0.1软件对实验数据进行统计分析，以$P<0.05$视为差异显著。

三、结果与分析
（一）抗性糊精理化性质
1. 溶解度及持水性

测定绿豆淀粉及抗性糊精的溶解度可知，绿豆淀粉溶解度为0.22g/g，抗性糊精溶解度为10.04g/g。绿豆抗性糊精溶解度与绿豆淀粉相比显著提升，这与已有研究结果一致。室温时，绿豆淀粉几乎不溶于水，而绿豆抗性糊精可很好地溶于水中。随着酸热反应的发生淀粉焦糊精化以及后期加入两种酶使其发生水解，绿豆淀粉由大分子朝着小分子单糖及双糖转化，所以溶解度发生显著改善。测定绿豆淀粉及抗性糊精的持水性可知，绿豆淀粉持水性为0.35g/g，绿豆抗性糊精持水性为10.31g/g。绿豆抗性糊精与绿豆淀粉相比，持水性显著增大。当加入水后，抗性糊精有吸水膨胀的现象，而淀粉加入水后无明显改变。由此可见，持水力和吸水膨胀性，具有一定的相关性。抗性糊精的持水力显著提高，可能因为淀粉分子经过酸热处理之后，其内部分子化学键发生断裂，随反应进行大分子发生降解，变成小分子糖类，聚合度也随之降低。因其结构表面积大，所以对于水分子的保留能力增强。这两个性质在一定程度说明抗性糊精比淀粉更容易被人体消化吸收，而因为其具有很好的持水性和溶解性，在功能保健食品上也具有比淀粉原料更丰富的用途。

2. 电镜扫描结果

图4-14为绿豆淀粉和绿豆抗性糊精的扫描电镜结果。

(a) 绿豆淀粉(×500)　　　　　　　(b) 绿豆淀粉(×5000)

(c) 绿豆抗性糊精(×500)　　　　　(d) 绿豆抗性糊精(×5000)

图4-14　绿豆淀粉和绿豆抗性糊精的扫描电镜图

从图4-14可看出，在相同放大倍数下，绿豆淀粉与纯化后的绿豆抗性糊精具有完全不同的形态结构。绿豆淀粉颗粒较小，颗粒之间差异不大，为规则的椭圆形颗粒，颗粒表面光滑。而纯化后绿豆抗性糊精的颗粒较大且颗粒大小不一，为不规则形态，颗粒表面变得粗糙不同，无定型的结构。绿豆淀粉经过酸热反应后，分子结构被破坏，又重新组合形成绿豆抗性糊精，聚合度分布不一，表面粗糙，有利于水分子的进入，与前文关于二者溶解性和持水性的结果一致，绿豆抗性糊精具有更好的溶解性和更小的黏性。

3. 红外光谱测定

图4-15为绿豆淀粉及绿豆抗性糊精的红外光谱图。

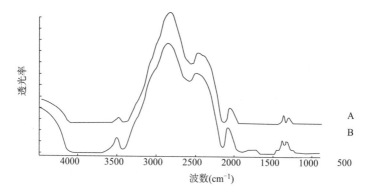

图 4-15　绿豆淀粉及绿豆抗性糊精的红外光谱图

A—绿豆淀粉的红外光谱图　B—绿豆抗性糊精的红外光谱图

由图4-15可知，绿豆淀粉与绿豆抗性糊精在3000cm^{-1}、2300cm^{-1}、2000cm^{-1}、1600cm^{-1}、800cm^{-1}附近均有强吸收峰，它们代表着饱和碳氢键伸缩振动吸收峰、碳氧键伸缩振动峰、碳碳键骨架振动吸收峰，这与肖湘对绿豆淀粉红外光谱研究结果一致。二者特征峰的峰形、位置未发生明显变化，绿豆抗性糊精的特征吸收峰略微前移，二者透过率大小存在明显差异，绿豆淀粉透过率高于绿豆抗性糊精，这可能与相应化学键的含量有关，说明绿豆淀粉经糊精化和酶解后结构发生改变，这与前文扫描电镜的结果一致。

4.X射线衍射

图4-16为绿豆淀粉及绿豆抗性糊精的X射线衍射谱图。

由图4-16可知，绿豆淀粉在15.36°、17.32°、23.38°处有强衍射峰，经拟合分析其结晶度为34.37%，结晶类型为C型结晶，豆类淀粉主要为C型结晶，这与已有的研究结果一致。绿豆抗性糊精的衍射峰很宽，在20°左右有强吸收峰，但结晶度不高，属于典型的非晶谱，绿豆抗性糊精属于非晶态。这可能是因为绿豆淀粉糊精化之后，原有绿豆淀粉的结晶结构被破坏，抗性糊精由主要是葡萄糖组成的低聚糖，为非晶态。

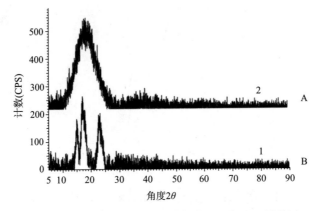

图4-16　绿豆淀粉及绿豆抗性糊精的 X 射线衍射谱图

A—绿豆淀粉的X射线衍射谱图　B—纯化后绿豆抗性糊精的X射线衍射谱图

5. 分子量测定

图4-17为绿豆淀粉和绿豆抗性糊精的示差折光检测结果。

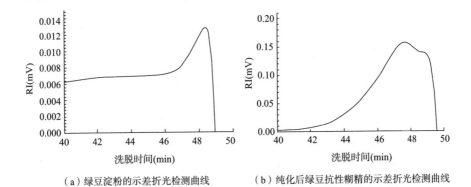

（a）绿豆淀粉的示差折光检测曲线　　　（b）纯化后绿豆抗性糊精的示差折光检测曲线

图4-17　绿豆淀粉及绿豆抗性糊精的示差折光检测曲线

由图4-17可知，绿豆淀粉及绿豆抗性糊精的示差折光检测曲线上均只有单一峰，说明两者的分子量相对集中。利用ASTRA 6.1软件进行分析，得绿豆淀粉和绿豆抗性糊精的分子量分别为（6107.10 ± 68.90）× 10^3 u和（796.40 ± 9.60）× 10^3u，淀粉分子受热和酸的作用，结构被破坏，分子键断裂形成小分子，之后小分子之间无规则重组形成小分子聚合体，分子量显著下降；软件分析所得绿豆淀粉和绿豆抗性糊精的回转半径分别为（280.40 ± 10.40）nm和（279.40 ± 11.70）nm，直观上看二者相差不大。

绿豆抗性糊精的分子量大约在80×10^4Da，显著高于一般的低聚果糖、菊粉等这些水溶性膳食纤维，可能具有更多的功能特性。

6. 单糖组成成分

表4-7为绿豆淀粉及绿豆抗性糊精的单糖组成测定结果。

表4-7 绿豆淀粉及绿豆抗性糊精的单糖组成

样品	鼠李糖	阿拉伯糖	木糖	甘露糖	葡萄糖	半乳糖
绿豆淀粉（%）	0.70 ± 0.10	4.20 ± 0.80	2.70 ± 0.60	1.70 ± 0.90	83.10 ± 3.20	7.60 ± 0.60
绿豆抗性糊精（%）	—	4.10 ± 0.90	2.20 ± 0.50	—	93.70 ± 3.20	—

由表4-7可以看出，绿豆淀粉的单糖组成相对于绿豆抗性糊精较为多样，共含有六种单糖，葡萄糖、阿拉伯糖、木糖、甘露糖、半乳糖和鼠李糖；抗性糊精中的单糖组成只有三种：葡萄糖、阿拉伯糖和木糖，这与已有研究结果一致。可能因为绿豆淀粉在糊精化反应时，葡萄糖单体重聚，淀粉中的阿拉伯糖和木糖也参与重聚合，形成了绿豆抗性糊精，而鼠李糖、甘露糖、半乳糖等未与参与其中，在纯化过程中被分离出去，因此，在绿豆抗性糊精的单糖组成中未检出这三种单糖。

（二）抗性糊精功能特性

1. 体外模拟消化

图4-18和图4-19分别为模拟肠胃液消化测定消化率结果、体外模拟酶消化法测定消化率结果。

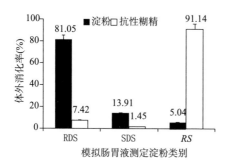

图4-18 模拟肠胃液消化测定消化率结果

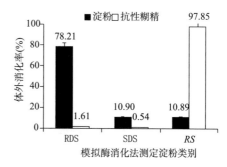

图4-19 体外模拟酶消化法测定消化率结果

麦芽糖的标准曲线的线性方程为：$y=0.1594x-0.1198$，其R^2为0.997，适用于计算麦芽糖含量。

由图4-18和图4-19可知，两种测定消化性的方法，测定得到的淀粉和抗性糊精的体外消化性数据表明，经过酸热反应之后，抗性糊精的抗消化性成分含量显著高于（$P<0.05$）绿豆淀粉，这与郭峰等测得抗性麦芽糊精抗性淀粉含量为90.81%，抗性糊精的抗消化性成分显著上升的研究结果一致。两种方法选用的测定指标不同，一个测定指标为葡萄糖含量另一个为麦芽糖含量，反应原理上不同，导致测定结果存在一定差异。淀粉中含有多种糖苷键，其中的$\alpha-1$，4-糖苷键是能被体内消化酶水解，使淀粉断裂成人体能够直接吸收的葡萄糖；其他的如$\alpha-1$，2、$\alpha-1$，3、$\alpha-1$，6-糖苷键则不能被体内消化酶水解。提高这三种糖苷键含量即提高了抗消化性成分。淀粉在经过酸热处理之后，其中的$\alpha-1$，4-糖苷键被酸破坏断裂，小分子葡萄糖和二糖通过$\alpha-1$，6-糖苷键进行重新连接，并且$\alpha-1$，2、$\alpha-1$，3-糖苷键含量上升，消化酶和人体肠胃液不能作用于这个键，所以快消化淀粉、慢消化淀粉比例大幅下降，抗性淀粉占比大幅提高。试验结果表明绿豆抗性糊精具有很强的抗消化性。

2. 体外降糖功能

（1）α-葡萄糖苷酶活性抑制。图4-20为测定绿豆抗性糊精和阿卡波糖抑制α-葡萄糖苷酶的结果。

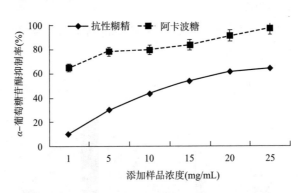

图4-20　抑制 α- 葡萄糖苷酶结果

α-葡萄糖苷酶为人体内临床常检测一种常见的水解酶，其作用是将体内的双糖分解成单糖，便于人体吸收。阿卡波糖是一种复杂的低聚糖，为α-葡萄糖苷酶抑制剂，在人体内可竞争性与其结合抑制酶活力，抑制餐后血糖升高，可以作为糖尿病人的治疗药物。由图4-20可知，在添加同样浓度和同样量的抗性糊精和阿卡波糖溶液时，抗性糊精对α-葡萄糖苷酶的抑制能力均低于阿卡波糖抑制能力，且有显著差异（$P<0.05$）。随着抗性糊精的添加浓度增加，抑制能力也随之增加，且与阿卡波糖抑制效果的差距越来越小。抗性糊精作为一种葡聚糖，具有比淀粉更复杂的分支结构，可能因为这些不规则的结构的存在，因而抗性糊精能具有和阿卡波糖相类似与α-葡萄糖苷酶结合的作用，从而抑制了α-葡萄糖苷酶的活力。由抑制α-葡萄糖苷酶能力测定结果可知，抗性糊精具有一定的降糖功能，且浓度高于一定值时具有较好的作用。

（2）α-淀粉酶活性抑制试验。图4-21为测定绿豆抗性糊精和阿卡波糖抑制α-淀粉酶的结果。

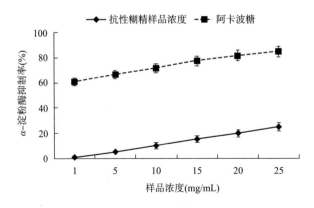

图 4-21　抑制 α- 淀粉酶结果

α-淀粉酶人体内是一种重要的淀粉水解酶，作用于淀粉中的α-1，4-糖苷键，将淀粉断裂成小分子的糊精、少量葡萄糖和寡糖等。抑制α-淀粉酶活性，可有效控制餐后血糖的升高。现有多篇研究报道表明膳食纤维对α-淀粉酶具有抑制作用。由图4-21可知，在添加同样浓度和同样的量抗性糊精和阿卡波糖溶液时，抗性糊精对α-淀粉酶的抑制能力均低于阿卡波糖的抑制能力，且有显著差异（$P<0.05$）。随着抗性糊精的添加浓度增加，抑制能力有了明显提升。在添加抗性糊精达到一定量时对α-淀粉酶的抑制能力也会达到很好的水平。抗性糊精作为一种低聚糖，可能具

有与α–淀粉酶抑制剂相似的作用，可能因为这些不规则结构的存在，因而抗性糊精具有和阿卡波糖相类似与α–淀粉酶结合的作用，从而抑制了α–淀粉酶的活力。由抑制α–淀粉酶能力测定结果可知，抗性糊精具有一定的降糖功能，且浓度高于一定值时具有较好的作用。综上试验结果，绿豆抗性糊精抑制α–淀粉酶和α–葡萄糖苷酶活性的能力弱于阿卡波糖，随着浓度上升抑制能力也随之上升，当到达一定浓度时也能起到很好的抑制，具有一定的降糖作用。

3. 体外降脂功能

（1）吸附胆酸钠。胆酸钠标准线性回归方程为$y=0.2357x-0.0204$，$R^2=0.9953$，可用于计算溶液中胆酸钠的浓度。图4–22为不同质量抗性糊精对胆酸钠吸附结果。

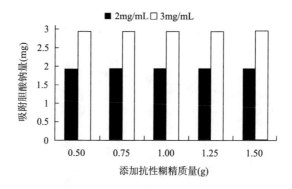

图4–22　添加不同质量抗性糊精对胆酸钠吸附结果

胆酸盐是人体内合成胆固醇的前体物质，被物质吸附后通过代谢将其排出体外，从而促进胆固醇降解。胆汁包括胆汁酸、胆固醇和胆酸盐等物质，胆汁酸由肝细胞分泌产生，在细菌作用下可生成致癌物，降低肠道胆汁酸可以有效预防结肠癌等肠道疾病。由图4–22可知，在添加0.5～1.5g抗性糊精时，对浓度为2mg/mL和3mg/mL的胆酸钠溶液，均具有很好的吸附效果，随着添加量增加，胆酸盐的吸附量略有增长但无明显差异（$P>0.05$）。在胆酸盐浓度为3mg/mL时的吸附量效果优于2mg/mL，在一段时间后达到吸附平衡。胆酸盐浓度较高时，抗性糊精吸附胆酸盐效率更好；而在胆酸盐浓度较低时，吸附胆酸盐效果较弱，有助于维持人体内胆固醇的代谢平衡，保证正常的生理活动。

（2）吸附胆固醇。胆固醇标准线性回归方程为$y=7.0218x-0.0154$，$R^2=0.9956$，可用于计算胆固醇的浓度。表4-8是绿豆抗性糊精吸附胆固醇结果。

表 4-8　绿豆抗性糊精吸附胆固醇结果

pH	pH=2.0	pH=7.0
抗性糊精吸附量（mg/mL）	0.24	0.58
吸附率（%）	22.50	28.12

人体胆固醇含量过多时，胆固醇在血管中沉淀，影响正常血液流通，最后发展为动脉粥样硬化。现有研究表明胆固醇含量与动脉粥样硬化发病危险程度呈正相关。由表4-8可知，pH=7.0时，比pH=2.0抗性糊精对蛋黄中胆固醇具有更好的吸附性能，这符合现有水溶性膳食纤维吸附胆固醇的研究结果。反应环境的pH对胆固醇吸附具有较大影响，中性反应条件下，绿豆抗性糊精对胆固醇的吸附效果更好。

（3）吸附油脂结果与分析。图4-23为绿豆抗性糊精吸附油脂结果。

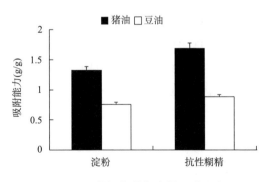

图 4-23　抗性糊精与淀粉吸附油脂

由图4-23可知，淀粉吸附猪油和豆油的能力测定结果分别为：1.32g/g、0.76g/g，抗性糊精对二者的吸附能力分别为：1.69g/g、0.88g/g。总体而言，绿豆抗性糊精对猪油和豆油的吸附效果好于绿豆淀粉。

4．吸附亚硝酸盐结果与分析

图4-24是绿豆淀粉和绿豆抗性糊精吸附亚硝酸盐的结果。

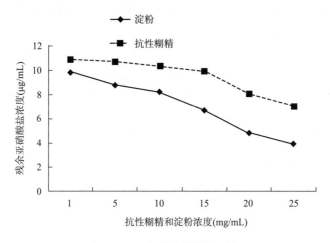

图 4-24　吸附亚硝酸盐结果

亚硝酸盐标准线性回归方程为$y=0.2641x+0.0064$，$R^2=0.9987$，可用于计算溶液中亚硝酸盐的浓度。亚硝酸盐是食品中经常会使用到的一种发色剂和防腐剂，是肉类的加工中不可或缺的一种添加剂，同时也具有强致癌性，可诱发食道癌、肠癌等疾病，NO^{2-}进入胃中与H^+结合成硝酸，之后与叔胺、仲胺等反应生成具有强致癌作用的亚硝基化合物。由图4-24可知，随着淀粉与抗性糊精的添加浓度的增加，残余在溶液中的NO^{2-}含量逐步下降，对亚硝酸盐的吸附量上升。在浓度为$1\sim25$mg/mL时，淀粉对亚硝酸盐的吸附能力优于抗性糊精。可能是因为淀粉分子的结构更大，对亚硝酸盐有更好的物理吸附作用。

四、结论

抗性糊精理化性质与淀粉原料相比，溶解度、颗粒结构、结晶度、分子量等理化性质发生显著改变，还具有多种膳食纤维所具备的功能特性，如辅助减肥、调节肠道菌群、降血糖、降血脂等功效。朱洁制备麦芽抗性糊精后对其理化性质和GI值进行了测定，并研究其对糖尿病模型小鼠和高血脂模型小鼠糖脂代谢的影响，研究发现麦芽抗性糊精分子量相对分布集中在40.67×10^3u，颗粒不规则、大小不一，对于小鼠的血脂水平、血糖水平均有调节作用。徐佩琳制备山药抗性糊精，对其理化性质和消化性进行了测定，研究发现山药抗性糊精溶解度与山药淀粉相比提高了47%，其相对分子量约为4×10^3u，人工模拟肠胃液消化法测得其消化率低于1%。竺鉴博等以豌豆渣为原料，运用响应面优化制备豌豆抗性糊精工艺，并对其分子量、单糖组成进行测定，研究发现豌豆抗性糊精分子量为$（1465.4 \pm 53.2） \times 10^3$u，其单糖组成为葡萄糖还有少量阿拉伯糖和木糖。陈磊以玉米淀粉为原料制备抗性糊精，研究不同酶水解对抗性糊精产品消化性的影响，结果发现不同酶水解对其消化性影响显著，抗性成分含量最高可达85.38%。试验制备绿豆抗性糊精与已有研究报道中的结果相比，溶解度、持水性与麦芽抗性糊精相比区别不大。电镜扫描结果表明绿豆抗性糊精颗粒表面形态完全发生改变，变得粗糙不规则，这与麦芽抗性糊精的颗粒形态一致，同时与溶解性、持水性显著提高的结果互相印证。受热之后淀粉分子内部的化学键断裂重组，相应的化学键含量发生明显改变，致使红外光谱谱图发生明显改变。绿豆抗性糊精由晶态转变为非晶态，具有与绿豆淀粉不同的性质。绿豆抗性糊精分子量为$（796.4 \pm 9.6） \times 10^3$u，高于常见的麦芽抗性糊精十几倍，低于豌豆抗性糊精分子量，但比市面常见低聚糖分子量大，可能具有更多作用。绿豆抗性糊精单糖组成种类与豌豆抗性糊精相比，没有发生改变，均为葡萄糖、木糖、阿拉伯糖，仅在组成含量上存在差异。绿豆抗性糊精抗消化性成分高于90%，显著高于抗性麦芽糊精，但略低于山药抗性糊精。抗性糊精是一种低聚糖，也是一种水溶性膳食纤维。膳食纤维是包括低聚糖、多糖、木质素等在内的复杂碳水化合物，常见于植物组织中，膳食纤维和低聚糖进入人体后不能被消化酶水解，能被一些肠道微生物吸收利用，且具有一系列生理功能，如调节肠道菌群，改善肠道环境；促进微量元素吸收；降低胆固醇、血脂和血压；预防便秘等。

Ahmed等研究了燕麦、大麦、车前子壳三种膳食纤维对葡萄糖吸附、扩散及对淀粉水解的影响，研究发现膳食纤维能够抑制葡萄糖扩散速度，降低葡萄糖的吸收速度，具有良好的降糖作用。Zhao等在受试临床二型糖尿病患者的饮食中添加富含膳食纤维的粗粮，结果表明膳食纤维对Ⅱ型糖尿病有改善作用。张泽生等用抗性糊精饲喂糖尿病模型小鼠，结果表明抗性糊精具有显著调节血糖作用。陈黎等研究魔芋低聚糖对高血脂模型小鼠血脂的影响，测定血样中的多项生理指标，结果表明魔芋低聚糖能显著降低小鼠血脂含量，具有一定护肝、防治高血脂的作用。刘祥等进行人体实验和动物实验，研究大豆低聚糖对乳杆菌、双歧杆菌、肠球菌和肠杆菌数量的影响，结果发现大豆低聚糖对肠道菌群具有较好的调节效果。王志宏研究陈皮膳食纤维对亚硝酸盐的吸附作用，研究发现陈皮纤维对亚硝酸盐具有很好的吸附效果。试验制备的绿豆抗性糊精具有功能低聚糖和膳食纤维一致的生理功能。绿豆抗性糊精对α-葡萄糖苷酶和α-淀粉酶活性具有较好的抑制作用，具有较高的降血糖作用；绿豆抗性糊精对胆酸钠、油脂和胆固醇均具有较好的吸附作用，具有较好的降血脂作用；绿豆抗性糊精对亚硝酸盐也具有较好的吸附作用。这些性质与膳食纤维的功能特性一致，降血脂和降血糖作用可以后续进行动物试验进一步验证。综上所述，绿豆抗性糊精抗消化性很好，具有一定的降血糖、降血脂、吸附亚硝酸盐效果，可以作为糖尿病、高血脂和肥胖患者的补充食品。

主要参考文献

［1］滕聪，么杨，任贵兴.绿豆功能活性及应用研究进展［J］.食品安全质量检测学报，2018，9（13）：286-3291.

［2］ALI N M，YEAP S K，YUSOF H M，et al. Comparison of free amino acids，antiox idants，soluble phenolic acids，cytotoxicity and immunomodulation of fermented mung bean and soybean［J］.Journal of the ence of Food & Agriculture，2016，96（5）：1648-1658.

［3］COFFMANN CW，GARCIAJ V V .Functional properties and amino acid content of a protein isolate from mung bean flour［J］.International Journal of Food Science & Technology，2010，12（5）：473-484.

［4］SULING L，RACHELLE W，QUNYU G. Effect of heat-moisture treatment on the formation and physicochemical properties of resistant starch from mung bean（phaseolus radiatus）starch［J］. Food hydrocolloids, 2011, 25（7）: 1702-1709.

［5］张海均, 贾冬英, 姚开. 绿豆的营养与保健功能研究进展［J］. 食品与发酵科技, 2012, 48（1）: 7-10.

［6］许鑫, 韩春然, 袁美娟, 等. 绿豆淀粉和芸豆淀粉理化性质比较研究［J］. 食品科学, 2010, 31（17）: 173-176.

［7］李文浩, 谭斌, 刘宏, 等. 我国9个品种绿豆淀粉的理化特性研究［J］. 中国食品学报, 2013, 13（4）: 58-64.

［8］陈萍, 谭书明, 黄颖, 等. 刺梨、山楂、绿豆饮料的降血脂作用研究［J］. 食品研究与开发, 2019, 40（14）: 57-61.

［9］NAKATANI A, Li X, MIYAMOTO J, et al.Dietary mung bean protein reduces high- fat dietinduced weight gain by modulating host bile acid metabolism in a gut microb iotadependent manner［J］. Biochemical and Biophysical Research Communications, 2018, 501（4）: 955-961.

［10］韩军花. 植物甾醇的性质、功能及应用［J］. 国外医学（卫生学分册）, 2001, 28（5）: 285-291.

［11］郭彩珍, 褚盼盼, 乔元彪. 绿豆生物碱的提取及抑菌作用的研究［J］. 浙江农业科学, 2016, 57（7）: 987-988.

［12］李健, 王旭, 刘宁. 绿豆提取物的抑菌作用研究［J］. 哈尔滨商业大学学报（自然科学版）, 2010, 26（6）: 680-683.

［13］田海娟, 王维坚, 张亚楠. 超高压辅助物理法提取绿豆活性蛋白的研究［J］. 食品研究与开发, 2014, 35（23）: 13-16.

［14］庄艳, 陈剑. 绿豆的营养价值及综合利用［J］. 杂粮作物, 2009, 29（6）: 418-419.

［15］王亚芳, 李福元, 图门巴雅尔. 绿豆的解毒作用及其机理研究进展［J］. 当代畜禽养殖业, 2014, 21（6）: 6-7.

［16］钟葵, 曾志红, 林伟静, 等. 绿豆多糖制备及抗氧化特性研究［J］. 中国粮油学报, 2013, 28（2）: 93-98.

［17］LAPSONGPHON N, YONGSAWATDIGUL J. Production and purification of antioxidant peptides from a mungbean meal hydrolysate by virgibacillus sp.SK37 proteinase［J］. Food Chemistry, 2013, 141（2）: 992-999.

［18］DONG KIM, SEOK, et al. Total Polyphenols, Antioxidant and Antiproliferative Activities of DIfferent Extracts in Mungbean Seeds and Sprouts［J］. Plant Foods for Human Nutrition, 2012, 67（1）:71-75.

［19］张会娟, 胡志超, 吕小莲, 等. 我国绿豆加工利用概况与发展分析［J］. 江苏农业科学, 2014, 42（1）: 234-236.

［20］刘咏, 杨柳. 绿豆蛋白质提取工艺的优化［J］. 食品科学, 2008, 29（8）: 272-274.

［21］潘妍, 吕春健, 谢传磊, 等. 酶法提取绿豆蛋白及其功效的初步研究［J］. 食品工业科技, 2010, 31（9）: 238-241.

［22］张玉霞, 雍国新, 黎渊珠, 等. 超声波协助提取绿豆分离蛋白的研究［J］. 食品研究与开发, 2014, 35（20）: 13-17.

［23］THOMPSON L U.Preparation and evalution of mung bean protein isolate［J］. Journal of Food, 2010, 42（1）: 202-206.

［24］朱海林, 胡志勇. 淀粉的化学改性研究［J］.天津化工, 2008, 38（3）: 10-13.

［25］段善海, 徐大庆, 缪铭. 物理法在淀粉改性中的研究进展［J］.食品科学, 2007, 25（3）: 361-366.

［26］杨莹, 黄丽婕. 改性淀粉的制备方法及应用的研究进展［J］.食品工业科技, 2013, 34（20）: 381-385.

［27］DU M, XIE J, GONG B, et al. Extraction, physicochemical characteristics and functional properties of mung bean protein［J］. Food Hydrocolloids, 2017, 76（33）: 131-140.

［28］PERERA O D A N, EASHWARAGE I S, Herath H M.Development of dietary fiber rich multi legumes flake mix［J］. Journal of Pharmacognosy & Natural Products, 2017, 3（1）: 992-997.

［29］李庆波. 绿豆渣 ACE 抑制肽的制备、鉴定及其模拟移动床色谱分离技术研究［D］.大庆: 黑龙江八一农垦大学, 2014.

［30］SKYLAS D J, MOLLOY M P, WILLOWS R D, et al. Characterisation of protein isolates prepared from processed mungbean（vigna radiata） flours［J］. Journal of Agricultural Science, 2017, 9（12）: 1-10.

［31］郭玲玲, 陈景鑫, 张巍. 高纤紫薯桃酥的研制［J］. 江苏调味副食品, 2015, 22（2）: 14-17.

［32］李积华, 郑为完, 周德红, 等. 酶法提取绿豆渣水溶性纤维素及过程中微量元素含量变化分析研究［J］. 食品工业科技, 2006, 28（9）: 106-108.

［33］刘静, 李湘利, 赵南, 等. 酶法提取绿豆渣可溶性膳食纤维工艺条件的优化［J］. 食品科技, 2013, 38（1）: 114-118.

［34］MUSHTAQ Z, IMRAN M, Salim E, et al. Biochemical perspectives of xylitol extracted from indigenous agricultural by-product mung bean（vigna radiata）hulls in a rat model［J］. Journal of the Science of Food and Agriculture, 2014, 94（5）: 969-974.

［35］NAEEM M, KHAN F, Ahmad W. Effect of farmyard manure, mineral fertilizers and mung bean residues on some microbiological properties of eroded soil in district swat［J］.SOil & Environment, 2009, 28（2）: 162-168.

［36］SINGH K, SRINIVASARAO C M. Phosphorous and mung bean residue incorporation improve soil fertility and crop productivity in sorghum and mung bean lentil cropping system［J］. Journal of Plant Nutrition, 2008, 31（3）: 12-18.

［37］ZHANG Y, XIE Y, GUO Y, et al. The mechanism about the resistant dextrin improving sensorial quality of rice Wine and red wine［J］. Journal of Food Processing & Preservation, 2018, 41（6）: 13-18.

［38］孔刘娟, 刘峰, 栾庆民, 等. 抗性糊精制备方法、功能特性及在食品中应用研究［J］. 中国食品添加剂, 2020, 31（3）: 179-183.

［39］KAPUSNIAK J, JANE J L. Preparation and characteristics of enzyme-resistant pyrodextrins from cornstarch［J］. Polish Journal of Food & Nutrition ences, 2007, 57（4）: 261-265.

［40］徐仰丽, 刘亚伟, 任伟豪. 微波条件下交联抗性糊精的制备研究［J］. 食品科技, 2009, 34（10）: 235-237.

［41］吴胜旭，徐勇，寇秀颖．微波－乙醇沉淀法制备抗性糊精工艺研究［J］．农业机械，2011，41（17）：114-116.

［42］张新武，朱博博，黄继红，等．抗性糊精的焙烤制备工艺技术研究［J］．农产品加工，2018，17（22）：33-36.

［43］吕行，黄继红，纪小国，等．"干热三步法"制备抗性糊精的工艺及其表征［J］．食品工业，2019，40（2）：95-99.

［44］KAMONRAT T，KUAKARUN K，KANITHA T. In-depth study of the changes in properties and molecular structure of cassava starch during resistant dextrin preparation［J］. Food Chemistry，2019，297（1）：1-7.

［45］丁亚杰，黄强．抗性糊精分离纯化方法研究［J］．粮食与饲料工业，2014，37（7）：28-30.

［46］张颖．抗性糊精的纯化及应用特性研究［D］．无锡：江南大学，2015.

［47］孙鲁，崔静，罗希韬，等．酶法生产低聚异麦芽糖及酵母分离纯化研究［J］．中国食品添加剂，2016，23（3）：111-115.

［48］周日尤．模拟移动床分离技术的发展和应用［J］．中国食品添加剂，2010，17（5）：182-186.

［49］张泽生，朱洁，张颖，等．抗性糊精对小鼠血糖及糖耐量的影响［J］．食品科技，2010，35（8）：112-114.

［50］ALIASGHARZADEH A，DEHGHAN P，GARGARI B，et al. Resistant dextrin，as a prebiotic，improves insulin resistance and inflammation in women with type 2 diabetes：a randomised controlled clinical trial［J］. The British journal of nutrition，2015，113（2）：321-330.

［51］乔峰，葛磊，范秋领，等．青钱柳提取物与抗性糊精合用的降血糖降血脂作用研究［J］．中国食品添加剂，2019，30（9）：82-86.

［52］BARCZYNSKA R K，JOCHYM K，SLIZEWSKA J，et al. The effect of citric acid- modified enzyme-resistant dextrin on growth and metabolism of selected strains of probiotic and other intestinal bacteria［J］. Journal of Functional Foods，2010，2（2）：126-133.

［53］LANUBILE A，BERNARDI J，MAROCCO A，et al.Differential activation of defense genes and enzymes in maize genotypes with contrasting levels of resistance to Fusarium verticillioides [J]. environmental & experimental botany, 2012, 35 (78): 39-46.

[54] CHRISTINE H, YONG Z, WALTER H, et al. The effect of soluble fiber dextrin on postprandial appetite and subsequent food intake in healthy adults [J]. Nutrition, 2018, 47 (3): 6-12.

[55] ROCÍO MG, SOFÍA P C, ITZIAR L M, et al. Effect of an alcohol-free beer enriched with isomaltulose and a resistant dextrin on insulin resistance in diabetic patients with overweight or obesity [J]. Clinical Nutrition, 2020, 39 (2): 475-483.

[56] BASU T K, OORAIKUL B. Lipid-Lowering Effects of Dietary Fiber [J]. J.clin. biochem. nutr, 2010, 18 (1): 1-9.

[57] 朱洁. 抗性糊精的工艺及特性研究 [D]. 天津: 天津科技大学, 2010.

[58] 韩冬. 不同类型碳水化合物（淀粉衍生物）的降脂作用的机制和异同点 [D]. 杭州: 浙江大学, 2014.

[59] 董吉林, 朱莹莹, 李林, 等. 燕麦膳食纤维对食源性肥胖小鼠降脂减肥作用研究 [J]. 中国粮油学报, 2015, 30 (9): 24-29.

[60] 周焕霞, 王彩梅, 袁卫涛, 等. 抗性糊精的特性、功能及市场前景 [J]. 发酵科技通讯, 2011, 40 (4): 54-56.

[61] 송재룡, 김진일, 구윤모, et al. Principles of Simulated Moving Bed Reactor (SMBR) [J]. Korean Chemical Engineering Research, 2011, 49 (2): 1-30.

[62] 张祥民, 张丽华, 张玉奎. 近年中国色谱研究进展 [J]. 色谱, 2012, 30 (3): 222-231.

[63] 刘宗利, 王乃强, 王明珠, 等. 模拟移动床色谱分离技术在功能糖生产中的应用 [J]. 中国食品添加剂, 2012, 19 (S1): 200-204.

[64] 郭元亨, 刘颖慰, 丁子元, 等. 模拟移动床在食品行业中的应用进展 [J]. 现代食品, 2019, 5 (21): 3-11.

[65] 许青青, 孔利云, 李敏, 等. 模拟移动床色谱法分离纯化链甾醇 [J]. 分析化学, 2013, 41 (6): 851-855.

［66］李良玉，贾鹏禹，李朝阳，等. 模拟移动色谱高效纯化低聚半乳糖技术［J］. 中国食品学报，2016，16（3）：138-145.

［67］信成夫，景文利，于丽，等. 模拟移动床色谱分离塔格糖的研究［J］. 中国食品添加剂，2013，12（2）：76-82.

［68］曹敏，雷光鸿，王元春，等. 模拟移动床制备高纯度低聚果糖的研究与应用［J］. 食品工业科技，2017，38（19）：84-87.

［69］ANDERSSON J, MATTIASSON B.Simulated moving bed technology with a simpli fied approach for protein purification.separation of lactoperoxidase and lactoferrin from whey protein concentrate［J］. Journal of Chromatography A, 2006, 1107（1-2）：88-95.

［70］SONG S M, KIM I H.Simulation of IgY（Immunoglobulin Yolk）Purification by SMB（simulated moving bed）［J］. Korean Chemical Engineering Research, 2011, 49（6）：798-803.

［71］MUN, SUNGYONG. Improving performance of a tandem simulated moving bed process for sugar separation by making a difference in the adsorbents and the column lengths of the two subordinate simulated moving bed units［J］. Journal of Chromatography A, 2013, 21（7）：48-57.

［72］DENIS P, OKINYO O, Peta G G, et al.Simulated moving bed purification of flaxseed oil orbitides: unprecedented separation of cyclolinopeptides C and E［J］. Journal of Chromatography B, 2014, 96（5）：231-237.

［73］HONG S B, CHOI J H, CHANG Y K, et al. Production of high-purity fucose from the seaweed of Undaria pinnatifida through acid-hydrolysis and simulated-moving bed purification［J］.Sepa ration and Purification Technology, 2019, 213（4）：133-141.

［74］刁静静，王凯凯，张丽萍，等. 模拟移动床色谱分离纯化绿豆 ACE 抑制肽［J］. 中国食品学报，2017，17（9）：142-150.

［75］竺鉴博，李朝阳，贾鹏禹，等. 响应面法优化豌豆渣抗性糊精的制备工艺［J］. 食品工业，2019，40（12）：65-69.

［76］李良玉，贾鹏禹，李朝阳，等. 模拟移动色谱高效纯化低聚半乳糖技术［J］. 中国食品学报，2016，16（3）：138-145.

[77] 肖健，曹荣安，贾建，等. DEAE 琼脂糖凝胶纯化龙胆多糖及其分子特性 [J]. 食品科学，2016，37（15）：130–135.

[78] 郭峰，陈磊，叶晓蕾，等. 不同酶水解对抗性糊精消化性的影响研究 [J]. 食品工程，2016，23（1）：28–30.

[79] 李智，艾连中，丁文宇，等. 可溶性膳食纤维对玉米淀粉体外消化的抑制作用 [J]. 食品工业科技，2019，40（19）：1–6.

[80] 刘杰超，焦中高，王思新. 苹果多酚提取物对 α- 淀粉酶和 α- 葡萄糖苷酶的抑制作用 [J]. 果树学报，2011，28（4）：553–557.

[81] APOSTOLIDIS E, LEE C M. In vitro potential of ascophyllum nodosum phenolic antioxidant- mediated alpha-glucosidase and alpha-amylase inhibition [J]. Journal of food science, 2010, 75（3）: 97–102.

[82] 钟希琼，胡文娥，林丽超. 膳食纤维对油脂、胆固醇、胆酸钠和亚硝酸根离子吸附作用的研究 [J]. 食品工业科技，2010，31（5）：134–136.

[83] 肖湘. 酸热处理绿豆的性质及消化特性研究 [D]. 广州：华南理工大学，2012.

[84] 张令文，计红芳，白师师，等. 不同品种绿豆淀粉微观结构和热力学特性的比较 [J]. 现代食品科技，2015，31（7）：80–85.

[85] 陈磊. 功能淀粉糊精的制备及其应用研究 [D]. 广州：华南理工大学，2014.

[86] SEKAR V, CHAKRABORTY S, MANI S, et al. Mangiferin from Mangifera Indica fruits reduces post- prandial glucose level by inhibiting α-glucosidase and α-amylase activity-Sciencedirect [J]. South African Journal of Botany, 2019, 120（1）: 129–134.

[87] 乙成成，刘雯雯，张颖秋，等. 低密度脂蛋白胆固醇与高密度脂蛋白胆固醇的比值与动脉粥样硬化的关系 [J]. 第二军医大学学报，2011，32（2）：224–226.

[88] 宋娟，李晓晖，宁喜斌. 微波制作壳聚糖质活性炭对亚硝酸钠的吸附性能 [J]. 材料科学与工程学报，2014，32（5）：765–768.

[89] 马梦垚，靳福娅，侯乐贵，等. 正交实验设计优化抗性糊精制备工

艺 [J]. 食品与发酵科技, 2019, 55（4）: 40-45.

[90] 张敏, 史宝利. 膜分离技术在水苏糖提取中的应用 [J]. 食品工业, 2019, 40（10）: 102-106.

[91] 汪荔, 王征, 张娇, 等. 传统工艺与膜分离技术联合对马齿苋多糖的提取分离与抗氧化活性研究 [J]. 中草药, 2016, 47（10）: 1676-1681.

[92] ZHEN Y, ZHANG T, JIANG B, et al. Purification and Characterization of Resistant Dextrin [J]. Foods, 2021, 10（1）:185-185.

[93] 余书奇, 包晓青, 梁明在, 等. 超临界流体萃取与模拟移动床色谱纯化灵芝三萜类化合物 [J]. 食品科学, 2019, 40（20）: 286-292.

[94] 徐佩琳, 罗水忠, 潘丽华, 等. 山药抗性糊精的微波预处理-酶解制备及其性质研究 [J]. 农产品加工, 2018, 17（9）: 1-5.

[95] AHMED F, UROOJ S A. In vitro hypoglycemic effects of selected dietary fiber sources [J]. Journal of Food Science & Technology, 2011, 48（3）:285-289.

[96] ZHAO L, ZHANG F, DING X, et al.Gut bacteria selectively promoted by dietary fibers alleviate type 2 diabetes [J].Science, 2018, 359（6380）:1151-1156.

[97] 王志宏, 薛建斌, 平晓丽, 等. 陈皮膳食纤维对亚硝酸盐的吸附作用 [J]. 中国实验方剂学杂志, 2012, 18（8）: 92-95.

第五章 杂粮花色苷类物质的分离技术

第一节 黑芸豆花色苷的分离技术

芸豆是我国广泛种植的豆类作物，具有重要的营养和药用价值。近年来，人们对芸豆的蛋白质、油脂、凝集素、肽、淀粉、多酚和黄酮进行了研究，取得了巨大的成就。随着这些研究的发展，芸豆的利用率将增加，并导致丢弃大量表皮。与白芸豆相比，彩色芸豆皮具有更高的抗氧化活性，因为它含有花青素。大多数研究集中在抗氧化特性和加工方法对芸豆花色苷生物活性的影响，但对从彩色芸豆中提取的花色苷的纯化方法的研究很少。对彩色芸豆的研究主要集中在红色和瑞典棕色菜豆上，而对黑芸豆的研究很少。纯化花青素的方法包括大孔树脂吸附，液体和亚临界二氧化碳，膜分离，制备型高效液相色谱，双水相萃取，离子液体溶液，高速逆流色谱，高压纸电泳，柱色谱。这些方法可以获得高纯度，但许多是实验室水平的，无法工业化。一些集成和组合技术已用于纯化花色苷，工艺效率有所提高，但在工业化之前仍存在一些差距。连续色谱系统是一种模拟移动床（SMB）色谱，是一种高效、先进的纯化技术。与传统柱色谱法相比，SMB法处理时间短，生产率高，所需缓冲液和树脂体积少。SMB系统已用于蛋白质分离、银杏叶富集和肝素纯化的许多领域。SMB系统在花色苷纯化中的应用尚未见报道。本研究的目的是利用SMB系统纯化黑芸豆花色苷，并研究黑芸豆花色苷的体外抗氧化性能。并对黑芸豆花色苷的主要成分进行了讨论。这将为开发一种新型的花色苷工业化纯化方法提供有用的信息。

一、材料与设备

黑芸豆（市购）；乙醇、氯化钾、醋酸钠、盐酸、醋酸、氢氧化钠（分析纯）；AB-8树脂（南开大学化工厂）；紫外可见光分光光度计Pharo300；多频多功率超声波药品处理机（中国济宁金百特电子有限责任公司）；RPL-ZD10装柱机；自制制备色谱柱500×1.5mm；酸度计S220K（梅特勒·托利多）；ME104电子天平（梅特勒·托利多）；UPLC-Triple-TOF/MS系统：AcquityTM ultra型高效液相色谱仪（美国Waters公司），Triple TOF 5600+型飞行时间质谱，配有电喷雾离子源（美国AB SCIEX公司）；Eppendorf minispan离心机（德国Eppendorf公司）。

二、试验方法

（一）黑芸豆花色苷的提取工艺

取一定量黑芸豆，精选除杂，处理后粉碎得到200微米粒度的粉末状芸豆粉，0.6%盐酸的60%乙醇溶解，超声辅助提取，液料比10mL/g，超声频率24kHz，超声功率300W，超声时间20min，超声温度30℃，得到黑芸豆花色苷粗提液。

（二）黑芸豆花色苷光谱特性的测定

取提取后的黑芸豆花色苷溶液在波长190～600nm内进行扫描，测得吸收波长分布情况，找到最大的吸光度值所对应的波长，作为测定最佳工艺条件和评价稳定性的标准，在该波长下进行含量的测定。

（三）单因素试验方法

1. 醇浓度对黑芸豆花色苷提取的影响

称取黑芸豆粉10g，采用20%、30%、40%、50%、60%、70%、80%、90%、100%的不同浓度乙醇溶液作为提取剂，液料比10mL/g，加入0.2%的盐酸溶液，混合均匀，静置20min，进行超声处理超声频率24kHz，超声功率300W，超声时间25min、超声温度30℃，再经4000r/min离心10min，取上清液测定吸光度值，重复三次取平均值。

2. 超声提取温度对黑芸豆花色苷提取的影响

称取黑芸豆粉10g，采用70%的浓度乙醇溶液作为提取剂，液料比10mL/g，加入0.2%的盐酸溶液，混合均匀，静置20min，进行超声辅助处理，超声频率24kHz，超声功率300W，超声时间为25min，超声温度分别为20℃、25℃、30℃、35℃、40℃五个水平，再经4000r/min离心10min，取上清液测定吸光度值，重复三次取平均值。

3. 超声提取时间对黑芸豆花色苷提取的影响

称取黑芸豆粉10g，采用70%的浓度乙醇溶液作为提取剂，液料比10mL/g，加入0.2%的盐酸溶液，混合均匀，静置20min，进行超声处理超声频率24kHz，超声功率300W，超声温度30℃，超声时间分别为10min、15min、20min、25min、30min、35min、40min，再经4000r/min离心10min，取上清液测定吸光度值，重复三次取平均值。

4. 超声功率对黑芸豆花色苷提取的影响

称取黑芸豆粉10g，采用70%的浓度乙醇溶液作为提取剂，采用液料比（mg/L）10，加入0.2%的盐酸溶液，混合均匀，静置20min，进行超声处理超声频率24kHz，超声功率分别为100W、200W、300W、400W、500W，超声时间为25min，超声温度30℃，再经4000r/min离心10min，取上清液测定吸光度值，重复三次取平均值。

5. 超声液料比对黑芸豆花色苷提取的影响

称取黑芸豆粉10g，采用70%的浓度乙醇溶液作为提取剂，采用不同的液料比5、10、15、20、25mL/g，加入0.2%的盐酸溶液，混合均匀，静置20min，进行超声处理超声频率24kHz，超声功率300W，超声时间为25min、超声温度30℃，再经4000r/min离心10min，取上清液将液料比统一调配至10mL/g后测定吸光度值，重复三次取平均值。

（四）响应面优化试验方法

响应面试验因素水平编码表见表5-1。

表 5-1　因素水平编码表

编码值	超声功率（W）X_1	超声温度（℃）X_2	超声时间（min）X_3	液料比（mL/g）X_4
-2	300	25	15	5
-1	350	27.5	17.5	7.5

编码值	超声功率（W）	超声温度（℃）	超声时间（min）	液料比（mL/g）
	X_1	X_2	X_3	X_4
0	400	30	20	10
+1	450	32.5	22.5	12.5
+2	500	35	25	15

（五）制备色谱分离黑芸豆花色苷的方法

1. 分离条件优化

将预处理的AB-8树脂放入色谱柱（15mm×500mm）中，柱温30℃，分别配置浓度为100mg/mL、150mg/mL、200mg/mL、250mg/mL、300mg/mL（解吸流速为2.0mL/min），解吸流速为1.0mL/min、1.5mL/min、2.0mL/min、2.5mL/min、3.0mL/min（黑芸豆花色苷浓度为200mg/mL）饱和进料后，用去离子水（3BV）清洗色谱柱，用60%乙醇（3BV）解吸，收集洗脱液和冻干液，计算纯度和收率，研究浓度对AB-8树脂纯化黑芸豆花色苷的影响。

2. 制备色谱分离黑芸豆花色苷的方法

将AB-8树脂置于制备色谱柱（15mm×500mm）中。操作参数设定为柱温30℃，浓度200mg/mL，解吸流速2.0mL/min，进料饱和后，用去离子水（3BV）清洗色谱柱，分别用20%、40%、60%乙醇（3BV）解吸。分别收集洗脱液，最后用紫外分光光度计对样品进行分析，并测定其抗氧化活性，以研究柱色谱法纯化黑芸豆花色苷。

（六）模拟移动床色谱分离黑芸豆花色苷的方法

本研究采用SMB（20个，25mm×500mm柱，国家杂粮工程技术研究中心，图5-1）。采用SMB技术，根据技术要求对传统的模拟移动床进行了改进。整个工艺循环包括一个带有多个树脂柱（20个）的圆盘和一个多孔分配阀。分离塔通过圆盘的旋转和阀口的转换，在一个工艺循环中完成吸附、净化、解吸和再生的全过程。在连续分离系统中，工艺步骤同时进行。本研究采用20个色谱柱（25mm×500mm）进行分离。

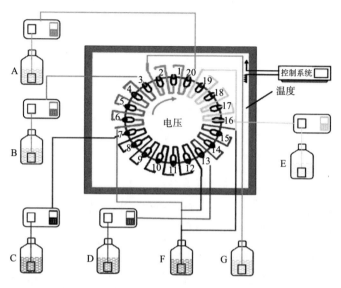

图 5-1　黑芸豆花色苷纯化 SMB 系统组装图

A—解吸液（40%EtOH）　B—精制液（20%EtOH）　C—吸附液（原花青素溶液）　D—水洗液（去离子水）　E—再生液（80%EtOH）　F—废水　G—精制花青素

研究表明，花色素苷主要存在于黑芸豆40%乙醇溶液中。据此，将黑芸豆花色苷 SMB分离的色谱分离系统分为5个部分，分别为吸附区、精制区、解吸区、再生区和水洗区，在吸附区向系统中添加原料，树脂吸收花青素。再生区也可视为杂质去除区。使用20%乙醇去除蛋白质、多糖和其他杂质物质。解吸区用40%乙醇洗脱，得到高纯度的黑芸豆花色苷产品。在再生区，用80%乙醇冲洗色谱柱，并完全去除柱中的其他杂质。在清洗区，使用去离子水从色谱柱中去除乙醇，并准备进料区。该系统有20个色谱柱。系统运行时，树脂柱和支撑底盘处于固定位置。旋转阀以固定速率旋转，因此在五个步骤的操作过程中实现了20个色谱柱，包括连续吸附、纯化、洗脱、再生和水洗。20个槽与20个立柱的刚性端相匹配。当系统运行时，流入或流出固定槽的液体是恒定且不间断的。当旋转阀旋转一圈时，每个树脂柱将经历一个完整的吸附、精制、解吸、再生和水洗过程。在单柱实验的基础上，模拟移动床（SMB）和真实移动床（TMB）之间的等效和转换关系通过以下等式连接：

SMB固态流量与切换时间的转换关系如下：

$$Q_s = \frac{(1-\varepsilon)}{\tau}$$

TMB流量比公式：

$$m_j = \frac{Q_j^{\text{TMB}}}{Q_s}$$

SMB流量比与TMB流量比的换算关系：

$$\frac{Q_j^{\text{SMB}}}{Q_s} = \frac{Q_j^{\text{TMB}}}{Q_s} + \frac{\varepsilon}{1-\varepsilon}$$

TMB流量比与流量比的换算关系：

$$\frac{u_j^{\text{TMB}}}{u_s} = \frac{(1-\varepsilon)D_j^{\text{TMB}} - \varepsilon Q_s}{\varepsilon Q_s} = \frac{1-\varepsilon}{\varepsilon}\frac{Q_j^{\text{SMB}}}{Q_s} - 1$$

式中：Q_s为固态流动；Q_j为j区的流动状态流动；τ为孔隙度；m_j为TMB时j区的流动比率；U_j为j区的流动比率；U_s为固态的流动比率；D_j为轴向扩散系数.

通过AB-8树脂对黑芸豆花色苷的吸附实验，确定了饱和吸附量、饱和时间、洗脱液、洗脱剂、再生剂、水流量、再生洗涤效果等参数以及树脂和设备的实际运行性能。定义了IE-SMB色谱分离区的分布类型。根据树脂的静态和动态实验以及TMB模型的物料平衡方程计算初始工艺参数。根据TMB实验的基本参数，进一步优化了SMB分离纯化黑芸豆花色苷的工艺参数。

（七）测定方法

1. 花色苷测定方法

用氯化钾缓冲液（pH 1.0）和醋酸钠缓冲液（pH 4.5）稀释两个花青素溶液样品，两种溶液的比例为1：15，蒸馏水为空白，并用紫外分光光度计在510nm和700nm处测量吸附。以花青素-3-O-葡萄糖苷（C3G）为标准，通过下式计算花青素含量。

花青素含量（mg/mL）= $\Delta A \times M_w \times DF \times 10^3 / (\varepsilon \times 1)$

式中：ΔA为吸光度差，ΔA等于pH为1和pH为4.5测得的（$A_{510\text{nm}} - A_{700\text{nm}}$）的差；$M_w$为C3G的分子量（449.2g/mol）；$DF$为稀释倍数；$\varepsilon = 26900$，为氰基-3-$O$-葡萄糖苷（C3G）的摩尔消光系数；1为反应杯

的光学距离（cm）。

2. 液质测定方法

液相色谱条件：色谱柱Kromasil—C18（250×4mm，5μm）；流动相A：2.0%甲酸溶液，流动相B：含2%甲酸的54%（体积分数）乙腈溶液；洗脱程序：0~1min：10% B，1~17min：10%~25% B；流速：1.0mL/min，进样量30μL，柱温度30℃，检测波长525nm。

质谱条件：扫描范围：m/z 100~1500；雾化气（GS_1）：50psi；雾化气（GS_2）：0.34mPa；气帘气（CUR）：35ps；离子源温度（TEM）：600℃（正）；离子源电压（IS）：5500V（正）；一级扫描：去簇电压（DP）：100V；聚焦电压（CE）：10V。

二级扫描：使用TOF MS–Product Ion–IDA模式采集质谱数据，CID能量为20V、40V和60V，进样前，用CDS泵做质量轴校正，使质量轴误差小于2ppm。

3. 抗氧化活性测定方法

（1）DPPH自由基清除活性的测定。DPPH自由基清除活性通过Maeda等的方法测定，但略有修改。向不同浓度（0~50μg/mL）的样品（2mL）中添加2mL 0.4mm DPPH自由基。剧烈摇动混合物并在黑暗中静置30min，然后在517nm处测量甲醇空白的吸光度。抗坏血酸作为阳性对照。根据以下方程式计算DPPH的抑制百分比：

$$DPPH 清除能力 = [(A-B)/A] \times 100\%$$

式中：A为DPPH自由基+甲醇的吸光度；B为DPPH+试样的吸光度。

所有测定均三次。IC_{50}是使DPPH浓度相对于对照降低50%所需的样品浓度。

（2）ABTS+·自由基清除活性的测定。ABTS+·通过Arnao和Zhang等的方法测定自由基清除活性，并进行轻微修改。取4mL的ABTS工作液与1mL的样品混合，于室温下避光放置6min，在734nm处测定吸光值。为样品的平均吸光度记为A_1，用无水乙醇替代样品溶液测得空白的吸光度值记为A_0。用无水乙醇作为空白调零，并用VC作为对照样，清除能力表示为：

$$ABTS 清除能力 = [1-(A_1-A_2)/A_0] \times 100\%$$

三、结果与分析

（一）黑芸豆花色苷光谱特性的测定结果

黑芸豆花色苷光谱特性的测定结果，如图5-2所示。

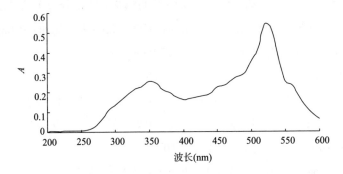

图 5-2　黑芸豆花色苷的紫外—可见光吸收光谱曲线

由图5-2可以看出黑芸豆乙醇提取物紫外—可见光吸收光谱中含有两个明显的吸收峰，符合黄酮类物质的吸收光谱特征。此外，黑芸豆乙醇提取物的紫外—可见光吸收光谱曲线在520nm处有最大吸收峰，符合花色苷类物质在可见光范围内最大吸收峰在500～550nm的特征。因此，可以初步鉴定本研究提取的黑芸豆乙醇提取物为花色苷类物质，选择520nm作为吸光度测定波长。

（二）单因素试验结果与分析

1. 乙醇浓度对黑芸豆花色苷提取的影响

乙醇浓度对黑芸豆花色苷提取的影响，如图5-3所示。

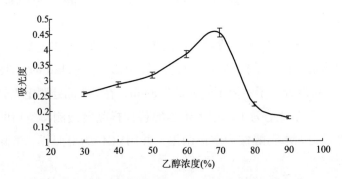

图 5-3　不同乙醇浓度与黑芸豆花色苷提取的关系

由图5-3可以看出，随着乙醇浓度的不断增大，黑芸豆花色苷的吸光度值不断增大；当乙醇70%时吸光度值最大，之后下降。这是由于乙醇浓度较低时，亲水性的糖类和有机酸等物质的溶解能力强，影响了黑芸豆花色苷的溶出，导致黑芸豆花色苷得率较低；当乙醇浓度大于70%后，浸提液极性过低，一部分极性相对较强的花色苷不能溶出，导致黑芸豆花色苷得率较低。因此，确定黑芸豆花色苷提取的最佳乙醇浓度为70%。

2. 不同超声条件对黑芸豆花色苷提取的影响

不同超声条件对黑芸豆花色苷提取的影响，如图5-4所示。

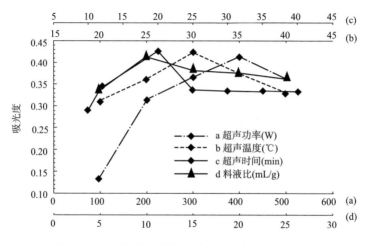

图 5-4 不同超声条件与黑芸豆花色苷提取的关系

由图5-4线条a可以看出，随着超声功率的不断增大，黑芸豆花色苷的OD值呈现上升的趋势；在超声功率为400W时OD值最大，超过400W后OD值有下降的趋势。这是由于随着超声波功率的增加超声波热效应增加，可能会导致黑芸豆花色苷结构的破坏，从而导致黑芸豆花色苷收率的下降。因此，本试验选择响应面优化超声功率范围为在以400W为中心300~500W。由图5-4线条b可以看出，在30℃时，吸光度值达到最大值，之后呈下降趋势。温度升高后溶剂的溶解能力、溶解速度不断提高，分子运动不断加速，溶剂和黑芸豆花色苷分子在寻求互相融合的速度及能力的平衡过程。温度超过30℃后，OD值不断下降，这是由于花色苷的稳定性受温度影响较大，花色苷结构会向着无色的查尔酮和甲醇假碱形式转化，当恢复冷却和酸化条件时甲醇假碱还可转变成红色的花色烊阳离子形式，而查尔酮则很难再转化为花色烊阳离子形式。综合考虑后选择30℃为中心点25～35℃进行响应面试验。由图5-4线条c可知，超声时间在10～20min时，吸光度呈现上升趋势，20min时吸光度最大，20min后有下降趋势并趋于平缓。这可能是因为超声时间过长，导致影响了花色苷的稳定性，会使黑芸豆花色苷产生部分降解，破坏黑芸豆花色苷结构，影响其生物活性。因此，本试验选择20min为中心点15～25min进行响应面试验。由图5-4线条d可以看出，在5～10mL/g随着液料比的增大，黑芸豆花色苷的吸光度不断升高，花色苷在少量溶剂存在下很快溶解达到饱和，扩散推动力降低；当超声液料比达到10mL/g后有下降趋势，分析原因可能是随着液料比的升高，其他成分的溶出也相对增多，从而抑制了黑芸豆花色苷的溶出影响黑芸豆花色苷提取的纯度及效率。因此，本试验选择响应面优化处理超声液料比范围为在以10mL/g为中心5～15mL/g。

（三）响应面优化试验的结果与分析

1. 响应面试验优化结果

基于单因素实验结果确定的水平范围，以超声功率（W）、超声温度（℃）、超声时间（min）、液料比（mL/g）这四个因素为自变量（分别以X_1、X_2、X_3、X_4表示），以黑芸豆花色苷吸光度值为Y设计4因素共32个试验点的四元二次回归正交旋转组合实验，结果见表5-2。

表5-2　实验安排表以及实验结果

实验号	X_1	X_2	X_3	X_4	吸光度（A）
1	1	1	1	1	0.322
2	1	1	1	−1	0.302
3	1	1	−1	1	0.451
4	1	1	−1	−1	0.362
5	1	−1	1	1	0.431
6	1	−1	1	−1	0.318
7	1	−1	−1	1	0.458
8	1	−1	−1	−1	0.364

续表

实验号	X_1	X_2	X_3	X_4	吸光度（A）
9	−1	1	1	1	0.352
10	−1	1	1	−1	0.235
11	−1	1	−1	1	0.395
12	−1	1	−1	−1	0.306
13	−1	−1	1	1	0.412
14	−1	−1	1	−1	0.202
15	−1	−1	−1	1	0.379
16	−1	−1	−1	−1	0.212
17	2	0	0	0	0.358
18	−2	0	0	0	0.309
19	0	2	0	0	0.279
20	0	−2	0	0	0.339
21	0	0	2	0	0.311
22	0	0	−2	0	0.392
23	0	0	0	2	0.421
24	0	0	0	−2	0.236
25	0	0	0	0	0.452
26	0	0	0	0	0.442
27	0	0	0	0	0.389
28	0	0	0	0	0.451
29	0	0	0	0	0.378
30	0	0	0	0	0.432
31	0	0	0	0	0.452
32	0	0	0	0	0.409

采用SAS 8.2统计软件对优化实验进行响应面回归分析（RSREG），回归方程以及回归方程各项的方差分析结果见表5–3，二次回归参数模型数据见表5–4。

表 5-3　回归方程的方差分析表

回归方差来源	自由度 DF	平方和	均方和	F 值	p
回归模型 /model	14	0.1592	0.9254	15.0	<0.0001
一次项	4	0.0464	0.2698	6	<0.0001
二次项	4	4.825	0.279	15.3	<0.0001
交互项	6	0.1778	0.1033	7	0.0121
失拟项	10	0.0066	0.0007	17.5	0.677
纯误差	7	0.0062	0.00089	6	
校正总数	17	0.01284	0.00076	3.92	
				0.74	

由表5-3可以看出：二次回归模型的F值为15.06，$P<0.01$，大于0.01水平上的F值，而失拟项的P为0.677，小于0.05水平上的F值，说明该模型拟合结果好。一次项、二次项和交互项F值均大于0.01水平上的F值，说明它们对得率有极其显著的影响。

表 5-4　二次回归模型参数表

模型	非标准化系数	T	显著性检验
常数项	−11.15	−7.67	<0.0001
X_1	0.01348	5.15	<0.0001
X_2	0.3769	6.42	<0.0001
X_3	0.2039	3.89	0.0012
X_4	0.2217	4.60	0.0003
X_1^2	−0.0000083	−4.12	0.0007
$X_1 X_2$	−0.000109	−1.97	0.0648
$X_1 X_3$	−0.0000855	−1.56	0.1382
$X_1 X_4$	−0.000134	−2.43	0.0265
X_2^2	−0.04343	−5.33	<0.0001
$X_2 X_3$	−0.00253	−2.30	0.0343
$X_2 X_4$	−0.0269	−2.45	0.0256
X_3^2	−0.0026	−3.23	0.0049

续表

模型	非标准化系数	T	显著性检验
X_3X_4	0.00021	0.19	0.84508
X_4^2	−0.0035	−4.37	0.0004

以黑芸豆花色苷的吸光度值为Y值，得出超声功率（W），超声温度（℃），超声时间（min），液料比（mL/g）的编码值为自变量的四元二次回归方程为：

$$Y=-11.15+0.01348X_1+0.3769X_2+0.2039\ X_3+0.2217\ X_4-0.0000083X_1^2$$
$$-0.000109\ X_1X_2-0.0000855X_1X_3-0.000134\ X_1X_4-0.04343\ X_2^2-0.00253\ X_2X_3-$$
$$0.0269X_2X_4-0.0026X_3^2+0.00021X_3X_4-0.0035X_4^2$$

2. 交互作用分析

利用实验所得方程队对交互相作用显著的因素进行分析，采用降维分析法研究其他两因素条件固定在零水平时，有交互作用的两因素对黑芸豆花色苷提取的影响。图5-5～图5-7是SAS8.2软件绘出三维曲面及其等高线图，对这些因素中交互项之间的交互效应进行分析。

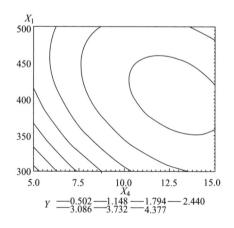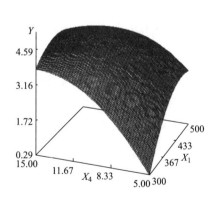

图 5-5　$Y=f$（X_1，X_4）的响应曲面图及其等高线图

由图5-5可以看出，响应曲面坡度相对较大，等高线呈椭圆形，表明超声功率和超声液料比两者交互作用显著。由等高线可知，沿超声液料比方向等高线密集，而超声功率方向等高线相对稀疏，说明超声液料比相对

于超声功率对响应值峰值的影响大。当超声功率在300~400W，超声液料比在5~10mL/g，两者存在显著的增效作用，黑芸豆花色苷提取率随两个因素的增加而增加，当超声功率在400~500W，超声液料比在10~15mL/g，黑芸豆花色苷提取率随两个因素的增加而减小。

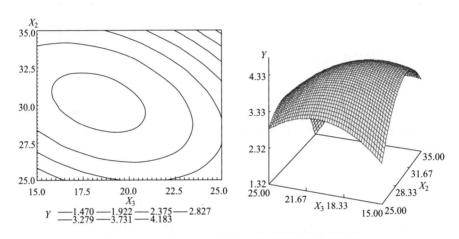

图5-6　$Y=f(X_2, X_3)$ 的响应曲面图及其等高线图

　　由图5-6可以看出，响应曲面坡度相对较大，等高线呈椭圆形，表明超声温度和超声时间两者交互作用显著。由等高线可知，沿超声时间方向等高线密集，而超声温度方向等高线相对稀疏，说明超声时间相对于超声温度对响应值峰值的影响大。当超声时间在15~20min，超声温度在25~30℃，两者存在显著的增效作用，黑芸豆花色苷提取率随两个因素的增加而增加，当超声时间在20~25min，超声温度在30~35℃，黑芸豆花色苷提取率随两个因素的增加而减小。

　　由图5-7可以看出，响应曲面坡度相对较大，等高线呈椭圆形，表明超声温度和超声液料比两者交互作用显著。由等高线可知，沿超声液料比方向等高线密集，而超声温度方向等高线相对稀疏，说明超声液料比相对于超声温度对响应值峰值的影响大。当超声温度在25~30℃，超声液料比在5~10mL/g，两者存在显著的增效作用，黑芸豆花色苷提取率随两个因素的增加而增加。当超声温度在30~35℃，超声液料比在10~15mL/g，黑芸豆花色苷提取率随两个因素的增加而减小。

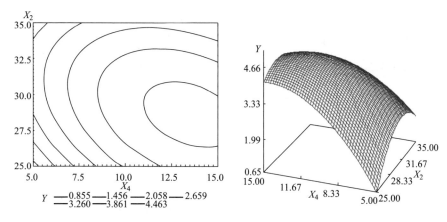

图 5-7　$Y=f(X_2, X_4)$ 的响应曲面图及其等高线图

3. 最优条件确定

为了进一步确证最佳点的值，采用SAS软件的Rsreg语句对试验模型进行响应面典型分析，以获得最大提取效果时的条件，最优条件见表5-5。

表 5-5　最优提取条件及吸光度值

因素	标准化	非标准化	吸光度（A）
X_1	0.208	420.8	
X_2	−0.228	28.86	0.47
X_3	−0.262	18.7	
X_4	0.599	13.00	

超声温度29℃，超声时间18.7min，液料比13mL/g时得到的最大吸光度为0.47。按照试验优化后的提取条件实验，黑芸豆花色苷的最大吸光度为0.47 ± 0.02，实验值与模型的理论值非常接近，可以看出本研究建立的模型能够较好地反映出超声波辅助提取黑芸豆花色苷的条件。

（四）制备色谱分离黑芸豆花色苷试验结果

1. 制备色谱分离优化结果

（1）进料浓度对分离效果的影响，如图5-8所示。

结果表明，浓度对AB-8树脂纯化黑芸豆花色苷有显著影响（图5-8）。在低浓度（100～200mg/mL）下，黑芸豆花色苷纯度和产率几乎没有差异,当浓度高于200mg/mL时,黑芸豆花色苷纯度和产率突然下降。高浓度导致黑芸豆花色苷分子和树脂之间接触不足,吸附能力下降,影响了AB-8树脂对黑芸豆花色苷的纯化。最佳浓度为200mg/mL。

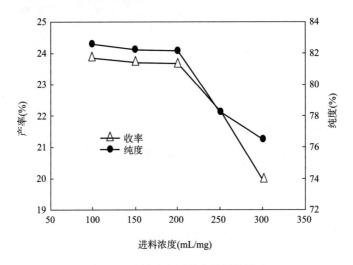

图 5-8　进料浓度对分离效果的影响

(2)洗脱流速对分离效果的影响如图5-9所示。

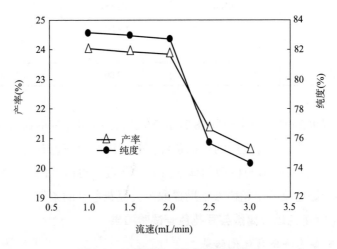

图 5-9　洗脱流速对分离效果的影响

AB-8树脂的解吸流速显著影响黑芸豆花色苷纯化(图5-9)。在较低的解吸流速(1.0～2.0mL/min)下,黑芸豆花色苷纯度和产率几乎没有差异，而在解吸流速高于2.0mL/min时，黑芸豆花色苷纯度和产率突然降低。AB-8树脂的较高吸附流速导致吸附不足，并降低吸附容量。这可能影响了黑芸豆花色苷的纯化。最佳解吸流速为2.0mL/min。

2. 制备色谱纯化黑芸豆花色苷结果

黑芸豆花色苷的浓度和纯度随乙醇浓度的不同而显著不同（图5-10）。大部分黑芸豆花色苷集中在40%乙醇洗脱液中，很少集中在去离子水或20%乙醇或60%乙醇洗脱液中。此外，40%乙醇洗脱液的纯度高于其他洗脱液。不同乙醇洗脱液中黑芸豆花色苷的抗氧化活性也不尽相同，具体数据见表5-6。

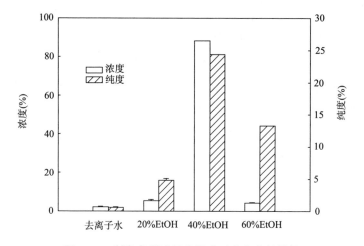

图5-10　制备色谱法纯化黑芸豆花色苷的结果

表5-6　不同乙醇洗脱液中黑芸豆花色苷的抗氧化 IC_{50}

样品	DPPH IC_{50}（μg/mL）	ABTS$^+$·IC_{50}（μg/mL）
去离子水	18.34 ± 0.36[e]	35.21 ± 0.52[e]
20% EtOH	4.86 ± 0.05[b]	8.17 ± 0.13[b]
40% EtOH	0.95 ± 0.03[a]	2.14 ± 0.11[a]
60% EtOH	7.79 ± 0.22[d]	16.32 ± 0.35[d]
VC	5.26 ± 0.08[c]	9.69 ± 0.16[c]

结果表明，试验样品和阳性对照VC具有抑制作用（表5-6），DPPH的IC_{50}和ABTS$^+$·的IC_{50}40%EtOH溶液的清除率分别为0.95μg/mL和2.14μg/mL，

低于其他样品，其清除率依次为：40%EtOH>20%EtOH>VC（阳性对照）>60%EtOH>去离子水。因此，40%乙醇溶液对黑芸豆花色苷的清除效果最好。40%乙醇洗脱液的抗氧化活性高于抗坏血酸。然而，我们获得的黑芸豆花色苷的IC_{50}/DPPH略低于Sun等报告的异足小檗果实花色苷的IC_{50}/DPPH（$IC_{50}=2.25\mu g/mL$），以及我们获得的黑芸豆花色苷的IC_{50}/ABTS$^+$·浓度略低于Zhao等报道的蓝莓花色苷（$IC_{50}=4.33\mu g/mL$）的含量。这是因为我们去除了20%和60%乙醇洗脱液，并且20%和60%乙醇洗脱液具有与抗坏血酸相似的抗氧化活性，黑芸豆花色苷的纯度较低，可能含有蛋白质、多糖、黄酮和其他杂质。因此，我们在SMB期间收集了40%乙醇洗脱溶液。

（五）SMB分离黑芸豆花色苷技术

采用柱层析结果和自由清除能力研究及相关理论，确定了SMB的分区模式和SMB的主要参数。SMB有五个区域：吸附区、精炼区、解吸区、再生区和水洗区。这五个区域分别有六个（串联）、四个（串联）、三个（串联）、四个（并联逆流）和三个柱（串联）。SMB—IEC的主要参数为：吸附区流速为12mL/min，精制区流速为26mL/min，解吸区流速为24mL/min，再生区流速为20mL/min，水洗区流速为30mL/min，切换时间为1080s。结果（表5-7）是通过实验优化得到的。

表5-7 SMB分离条件及结果

序号	吸附区流速（mL/min）	精制区流速（mL/min）	解吸区流速（mL/min）	再生区流速（mL/min）	水洗区流速（mL/min）	切换时间（s）	纯度（%）	产率（%）
1	11.0	27.5	23.5	23.5	32.0	1260	23.22 ± 0.15[c]	80.61 ± 0.22[d]
2	11.0	24.5	23.5	26.5	32.0	1260	24.34 ± 0.18[a]	84.92 ± 0.26[c]
3	12.5	29.5	24.5	22.0	37.5	1260	20.28 ± 0.12[f]	79.84 ± 0.19[e]
4	12.5	28.5	24.5	22.5	38.5	1080	24.61 ± 0.21a	87.85 ± 0.32[b]
5	14.5	36.5	24.5	28.5	42.0	1080	22.19 ± 0.11[d]	79.62 ± 0.28[e]
6	14.5	38.5	26.5	26.0	42.5	1080	21.32 ± 0.09[e]	90.91 ± 0.36[a]
7	16.0	42.5	30.0	29.5	45.5	1080	23.78 ± 0.14[b]	88.36 ± 0.35[b]

注 $P<0.05$。

SMB试验结果表明，考虑到处理量、料水比、纯度和产率，4号试验优于其他六个试验（表5-7）。最佳条件为：吸附区流速为12.5mL/min，精制区流速为28.5mL/min，解吸区流速为24.5mL/min，再生区流速为22.5mL/min，水洗区流速为38.5mL/min，切换时间为1080s，黑芸豆花色苷的纯度和收率分别为24.61% ± 0.21%和87.85% ± 0.32%。

（六）黑芸豆花色苷的结构初步鉴定

花色苷结构与黄酮比较类似，在日常质谱解析时易混淆，因此本研究采用正离子检测，黑芸豆中主要花色苷类成分集中在7～15min,如图5-11所示。

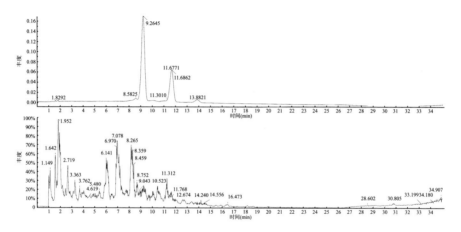

图 5-11　蓝靛果提取物紫外（520nm）色谱图和总离子流图

1. 成分1

该化合物的出峰时间为9.26，[M]$^+$为m/z 465.1019，根据高分辨质谱结果拟合的分子式为$C_{21}H_{21}O_{12}^+$，根据二级质谱，该化合物的母核为303，为飞燕草苷，结构中存在1个6碳糖结构，根据Scifinder和Reaxy数据库检索和推测该化合物为飞燕草苷–3–O–葡萄糖苷，该化合物的一级、二级质谱图和可能结构式如图5-12所示。

2. 成分2

该化合物的出峰时间为11.67，[M]$^+$为m/z 479.1173，根据高分辨质谱结果拟合的分子式为$C_{22}H_{23}O_{12}^+$，根据二级质谱，该化合物的母核为317，比成分1的母核多一个亚甲基，为矮牵牛苷，根据m/z 317[M-162]，m/z 302[M-162-15]，推测结构中存在1个6碳糖和甲氧基结构，根据

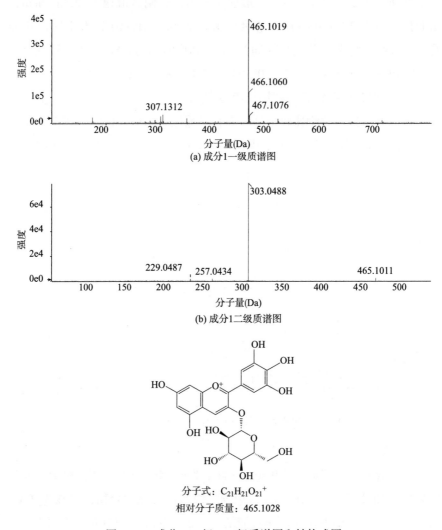

分子式：$C_{21}H_{21}O_{21}^+$
相对分子质量：465.1028

图 5-12　成分 1 一级、二级质谱图和结构式图

Scifinder和Reaxy数据库检索和推测该化合物为矮牵牛苷–3–O–葡萄糖苷，该化合物的一级二级质谱图和可能结构式如图5-13所示。

3. 成分3

该化合物的出峰时间为11.67，[M]$^+$为m/z 493.1331，根据高分辨质谱结果拟合的分子式为$C_{23}H_{25}O_{12}^+$，根据二级质谱，该化合物的母核为331，比成分2的母核多一个亚甲基，为苹果维苷，根据m/z 331［M-162］

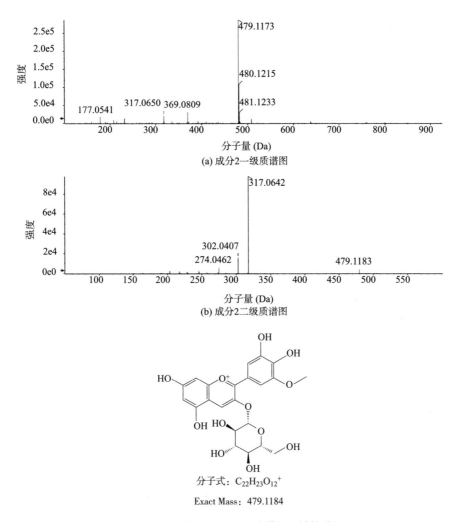

图 5-13　成分 2 一级二级质谱图和结构式图

推测结构中存在1个6碳糖结构，根据Scifinder和Reaxy数据库检索和推测该化合物为苹果维苷-3-O-葡萄糖苷，该化合物的一级、二级质谱图和可能结构式如图5-14所示。

四、结论

研究确定了黑芸豆花色苷的最佳提取工艺参数：超声功率420W，超声温度29℃，超声时间18.7min，液料比为13mL/g，最大吸光度为

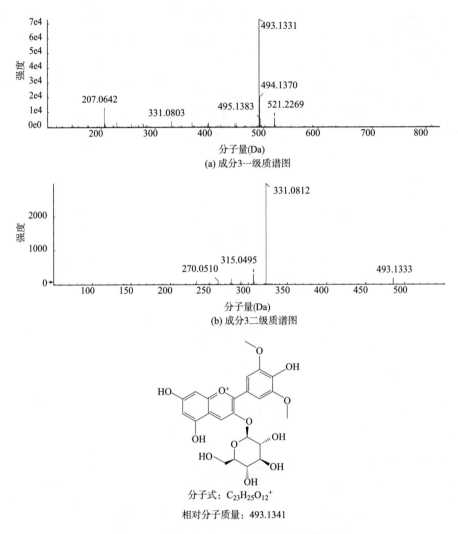

(a) 成分3一级质谱图

(b) 成分3二级质谱图

分子式：$C_{23}H_{25}O_{12}^+$

相对分子质量：493.1341

图5-14　成分3一级、二级质谱图和结构式图

0.47。按照试验优化后的提取条件实验，黑芸豆花色苷的最大吸光度为
0.47±0.02，此条件下的实验值与预测值基本相符。采用柱层析法和模拟
移动床法对黑芸豆花色苷进行了分离纯化，并对黑芸豆花色苷进行了鉴
定。在对比试验中，SMB比柱层析具有优势。最佳SMB条件下，黑芸豆
花色苷的纯度和得率分别为24.61%±0.21%和87.85%±0.32%。DPPH和
ABTS自由基的IC_{50}清除活性分别为0.95μg/mL和2.14μg/mL，表明其具有较

强的抗氧化能力。采用超高效液相色谱—三重飞行时间质谱法（UPLC-Triple-TOF/MS）对黑芸豆皮中的三种花色苷进行了检测和鉴定：飞燕草苷-3-*O*-葡萄糖苷、矮牵牛苷-3-*O*-葡萄糖苷和苹果维苷-3-*O*-葡萄糖苷，为模拟移动床色谱纯化黑芸豆花色苷奠定了理论基础。

第二节　紫砂芸豆花色苷的超声—微波协同分离技术

芸豆，又名菜豆，豆科菜豆属（phaseolus uvlgarisL.），原产中北美洲的墨西哥，我国16世纪末开始引种栽培，并开始进行种质的改良和杂交形成我国特有的品种，深受国内外市场的欢迎。目前黑龙江省是我国出产芸豆品种数量最多的省份，年产量达30万吨，品种多样主要有奶花芸豆、紫花芸豆、小白芸豆、深红芸豆、中白芸豆、黑芸豆和紫砂芸豆等品种。芸豆含有凝集素、尿素酶、功能性蛋白、皂苷、花色苷等功能成分，具有提高人体自身的免疫能力，促进新陈代谢，降低血脂等功能特性。目前，对芸豆的研究主要集中在芸豆淀粉、芸豆凝集素、异黄酮、低聚糖、芸豆蛋白等方面，在芸豆花色苷方面的研究还鲜有报道。目前，国内已有黑米、黑豆、红小豆等表皮颜色较深粮豆的抗氧化性研究，而对芸豆中的紫砂芸豆、黑芸豆、花芸豆等深色种皮芸豆类花色苷的研究较少。本研究以黑龙江特有芸豆品种紫砂芸豆为原料，研究紫砂芸豆花色苷提取工艺并对其结构进行初步鉴定，为开发应用紫砂芸豆奠定一定的理论基础并为紫砂芸豆花色苷的提取加工及工业应用提供依据。

一、材料与设备

紫砂芸豆（市购）；乙醇、氯化钾、醋酸钠、盐酸、醋酸、氢氧化钠（分析纯）；AB-8树脂（南开大学化工厂）；Pharo300 紫外可见光分光光度计；TGL16M高速台式离心机；CW-2000型超声—微波协同提取仪（上海新拓微波溶样测试技术有限公司）；RPL-ZD10装柱机；自制制备色谱柱500×1.5mm；酸度计S220K(梅特勒·托利多)；ME104电子天平(梅特勒·托利多)；HPLC 1100 SERIES离子阱6310液质联用仪(美国Agilent)。

二、试验方法

（一）紫砂芸豆花色苷的提取工艺

取一定量紫砂芸豆，精选除杂，处理后粉碎过筛，用0.6%盐酸的60%乙醇溶解，超声/微波协同，液料比20mL/g，微波功率200W，提取时间20min，得到紫砂芸豆花色苷粗提液。

（二）紫砂芸豆花色苷光谱特性的测定

取提取后的紫砂芸豆花色苷溶液，在紫外—可见分光光度计在波长范围为200~600nm内进行扫描，测得最大吸收波长后，在该波长下进行紫砂芸豆花色苷吸光值的测定，作为测定最佳工艺条件和评价稳定性的标准。

（三）超声/微波协同提取紫砂芸豆花色苷的工艺研究

1. 微波功率对紫砂芸豆花色苷提取的影响

称取处理后的紫砂芸豆10g共5份，提取剂为0.6%盐酸的60%乙醇，提取时间20min，液料比20mL/g，以吸光度为指标研究100W、200W、300W、400W、500W五个水平的微波功率对紫砂芸豆花色苷提取的影响，稀释10倍测定吸光度，重复三次。

2. 液料比对紫砂芸豆花色苷提取的影响

称取处理后的紫砂芸豆10g共7份，提取剂为0.6%盐酸的60%乙醇，微波功率200W、提取时间20min，以吸光度为指标研究不同液料比10mL/g、15mL/g、20mL/g、25mL/g、30mL/g、35mL/g、40mL/g对紫砂芸豆花色苷提取效果的影响，将液料比统一调配至20mL/g后，稀释10倍测定吸光度，重复三次。

3. 提取时间对紫砂芸豆花色苷提取的影响

称取处理后的紫砂芸豆10g共5份，提取剂为0.6%盐酸的60%乙醇，微波功率200W，液料比20mL/g，以吸光度为指标研究不同提取时间5min、10min、15min、20min、25min对紫砂芸豆花色苷提取效果的影响，稀释10倍测定吸光度，重复三次。

4. 响应面优化试验方法

在单因素试验基础上，根据二次回归组合试验设计原理，以紫砂芸豆花色苷吸光度为响应值，设计微波功率、提取时间、液料比三个因素进行响应面分析试验，试验设计见表5-8。

表 5-8　因素水平编码表

编码值	提取时间（min）X_3	液料比（mL/g）X_2	微波功率（W）X_1
−1.682	200	20.0	10.0
−1	241	22.0	12.0
0	300	25.0	15.0
+1	359	28.0	18.0
+1.682	400	30.0	20.0

（四）紫砂芸豆花色苷的结构初步鉴定

利用响应面法优化的工艺参数提取紫砂芸豆花色苷，提取的紫砂芸豆花色苷溶液上制备色谱柱进行饱和吸附，上样流速2.0mL/min。饱和吸附后用去离子水进行冲洗，去除杂质，冲洗流速2.0mL/min，冲洗2～3倍柱体积。然后依次用40%、60%、80%乙醇进行梯度洗脱，洗脱流速2.0mL/min，分别洗脱2～3倍柱体积收集洗脱液，浓缩后进行液质检测，分析紫砂芸豆花色苷组成。

（五）液质测定方法

液相色谱条件：色谱柱 Kromasil—C18（250×4mm，5μm）；流动相A：2.0%甲酸溶液，流动相B：含2%甲酸的54%（体积分数）乙腈溶液；洗脱程序：0～1min：10% B，1～17min：10%～25% B；流速：1.0mL/min，进样量30μL，柱温度30℃，检测波长525nm。

质谱条件：电喷雾电离源，正离子模式监测，电喷雾压力0.24MPa（35psi），干燥气流量为10L/min，干燥气温度325℃，m/z设置范围100～1000。

三、结果与分析

（一）紫砂芸豆花色苷光谱特性的测定结果

紫砂芸豆花色苷光谱特性的测定结果，如图5-15所示。

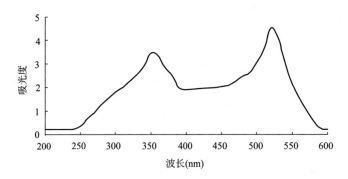

图 5-15　紫砂芸豆花色苷的紫外—可见光吸收光谱曲线

由图5-15紫砂芸豆花色苷的紫外—可见光吸收光谱曲线可得在520nm处有最大吸收峰，选择可见光范围内最大吸收波长520nm作为吸光度测定波长。

（二）超声／微波协同提取紫砂芸豆花色苷单因素试验结果与分析

1. 微波功率对紫砂芸豆花色苷提取的影响

微波功率对紫砂芸豆花色苷提取的影响，如图5-16所示。

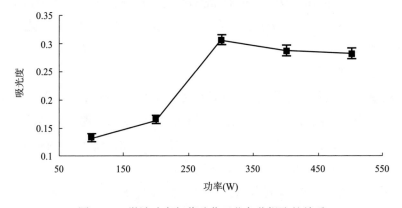

图 5-16　微波功率与紫砂芸豆花色苷提取的关系

试验采用SAS 8.2统计软件对实验结果进行One—Way—ANOVA分析以及Duncan分析，在研究微波功率的五点三次重复的因素分析中 $P<0.0001$，相关系数为0.924，说明微波功率对紫砂芸豆花色苷的提取有显著影响。由图5-16可知随着微波功率的增大，紫砂芸豆花色苷的吸光度呈现上升趋势。在100～300W时，呈现上升的趋势，超过300W后有下降趋

势。因为，当微波功率在100～300W时，微波功率不足传质能力不足。微波功率超过300W后会引起花色苷黄酮类物质结构的变化，导致吸光度下降影响花色苷的提取。因此，本研究选择响应面优化微波功率范围为在以300W为中心200～400W。

2. 液料比对紫砂芸豆花色苷提取的影响

液料比对紫砂芸豆花色苷提取的影响，如图5-17所示。

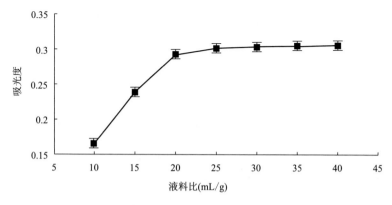

图 5-17　液料比对紫砂芸豆花色苷提取的影响

试验采用SAS 8.2统计软件对实验结果进行One—Way—ANOVA分析以及Duncan分析，在研究提取液料比的七点三次重复的因素分析中$P < 0.0001$，相关系数为0.951，说明提取液料比对紫砂芸豆花色苷的提取有显著影响。由图5-17可以看出，随着提取液料比的不断增大，紫砂芸豆花色苷的吸光度值呈现上升的趋势，这是由于少量溶剂很快溶解花色苷达到饱和，扩散推动力降低，当溶剂量足够大时，对提取基本无阻碍，OD值逐渐提高；当液料比达到20mL/g后，吸光度趋于平衡并有下降趋势分析原因可能是随着液料比的升高，其他成分的溶出也相对增多，从而抑制了紫砂芸豆花色苷的溶出，从而影响紫砂芸豆花色苷的提取。因此，本试验选择响应面优化提取液料比范围为在以25mL/g为中心，20～30mL/g之间。

3. 提取时间对紫砂芸豆花色苷提取的影响

提取时间对紫砂芸豆花色苷提取的影响，如图5-18所示。

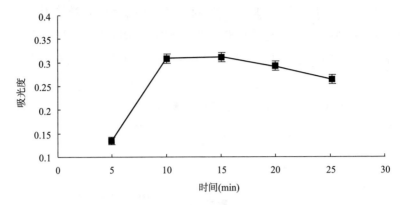

图 5-18　提取时间与紫砂芸豆花色苷提取的关系

试验采用SAS 8.2统计软件对实验结果进行One—Way—ANOVA分析以及Duncan分析，在研究提取时间的五点三次重复的因素分析中$P<0.0001$，相关系数为0.967，说明提取时间对紫砂芸豆花色苷的提取有显著影响。由图5-18可知随着提取时间的延长，紫砂芸豆花色苷吸光度呈现上升趋势。在5~15min时，提取率呈现快速上升的趋势，在提取15min左右达到最大，超过20min有下降的趋势，这可能是因为超声时间过长，导致影响了花色苷的稳定性，会使紫砂芸豆花色苷产生部分降解，破坏紫砂芸豆花色苷结构，影响其生物活性。因此，本试验选择15min为中心点10~20min时进行响应面试验。

（三）响应面优化试验的结果与分析

1. 响应面试验结果与分析

基于单因素实验结果确定的最佳条件，以微波功率（W），液料比（mL/g），提取时间（min），这三个因素为自变量（分别以X_1、X_2、X_3表示），以紫砂芸豆花色苷吸光度为响应值设计3因素共17个试验点的三元二次回归正交旋转组合实验，保证试验点最少前提下提高优化效率，运用SAS 8.2软件处理，试验结果见表5-9。

采用SAS 8.2统计软件对优化实验进行响应面回归分析（RSREG），回归方程以及回归方程各项的方差分析结果见表5-10，二次回归参数模型数据见表5-11。

表 5-9　实验安排表以及实验结果

实验号	微波功率（W）	液料比（mL/g）	提取时间（min）	吸光度
	X_1	X_2	X_3	
1	1	1	1	0.189
2	1	1	−1	0.225
3	1	−1	1	0.252
4	1	−1	−1	0.171
5	−1	1	1	0.256
6	−1	1	−1	0.289
7	−1	−1	1	0.264
8	−1	−1	−1	0.186
9	−1.682	0	0	0.259
10	1.682	0	0	0.297
11	0	−1.682	0	0.201
12	0	1.682	0	0.214
13	0	0	−1.682	0.267
14	0	0	1.682	0.264
15	0	0	0	0.305
16	0	0	0	0.301
17	0	0	0	0.285
18	0	0	0	0.308

表 5-10　回归方程各项的方差分析表

回归方差来源	自由度 DF	平方和	均方和	F 值	P 值
回归模型	9	0.03047	0.9213	10.41	0.0015
一次项	3	0.00457	0.1382	4.68	0.0359
二次项	3	0.01805	0.5457	18.50	0.0006
交互项	3	0.00785	0.2374	8.05	0.0085

回归方差来源	自由度 DF	平方和	均方和	F 值	P 值
失拟项	2	0.002287	0.000457	4.36	0.1277
误差	8	0.002602	0.000325		
纯误差	3	0.000315	0.000105		
校正总数	11	0.002917			

由表5-10可以看出：二次回归模型的 F 值为10.41，模型 R^2 为0.9213，$P<0.01$，大于在0.01水平上的 F 值，而失拟项的 F 值为4.36，小于在0.05水平上的 F 值，说明该模型拟合结果好。一次项、二次项和交互项的 F 值均大于0.01水平上的 F 值，说明其对提取率有显著的影响。

表 5-11　二次回归模型参数表

模型	非标准化系数	T 值	P 值
截距	−4.710	−7.73	<0.0001
X_1	0.0035	2.58	0.033
X_2	0.278	8.57	<0.0001
X_3	0.136	5.04	0.001
X_1^2	0.0000033	−2.26	0.0541
$X_1 X_2$	−0.0000735	−2.043	0.0758
$X_1 X_3$	−0.000095	−3.09	0.9811
X_2^2	−0.00413	−7.23	<0.0001
$X_2 X_3$	−0.00317	−4.47	0.0021
X_3^2	−0.00181	−3.17	0.0133

以紫砂芸豆花色苷的吸光度为 Y 值，得出微波功率（W），液料比（mL/g），提取时间（min）的编码值为自变量的三元二次回归方程为：

$$Y=-4.710+0.0035 \times X_1+0.278 \times X_2+0.136 \times X_3+0.0000033 \times X_1^2-$$

$0.0000735 \times X_1 \times X_2 - 0.000095 \times X_1 \times X_3 - 0.00413 \times X_2^2 - 0.00317 \times X_2 \times X_3 - 0.00181 \times X_3^2$

2. 交互作用分析

采用降维分析法研究其他两因素条件固定在零水平时，有交互作用的两因素对紫砂芸豆花色苷得率的影响。图5-19是SAS8.2软件绘出三维曲面及其等高线图，对这些因素中交互项之间的交互效应进行分析。

由图5-19可以看出，响应曲面坡度相对较大，等高线呈椭圆形，表明液料比和处理时间两者交互作用显著。由等高线可知，沿处理时间方向等高线密集，而液料比方向等高线相对稀疏，说明处理时间比液料比对响应值峰值的影响大。当处理时间在20~25min，液料比在10~15mL/g范围内，两者存在显著的增效作用，紫砂芸豆花色苷提取率随两个因素的增加而增加，当处理时间在25~30min，液料比在15~20mL/g范围内，紫砂芸豆花色苷提取率随两个因素的增加而减小。

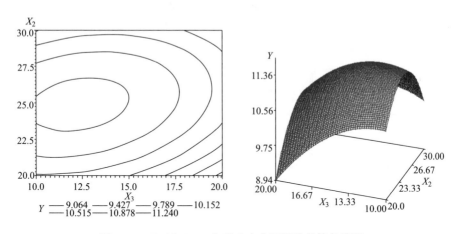

图 5-19　$Y=f(X_2, X_3)$ 的响应曲面图及其等高线图

3. 最优提取条件确定

为了进一步确证最佳点的值，采用SAS软件的Rsreg语句对试验模型进行响应面典型分析，以获得最大提取效果时的条件。提取率最高时的微波功率，处理时间，液料比的具体值分别为：251W，24.9min，13.7mL/g，该条件下得到的最大的吸光度为0.32。按照最优提取条件进行实验，重复三次。结果紫砂芸豆花色苷的最大吸光度为0.32±0.02，实验值与模型的

理论值非常接近，可见该模型能够较好地反映出超声/微波协同提取紫砂芸豆花色苷的条件。

（四）紫砂芸豆花色苷的结构初步鉴定

不同浓度乙醇洗脱液中紫砂芸豆花色苷的组成成分分析结果，见表5-12～表5-14。

表 5-12　40% 乙醇洗脱液的液质检测分析结果

序号	名称	分子式	$[M+H]^+$ m/z		
			检测值	理论值	偏差（ppm）
1	天竺葵素-3-葡萄糖苷	$C_{21}H_{20}O_{10}$	433.1141	433.1135	+1.39
2	芍药素-3-葡萄糖苷	$C_{22}H_{22}O_{11}$	463.1235	463.1242	−1.51
3	天竺葵-3，5-二葡萄糖苷	$C_{21}H_{31}O_{15}$	523.4615	523.4609	+1.15

表 5-13　60% 乙醇洗脱液的液质检测分析结果

序号	名称	分子式	$[M+H]^+$ m/z		
			检测值	理论值	偏差（ppm）
1	矢车菊素-3-葡萄糖苷	$C_{21}H_{20}O_{10}$	449.1078	449.1084	−1.34
2	天竺葵-3，5-二葡萄糖苷	$C_{21}H_{31}O_{15}$	523.4615	523.4609	+1.15

表 5-14　80% 乙醇洗脱液的液质检测分析结果

序号	名称	分子式	$[M+H]^+$ m/z		
			检测值	理论值	偏差（ppm）
1	矢车菊素-3-葡萄糖苷	$C_{21}H_{20}O_{10}$	449.1078	449.1084	−1.34
2	天竺葵-3，5-二葡萄糖苷	$C_{21}H_{31}O_{15}$	523.4615	523.4609	+1.15
3	天竺葵素-3-葡萄糖-5-阿拉伯糖	$C_{26}H_{30}O_{14}$	566.5082	566.5090	−1.41

由表5-12-表5-14可以看出紫砂芸豆花色苷的种类主要有5种，分别为天竺葵素-3-葡萄糖苷、芍药素-3-葡萄糖苷、天竺葵-3，5-二葡萄糖苷、矢车菊素-3-葡萄糖苷、天竺葵素-3-葡萄糖-5-阿拉伯糖；其中天竺葵素-3-葡萄糖苷、芍药素-3-葡萄糖苷含量较高，这与文献所述基本一

致。同时根据文献所述天竺葵素–3–葡萄糖苷、芍药素–3–葡萄糖苷具有重要的生理活性，因此，应将紫砂芸豆花色苷的研究集中在天竺葵素–3–葡萄糖苷、芍药素–3–葡萄糖苷的纯化方面。通过研究发现紫砂芸豆花色苷的主要成分天竺葵素–3–葡萄糖苷、芍药素–3–葡萄糖苷主要集中在40%乙醇洗脱液中，因此，在进行大孔树脂纯化紫砂芸豆花色苷的过程中，可以先用40%的乙醇冲洗得到高纯度的天竺葵素–3–葡萄糖苷和芍药素–3–葡萄糖苷，然后再利用高浓度的乙醇冲洗去除杂质。

四、结论

紫砂芸豆花色苷最佳提取工艺参数为：微波功率251W，液料比13.7mL/g，提取时间24.9min，该条件下得到的最大的吸光度为0.32。按照试验优化后的提取条件实验，紫砂芸豆花色苷的最大吸光度为0.32±0.02，此条件下的实验值与预测值基本相符。可以认为本研究建立的模型能够较好地反映出超声/微波协同提取紫砂芸豆花色苷的条件。本研究初步鉴定了紫砂芸豆花色苷的种类及组成，紫砂芸豆花色苷的种类主要有5种花色苷物质，其中天竺葵素–3–葡萄糖苷、芍药素–3–葡萄糖苷含量较高，研究发现紫砂芸豆花色苷天竺葵素–3–葡萄糖苷、芍药素–3–葡萄糖苷主要集中在40%乙醇洗脱液中，可以在进行大孔树脂纯化紫砂芸豆花色苷的过程中，先用40%乙醇冲洗得到高纯度的天竺葵素–3–葡萄糖苷和芍药素–3–葡萄糖苷，然后再利用高浓度的乙醇冲洗去除杂质。这为大孔树脂纯化紫砂芸豆花色苷提供了参考，为模拟移动床色谱纯化紫色芸豆花色苷奠定了理论基础，为紫砂芸豆花色苷药理活性研究和紫色芸豆中花青苷类物质的代谢途径等问题奠定基础。

主要参考文献

[1] KAUR S, SINGH N, SODHI N S, et al. Diversity in properties of seed and flour of kidney bean germplasm[J]. Food Chemistry, 2009, 117(2): 282-289.

［2］ZHOU Y, HOOVER R, HU Q. Relationship between α-amylase degradation and the structure and physicochemical properties of legume starches［J］. Carbohydrate Polymers, 2004, 57: 299-317.

［3］吴叶. 云南白芸豆几种活性物质的分离提取及部分性质的研究［D］. 昆明: 云南师范大学, 2008.

［4］杜双奎, 王华, 聂丽洁. 芸豆淀粉理化特性研究［J］. 中国粮油学报, 2012, 27（8）: 31-35.

［5］杨红丹, 杜双奎, 周丽卿, 等. 3种杂豆淀粉理化特性的比较［J］. 食品科学, 2010, 31（21）: 186-190.

［6］HOOVER R, RATNAYAKE W S. Starch characteristics of black bean, chick pea, lentil, navy bean and pinto bean cultivars grown in Canada［J］. Food Chemistry, 2002, 78: 489-498.

［7］HOOVER R, MANUELH A comparative study of the physicochemical properties of starches from two lentil cultivars［J］. Food Chemistry, 1995, 53: 275-284.

［8］李强双. 芸豆淀粉的提取、理化性质及应用研究［D］. 大庆: 黑龙江八一农垦大学, 2013.

［9］陈振家, 狄建兵, 李玉娥. 红芸豆淀粉性质研究［J］. 山西农业大学学报（自然科学版）2009, 29（5）: 440-443.

［10］缪铭. 不同品种鹰嘴豆淀粉的理化性质研究［J］. 食品科学, 2009, 29（6）: 79-82.

［11］LAKEMOND CATRIONA M M, DE JONGH H H J, PAQUES M, et al. Gelation of soy glycinin: influence of pH and ionic strength on network structure in relation to Proteinconformation［J］. FoodHydrocolloids, 2003, 17（3）: 365-377.

［12］周威, 王璐, 范志红. 小粒黑大豆和红小豆提取物的体外抗氧化活性研究［J］. 食品科技, 2008, 33（9）: 145-148.

［13］LAI F R, WEN Q B, Li L, et al. Antioxidant activities of water-soluble polysaccharide extracted from mung bean（vigna radiate L.）hull with uhrasonic assisted treatment［J］. Carbohydrate Polymers, 2010, 81:

323-329.

［14］孙玲，张名位，池建伟，等. 黑米的抗氧化性及其与黄酮和种皮色素的关系［J］. 营养学报，2000，22（3）：246-249.

［15］徐金瑞，张名位，刘兴华. 黑大豆种皮花色苷体外抗氧化活性研究［J］. 营养学报，2007，29（1）：54-57.

［16］李次力. 黑芸豆中花色苷色素的微波提取及功能特性研究［J］. 食品科学，2008，29（9）：299-302.

［17］李良玉，曹荣安，于伟，等. 超声波辅助提取麦胚黄酮的技术研究［J］. 粮油食品科技，2014，22（4）：42-47.

［18］赵海田. 蓝靛果花色普结构表征及对辐射诱导氧化损伤防护机制［D］. 哈尔滨：哈尔滨工业大学，2012.

［19］孟宪军，王冠群，宋德群，等. 响应面法优化蓝莓花色苷提取工艺的研究［J］. 食品工业科技，2010，7：226-229.

［20］吕春茂，王新现，董文轩，等. 响应面法优化越橘花色苷微波辅助提取工艺参数［J］. 食品科学，2011，32（6）：71-75.

［21］唐健波，肖雄，杨娟. 响应面优化超声辅助提取刺梨多糖工艺研究［J］. 天然产物研究与开发，2015，27（6）：314-320.

［22］陈健，孙爱东，高雪娟，等. 响应面分析法优化超声波提取槟榔原花青素工艺［J］. 食品科学，2011，32（4）：82-86.

［23］孙建霞，张燕，胡小松，等. 花色苷的结构稳定性与降解机制研究进展［J］. 中国农业科学，2009，42（3）：996-1008.

［24］陆洋，彭飞，黄丽霞，等. 响应面法优化超声辅助提取贯众多酚工艺［J］. 天然产物研究与开发，2015，27（4）：103-108.

［25］赵思明. 食品科学与工程中的计算机应用［M］. 北京：化学工业出版社，2005.

［26］何宁，吴黎兵. 统计分析系统SAS［M］. 武汉：武汉大学出版社，2005.

［27］张芳轩，张名位，张瑞芬，等. 不同黑大豆种质资源种皮花色苷组成及抗氧化活性分析［J］. 中国农业科学，2010，43（24）：5088-5099.

［28］HOJILLA–EVANGELISTA M, SELLING G, BERHOW M, et al. Extraction, composition and functional properties of pennycress（thlaspi arvense l.）press cake protein［J］. Journal of the American Oil Chemists Society, 2015, 92（6）: 905–914.

［29］HE Q, SUN X, HE S, et al. Pegylation of black kidney bean（phaseolus vulgaris l.）protein isolate with potential functironal properties［J］. Colloids & Surfaces B Biointerfaces, 2018, 164: 89–97.

［30］SUTIVISEDSAK N, MOSER B R, SHARMA B K. Physical properties and fatty acid profiles of oils from black, kidney, great northern, and pinto beans［J］. Journal of the American Oil Chemists Society, 2011, 88（2）: 193–200.

［31］HE S, SHI J, WALID E, et al. Extraction and purification of a lectin from small black kidney bean（phaseolus vulgaris）using a reversed micellar system［J］. Process Biochemistry, 2013, 48（4）: 746–752 .

［32］KUMAR S, VERMA A K, MISRA A, et al. Allergenic responses of red kidney bean（phaseolus vulgaris cv chitra）polypeptides in balb/c mice recognized by bronchial asthma and allergic rhinitis patients［J］. Food Research International, 2011, 44（9）: 2870–2879.

［33］SIDDIQ M, RAVI R, HARTE J B, et al. Physical and functional characteristics of selected dry bean（phaseolus vulgaris l.）flours［J］. LWT–Food Science and Technology, 2010, 43（2）: 230–237.

［34］DU S K, JIANG H, Ai Y, et al. Physicochemical properties and digestibility of common bean（phaseolus vulgaris l.）starches［J］. Carbohydrate Polymers, 2014, 108（1）: 200–205.

［35］GUPTA S, CHHABRA G S, LIU C Q, et al. Functional Properties of Select Dry Bean Seeds and Flours［J］. Journal of Food Science, 2018, 83（8）: 2052–2061.

［36］DUEÑAS M, MARTíNEZ–VILLALUENGA C, Limón R I, et al. Effect of germination and elicitation on phenolic composition and bioactivity of kidney beans［J］. Food Research International, 2015, 70: 55–63.

［37］CHEN P X, ZHANG H, MARCONE M F, et al. Anti–inflammatory effects of phenolic-rich cranberry bean (phaseolus vulgaris, l.) extracts and enhanced cellular antioxidant enzyme activities in caco-2 cells [J]. Journal of Functional Foods, 2017, 38: 675-685.

[38] XU B J, CHANG S K. Total Phenolic, Phenolic Acid, Anthocyanin, Flavan-3-ol, and Flavonol Profiles and Antioxidant Properties of Pinto and Black Beans (Phaseolus vulgaris L.) as Affected by Thermal Processing PTO [J]. Journal of Agricultural and Food Chemistry, 2009, 57 (11): 4754-4764.

[39] MADHUJITH T, SHAHIDISHAHIDI F. Antioxidant potential of pea beans (phaseolus vulgaris l.) [J]. Journal of Food Science, 2010, 70 (1): 85-90.

[40] HA T J, LEE M H, PARK C H, et al. Identification and characterization of anthocyanins in yard-long beans (Vigna unguiculata ssp. sesquipedalis L.) by High-performance liquid chromatography with diode array detection and electrospray ionization/mass spectrometry (HPLC-DAD-ESI/MS) analysis[J]. Journal of Agricultural and Food Chemistry, 2010, 58(4): 2571-2576.

[41] OOMAH B D, ANABERTA C M, LOARCA-PINA G. Phenolics and antioxidative activities in common beans (Phaseolus vulgaris L) [J]. Journal of the Science of Food and Agriculture, 2005, 85 (6): 935-942.

[42] MOJICA L, BERHOW M, MEJIA E G D. Black bean anthocyanin-rich extracts as food colorants : Physicochemical stability and antidiabetes potential [J]. Food Chemistry, 2017, 229: 628-633.

[43] LÓPEZ A, EL-NAGGAR T, DUEÑAS M, et al. Effect of cooking and germination on phenolic composition and biological properties of dark beans (Phaseolus vulgaris L.) [J]. Food Chemistry, 2013, 138 (1): 547-555.

[44] JAMPANI C, NAIK A, RAGHAVARAO K S M S. Purification of anthocyanins from jamun (Syzygium cuminiL.) employing adsorption [J]. Separation and Purification Technology, 2014, 125 (4): 170-178.

[45] YANG Y, YUAN X H, XU Y Q, et al. Purification of Anthocyanins from Extracts of Red Raspberry Using Macroporous Resin [J]. International Journal of Food Properties, 2015, 18 (5): 1046-1058.

[46] HEINONEN J, FARAHMANDAZAD H, VUORINEN A, et al. Extraction and purification of anthocyanins from purple-fleshed potato [J]. Food and Bioproducts Processing, 2016, 99 (7): 136-146.

[47] BLEVE M, CIURLIA L, ERROI E, et al. An innovative method for the purification of anthocyanins from grape skin extracts by using liquid and sub-critical carbon dioxide [J]. Separation and Purification Technology, 2008, 64 (2): 192-197.

[48] ACOSTA O, VAILLANT F, PÉREZ A M, et al. Potential of ultrafiltration for separation and purification of ellagitannins in blackberry (Rubus adenotrichus Schltdl.) juice [J]. Separation and Purification Technology, 2014, 125 (4): 120-125.

[49] LIUY H, MURAKAMI N, WANG L S, et al. Preparative high-performance liquid chromatography for the purification of natural acylated anthocyanins from red radish (Raphanus sativus L.) [J]. Journal of Chromatographic Science, 2008, 46(8): 743-746.

[50] WU X Y, LIANG L H, ZOU Y, et al. Aqueous two-phase extraction, identification and antioxidant activity of anthocyanins from mulberry (Morus atropurpurea Roxb.) [J]. Food Chemistry, 2011, 129 (2): 443-453.

[51] QIN B, LIU X, CUI H, et al. Aqueous two-phase assisted by ultrasound for the extraction of anthocyanins from Lycium ruthenicum Murr [J]. Preparative Biochemistry and Biotechnology, 2017, 47 (9): 881-888.

[52] LIMA A S, SOARES C M F, PALTRAM R, et al. Extraction and consecutive purification of anthocyanins from grape pomace using ionic liquid solutions [J]. Fluid Phase Equilibria, 2017, 451 (11): 68-78, 2017.

[53] DEGENHARDT A, KNAPP H, WINTERHALTER P. Separation and purification of anthocyanins by high-speed countercurrent chromatography and

screening for antioxidant activity，［ J ］．Journal of Agricultural and Food Chemistry，2000，48（2）：338-343．

［54］ASENSTORFER R E，MORGAN A L，Hayasaka Y，et al．Purification of anthocyanins from species of Banksia and Acacia using high-voltage paper electrophoresis［J］．Phytochemical Analysis，2003，14（3）：150-154．

［55］CAO S Q，PAN S Y，YAO X L，et al．Isolation and Purification of Anthocyanins from Blood Oranges by Column Chromatography［J］．Agricultural Sciences in China，2010，9（2）：207-215．

［56］WANG E L，YIN Y G，XU C N，et al．Isolation of high-purity anthocyanin mixtures and monomers from blueberries using combined chromatographic techniques［J］．Journal of Chromatography A，2014，327（1）：39-48．

［57］GIRARD V，HILBOLD N J，NG C K，et al．Large-scale monoclonal antibody purification by continuous chromatography，from process design to scale-up［J］．Journal of Biotechnology，2015，213：65-73．

［58］ZHU J，CUI W，XIAO W，et al．Isolation and enrichment of Ginkgo biloba extract by a continuous chromatography system［J］．Journal of Separation Science，2018，41（11）：2432-2440．

［59］WANG H Z，ZHU Y，ZHU Y，et al．Phenolic Composition and Antioxidant Activity of Seed Coats of Kidney Beans with Different Colors［J］．Food Science，2020，41（12）：204-210．

［60］ZHAO W J，ZHAO Y W．Optimization Test on Extraction Process of Anthocyanin Pigment From Black Kidney Bean，Modern agricultural science and technology，2016，278（16）：244-247．

［61］WANG Y W，LUAN G X，ZHOU W，et al．Subcritical water extraction，UPLC-Triple-TOF/MS analysis and antioxidant activity of anthocyanins from Lycium ruthenicum Murr［J］．Food Chemistry，2018，249（5）：119-126．

［62］MAEDA G，TAKARA K，WADA K，et al．Evaluation of antioxidant activity of vegetables from okinawa prefecture and determination of some antioxidative compounds [J]. Food Science & Technology International Tokyo, 2006, 12 (1): 8-14.

[63] ARNAO M B, CANO A, ACOSTA M. The hydrophilic and lipophilic contribution to total antioxidant activity [J]. Food Chemistry, 2001, 73 (2): 239-244.

[64] ZHANG H, YANG Y F, ZHOU Z Q. Phenolic and flavonoid contents of mandarin (Citrus reticulata Blanco) fruit tissues and their antioxidant capacity as evaluated by DPPH and ABTS methods [J]. Journal of Integrative Agriculture, 2018, 17 (1): 256-263.

[65] SUN L, GAO W, ZHANG M, et al. Composition and Antioxidant Activity of the Anthocyanins of the Fruit of Berberis heteropoda Schrenk [J]. Molecules, 2014, 19(11): 19078-19096.

[66] ZHAO H F, WU W L, MA L, et al. Separation of polyphenols from blueberry based on antioxidative activities [J]. Science and Technology of Food Industry, 2015, 36 (5): 251-254.

[67] CHORFA N, SAVARD S, BELKACEMI K. An efficient method for high-purity anthocyanin isomers isolation from wild blueberries and their radical scavenging activity [J]. Food Chemistry, 2016, 197: 1226-1234.

[68] WU Y C, WANG Y, ZHANG W L, et al. Extraction and preliminary purification of anthocyanins from grape juice in aqueous two-phase system [J]. Separation & Purification Technology, 2014, 124 (6): 170-178.

[69] KAUR S, SINGH N, SODHI N S, et al. Diversity in properties of seed and flour of kidney bean germplasm [J]. Food Chemistry, 2009, 117(2): 282-289.

[70] ZHOU Y, HOOVER R, HU Q. Relationship between α-amylase degradation and the structure and physicochemical properties of legume starches [J]. Carbohydrate Polymers, 2004, 57: 299-317.

[71] 吴叶. 云南白芸豆几种活性物质的分离提取及部分性质的研究 [D]. 昆明: 云南师范大学硕士学位论文, 2008.

[72] 杜双奎, 王华, 聂丽洁. 芸豆淀粉理化特性研究 [J]. 中国粮油学

报，2012，27（8）：31-35.

[73] 杨红丹，杜双奎，周丽卿，等. 3种杂豆淀粉理化特性的比较［J］. 食品科学，2010，31（21）：186-190.

[74] 李强双. 芸豆淀粉的提取、理化性质及应用研究［D］. 大庆：黑龙江八一农垦大学，2013.

[75] 陈振家，狄建兵，李玉娥. 红芸豆淀粉性质研究［J］. 山西农业大学学报：自然科学版，2009，29（5）：440-443.

[76] 缪铭. 不同品种鹰嘴豆淀粉的理化性质研究［J］. 食品科学，2009，29（6）：79-82.

[77] 周威，王璐，范志红. 小粒黑大豆和红小豆提取物的体外抗氧化活性研究食品科技，2008，33（9）：145-148.

[78] LAI F R, WEN Q B, LI L, et al. Antioxidant activities of water-soluble polysacc- haride extracted from mung bean（vigna radiate L.）hull with uhrasonic assisted treatment［J］. Carbohydrate Polymers，2010，81（6）：323-329.

[79] 徐金瑞，张名位，刘兴华. 黑大豆种皮花色苷体外抗氧化活性研究［J］营养学报，2007，29（1）：54-57.

[80] 李次力. 黑芸豆中花色苷色素的微波提取及功能特性研究［J］. 食品科学，2008，29（9）：299-302.

[81] 李良玉，曹荣安，于伟，等. 超声波辅助提取麦胚黄酮的技术研究［J］. 粮油食品科技，2014，22（4）：42-47.

[82] 赵海田. 蓝靛果花色普结构表征及对辐射诱导氧化损伤防护机制［D］. 哈尔滨：哈尔滨工业大学，2012.

[83] 孟宪军，王冠群，宋德群，等. 响应面法优化蓝莓花色苷提取工艺的研究食品工业科技［J］. 2010，（7）：226-229.

[84] 吕春茂，王新现，董文轩，等. 响应面法优化越橘花色苷微波辅助提取工艺参数［J］. 食品科学，2011，32（6）：71-75.

[85] 唐健波，肖雄，杨娟. 响应面优化超声辅助提取刺梨多糖工艺研究［J］. 天然产物研究与开发，2015，27（6）：314-320.

[86] 陈健，孙爱东，高雪娟，等. 响应面分析法优化超声波提取槟榔原

花青素工艺 [J]. 食品科学, 2011, 32 (4): 82–86.

[87] 孙建霞, 张燕, 胡小松, 等. 花色苷的结构稳定性与降解机制研究进展 [J]. 中国农业科学, 2009, 42 (3): 996–1008.

[88] 陆洋, 彭飞, 黄丽霞, 等. 响应面法优化超声辅助提取贯众多酚工艺 [J]. 天然产物研究与开发, 2015, 27 (4): 103–108.

[88] 陈阳, 王军华, 滕利荣, 等. 大孔树脂法纯化红花芸豆色素及初步鉴定 [J]. 农业工程学报, 2007, 23 (6): 237–241.

[89] 张芳轩, 张名位, 张瑞芬, 等. 不同黑大豆种质资源种皮花色苷组成及抗氧化活性分析 [J]. 中国农业科学, 2010, 43 (24): 5088–5099.

[90] HYE J K, IRINA T, JUNG M P, et al. Anthocyanins from soybean seed coat inhibit the expression of TNF–α–induced genes associated with ischemia/reperfusion in endothelial cell by NF–κ B–dependent pathway and reduce rat myocardial damages incurred by ischemia and reper fusion in vivo [J]. FEBS Letters, 2006, 580 (7): 1391–1397.

[91] 张丽萍. 肝素提取纯化新工艺及降解后的生物活性研究 [D]. 长春: 吉林大学, 2010.

第六章 白芸豆中 α- 淀粉酶抑制剂的分离技术

第一节 研究背景

一、白芸豆概述

1. 分布

白芸豆其生物学名叫多花菜豆，别名四季豆、白豆、菜豆、白饭豆、白腰豆。因花色多样而得名，属豆科，蝶形花亚科，菜属，学名为phaseolus coccineus L., P.multiflorus willd，英文名为white kidney bean。白芸豆原产南美洲的热带地区，后经人工栽培驯化已适应冷凉潮湿的高原地带。白芸豆是一种在世界范围内广泛种植的豆类作物，播种面积仅次于大豆。在非洲、亚洲和美洲的许多地区，豆类的消耗提供了每日总热量的15%。据FAO统计数据显示（2018年），全球食用豆（干）产量达到3040万吨，中国以133万吨的产量、850万吨消费量成为全球第五大豆类生产国和第一大消费国。据国际粮农组织统计，全世界有90多个国家和地区种植芸豆，主要生产国包括印度、加拿大和中国等。我国的芸豆种植栽培始于16世纪末，经过4个多世纪的发展，目前已形成了一些知名品种，如白芸豆、奶花芸豆、小红芸豆、小黑芸豆等。近年来我国芸豆的种植面积越来越大、产量越来越高，近年来芸豆年总产量达456万吨以上。目前，我国白芸豆种植面积位居世界第三，是名副其实的白芸豆生产大国。同时，我国芸豆的出口数量也越来越多，目前中国已成为世界上最大的芸豆出口国，约占全球芸豆出口总量的42.7%，年均净出口额为4.1亿美元。2019

年我国芸豆净出口17.19万吨，销往全球60多个国家和地区。芸豆在我国各省均有种植，其中黑龙江省年产芸豆30万吨；内蒙古自治区年产芸豆12万吨左右，其中白芸豆产量约占50%以上；贵州省的白芸豆产量占总量的四分之一，约为1万吨。吉林省和甘肃省的白芸豆年产量分别为3万吨和1万吨。

2. 白芸豆的营养成分

白芸豆营养丰富，是人们食用最多的豆类之一。据古籍记载，白芸豆性味干、平，既能温中下气，益肾补元，又能改善肠胃，镇静安神，是一种食疗佳品。每100g干白芸豆中含有约20.0～23.1g蛋白质和37.6～56.9g碳水化合物，还含有1520mg钾、193.5mg镁、0.8mg钠、120～160mg钙、7.3～10.0mg铁、1.56mg VB_1、1.02mg VB_2、0.24mg胡萝卜素和410mg磷等。因而白芸豆是一种优良的高钾低钠食品，适宜于动脉硬化、心脏病和高血脂等忌盐患者食用。白芸豆球蛋白所含氨基酸种类齐全，其必需氨基酸组成接近FAO/WHO推荐模式。同时，白芸豆蛋白质具有良好的功能特性，如溶解性、乳化性、乳化稳定性、起泡性和起泡稳定性等，因此白芸豆蛋白质是一种极具加工利用前景的优质植物蛋白质资源。

同时，白芸豆也可作为一种药食同源的实用豆类食品，其除了具有丰富的营养价值外，同时具有非常多的药用价值。据我国古医籍记载，白芸豆的籽粒、果壳、根茎均可入药服用。白芸豆性味甘、平，具有温中下气、利肠胃、止呢逆、益肾补元等功用，是一种可以用于滋补的食疗佳品。此外，白芸豆还有镇静作用，对治疗虚寒呢逆、胃寒呕吐、跌打损伤、喘息咳嗽、腰痛、神经痛均有一定疗效，从古代开始就得到了良好的应用。

3. 白芸豆的加工利用现状

目前，国内对白芸豆的深开发与应用研究较少，白芸豆中含有非常多的活性成分如异黄酮、皂苷、过氧化物酶、β-胡萝卜素、低聚糖、淀粉、膳食纤维等的研究尚处于研究的初级阶段，并且这些活性成分还没有得到透彻的开发与利用。目前国内对白芸豆的研究主要集中在植物凝集素和α-AI。凝集素可以促进哺乳类动物中白细胞的有丝分裂和红细胞的凝集。其中应用最多的就是白芸豆蛋白中含有的α-AI，α-AI具有一定的降低血糖、血脂和减肥的功效，可以用它来预防糖尿病和治疗肥胖等。然而，不同品种的白芸豆营养成分及α–AI特性是否相同目前未有报道，通过比较不同品种的白芸豆的营养成分及α–AI的理化特性，能够筛选出优势白芸豆资源，为后续功效产品的研发提供很好的原料。

二、α–淀粉酶抑制剂概述

α–淀粉酶抑制剂（α-amylase inhibitor，α–AI）是一类能与α–淀粉酶结合并改变其构象，从而降低α–淀粉酶活力的含氮碳水化合物或大分子蛋白质，普遍存在于各种豆类和谷物之中。其中白芸豆（White kidney bean）α–淀粉酶抑制剂是一种蛋白类抑制剂，能特异性地抑制人体唾液和肠道内α–淀粉酶活力，阻碍食物中碳水化合物的水解和消化，从而减少人体热量来源，延缓糖类的吸收，有效地降低餐后血糖浓度，故属于一种糖苷水解酶抑制剂。

1. 白芸豆α–AI的合成步骤

在粗糙内质网上生成的α–AI前体被转运到高尔基体中加以修饰，经移除信号肽和 N 端糖基化后，被运送到蛋白质储存液泡中进行蛋白质裂解加工，形成具有生物活性的成熟α–AI。在整个白芸豆植株中，α–AI只存在于种子中，占种子总蛋白质的9%～11%。由于胚轴比子叶有着更有效的糖基化反应，因此白芸豆α–AI更多地储存在胚轴中，胚轴中α–AI含量是子叶中的4倍。

2. 白芸豆α–AI的抑制机理

白芸豆α–AI能够彻底阻断底物与α–淀粉酶活性位点之间相互作用的通道，从而完全抑制α–淀粉酶活力。α–AI的两个发卡环L1和L2与α–淀粉酶的结构域 A 和结构域 B以及其活性位点表面环（残基303～312）、活性位点非环残基（Cl结合位点、Asp 197、Glu 233、Asp 300和Arg 74）、活性位点线性或口袋状芳香族氨基酸残基等部位参与抑制复合物的形成。在抑制过程中，α–AI逐渐接近α–淀粉酶的活性位点，利用其发卡环将该活性位点分开，最终通过发卡环上的残基与α–淀粉酶活性位点的键合作用形成伸展的网状结构。这些键合作用主要包括氢键相互作用、疏水相互作用和蛋白质相互作用等。网状结构的形成导致了α–淀粉酶构象的变化，促成了α-AI活性位点表面环（活性位点303～312）与α-淀粉酶的结构域 A 和结构域 B 的进一步结合。

3. 白芸豆α-AI的生理作用

大量研究结果表明白芸豆α-AI具有减少食物摄入量、控制体重增长、减缓脂肪蓄积和降低血糖水平等生理作用。Grant 等用添加有白芸豆α-AI的食物喂养小鼠达 800天，发现对照组小鼠的平均体重增长为660g，而实验组小鼠为 470g，因而证实了白芸豆α-AI具有控制体重增长的作用。Maranesi 等在同样的实验条件下研究白芸豆α-AI对小鼠脂肪代谢的影响，结果表明，饲喂含有白芸豆α-AI食物的小鼠在体重增加量和脂肪蓄积量两方面均明显低于对照组小鼠。Makoto等使用纯的白芸豆α-AI饲喂平均体重为120g的小鼠，每只小鼠饲喂10mgα-AI，最终的测定结果显示小鼠餐后血糖水平和胰岛素水平均无显著变化（$P>0.05$）。Kakade和Evans采用灌胃的饲喂方式，以50mg/kg体重的剂量用白芸豆α-AI制备物喂养小鼠，21天后，实验组小鼠的食物摄入量比对照组减少15%。杨明琰等研究了白芸豆中α-AI能显著降低四氧嘧啶糖尿病大鼠的空腹、餐后血糖峰值、血清TG、TC和LDL—C含量，具有调节血糖和血脂的作用。陈一昆等研究了白芸豆α-AI剂量与SD大鼠的减肥效果呈正相关。

4. 白芸豆α-AI的生物安全性

在白芸豆α-AI的急性毒性试验中未观察到急性中毒或致死现象。Chokshi 等用含有白芸豆α-AI的膳食补充剂喂养小鼠，补充剂的喂养剂量相当于 1668mgα-AI/kg体重，结果表明小鼠的肝肾功能指标、电解质水平和胆固醇水平均无异常。Harikumar 等在类似的试验中将白芸豆α-AI的饲喂剂量增加至2780mg/kg体重，也未发现小鼠有反常的生化反应或组织病理学异常。

白芸豆α-AI的慢性毒性试验也证实了其高度的生物安全性。Chokshi 等用含有白芸豆α-AI的膳食补充剂进行慢性动物试验，以1390mg白芸豆α-AI/kg体重的剂量饲喂小鼠达32 天，未观测到任何致死现象或临床不良反应。白芸豆α-AI的人体慢性毒性试验中也未出现任何副作用。Celleno 等将白芸豆α-AI用于人体试验，每日供给量为445mg，持续30天，最终未发现明显的不良反应。

三、国内外相关技术的研究现状及主要问题

（一）α-AI 提取研究现状

蛋白质以复杂的混合体系存在于自然界中，从这种混合体系中提取分离目标蛋白，并防止其结构变性及生物活性的损失，具有一定的难度。目前，蛋白质的提取、分离及纯化技术趋向于综合应用，但蛋白本身所具有的各种特性都可直接影响具体提取分离手段的选择。不同来源的蛋白质具有各自不同的理化性质，需根据蛋白的理化特性选择合适的目标蛋白提取方法，因此根据蛋白质的来源以及特性来制定相应的提取分离方案就显得尤为重要。

1. 溶液提取法及酶法

溶液提取法是目前提取蛋白质的传统方法之一。该法步骤较为简单、经济，是利用蛋白质变性沉淀的特性而进行的提取分离操作，可分为水溶剂法、缓冲体系水溶液法及有机溶剂法三种方法，其中后两者在蛋白粗提的上游阶段较为常用。而酶法也是一种较为重要的提取技术。酶是一种具有催化功能的大分子，被广泛应用于蛋白质的提取分离过程中。酶法提取采用的反应条件较为温和，时间较短，杂质或其他有害物质几乎不产生，且能有效避免目标蛋白的失活，已成为活性蛋白质提取的常用方法。

2. 双水相萃取法

双水相萃取法又称水溶液两相分配法，是利用聚合物的不相容性来实现物质分离纯化的一种新型分离技术。张栢鹏等采用聚乙二醇/硫酸铵双水相系统从白芸豆中萃取 α-AI，在优化条件下即聚乙二醇、硫酸铵和氯化钠的质量分数分别为 12%、13.3% 和 0.003% 时，分配系数、相比和活力回收率分别为 4.40%、0.57% 和 71.41%。

3. 三相分离提取法

三相分离法是一种利用叔丁醇和硫酸铵分离纯化水相中蛋白质的分离技术，具有应用范围广、适于规模化生产等优点。Wang 等采用三相分离法制备得到了纯的白芸豆 α-AI，其主要纯化步骤包括水提、硫酸铵沉淀、热处理、叔丁醇处理和 Sephax G—25 层析。在最优条件下即硫酸铵饱和度为 30%、pH 为 5.25、叔丁醇添加量为 50% 时，所得 α-AI 的比活力为 4156U/mg 蛋白质。

4. 色谱法

色谱法如薄层色谱、离子交换色谱、凝胶排阻色谱等都是实验室以及工业上分离纯化糖类、蛋白质、无机盐等物质的常用方法。Marshall 和Lauda采用色谱法对白芸豆α-AI进行了分离纯化。将白芸豆水提液经过一系列预处理如离心、热处理（70℃/15min）和透析后，利用DEAE—纤维素柱、Sephadex G—100和CM—纤维素柱得到了纯的白芸豆α-AI。同时他们也提供了一种适用于制备少量纯的白芸豆α-AI的方法。首先将α-淀粉酶偶联到Sepharose 4B基质上制成不溶性Sepharose-α-淀粉酶复合物，然后将白芸豆α-AI于37℃下静态吸附至该复合物中，通过改变环境 pH 和离子强度，使白芸豆α-AI逐渐与α-淀粉酶和Sepharose分离开来。在之后的白芸豆α-AI分离纯化中，研究者们大都借鉴Marshall和Lauda的色谱分离方法，只是前处理方法和色谱条件有所变化。Yang等在色谱分离之前采用水溶醇沉法进行初步纯化，Lee和Whitaker采用60℃处理30min的方法将水提液初步纯化后进行色谱分离。

5. 结晶法及超滤法

结晶法是利用混合物溶解度的不同及显著差异而采用结晶方法分离的操作方法，应用适当的预处理程序后，可以从不纯蛋白溶液中捕获结晶。Hekmat认为结晶可以取代一个或多个色谱步骤，获得高活性、高得率及高纯度的目标蛋白，具有经济优势，可成为分离纯化治疗性蛋白的一种有效手段。超滤法（ultrafiltration，UF）是一种以蛋白质分子大小不同为依据，利用加压膜分离的纯化技术。该法使用条件温和、操作简便、成本低廉，并可防止生物活性物质的变性失活。

（二）α-AI 的类型研究现状

目前，天然α-AI已从多种植物、动物以及微生物中获得。不同来源的α-AI总体可分为两类，即蛋白质类α-AI和非蛋白质类α-AI。

1. 蛋白类抑制剂

根据序列和三级结构的相似性，自然界发现了七种蛋白质类α-AI，目前研究较多的蛋白质类抑制剂是来源于白芸豆的凝集素样（Lectin-like）抑制剂，来源于印度手指小米的谷物类双功能抑制剂RBI（RATI），来源于苋属植物的Knottin型抑制剂，以及来源于大麦的库尼茨型（kunitz type）抑制剂 BASI。其中，源于白芸豆（phaseolus vulgaris）的凝集素样α−AI有三种不用的亚型：α−AI1、α−AI2和α−AI3（或α−AIL）。α−AI1是一种43kDa的二聚体糖蛋白（α2β2），为主要的α−AI亚型，与PHA同源，它可抑制哺乳动物和昆虫的α−淀粉酶活性，α−AI1与菜豆的PHA−L结构相同，表现出一种胶状卷曲折叠的形态，与凝集素的不同之处在于α−AI1分别在第15和6个残基的两个延伸环的原聚体背面进行了截断，这些环在α−AI2中缺失，α−AI2也对应于截断的凝集素，但α−AI2仅能抑制昆虫的α−淀粉酶活性。α−AI3是对应于PHA、α−AI1和α−AI2之间的进化中间体，无抑制活性。孙庆申等采用盐溶的方法从黑大紫冠豆角（phaseolus vulgaris L.）种子中提取出α−AI，对猪胰α−淀粉酶具有抑制作用，IC_{50}值为（27.036 ± 0.235）μg/mL。

α−AI1抑制方式为非竞争性抑制，直接通过氢键和催化残基与酶结合。α−AI1与PPA和TMA形成的复合物的结构分析显示，α−AI1中与酶的长环相互作用的Arg74在HPA和TMA复合物中分别以两种不同的构象存在，说明α−AI1有2个部位与酶的结合是最紧密的。最近通过α−AI与α−淀粉酶复合物研究研究显示，哺乳动物α−淀粉酶的柔性环状结构以两种不同的构象存在，具有pH依赖性型环形闭合。

2. 非蛋白类抑制剂

非蛋白类α−AI主要为多酚类化合物、黄酮类化合物、酚酸和没食子酸等。其中多酚一般通过与α−淀粉酶分子结合来发挥其抑制活性，二者之间的相互作用力包括氢键（羟基和酶催化活性位点之间）和疏水力（多酚的芳香环和α−淀粉酶的色氨酸残基之间）。因此多酚对α−淀粉酶的抑制作用与其分子结构密切相关。Gomes等对巴西特有树种 Terminalia phaeocarpa的叶子提取物进行了α−淀粉酶以及降血糖作用的研究，T.phaeocarpa叶子的乙醇提取物、乙酸乙酯提取物和氢化甲醇提取物组分均对α−淀粉酶具有显著抑制作用，且对猪胰α−淀粉酶的IC_{50}值均显著低于阳性对照阿卡波糖。Figueiredo-González等从Myrcia spp.植物叶子中提取了酚类化合物（杨梅素、槲皮素和没食子酸）和黄酮类化合物，对猪胰α−淀粉酶有抑制作用IC_{50}值为6.1μg/mL，可以作为治疗Ⅱ型糖尿病的一种潜在有效药物。此外，还有人研究显示沙棘浆果、玉米须、水稻麸皮

（Oryza sativa L.）中多酚类化合物以及阿魏酸等都对α-淀粉酶表现抑制作用；黄酮类化合物是一类丰富的天然酚类化合物，具有多种生物活性。其活性与结构密切相关，如黄酮类化合物的甲基化和甲氧基化会降低了氢键受体/供体的数量，明显减弱体外对α-淀粉酶的抑制作用，黄酮类化合物的羟基化则提高了体外对α-淀粉酶的抑制作用。此外，黄酮类化合物的C2＝C3双键的氢化以及黄酮类化合物的糖基化都明显减弱了对α-淀粉酶的体外抑制作用；天然植物酚酸主要包含羟基肉桂酸和羟基苯甲酸。羟基肉桂酸分子结构中的C＝C双键与羰基共轭，负责丙烯酸和苯环部分之间的电子转移。因此，羟基肉桂酸可以形成高度共轭的体系，当结合到α-淀粉酶的活性位点时，形成稳定的结构。因此，共轭结构特征和多个羟基是羟基肉桂酸抑制α-淀粉酶的必要条件；Tadera等比较了儿茶素（C）、表儿茶素（EC）、表没食子儿茶素（EGC）和表没食子儿茶素没食子酸酯（EGCG）对人胰腺α-淀粉酶的抑制作用，抑制作用测定结果为：EGCG＞EC＞EGC＞C。Hara和Honda发现抑制作用的顺序为茶黄素-3，3′-二没食子酸酯（TF2）＞茶黄素-3′-没食子酸酯（TF1）＞表没食子儿茶素（EGC）＞表没食子儿茶素没食子酸酯（EGCG）。这些数据说明没食子酰化的儿茶素比非没食子酰化的儿茶素具有更高的淀粉酶抑制作用。

（三）α-AI的应用研究现状

1. 开发具有降糖功效的保健食品和药品

大量研究结果表明α-AI能够抑制体内唾液腺和胰腺分泌的α-淀粉酶的活性，从而减缓人体内碳水化合物的水解，起到降血糖、减肥的目的。以α-AI作为主要成分的天然减肥降糖产品已得到应用，在北美和日本以白芸豆中提取的α-AI为主要原料的减肥、保健食品十分风靡。市场上出现的用于减肥、降血糖和健康食品的α-AI产品制备原料仅限于来自北美的白芸豆。在我国含有α-AI的天然食品已经上市，例如陕西博林生物生产的白芸豆粉、山东朱氏药业生产的白芸豆压片糖果以及河南百芝堂药业生产的白芸豆膳食代餐片。它们的作用原理是通过控制消化道内糖代谢关键酶的活性，达到减脂的目的。Shi等将富含α-AI的白豆提取物应用到高脂饮食诱导的肥胖大鼠中，经证实具有抗肥胖作用。同时，从天然植物中提取的α-AI在治疗Ⅱ型糖尿病方面也受到越来越多的重视。能有效避免市场上常用的降血糖药物如阿卡波糖、米格列醇和伏格列糖等出现的肠胀气等副作用，其生物安全性较高，且在降糖及减脂的领域具有广阔的应用前景。

2. 农业生产及植物保护类新产品的研发

高等植物中天然存在的 α-AI 可以发挥抗虫作用，是植物自我保护机制之一。α-AI 蛋白被昆虫食用后能抑制昆虫消化道内的 α-淀粉酶活性，使淀粉及其他碳水化合物难以消化，从而阻断昆虫主要的能量来源；同时，抑制淀粉酶活性形成的复合物对昆虫消化道也是一种刺激，会引起昆虫的厌食反应，导致昆虫发育不良或死亡，从而起到抗虫效果。目前昆虫淀粉酶的抑制剂在国内尚属新的研究领域，还有待全面和深入地开展。随着现代生物技术的不断发展，生物化学和酶学基础研究的进一步深入，昆虫淀粉酶抑制剂的研究将在现有的基础上向更宽、更广、更深、更快方向发展，从而推动全球农业的发展，为农业产量的提高提供一条崭新而有效的途径。

第二节　白芸豆中 α– 淀粉酶抑制剂提取的工艺参数优化

一、材料与设备

9种白芸豆（市售）：W_1 为云南省大白芸豆；W_2 为云南省九粒白芸豆；W_3 为内蒙古大白芸豆；W_4 为贵州九粒白芸豆；W_5 为四川特级九粒白芸豆；W_6 为吉林特级九粒白芸豆；W_7 为甘肃省九粒白芸豆；W_8 为黑龙江垦区大白芸豆；W_9 为黑龙江垦区小白芸豆。α-淀粉酶（源于猪胰腺）（sigma公司）；牛血清白蛋白：［生工生物工程（上海）有限公司］；可溶性淀粉（国药集团化学试剂有限公司）；1kDa透析袋［生工生物工程（上海）有限公司］；其他试剂（分析纯）。双光束紫外可见分光光度计（北京普析通用仪器有限责任公司）；离心机（湘仪离心机仪器有限公司）；真空冷冻干燥机（宁波新芝冻干设备有限公司）；超低温冰箱（中科美菱低温科技股份有限公司）；磁力搅拌器（上海弗鲁克科技发展有限公司）；恒温振荡器（常州荣华仪器制造有限公司）；纯水仪（上海和泰仪器有限公司）；电热恒温鼓风干燥箱（上海森信实验仪器有限公司）；
卷式膜多功能设备（厦门世达膜科技有限公司）。

二、试验方法

（一）白芸豆 $\alpha-$ 淀粉酶抑制活性的测定及计算

参照DNS比色法，略有改动。将 $\alpha-$ 淀粉酶（6U/mL）和适当稀释的样
品加入0.1mol/L pH为6.9磷酸盐缓冲溶液（PBS）中，于37℃水浴10min，
加入1%（质量分数）可溶性淀粉溶液，精确反应5min后加入DNS试剂终
止反应。反应液于沸水浴中加热10min后迅速冷却至室温，加入去离子
水，混合均匀后于最适波长下测定吸光值。反应体系见表6-1。

表 6-1　白芸豆 $\alpha-$AI 活力测定体系

类别	酶液（mL）	样品（mL）	PBS 缓冲液（mL）	可溶性淀粉（mL）	DNS 试剂（mL）	去离子水（mL）
A_1			2.0	1.0	1.0	10
A_2	0.5		1.5	1.0	1.0	10
A_3	0.5	0.5	1.0	1.0	1.0	10
A_4		0.5	1.5	1.0	1.0	10

样品中 $\alpha-$AI对来源于猪胰腺的 $\alpha-$ 淀粉酶抑制率按下式计算：

$$AR=\left(1-\frac{A_3-A_4}{A_2-A_1}\right)\times100\%$$

式中：A_1、A_2、A_3 和 A_4 分别为一定波长下空白对照管、空白管、样品
管和样品对照管的吸光值。

（二）白芸豆 $\alpha-$AI 的粗提取

1. 不同产地白芸豆 $\alpha-$AI 的粗提取

9种白芸豆（$W_1 \sim W_9$）除杂后粉碎，经低温干燥后过60目筛，所得白
芸豆粉加去离子水（1:10，质量体积比）于室温下搅拌浸提2h，5000r/min
离心15min，收集上清液，以测粗提液中 $\alpha-$AI抑制率为指标，筛选出适合
制备 $\alpha-$AI的最佳白芸豆种类。

2. 白芸豆最佳前处理方式的确定

原粉：白芸豆经低温干燥后粉碎，过60目筛制得；浸泡：白芸豆经冷水浸泡12h，后低温干燥，过60目筛制得；浸泡+去皮：白芸豆经冷水浸泡12h，去皮，低温干燥，过60目筛制得，备用。

3. 白芸豆α-AI提取条件的优化

白芸豆经冷水浸泡12h，后低温干燥，过60目筛，经0.1mol/L HCl和0.1mol/L NaOH调整提取液的pH分别为4、5、6、7和8，提取温度分别为25℃、30℃、35℃、40℃和45℃，料液比分别为1：4、1：6、1：8、1：10和1：12，提取时间1.5h、2.0h、2.5h、3.0h和3.5h，在各条件下均以提取液的α-AI抑制率为指标确定最佳的提取条件。

（三）响应面法优化白芸豆 α-AI 提取条件

根据单因素试验，按照Box-Behnken Design中心旋转组合设计原理，选择pH（A）、温度（B）、料液比（C）、提取时间（D）四个因素，以白芸豆α-AI抑制率为响应值，建立四因素三水平的回归模型，对水提白芸豆α-AI的工艺参数进行优化，其因素水平设计见表6-2。

表6-2 因素水平编码表

编码值	pHA	温度B（℃）	料液比C（g/mL）	时间D（h）
−1	5.0	30	1：9	2.0
0	6.0	35	1：10	2.5
+1	7.0	40	1：11	3.0
X_i	$X_1=(A-6.0)/1$	$X_2=(B-35)/5$	$X_3=(C-10)/1$	$X_4=(D-2.5)/0.5$

三、结果与分析

（一）DNS 法测定白芸豆 α-AI 活力最适吸收波长的确定

按白芸豆α-AI活力测定体系，分别对DNS试液本身（蒸馏水调零），未加α-AI的DNS显色反应液及添加α-AI的DNS显色反应液（空白调零）进行吸收光谱的扫描，结果见图6-1。

由图6-1可知，DNS试液λ_{max}为370nm，而未加α-AI的DNS显色反应液与添加α-AI的DNS显色反应液λ_{max}均为500nm，且在500nm处DNS试液无明

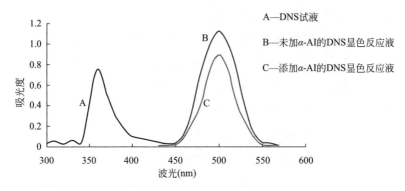

图 6-1　不同波长扫描吸收光谱

显吸收，因此可排除显色试剂本身对检测结果的影响，故选择500nm作为DNS法测定白芸豆α-AI活力的最适吸收波长。

（二）不同产地白芸豆 α-AI 抑制率试验结果

分别选取我国白芸豆种植面积较大的省份及具有代表性的白芸豆品种，如云南（大白芸豆、九粒白芸豆）、内蒙古（大白芸豆）、贵州（九粒白芸豆）、四川（特级九粒白芸豆）、吉林（特级九粒白芸豆）、甘肃（九粒白芸豆）和黑龙江（大白芸豆、小白芸豆），通过比较不同品种白芸豆在同一提取条件下α-AI抑制率的大小，确定适合制备白芸豆α-AI的品种，从而保证充足的原料供应。不同产地白芸豆α-AI粗提物得率及抑制率如图6-2所示。

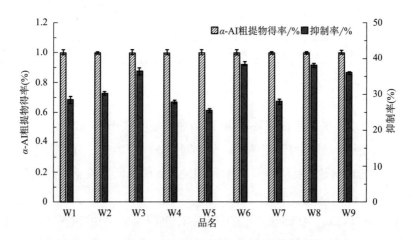

图 6-2　不同产地白芸豆 α-AI 粗提物得率及抑制率

由图6-2可知，不同产地白云豆粉对α-淀粉酶抑制率差异略大，但经纯净水浸提后的粗提液对α-淀粉酶抑制率的差异性较小，其中α-AI抑制活性较高的为吉林特级九粒白芸豆、黑龙江垦区大白芸豆及内蒙古大白芸豆，其抑制率分别为38.43%、38.07%和36.3.43%。考虑到黑龙江的地理优势，故选用黑龙江垦区大白芸豆作为白芸豆α-AI的提取原料。

（三）不同前处理方式白芸豆 α-AI 抑制率的影响

不同前处理方式对白芸豆α-AI抑制率的影响如图6-3所示。

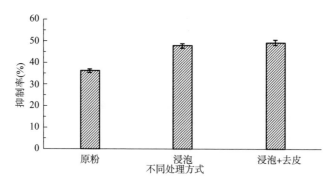

图 6-3 不同前处理方式对白芸豆 α-AI 抑制率的影响

由图6-3可知，白云豆经浸泡及去皮处理后粗提物中α-AI抑制活性较原粉有所提高，但浸泡+去皮处理与只进行浸泡组提取液中α-AI抑制活性几乎相同。说明浸泡处理可在一定程度上提高白芸豆水提液中α-AI抑制活性，但去皮处理对其影响不大，因此可单纯选择浸泡处理作为白芸豆α-AI提取的前处理方式，且优先采用冷水浸泡处理，尽可能避免白芸豆中其他水溶性物质的流失。

（四）单因素试验结果

1. 不同pH对白芸豆α-AI抑制率的影响

不同pH对白芸豆α-AI抑制率的影响如图6-4所示。

由图6-4可知，随着提取液pH的不断增大，白芸豆α-AI抑制率整体呈现先增大后降低的趋势，其中pH为6时，白芸豆提取液中α-AI抑制率最大，为50.12%±0.17%，故水提白芸豆α-AI时最佳的pH为6。

2. 不同温度对白芸豆α-AI抑制率的影响

不同温度对白芸豆α-AI抑制率的影响如图6-5所示。

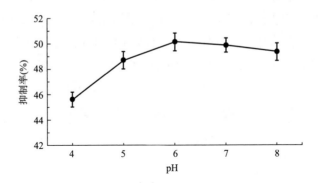

图 6-4　不同 pH 对白芸豆 α-AI 抑制率的影响

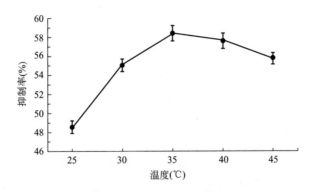

图 6-5　不同温度对白芸豆 α-AI 抑制率的影响

由图6-5可知，随着提取温度的不断增加，白芸豆α-AI抑制率整体呈现先增大后降低的趋势，其中温度为35℃时，白芸豆提取液中α-AI抑制率最大，为58.37%±0.82%，故水提白芸豆α-AI时最优温度为35℃。

3. 不同料液比对白芸豆α-AI抑制率的影响

不同料液比对白芸豆α-AI抑制率的影响如图6-6所示。

由图6-6可知，随着料液比的不断增加，白芸豆α-AI抑制率整体呈现先增大后略有降低的趋势，其中料液比（g/mL）为1∶10时，白芸豆提取液中α-AI抑制率最大，为60.83%±0.58%故水提白芸豆α-AI时最佳料液比为1∶10。

4. 不同提取时间对白芸豆α-AI抑制率的影响

不同提取时间对白芸豆α-AI抑制率的影响如图6-7所示。

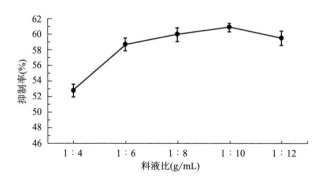

图 6-6 不同料液比对白芸豆 α-AI 抑制率的影响

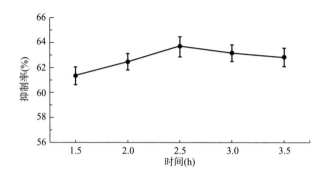

图 6-7 不同提取时间对白芸豆 α-AI 抑制率的影响

由图6-7可知，随着提取时间的不断增加，白芸豆α-AI抑制率整体呈现先增大后略有降低的趋势，当提取时间为2.5h时，白芸豆α-AI抑制率最大，为63.64%±0.69%故水提白芸豆α-AI时最佳时间为2.5h。

（五）响应面试验设计

基于单因素实验结果，以A（pH）、B（温度）、C（料液比）、D（时间）为自变量，以白芸豆提取液抑制率为指标进行相应面试验，Box—Behnken方案及结果见表6-3。

表 6-3 Box—Behnken 方案及结果

序号	pH A	温度 B（℃）	料液比 C（g/mL）	时间 D（h）	抑制率 Y（%）
1	0	0	1	-1	76.17
2	1	0	-1	0	78.69

序号	pH A	温度 B（℃）	料液比 C（g/mL）	时间 D（h）	抑制率 Y（%）
3	0	−1	0	−1	75.94
4	1	0	0	−1	76.46
5	0	0	−1	−1	75.28
6	1	1	0	0	79.82
7	0	0	0	0	85.49
8	0	1	0	−1	77.94
9	−1	0	0	−1	72.43
10	1	−1	0	0	76.07
11	−1	0	1	0	76.84
12	0	0	0	0	85.56
13	1	0	0	1	79.82
14	−1	0	0	1	76.52
15	−1	−1	0	0	74.18
16	0	−1	0	1	78.55
17	0	−1	−1	0	78.58
18	0	0	0	0	85.64
19	−1	0	−1	0	76.49
20	0	0	0	0	85.71
21	0	−1	1	0	79.38
22	0	1	1	0	79.05
23	1	0	1	0	78.02
24	0	1	−1	0	78.43
25	0	0	1	1	78.92
26	−1	1	0	0	76.13
27	0	0	0	0	85.68
28	0	0	−1	1	84.02
29	0	1	0	1	80.13

利用Design—Expert8.0.6软件对实验结果进行多元回归分析，得到回

归方程：

$$Y=+85.616+1.3575A+0.73333B-0.25917C+1.97833D+0.45AB-$$
$$0.2555AC-0.1825AD-0.045BC-0.105BD-1.4975CD-5.28508A^2-3.69383B^2-$$
$$2.98508C^2-3.94633D^2$$

对建立的回归模型进行显著性分析，其结果见表6-4。从表6-4可以看出，回归模型的$F=21.71$，$P<0.0001$，说明模型极显著，失拟项$P=0.4038>0.05$，说明回归方程与试验拟合良好，误差小。回归方程中一次性A、D为显著因素，二次项中4个因素（A^2、B^2、C^2、D^2）均表现出极显著性，交互项中AB、AD存在显著性，其余各项对白芸豆α-AI抑制率的影响均不显著。依据表中F值的大小可知，各因素对白芸豆α-AI抑制率的影响顺序为$D>A>B>C$。综上分析，表明该模型可真实地反映出考察因素对抑制率的影响，可用此模型对白芸豆α-AI提取工艺优化及预测。

表 6-4　回归模拟分析

方差来源	平方和	自由度	均方	F 值	P 值
模型	370.64	14	26.47	21.71	< 0.0001
A	22.11	1	22.11	18.13	0.0008
B	6.45	1	6.45	5.29	0.0373
C	0.81	1	0.81	0.66	0.4299
D	46.97	1	46.97	38.51	0.0001
AB	0.81	1	0.81	0.66	0.0008
AC	0.26	1	0.26	0.21	0.6513
AD	0.13	1	0.13	0.11	0.0009
BC	8.100×10^{-3}	1	8.100×10^{-3}	6.641×10^{-3}	0.9362
BD	0.044	1	0.044	0.036	0.8519
CD	8.97	1	8.97	7.35	0.0169
A^2	181.18	1	181.18	148.55	< 0.0001
B^2	88.50	1	88.50	72.56	< 0.0001
C^2	57.80	1	57.80	47.39	< 0.0001
D^2	101.02	1	101.02	82.82	< 0.0001

方差来源	平方和	自由度	均方	F 值	P 值
残差	17.08	14	1.22		
失拟项	0.74	10	0.074	1.63	0.4038
纯误差	0.033	4	8.130×10^{-3}		
总和	387.72	28			

（六）响应面交互作用分析

响应面图描述因素与响应值之间关系的三维空间曲面图，可直观呈现各因素之间的交互作用对白芸豆α-AI抑制率的影响程度。图6-8、图6-9列出的是对白芸豆α-AI抑制率有显著交互作用的响应面和等高线图。图6-8显示的是A（pH）和B（温度）之间的交互关系，在其他因素不变的前提下，曲面的陡峭程度越大，等高线的线圈越密集，表明两个因素之间的交互作用越强，对响应值影响越大。

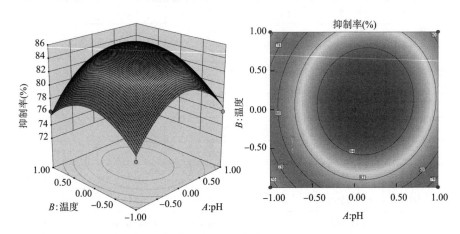

图6-8 pH和温度交互作用的等高线及响应面图

图6-9显示的是A（pH）和D（提取时间）之间的交互作用，在一定范围内，随着提取时间的增加，白芸豆α-AI抑制率也增大，但超过该范围后，两者的交互作用减弱，抑制率随两者的增加而降低。

（七）最佳工艺条件的确定及验证试验

通过Design—Expert8.0.6软件对回归模型预测及优化分析，得出水提

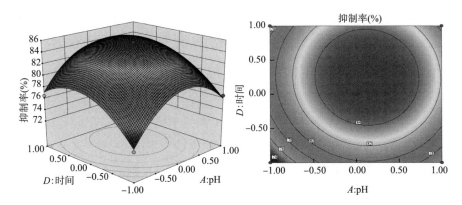

图 6-9 pH 和时间交互作用的等高线及响应面图

白芸豆α-AI的最佳工艺参数为pH为6.73、温度为35℃、料液比1∶9.65、提取时间2.54h，在此参数下，白芸豆α-AI抑制率预测值为83.49%。

通过回归模型预测得到的白芸豆α-AI抑制率是一个理论值，为了进一步验证理论值是否能反映实际值，开展了验证试验。考虑到试验的实际可操作性，将最佳工艺参数修正为pH为6.7、温度为35℃、料液比1∶10、提取时间2.5h。为保证试验结果的准确性，试验次数设定为3次，其抑制率的平均值为83.52，与预测值相比，其相对误差不超过10%，表明白芸豆α-AI提取经优化之后的抑制率与最大抑制率的预测值接近，说明模型可靠，回归方程可以反映各因素对白芸豆α-AI抑制率的影响。

四、结论

本试验采用水浸提法从来自黑龙江垦区的大白芸豆种子中提取α-淀粉酶抑制剂，经冷水浸泡处理后，在单因素试验的基础上采用响应面法优化提取工艺参数，建立了二次回归模型，该模型与数据拟合程度较高，具有较好的实用性。经优化后的工艺参数为：pH为6.7、温度为35℃、料液比1∶10、提取时间2.5h，利用DNS法测定α-淀粉酶抑制率的最佳波长为500nm，其抑制率的平均值为83.52%。大幅提高了白芸豆中α-淀粉酶抑制剂的得率，降低生产成本，增加了白芸豆的附加值，促进我国杂粮产业的发展。

第三节　白芸豆中 α- 淀粉酶抑制剂的纯化技术

一、材料与设备

白芸豆，黑龙江垦区；α-淀粉酶（来源于猪胰腺）、Ellman试剂、β-巯基乙醇、Folin酚试剂，sigma公司；牛血清白蛋白、SDS、考马斯亮蓝（R-250）、标准蛋白（Maker）、Tris-Glycine缓冲液，上海生工有限公司；3，5-二硝基水杨酸、可溶性淀粉，国药集团化学试剂有限公司；其他试剂均为分析纯。双光束紫外可见分光光度计，北京普析通用仪器有限责任公司；离心机，湘仪离心机仪器有限公司；真空冷冻干燥机，宁波新芝冻干设备有限公司。全自动凯氏定氮仪器，海能未来技术集团股份有限公司；纯水仪，上海和泰仪器有限公司；卷式膜多功能设备：厦门世达膜科技有限公司。

二、试验方法

（一）白芸豆 α-AI 硫酸铵盐析条件的确定

1. 盐析参数的设定

按照硫酸铵盐析表分别称取0、1.565g、1.755g、1.95g、2.15g、2.36g以及2.58g硫酸铵加入5mL粗提液后混匀溶解构成硫酸铵饱和度为0、50%、55%、60%、65%、70%及75%的粗提液盐析体系。将混匀溶解的盐析液置于4℃冰箱中，盐析24h后每个硫酸铵饱和度取两个平行在4℃，10000r/min条件下离心，无硫酸铵的提取原液取上清液，其余不同硫酸铵浓度的盐析液均取其沉淀，用5mL纯净水溶解，分别测定其α-AI抑制率和可溶性蛋白含量。

2. 蛋白质含量的测定

（1）Folin—酚法测定蛋白质含量。

① 原理。碱性条件下酚类化合物可将福林—酚试剂还原，呈现蓝色反应，蓝色越深则生成产物量越大；其含量可以用分光光度计在640nm波长处测定，从而计算出蛋白质含量。

磷酸+钼酸→磷钼酸 +还原剂（酚类化合物）→磷钼蓝

② Folin—酚试剂的配制。由试剂甲和试剂乙混合（5∶1）组成。

试剂甲：将4%无水碳酸钠溶液与0.2mol/L 氢氧化钠等体积混合，配制成碳酸钠-氢氧化钠溶液；将1%硫酸铜溶液与2%酒石酸钾钠溶液等体积混合均匀，配制成硫酸铜-酒石酸钾钠溶液。

在测定当天，将以上两种溶液按50∶1的体积比混合，即为Folin-酚甲液，混合放置30min后使用，混合液只能保存一天。溶液分开可长期保存，但是长时间保存情况下应留意溶液出现轻微沉淀等情况。

以酚酞为指示剂，用标准氢氧化钠溶液 （1mol/L）滴定，当溶液颜色由红→紫红→紫灰→黑绿时即为滴定终点。根据这个滴定值，用水稀释酸浓度为1mol/L，此时的体积约为原先的1.9～2倍。故在试剂乙使用时需进行一定体积的稀释。

③标准曲线的制作。取21支试管平均分成三组，分别按表6-5顺序加入各种试剂。然后按表中方法操作，测定吸光值。取三组测定的平均值，以标准蛋白质含量为横坐标，A640光吸收值为纵坐标，绘制标准曲线。标准蛋白质溶液用牛血清白蛋白配制成0.5mg/mL的蛋白溶液。

表6-5 蛋白含量标准曲线制作方法

管号	空白	1	2	3	4	5	6
标准蛋白（mL）	0	0.1	0.2	0.4	0.6	0.8	1.0
双蒸水（mL）	1.0	0.9	0.8	0.6	0.4	0.2	0
Folin—酚甲液（mL）	5.0	5.0	5.0	5.0	5.0	5.0	5.0
混匀，在 20 ～ 25℃下放置 10min							
Folin—酚乙液（mL）	0.5	0.5	0.5	0.5	0.5	0.5	0.5
迅速混匀，30℃条件下水浴 30min							
OD 值（$\lambda=640nm$）	0	0.080	0.158	0.312	0.460	0.620	0.759

按表6-5的方法，测得各管溶液在640nm下的吸光值。以标准蛋白质含量为横坐标，A_{640}光吸收值为纵坐标，绘制标准曲线如图6-10所示。

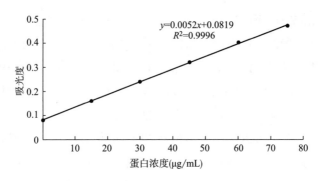

图 6-10　可溶性蛋白质含量标准曲线

④ 样品测定。未知蛋白质溶液浓度的测定方法见表6-6。

表 6-6　未知蛋白质溶液浓度的测定方法

试管编号	空白管	样品管
酶液	0	0.2
蒸馏水	1	0.8
Folin- 酚甲试剂（mL）	5.0	5.0
在 20 ~ 25℃下混匀放置 10min		
Folin- 酚乙试剂（mL）	0.5	0.5
迅速混匀，于30℃（或室温 20 ~ 25℃）静置 30min，以蒸馏水为空白，在 640nm 处比色		

由表6-6方法测得的吸光值代入标准曲线或回归方程，可计算出待测溶液的蛋白质含量。

（二）超滤膜的选择

基于膜的选择透过性原理。当低浓度溶液通过膜时，部分溶剂会透过，同时溶质会被截留，从而获得高浓度的溶液。全过程无相变，单位运行成本远低于蒸发且品质更佳，特别适合于热敏性物质；基于膜的选择透过性原理。当混合物中的两种或多种目标产物之间存在一定的分子量差距时，可对其进行定向区分，从而获得高纯度的目标产物；基于膜的选择透过性原理，将溶解于水中的盐离子去除，从而获得可供生产、生活使用的水。属于离子级水平的脱除，纯度和稳定性均好于热法和化学法。

$$J=V/（T×A）$$

式中：J为膜通量〔L/（$m^2 \cdot h$）〕；V为取样体积（L）；T为取样时间（h）；A为膜面积（m^2）。

1. 不同压力对膜通量的影响

白芸豆蛋白提取液依据上述优化后的方案制备，在温度25℃，压力分别为0.05MPa、0.1MPa、0.15MPa、0.2MPa和0.25MPa，循环流量5L/min，试验确定不同压力对膜通量的影响。

2. 不同截留分子量对膜通量的影响

白芸豆蛋白提取液依据上述优化后的方案制备，在温度25℃，压力为0.2MPa，循环流量5L/min，分别采用截留分子量为20kDa、30kDa和50kDa的超滤膜，考察不同截留分子量的超滤膜对膜通量的影响。

3. 不同截留分子量的超滤膜对蛋白和总糖截留率的影响

白芸豆蛋白提取液依据上述优化后的方案制备，在温度25℃，压力为0.2MPa，循环流量5L/min，分别采用截留分子量为20kDa、30kDa和50kDa的超滤膜，考察不同截留分子量的超滤膜对膜通量的影响。

4. 不同分子量的大小组分对白芸豆α–AI抑制率的影响

白芸豆蛋白提取液经二级超滤膜浓缩后，按分子量大小可将白芸豆蛋白超滤液分成三个组分，分子量大小分别为小于30kDa、30～50kDa和大于50kDa组分，分别收集三种组分，并经冷冻干燥制得粉末，并测定每种组分对α–淀粉酶抑制率的IC_{50}值。

（三）SDS–PAGE 电泳测定

参照文献并作适当修改。分离胶体积分数12%，浓缩胶体积分数为5%。样品溶于0.25mol/L Tris–HCl缓冲溶液中，煮沸3min，上样量为10μL；电压值分别为80V和120V。胶片经考马斯亮蓝溶液（R–250）中染色1h后进行脱色处理。

三、结果与分析

（一）白芸豆 α–AI 最佳盐析条件的确定

盐析是粗提蛋白质等生物大分子的常见方法，此方法条件温和，操作简单，且在此过程中一般不会造成蛋白质的变性和失活。加入中性盐可以使溶液中的蛋白质分子同时产生两种效应。当溶液中的中性盐处于低浓度时，盐离子与蛋白质分子中的离子基团发生作用从而降低蛋白质的活度系数，使蛋白质本身的溶解度增加，更易溶于溶液中；当溶液中的中性盐处于高浓度时，中性盐与溶液中的水进行水化作用，且其作用大于蛋白质与水的作用，这种作用使水的活度降低，导致蛋白质的水化程度减少，水化膜破坏，最终引起蛋白质的溶解度降低。盐析方法有利于保持蛋白质原有的天然构象以及生物活性，故在蛋白质的浓缩以及初级纯化过程中有非常好的作用。其中硫酸铵是最常用的盐析中性盐，其溶解度大、水溶性较好且价格低廉、适用范围广，可以较好地维持蛋白质的活性，是蛋白质盐析方法中最常见的中性盐之一。

蛋白质分子在盐析的过程中主要受到盐析温度以及盐析时间的影响。为使脉孢霉纤溶酶蛋白得到更好的分离，故需优化不同时间下的盐析曲线确定脉孢霉纤溶酶的最佳盐析时间以及盐析时的硫酸铵饱和度。盐析试验结果如图6-11所示。

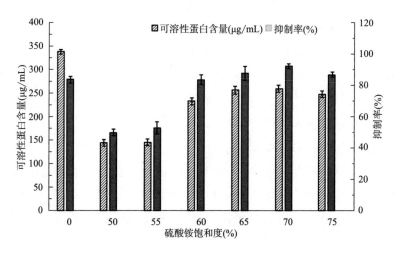

图 6-11　白芸豆 α-AI 不同硫酸铵饱和度盐析结果

如图6-11所示，随着硫酸铵饱和度的不断增加，沉淀中可溶性蛋白含量逐渐增加并趋于稳定，当硫酸铵饱和度为70%时沉淀中可溶性蛋白含量达到最大，且此时α-AI抑制活性也达到最大值，当继续增加硫酸铵饱和度时，沉淀的抑制活性略有降低。因此白芸豆α-AI提取液盐析选择70%硫酸铵饱和度进行盐析得沉淀，不仅可以大幅度降低后续的处理体积，而且还能够有效地保证其α-AI抑制活性。

（二）不同压力对膜通量的影响

本试验考究了白芸豆α-AI水提液在不同压力条件下通过截留分子量为30kDa的超滤膜对膜通量的影响，结果如图6-12所示。

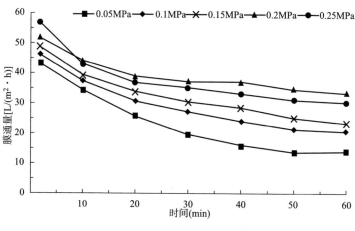

图6-12　不同压力对膜通量的影响

由图6-12可知，不同压力条件下超滤膜的膜通量均呈现下降的趋势，开始2min时，压力越大，膜通量越大，随着时间测增加膜通量均呈下降趋势，超滤10min时0.2MPa和0.25MPa时膜通量较接近，当超滤20min时，0.2MPa压力下的膜通量较0.25MPa压力下的膜通量要大，说明0.2MPa压力更适合白芸豆α-AI水提液的超滤处理。

（三）不同截留分子量的超滤膜对膜通量的影响

本试验考究了白芸豆α-AI水提液在不同截留分子量的超滤膜对膜通量的影响，结果如图6-13所示。

由图6-13可知，随着超滤时间的增加，不同截留分子量的超滤膜的膜通量均呈下降趋势，截留分子量越大的滤膜孔径越大，样品更易于通过，且发生膜孔阻塞的时间越被推迟，因此其膜通量越大。相同时间内截留分子量越大的超滤膜的膜通量越大。超滤开始时，按截留分子量从大到小，其超滤膜的膜通量分别为63.43L/（m^2·h）、51.75L/（m^2·h）和42.87L/（m^2·h），当超滤30min时，各超滤膜的膜通量分别为45.72L/（m^2·h）、35.07L/（m^2·h）和27.74L/（m^2·h），分别下降了27.92%、32.23%和35.29%。当超滤60min

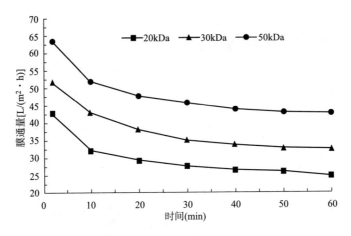

图6-13　不同截留分子量对膜通量的影响

时，各超滤膜的膜通量分别为42.68L/（$m^2 \cdot h$）、32.43L/（$m^2 \cdot h$）和24.86L/（$m^2 \cdot h$），分别下降了32.71%、37.72%和42.01%。

（四）不同截留分子量的超滤膜对蛋白、总糖截留率的影响

水提白芸豆α-AI过程中会有一些糖类、色素等杂质一同被提出，而大部分这些水溶性杂质可以穿过超滤膜。但膜截留过程是一个复杂的物理化学过程，既包含了机械截留效应，也存在架桥现象，因此膜截留效果不仅仅取决于膜的孔径。图6-14对比了截留分子量分别为20kDa、30kDa和50kDa的超滤膜对蛋白、总糖的截留率。

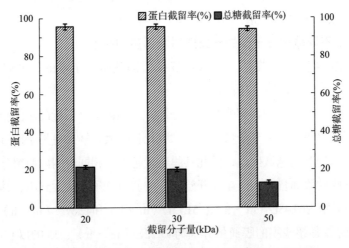

图6-14　不同截留分子量对蛋白质、总糖截留率的影响

由图6-14可知，随着超滤膜截留分子量的不断增加，其对蛋白和总糖的截留率略有下降，其中，不同截留分子量的超滤膜对蛋白的截留率下降大小不显著，但截留分子量为50kDa的超滤膜对白芸豆水提α-AI溶液中对多糖的截留率明显小于截留分子量为20kDa和30kDa的超滤膜。按截留分子量从大到小，三种超滤膜的蛋白截留率分别为94.02%、95.13%和95.47%，总糖截留率分别为12.84%、20.05%和21.52%。

（五）不同超滤组分对 α- 淀粉酶抑制率的影响

白芸豆α-AI提取液经截留分子量分别为30kDa和50kDa的超滤膜超滤后，按分子量大小可以划分为3个组分，其分子量分别为组分Ⅰ（分子量<30kDa）、组分Ⅱ（分子量为30～50kDa）和组分Ⅲ（分子量>50kDa），每种组分对α-淀粉酶抑制率见表6-7。

表6-7 不同超滤组分对 α- 淀粉酶抑制率的影响

组别	分子量（kDa）	粗提液 IC_{50} 值（mg/mL）	超滤液 IC_{50} 值（mg/mL）
Ⅰ	< 30		2.21 ± 0.03
Ⅱ	30 ～ 50	3.04 ± 0.02	0.72 ± 0.02
Ⅲ	> 50		2.02 ± 0.02

注 IC_{50} 值表示对 α- 淀粉酶抑制率为 50% 时所对应的样品浓度，IC_{50} 值越小，说明样品活性越高。

由表6-7可知，超滤处理能够提高白芸豆水提液中α-AI的活性，其中组分Ⅱ对α-淀粉酶抑制活性最好，与粗提液相比其纯化倍数约为4.22倍。故后续试验需收集分子量为30～50kDa的组分Ⅱ，其超滤液的IC_{50}值为（0.72±0.02）mg/mL，经冷冻干燥后得白芸豆α-AI粉末。

（六）SDS—PAGE

由图6-15可知，白芸豆中α-AI蛋白条带清晰，说明纯化后的白芸豆α-AI蛋白纯度较高，其主要亚基分子量范围在90～20kDa，白芸豆α-AI蛋

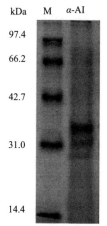

图 6-15 白芸豆 α-AI 的 SDS—PAGE 电泳图

白的主要分子量为34kDa，已有研究结果表明α-AI主要存在于清蛋白中，且其分子量与文献报道接近。α-AI蛋白经超滤处理后在31kDa、27kDa处的亚基条带可能是凝集素或小分子清蛋白。

四、结论

白芸豆α-AI提取液盐析选择70%硫酸铵饱和度进行盐析得沉淀，不仅可以大幅度降低后续的处理体积，而且能够有效地保证其α-AI抑制活性。白芸豆α-AI水浸提液的最佳超滤条件为：压力为0.2MPa，分别经截留分子量为50kDa和30kDa的超滤膜进行超滤处理，取分子量为30~50kDa的超滤液，收集分子量为30~50kDa的组分，其超滤液的IC_{50}值为（0.72±0.02）mg/mL，经冷冻干燥后得白芸豆α-AI粉末。

第四节　白芸豆α-AI的稳定性及理化性质研究

一、材料与设备

白芸豆（市售）；大豆油（北大荒农垦集团）；α-淀粉酶（源于猪胰腺，sigma公司）；牛血清白蛋白［生工生物工程（上海）有限公司］；Folin酚试剂（sigma公司）；3，5-二硝基水杨酸、可溶性淀粉（国药集团化学试剂有限公司）；其他试剂（分析纯）。双光束紫外可见分光光度计（北京普析通用仪器有限责任公司）；离心机（湘仪离心机仪器有限公司）；真空冷冻干燥机（宁波新芝冻干设备有限公司）；全自动凯氏定氮仪器（海能未来技术集团股份有限公司）；电子天平 PL3002、pH计［梅特勒-托利多仪器（上海）有限公司］。

二、试验方法

1. 白芸豆α-AI的成分测定

蛋白质含量的测定采用凯氏定氮法，按GB 5009.5—2010《食品安全国家标准：食品中蛋白质的测定》执行，氮换算蛋白质的系数为6.25；淀粉含量的测定采用酸水解法，按GB 5009.9—2016《食品安全国家标

准　食品中淀粉的测定》第二法酸水解法执行；总糖含量的测定按GB/
T 15672—2009《食用菌种总糖含量的测定》执行；水分含量的测定按GB
5009.3—2016《食品安全国家标准　食品中水分的测定》执行；灰分含
量的测定按GB 5009.4—2016《食品安全国家标准　食品中灰分的测定》
执行。

2. 白芸豆α-AI氨基酸含量的测定

不同品种白芸豆中氨基酸的含量均由北京市营养源研究所测定。具体
方法参照GB 5009.124—2016。

3. 白芸豆α-AI溶解度的测定

参照冯玉超等的方法，略有改动，利用1mol/L HCl和1mol/L NaOH将水
溶液的pH分别调至2～10，精确称取0.5g样品分散于250mL上述溶液中，
室温搅拌1h，离心，取上清。其中样品中总蛋白质含量（凯氏定氮法测
定，单位为g）记为m_2，上清液中蛋白质含量（Folin—酚法测定，单位为
g）记为m_1。

$$溶解度 = \frac{m_1}{m_2} \times 100\%$$

4. 不同温度对白芸豆α-AI活性的影响

将白芸豆α-AI配制成浓度为1.5mg/mL的溶液，分别考察在50℃、
60℃、70℃、80℃和90℃水浴中保温30min，冷却至室温后，测定其对来
源于猪胰腺的α-淀粉酶的抑制率。

5. 白芸豆α-AI起泡性和泡沫稳定性的测定

取样品溶液（2mg/mL）50mL于量筒中，10000r/min高压均质40s，均
质后立即记录泡沫体积，样品静置30min后再次记录泡沫体积。分别按下
式计算起泡性A_F和泡沫稳定性S_F。

$$A_F = \frac{V_0}{50} \times 100\%$$

式中：A_F为起泡性；V_0为均质结束后立即记录下的泡沫体积（mL）。

$$S_F = \frac{V_{30}}{V_0} \times 100\%$$

式中：S_F为起泡稳定性；V_0为均质结束后立即记录下的泡沫体积

（mL）；V_{30}为样品静置30min后泡沫体积（mL）。

6. 白芸豆α-AI乳化性与乳化稳定性的测定

根据Tang等的方法，采用浊度法进行测定，下式计算乳化稳定性。

$$S_E = \frac{A_0}{A_0 - A_{10}} \times \Delta t$$

式中：S_E为乳化稳定性（min）；A_0为均质结束后样品立即于500nm处测得的吸光值；A_{10}为样品静置10min后于500nm处测得的吸光值；Δt为间隔时间，10min。

三、结果与分析

1. 白芸豆α-AI成分分析

有研究结果表明，白芸豆中α-淀粉酶抑制剂为单一糖蛋白，为进一步了解白芸豆α-AI的组成，本研究通过对其五种常见组分进行了含量测定，分别为蛋白质、淀粉、总糖、水分和灰分的含量测定，结果见表6-8。

表6-8　白芸豆 α-AI 成分

样品	蛋白质（%）	多糖（%）	脂肪（%）	水分（%）	灰分（%）	其他（%）
白芸豆 α-AI	79.83 ± 1.31	10.32 ± 0.71	0.53 ± 0.02	3.28 ± 0.03	2.41 ± 0.05	3.63 ± 0.04
白芸豆 原料	25.14 ± 0.02	41.28 ± 0.94	1.71 ± 0.02	12.58 ± 0.09	3.50 ± 0.03	15.79 ± 0.07

由表6-8可知，白芸豆α-AI中蛋白含量最高，约为白芸豆原料的3.2倍，其余各组分含量均较原料中含量偏低，说明按照本研究提供的技术路线可有效制备白芸豆中具有α-淀粉酶抑制活性的组分。

2. 白芸豆α-AI氨基酸分析

白芸豆中α-AI氨基酸种类齐全，其所含有的 18 种氨基酸水平见表6-9，在白芸豆α-AI含量相对较高的氨基酸为天门冬氨酸（Asp）、谷氨酸（Glu）、亮氨酸（Leu）、赖氨酸（Lys）以及精氨酸（Arg）。白芸豆α-AI中必需氨基酸含量丰富，且其组成接近FAO/WHO推荐的人体必需氨基酸模式，更有利于人体吸收。

表6-9　白芸豆 α-AI 中氨基酸组成

氨基酸种类	白芸豆 α-AI（g/100g）
天冬氨酸（Asp）	2.28 ± 0.10
苏氨酸（Thr）	0.90 ± 0.08
丝氨酸（Ser）	1.17 ± 0.09
谷氨酸（Glu）	3.04 ± 0.15
甘氨酸（Gly）	0.79 ± 0.09
丙氨酸（Ala）	0.87 ± 0.08
半胱氨酸（Cys）	0.20 ± 0.02
缬氨酸（Val）	1.08 ± 0.03
甲硫氨酸（Met）	0.18 ± 0.02
异亮氨酸（Ile）	0.82 ± 0.04
亮氨酸（Leu）	1.71 ± 0.05
酪氨酸（Tyr）	0.69 ± 0.02
苯丙氨酸（Phe）	1.03 ± 0.03
赖氨酸（Lys）	1.44 ± 0.09
组氨酸（His）	0.57 ± 0.02
精氨酸（Arg）	1.31 ± 0.04
脯氨酸（Pro）	0.63 ± 0.03
色氨酸（Trp）	0.19 ± 0.04

3. 白芸豆α-AI在不同pH下的溶解度和活性分析

由图6-16可知，当pH=3时，白芸豆α-AI的溶解度最小，但其抑制率却无明显变化，说明在此条件下存在非α-AI的其他蛋白质组分发生沉降现象，这与钟颖颖等的研究结果相符。当pH＞4时，白芸豆α-AI溶解度逐渐升高，在pH=10条件下溶解度可达67.78%，说明其具有良好的溶解性。另外，当pH=2～10时，白芸豆α-AI具有较高的活性稳定性，对α-淀粉酶抑制活性保留率最低为83.27%，当pH=3时，α-淀粉酶抑制活性保留率为85.74%，说明白芸豆α-AI在人体生理pH下能够较好地保存其对α-淀粉酶的抑制活性。

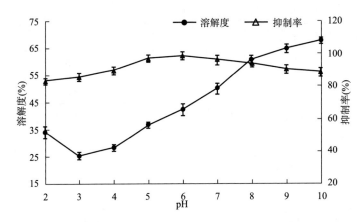

图6-16　不同pH对白芸豆α-AI溶解度和活性的影响

4. 不同温度对白芸豆α-AI活性的影响

为进一步明确白芸豆α-AI的稳定性，本研究考察了其在不同温度和pH的稳定性。将白芸豆α-AI配制成浓度为1.5mg/mL的溶液，分别在50℃、60℃、70℃、80℃和90℃水浴中保温30min，冷却至室温后测定样品对α-淀粉酶抑制率。结果如图6-17所示。

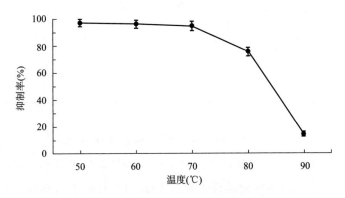

图6-17　不同温度对白芸豆α-AI活性的影响

由图6-17可知，白芸豆α-AI在温度低于70℃时对其活性影响较小，当温度大于70℃时，白芸豆α-AI开始降低，80℃时其抑制活性降低22.54%；当温度为90℃时其抑制活性降低84.90%。因此，采用本研究中的技术方案提取并纯化的白芸豆α-AI在温度小于70℃时能够较好地发挥其对α-淀粉酶的抑制活性。

5. 白芸豆α-AI的起泡性和泡沫稳定性

由图6-18可知，当白芸豆α-AI的质量浓度小于6mg/mL时，其起泡性和泡沫稳定性均随质量浓度的升高而逐渐增加，其主要原因可能是在一定的蛋白浓度内，随着蛋白浓度的增加溶液的黏度也随之增大，有利于泡沫的形成，所以其起泡性和泡沫稳定性均处于理想水平，当继续增大蛋白浓度，其起泡性和泡沫稳定性变化不大。

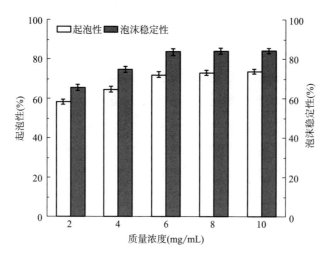

图 6-18　白芸豆 α-AI 的起泡性和泡沫稳定性

6. 白芸豆α-AI的乳化性和乳化稳定性

由图6-19可知，白芸豆α-AI的乳化性和乳化稳定性均随质量浓度的升高而逐渐增加。当质量浓度为8mg/mL时，白芸豆α-AI的乳化性和乳化稳定性分别为（0.352±0.011）、（30.37±0.27）min，当质量浓度继续增加，白芸豆α-AI的乳化性和乳化稳定性几乎不变，其主要原因是，在一定的蛋白浓度内，高浓度有利于油相的分布，所以其乳化性和乳化稳定性均处于较高水平，当继续增大蛋白浓度，其乳化性几乎不变。

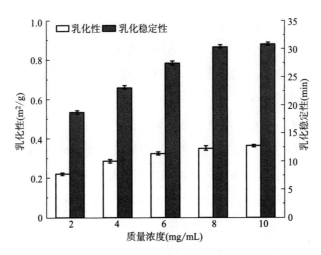

图 6-19　白芸豆 α-AI 的乳化性和乳化稳定性

四、结论

试验以低温浸提法从白芸豆中提取具有 α-淀粉酶抑制活性的组分，并对白芸豆 α-AI 的组成成分、溶解度、稳定性及可加工特性进行了研究。试验结果表明，白芸豆 α-AI 中蛋白含量最高，约为白芸豆原料的 3.2 倍，其余各组分含量均较原料中含量偏低。当溶液 pH=3 时，可能存在部分非 α-AI 蛋白质组分沉降现象，在 pH=10 条件下溶解度可达 67.78%，说明其具有良好的溶解性，且在 pH=2~10 时具有良好的活性稳定性。另外，当温度小于 70℃时能够较好地发挥其对 α-淀粉酶的抑制活性。通过对其可加工特性研究发现，当白芸豆 α-AI 质量浓度为 6mg/mL 时，其起泡性为 72.24%±1.47%，泡沫稳定性为（83.62±1.52）min，继续增加其质量浓度，白芸豆 α-AI 的起泡性和泡沫稳定性变化不大。当白芸豆 α-AI 质量浓度为 8mg/mL 时，其乳化性和乳化稳定性分别为（0.352±0.011）min、（30.37±0.27）min，继续增加其质量浓度，白芸豆 α-AI 的乳化性和乳化稳定性几乎不变。

第五节　体外模拟消化对白芸豆 α- 淀粉酶抑制剂活性影响及结构特征分析

近年来糖尿病患者数量一直居高不下，世界卫生组织（WHO）预测，到2025年26岁糖尿病患者的人数将超过6.29亿，已严重危害人类健康。糖尿病是一种以高血糖为主要特征的慢性代谢紊乱性疾病，其中II型糖尿病患者占比约90%以上，具有发病率高、并发症复杂等特性，通常肥胖是糖尿病发展的一个常见驱动因素。目前通过抑制α-淀粉酶的活性从而减少人体对葡萄糖的吸收被认为是II型糖尿病治疗的有效靶点之一，并具有广泛的应用前景。

白芸豆（phaseolus vulgaris）是一种在世界范围内广受欢迎的食物，其营养丰富。研究发现白芸豆中含有较高活性的α-淀粉酶抑制剂（α-AI），能够有效抑制肠道内α-淀粉酶活力，可以延迟和部分阻断碳水化合物的吸收，从而降低血糖水平，并具有较高的生物安全性，对糖尿病和肥胖症具有潜在的治疗作用。

本研究通过体外模拟胃部消化条件下比较了不同消化时间对白芸豆α-AI的抑制活性、粒径分布、zeta电位及其二级结构的影响，以探究白芸豆α-AI的消化特性和对α-淀粉酶抑制活性的影响机制，为植物蛋白与功能性食品的开发提供技术支持。

一、材料与设备

白芸豆（黑龙江垦区芸豆基地）；α-淀粉酶（源于猪胰腺）、胃蛋白酶：≥250U/mg、Ellman试剂、β-巯基乙醇（sigma公司）；SDS、考马斯亮蓝（R-250）、标准蛋白（Maker）、Tris-Glycine缓冲液（上海生工有限公司）；其他试剂（分析纯）。UV5紫外可见分光光度计［梅特勒-托利多贸易（上海）有限公司］；CL6R离心机（湘仪离心机仪器有限公司）；RNF-0460卷式膜多功能设备（厦门世达膜科技有限公司）；SCIENTZ-10N真空冷冻干燥机（宁波新芝设备有限公司）；ZEN3700纳米粒度电位仪（马尔文帕纳科公司）；FTIR傅里叶变换红外光谱仪（Bruker光谱公司）。

二、试验方法

1. 白芸豆α-AI的制备

参照钟颖颖的方法并略做修改。将白芸豆冷水浸泡12h，45℃烘干粉碎，过60目筛，按1∶10（质量体积比）加入pH6.0的水溶液，于35℃浸提2.5h，后5000r/min离心20min取上清液，缓慢加入硫酸铵，至其饱和度为70%，并不断搅拌，盐析12h，在4℃下10000r/min离心20min弃上清液，沉淀加水复溶，再分别经截留分子量为50kDa和30kDa的超滤膜进行超滤处理，取分子量为30~50kDa的超滤液经冷冻干燥后备用。

2. 体外模拟胃部消化

以白芸豆α-AI为原料，参照毛小雨的方法并略有改动。将白芸豆α-AI配制成浓度为25mg/mL溶液，与人工胃液按1∶1（体积比）混合，将上述混合液的pH调至2.0后加入3%胃蛋白酶，于37℃水浴震荡中反应。分别消化15min、30min、60min、90min、120min。沸水浴10min，终止消化反应，调整溶液pH至7.0，4℃下10000r/min离心20min，上清液和沉淀分别冷冻干燥，其中沉淀用于电泳测定。

3. SDS-PAGE电泳测定

分离胶体积分数12%，浓缩胶体积分数为5%。样品溶于0.25mol/L Tris-HCl缓冲溶液中，煮沸3min，上样量为10μL；电压值分别为80V和120V。胶片经考马斯亮蓝溶液（R-250）中染色1h，后进行脱色处理。

4. 白芸豆α-AI活性的测定

参照赵蓉的方法分别进行空白对照管、空白管、样品管和样品对照管的加样处理，反应结束后于500nm波长下测定吸光值。样品中α-AI对来源于猪胰腺的α-淀粉酶抑制率按下式计算：

$$AR=\left(1-\frac{A_3-A_4}{A_2-A_1}\right)\times100\%$$

式中：A_1、A_2、A_3和A_4分别为500nm下空白对照管、空白管、样品管和样品的吸光值。

5．粒径分布和Zeta电位测定

将样品配制成1mg/mL溶液，按照纳米粒度电位仪操作说明进行粒径分布和Zeta电位测定。

6．傅里叶变换红外光谱测定

称取消化冻干粉0.1～0.2g，加入适量干燥溴化钾研磨后压片，采用傅里叶变换红外光谱仪在400～4000cm^{-1}内进行扫描。

7．巯基和二硫键含量测定

参照戴意强和WEN分别进行游离巯基和总巯基含量测定。

$$二硫键含量（\mu mol/g）= \frac{总巯基含量 - 游离巯基含量}{2}$$

8．数据处理

试验均重复3次，数据采用SPSS19.0和Origin2017进行分析和绘图。

三、结果与分析

1．SDS—PAGE试验结果

由图6-20可知，白芸豆中α-AI蛋白的主要亚基分子量范围在90～20kDa，其中，α-AI主要存在于清蛋白中，其分子量为34kDa，与文献报道接近。α-AI蛋白经超滤处理后在31kDa、27kDa处的亚基条带可能是凝集素或小分子清蛋白。另外，在模拟胃部消化期间，由于酶解作用，

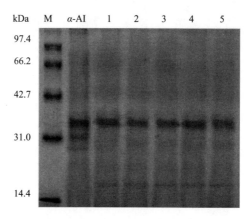

图6-20　不同消化时间白芸豆 α-AI 的 SDS-PAGE 电泳图

1～5分别为模拟胃部消化不同时间（15min、30min、60min、90min、120min）的消化产物

α-AI蛋白含量略降低，但随着消化时间的延长条带仍较清晰，说明α-AI组分在该过程中并未完全水解，而31kDa、27kDa处的亚基条带则被完全水解为分子质量约为20kDa的多肽。

2. 白芸豆α-AI活性测定结果

如图6-21所示，体外模拟胃部消化对白芸豆α-AI抑制率的影响不显著（$P<0.05$），未经消化的α-AI抑制率为（84.13% $\pm$ 0.67%，由于胃蛋白酶的酶解作用，消化初始阶段α-AI抑制率略有降低，但消化60min时α-AI抑制率为84.75% $\pm$ 0.51%，消化120min时α-AI抑制率为α-AI初始抑制率的1.04倍，这可能是由于胃蛋白酶水解了α-AI蛋白中芳香族氨基酸或酸性氨基酸的氨基所组成的肽键，形成的多肽对α-淀粉酶具有良好的抑制作用，让一峰等研究也发现，α-AI在体内可以较好地发挥其生理活性。

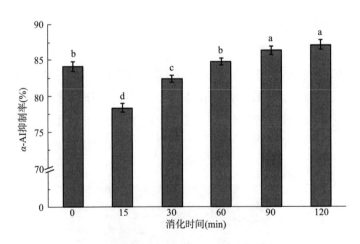

图 6-21　不同消化时间对 α-AI 抑制活性的影响

3. 白芸豆α-AI粒径分布

白芸豆α-AI经不同时间消化后产物的粒径分布如图6-22所示，白芸豆α-AI粒径分布呈单一峰型，说明体系较为稳定，白芸豆α-AI与不同消化时间后形成产物的中位径（D50）基本都在120～170nm。由于胃蛋白酶和消化液的共同作用蛋白质不断被酶解，因此模拟胃部消化后产物较未经消化的白芸豆α-AI粒径显著降低（$P<0.05$），且随着消化时间的延长，消化

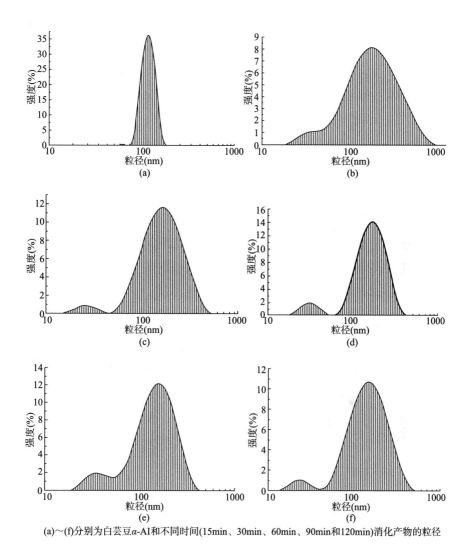

(a)～(f)分别为白芸豆α-AI和不同时间(15min、30min、60min、90min和120min)消化产物的粒径

图 6-22　不同消化时间白芸豆 α-AI 粒径分布图

产物的D50值也逐渐减小，从大到小依次为白芸豆α-AI（165.6nm）、消化15min（157.3nm）、消化30min（140.6nm）、消化60min（125.6nm）、消化90min（122.7nm）和消化120min（117.5nm），随着消化后产物粒径的逐渐变小，其稳定性则逐渐增强。另外，经体外模拟胃部消化后产物中出现强度较小的峰，结合SDS—PAGE分析，可能为白芸豆α-AI蛋白亚基（分子量分别为31kDa、27kDa）被水解后形成的多肽。

4. Zeta电位分析

Zeta电位是反应蛋白溶液稳定性的重要指标之一，一般而言电位的绝对值与粒子之间的相互斥力呈正相关，与粒子形成颗粒的大小呈负相关，当电位的绝对值变大时，蛋白的结构更加稳定。白芸豆α-AI经不同时间消化后产物的Zeta电位值见图6-23。白芸豆α-AI的Zeta电位绝对值为26.8mV，经体外模拟胃部消化后产物Zeta电位的绝对值显著降低（$P<0.05$），说明在胃蛋白酶和消化液的共同作用下蛋白的稳定性降低，当消化时间为30min和60min时样品的Zeta电位绝对值最低，说明此时蛋白质之间发生共价交联机会增加，因此所结合的负电荷减少，当消化时间大于90min时样品的Zeta电位绝对值显著增加（$P<0.05$），此时消化物的稳定性逐渐增强，对α-淀粉酶的抑制活性也显著增加，推测白芸豆α-AI的Zeta电位变化可能与其抑制活性有关。

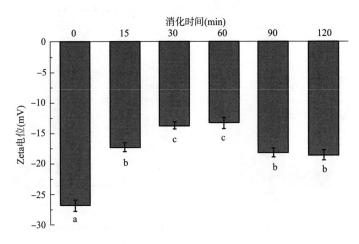

图 6-23　不同消化时间白芸豆 α-AI 的 Zeta 电位值

5. 白芸豆α-AI傅里叶变换红外光谱分析

傅里叶变换红外光谱（FTIR）已成为研究蛋白质结构的全球性工具。蛋白质的二级结构在1600～1700cm^{-1}波段与酰胺 I 带重合，一般情况下不同蛋白质之间存在明显差异。白芸豆α-AI经不同时间消化后产物的FTIR谱图如图6-24、图6-25所示。经PeakFit软件去卷积和曲线拟合后可以得到白芸豆α-AI及不同消化时间产物的酰胺 I 带图谱，利用峰面积计算其二级结构组成。

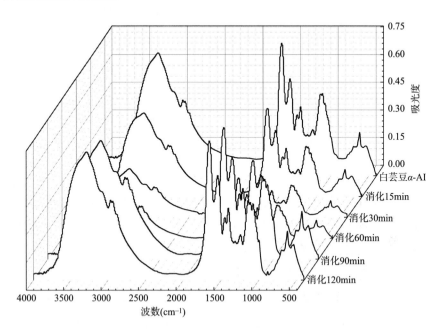

图 6-24　不同消化时间白芸豆 α-AI 傅里叶变换红外光谱图

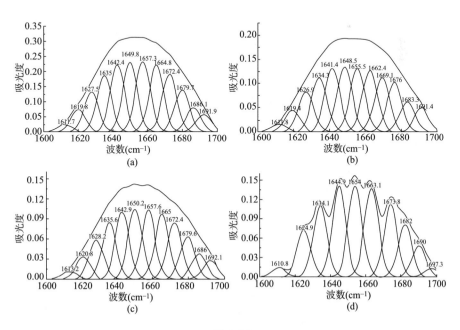

图 6-25

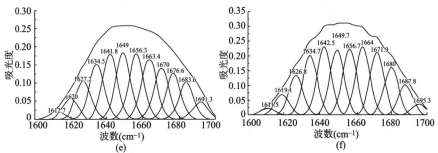

(a)~(f)分别为白芸豆α-AI和不同时间(15min、30min、60min、90min和120min)消化产物的酰胺Ⅰ带谱图

图 6-25　不同消化时间白芸豆 α-AI 酰胺Ⅰ带谱图

由表6-10可知，白芸豆α-AI蛋白二级结构中β-转角相对含量最多，无规则卷曲和β-折叠次之，与冯玉超、毛小雨等研究的芸豆蛋白二级结构中以β-折叠为主存在明显不同，说明白芸豆α-AI蛋白与白芸豆蛋白的二级结构存在一定的差异，两种蛋白的空间构效不同。经胃蛋白酶和消化液模拟体外胃部消化反应不同时间后，白芸豆α-AI蛋白二级结构中α-螺旋、β-折叠、β-转角和无规则卷曲的相对含量大部分均有显著差异（$P<0.05$），模拟胃部消化初期，为提高消化产物的稳定性白芸豆α-AI蛋白二级结构中α-螺旋相对含量有所增加，同时存在多肽链反转180°形成β-转角，消化产物二级结构中β-转角相对含量增加，无规则卷曲相对含量降低。

表 6-10　不同消化时间白芸豆 α-AI 的二级结构组成

项目	α-螺旋 相对含量（%）	β-折叠 相对含量（%）	β-转角 相对含量（%）	无规则卷曲 相对含量（%）
白芸豆 α-AI	12.96 ± 0.02c	23.24 ± 0.02b	38.47 ± 0.03e	25.33 ± 0.01a
消化 15min	11.74 ± 0.01f	22.50 ± 0.03e	42.04 ± 0.05b	23.72 ± 0.03d
消化 30min	25.70 ± 0.06a	23.34 ± 0.03a	38.51 ± 0.04e	12.45 ± 0.01f
消化 60min	16.05 ± 0.03b	22.71 ± 0.02d	45.17 ± 0.06a	16.07 ± 0.02e
消化 90min	12.21 ± 0.01d	22.54 ± 0.03e	40.79 ± 0.03c	24.46 ± 0.04b
消化 120min	12.04 ± 0.01e	23.00 ± 0.02c	40.66 ± 0.02d	24.30 ± 0.03c

注　字母不同表示差异显著（$P<0.05$）。

6. α-AI中巯基和二硫键含量测定

巯基是蛋白质中最具活性的官能团，巯基发生氧化反应产生的二硫键可作为稳定蛋白质构象的一种重要的共价键，有助于维持蛋白质的三维空间结构，提高蛋白质的功能特性。白芸豆α-AI蛋白在模拟胃部消化不同时间后巯基（总巯基、游离巯基）和二硫键含量如图6-26所示。由于胃蛋白酶及消化液的共同作用，白芸豆α-AI蛋白中巯基和二硫键含量显著降低（$P<0.05$），但随着消化时间的延长，白芸豆α-AI蛋白分子间的交互和聚集现象不断加剧，部分巯基发生氧化现象形成二硫键，因此白芸豆α-AI蛋白中总巯基、游离巯基含量均显著降低（$P<0.05$），二硫键含量显著升高（$P<0.05$）。

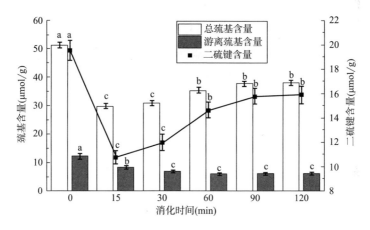

图6-26　不同消化时间白芸豆 α-AI 巯基和二硫键含量

四、结论

本研究以白芸豆α-AI蛋白为研究对象，利用SDS—PAGE确定了白芸豆中α-AI主要存在于清蛋白中，其分子质量约为34kDa，经胃部消化后α-AI蛋白部分亚基水解成多肽；体外模拟胃部消化对白芸豆α-AI抑制率的影响不显著（$P<0.05$），白芸豆α-AI在体内可以较好地发挥其生理活性；由粒径分布结果证明白芸豆α-AI体系较为稳定，在胃蛋白酶和消化液的共同作用下蛋白质不断被酶解，因此其粒径显著降低（$P<0.05$），但随着消化时间的延长，消化产物的稳定性逐渐增强；经体外模拟胃部消

化后产物Zeta电位的绝对值显著降低（$P<0.05$），研究发现白芸豆α-AI的Zeta电位变化可能与其抑制活性有关；白芸豆α-AI蛋白与白芸豆蛋白的二级结构存在一定的差异，两种蛋白的空间构效不同。体外模拟胃部消化产物二级结构中β-转角相对含量增加，无规则卷曲相对含量降低，总巯基、游离巯基含量均显著降低（$P<0.05$），二硫键含量显著升高（$P<0.05$）。

主要参考文献

[1] 杨知慧，孙立丽，任晓亮. Ⅱ型糖尿病危险因素研究进展 [J]. 实用糖尿病杂志，2020，16（6）：83-84.

[2] 赵康，朱涵菲，花红霞，等. 国内外超重和肥胖人群心理卫生相关研究的热点 [J]. 中国心理卫生杂志，2021，35（1）：52-59.

[3] 潘路路，吴亚辉. 浅谈健康管理中合理膳食营养的作用 [J]. 食品工程，2020，48（4）：7-9.

[4] LIPSCOMBE L, BUTALIA S, DASGUPTA K, et al. Pharmacologic Glycemic Manage- ment of Type 2 Diabetes in Adults : 2020 Update [J]. Canadian Journal of Diabetes，2020，44（7）：575-591.

[5] ZHENG Y, LEY S H, Hu F B. Global aetiology and epidemiology of type 2 diabetes mellitus and its complications [J]. Nature Reviews Endocrinology，2018，14（2）：88-98.

[6] OGASAWARA M, YOSHII K, WADA J, et al. Identification of guanine, guanosine, and inosine for α-amylase inhibitors in the extracts of the earthworm Eisenia fetida and characterization of their inhibitory activities against porcine pancreatic α-amylase [J]. Enzyme and Microbial Technology，2020，142（10）：693-708.

[7] HOUGHTON D, WILCOX M D, BROWNLEE I A, et al. Acceptability of alginate enriched bread and its effect on fat digestion in humans [J]. Food Hydrocoll，2019，93（8）：395-401.

［8］MAHAMAD A T , DAVID M, SYLVIANE L P K, et al. Antioxidant Properties and Digestive Enzyme Inhibitory Activity of the Aqueous Extract from Leafy Stems of Cissus polyantha［J］. Evidence-Based Complementary and Alternative medicine, 2019, 2019（11）: 1155-1162.

［9］RUTH N, OLIVER M S, Natassia R, et al. It's No Has Bean : A Review of the Effects of White Kidney Bean Extract on Body Composition and Metabolic Health［J］. Nutrients, 2020, 12（5）: 1398-1418.

［10］MA Y L, RANG Y F, YANG R J, et al. Effect of white kidney bean extracts on estimated glycemic index of different kinds of porridge［J］. Food Science and Technology, 2018, 96（6）: 576-582.

［11］WU C T, CHIU C Y, HUANG C F, et al. Genotoxicity and 28-day oral toxicity studies of a functional food mixture containing maltodextrin, white kidney bean extract, mulberry leaf extract, and niacin-bound chromium complex［J］. Regulatory Toxicology Pharmacoogyl, 2018, 92（11）: 67-74.

［12］杨宁，赵燕云，施文彩，等. 进餐前服用白芸豆提取物对餐后血糖的改善功效［J］. 医学研究杂志, 2020, 49（4）: 24-28.

［13］钟颖颖，何绮怡，冯俊超，等. 白芸豆中 α- 淀粉酶抑制剂的提取纯化及活性测定条件优化［J］. 现代食品科技, 2019, 35（8）: 254-260.

［14］孙庆申，朱国庆，王璇，等. 紫冠豆角（Phaseolus vulgaris L.）种子中 α- 淀粉酶抑制剂的提取及其性质研究［J］. 食品工业科技, 2021, 42（6）: 137-143.

［15］谢慧荣，罗忠圣，钱余，等. 膜分离技术在天然产物中的应用［J］. 食品科技, 2021, 46（5）: 104-107.

［16］赵蓉，李多伟，任涛，等. DNS 比色法测定白芸豆中 α- 淀粉酶抑制剂活性的方法研究［J］. 中成药, 2013, 35（3）: 573-576.

［17］冯玉超，王长远，李玉琼，等. 芸豆蛋白与糖基化芸豆蛋白结构与功能特性研究［J］. 中国食品学报, 2019, 19（7）: 99-107.

［18］TANG M Q, GAO Q, XU Y, et al. Solubility and emulsifying activity of yam soluble protein. [J]. Journal of food science and technology, 2020, 57 (5): 1619-1627.

[19] 李弓中, 赵英, 王俊彤, 等. 超声处理对蛋清蛋白结构性质及蛋清液起泡性的影响 [J]. 食品科学, 2019, 40 (9): 68-75.

[20] NIE Q X, CHEN H H, HU J L, et al. Dietary compounds and traditional Chinese medicine ameliorate type 2 diabetes by modulating gut microbiota [J]. Critical reviews in food science and nutrition, 2019, 59 (6): 848-863.

[21] JEON J, KIM J. Dipstick proteinuria and risk of type 2 diabetes mellitus: a nationwide population based cohort study [J]. Journal of Translational Medicine, 2021, 19 (1): 271-279.

[22] GOPIKA G, NAIR E S, Tzanakakis M H. Emerging routes to the generation of functional β-cells for diabetes mellitus cell therapy [J]. Nature Reviews Endocrinology. 2020, 16 (9): 506-518.

[23] VALENZUELA Z F, SEGURA C M R. Amaranth, quinoa and chia bioactive peptides: a comprehensive review on three ancient grains and their potential role in management and prevention of Type 2 diabetes [J]. Critical Reviews in Food Science and Nutrition, 2020, 18 (5): 11-15.

[24] 马永强, 张凯, 王鑫, 等. 甜玉米芯多糖对糖尿病大鼠的降血糖作用 [J]. 食品科学, 2020, 41 (13): 169-173.

[25] Alice P S K, XU G, Nicola B, et al. Diabetes and its comorbidities-where East meets West [J]. Nature Reviews Endocrinology. 2013, 9(9): 537- 547.

[26] GARETH W D, RACHELLE EI, COLUM P W. The metabolic-epigenetic nexus in type 2 diabetes mellitus [J]. Free radical biology and medicine, 2021, 8 (170): 194-206.

[27] 闫爽, 李光耀, 戴丛书, 等. 蒲公英提取物对Ⅱ型糖尿病大鼠降血糖的作用 [J]. 食品与机械, 2020, 36 (11): 138-142.

[28] GUPTA M, SANDEEP A, AMIT B, et al. Impact of bariatric surgery on type 2 diabetes in morbidly obese patients and its correlation with pre-

operative prediction scores〔J〕. Journal ofminimal Access Surgery, 2021, 17（4）: 462-469.

〔29〕EMMA A, PETTER S, ANNEMARI K, et al. Novel subgroups of adult-onset diabetes and their association with outcomes : a data-driven cluster analysis of six variables〔J〕. The Lancet Diabetes & Endocrinology, 2018, 6（5）: 361-369.

〔30〕HOUGHTON D, WILCOX M D, BROWNLEE I A, et al. Acceptability of alginate enriched bread and its effect on fat digestion in humans〔J〕. Food Hydrocoll, 2019, 93（8）: 395-401.

〔31〕MAHAMAD A T, DAVID M, SYLVIANE L P K, et al. Antioxidant Properties and Digestive Enzyme Inhibitory Activity of the Aqueous Extract from Leafy Stems of Cissus polyantha〔J〕. Evidence-Based Complementary and Alternative medicine, 2019, 49（11）: 1155-1162.

〔32〕RUTH N, OLIVER M S, NATASSIA R, et al. It's No Has Bean : A Review of the Effects of White Kidney Bean Extract on Body Composition and Metabolic Health〔J〕. Nutrients, 2020, 12（5）: 1398-1418.

〔33〕MENG J X, BAI Z Y, HUANG W Q. et al. Polysaccharide from white kidney bean can improve hyperglycemia and hyperlipidemia in diabetic rats〔J〕. Bioactive Carbohydrates and Dietary Fibre, 2020, 24（1）: 1222-1235.

〔34〕WANG S L, CHEN L H, YANG H Y, et al. Regular intake of white kidney beans extract（Phaseolus vulgaris L.）induces weight loss compared to placebo in obese human subjects〔J〕. Food Science & Nutrition, 2020, 8（3）: 1315-1324.

〔35〕毛小雨, 许馨予, 杨鹄隽, 等. 紫花芸豆蛋白体外消化产物的抗氧化活性及结构特征分析〔J〕. 食品科学, 2021, 42（3）: 56-62.

〔36〕ZHANG Y J, HU X, Juhasz A, et al. Characterising avenin-like proteins（ALPs）from albumin/globulin fraction of wheat grains by RP-HPLC, SDS-PAGE, and MS/MS peptides sequencing〔J〕. BMC Plant Biology, 2020, 20（5）: 499-502.

［37］戴意强，刘小莉，吴寒，等．不同凝固剂对大豆分离蛋白分子间作用力及蛋白质二级结构的影响［J］．食品工业科技，2021，42（12）：89-94.

［38］WEN C T, ZHANG J X, ZHOU J, et al. Effects of slit divergent ultrasound and enzymatic treatment on the structure and antioxidant activity of arrowhead protein［J］. Ultrasonics Sonochemistry, 2018, 49（8）: 294-302.

［39］訾艳，王常青，陈晓萌，等．具有α-淀粉酶抑制活性的白芸豆多肽的制备及其热稳定性研究［J］．食品科学，2015，36（13）：190-195.

［40］让一峰，赵伟，杨瑞金，等．白芸豆α-淀粉酶抑制剂在加工和消化过程中的活性变化研究［J］．食品工业科技，2015，36（17）：53-57.

［41］江连洲，陈思，李杨，等．大豆分离蛋白—花青素复合物的制备及其蛋白结构与功能性质分析［J］．食品科学，2018，39（10）：20-27.

［42］JOËLLE D M, ERIK G. Amino acid side chain contribution to protein FTIR spectra : impact on secondary structure evaluation［J］. European Biophysics Journal, 2021, 50（18）: 1-11.

［43］BÖCKER U, WUBSHET S G, LINDBERG D, et al. Fourier-transform infrared spectroscopy for characterization of protein chain reductions in enzymatic reactions［J］. The Analyst, 2017, 142（15）: 2812-2818.

［44］桂俊，陆啟玉．阴离子对面条水分分布、蛋白二级结构和微观结构的影响［J］．中国食品学报，2021，21（6）：159-165.

［45］Zheng H N, BEAMER S K, MATAK K E, et al. Effect of κ -carrageenan on gelation and gel characteristics of Antarctic krill（Euphausia superba）protein isolated with isoelectric solubilization/precipitation［J］. Food Chemistry, 2019, 278（16）: 644-652.

第七章　其他杂粮加工副产物活性物质分离技术

第一节　梨小豆粗多糖超声波提取技术

小豆又称赤豆、红豆等，学名Vigna angularis，是豆科（Leguminosae）蝶形花亚科（Papilionaceae）菜豆族（Phaseoleae）豇豆属（Vigua）的一个栽培种，是我国栽培历史最为悠久的小杂豆之一。小豆富含蛋白质、维生素、矿质元素等营养物质外，还具有活血、利水等药用价值，是药食同源的作物。小豆起源于亚洲东南部，在我国中部和西部山区山脉分布有小豆野生种和半野生种。梨小豆是最近十几年在黑龙江省嫩江流域发现的一个小豆野生种，具有丰富的蛋白质，矿物质等营养物质，同时发现梨小豆中富含多糖类物质，具有一定的药理活性，从梨小豆中提取多糖类化合物作为保健食品或药品的原料具有较好的前景。响应面法（response surface methodology，RSM）是采用多元二次回归方程来拟合影响因素与响应值之间的函数关系，对回归方程进行分析得到优化的工艺参数，解决多变量问题的一种用于开发、改进、优化的统计和数学方法。与正交试验设计相比，能研究几种因素之间的球面交互作用，而正交试验只能解决几种因素之间的平面交互作用，目前已经被广泛地应用于解决多变量的复杂试验中，以寻求以最少的试验次数达到最佳的试验设计效果。

本研究采用超声波辅助提取梨小豆粗多糖，并用响应面法优化相关工艺参数，以期为小豆的开发利用和我国现代农业种植结构调整提供理论参考，为我国欠发达地区脱贫致富提供经济来源。

一、材料与设备

梨小豆（市购）；石油醚、无水乙醇、氯仿、正丁醇、蒽酮、浓硫酸（分析纯，市购）；恒温水浴箱（上海森信实验仪器有限公司）；MD100-2型电子分析天平（沈阳华腾电子有限公司）；烘干箱（天津市泰斯特仪器有限公司）；Pharo300紫外可见光分光光度计（默克密理博）；JBT/C超声波药品处理机（济宁金百特电子有限责任公司）。R-200旋转蒸发仪BÜCHI；TGL16M高速台式离心机（长沙英泰仪器有限公司）；55&110-4L冷冻干燥机（Labogene）。

二、试验方法

（一）梨小豆粗多糖的提取工艺流程

梨小豆置于烘箱中50℃条件下烘干48h，粉碎并过100目筛，得到梨小豆粉。取适量梨小豆粉于烧瓶中，加入石油醚回流脱脂2次，1h/次，过滤烘干后进行超声波提取，离心得到粗多糖上清液并进行真空浓缩。采用Sevage法脱蛋白，采用酶法去除淀粉，活性炭脱色，膜透析去除小分子糖，乙醇沉淀多糖，最后冷冻干燥得到梨小豆粗多糖。

（二）单因素试验方法

1. 超声功率对梨小豆粗多糖得率的影响

取脱脂后的梨小豆10g，蒸馏水为提取剂，超声频率24kHz，超声时间为25min、超声温度70℃、液料比（mL/g）为25∶1的条件下，研究超声功率分别为100W、200W、300W、400W、500W五个水平时对梨小豆粗多糖提取效果的影响。

2. 液料比对梨小豆粗多糖得率的影响

取脱脂后的梨小豆10g，蒸馏水为提取剂，超声频率24kHz，超声功率300W、超声时间为25min、超声温度70℃、研究液料比（mL/g）分别为10∶1（mL/g）、15∶1（mL/g）、20∶1（mL/g）、25∶1（mL/g）、30∶1（mL/g）、35∶1（mL/g）、40∶1（mL/g）七个水平时对梨小豆粗多糖提取效果的影响。

3. 超声温度对梨小豆粗多糖得率的影响

取脱脂后的梨小豆10g，蒸馏水为提取剂，超声频率24kHz，超声功率300W、超声时间为25min、液料比（mL/g）为25∶1的条件下，研究超声温度分别为55℃、60℃、65℃、70℃、75℃、80℃、85℃七个水平时对梨小豆粗多糖提取效果的影响。

4. 超声时间对梨小豆粗多糖得率的影响

取脱脂后的梨小豆10g，蒸馏水为提取剂，超声频率24kHz，超声功率300W、超声温度为70℃、液料比（mL/g）为25∶1的条件下，研究超声时间分别为10min、15min、20min、25min、30min、35min、40min七个水平时对梨小豆粗多糖提取效果的影响。

5. 响应面优化试验方法

在单因素试验基础上，根据二次回归组合试验设计原理，以梨小豆粗多糖得率为响应值，设计超声功率X_1、液料比X_2、超声温度X_3、超声时间X_4四个因素进行响应面试验，试验设计见表7–1。

表7–1　因素水平编码表

| 编码值 | 超声功率（W） | 液料比（mL/g） | 超声温度（℃） | 超声时间（min） |
	X_1	X_2	X_3	X_4
−2	100	20∶1	70	25
−1	150	22.5∶1	72.5	27.5
0	200	25∶1	75	30
+1	250	27.5∶1	77.5	32.5
+2	300	30∶1	80	35

（三）检测方法

苯酚硫酸法测定多糖的含量。

粗多糖的得率＝（梨小豆粗多糖质量/梨小豆样品质量）×100%

（四）试验数据分析处理方法

试验重复3次，采用SAS8.2软件进行数据统计分析。

三、结果与分析

（一）单因素试验结果与分析

1. 超声功率对梨小豆粗多糖得率的影响

试验采用SAS 8.2统计软件对实验结果进行One—Way—ANOVA分析以及Duncan分析，在研究超声功率对梨小豆提取影响的五点三次重复的因素分析中，$P<0.01$，相关系数=0.892，说明不同超声功率对梨小豆粗多糖的得率有显著影响。由图7-1（a）可以看出，随着超声功率的不断增大，梨小豆粗多糖的得率呈现上升的趋势；在超声功率为200W时得率最大，超过200W后得率有下降的趋势。由于超声波具有强烈的热效应，随着超声波功率的增加，可能会导致部分梨小豆多糖一定程度的破坏，从而导致多糖得率的下降。因此，本试验选择响应面优化处理超声功率范围为在以200W为中心，100～300W。

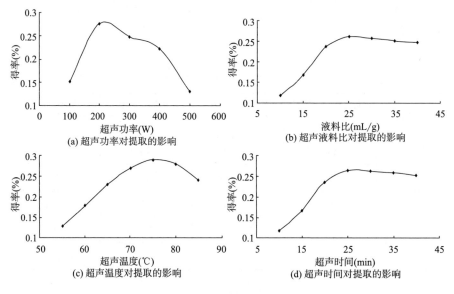

图 7-1　单因素考察结果

2. 超声液料比对梨小豆粗多糖得率的影响

试验采用SAS 8.2统计软件对实验结果进行One—Way—ANOVA分析以及Duncan分析，在研究超声液料比对梨小豆提取影响的七点三次重复的因素分析中，$P<0.01$，相关系数=0.913，说明不同超声液料比对梨小豆

粗多糖的得率有显著影响。由图7-1（b）可以看出，随着超声液料比的不断增大，梨小豆粗多糖的得率呈现上升的趋势，这是由于少量溶剂很快溶解粗多糖达到饱和，扩散推动力减小，当溶剂量足够大时，对超声波的提取基本无阻碍，得率逐渐增加；当超声液料比（mL/g）达到25：1后，得率趋于平稳，并伴有下降趋势，分析原因可能是随着液料比的升高，其他成分的溶出也相对增多，从而抑制了梨小豆多糖的溶出，还会使浓缩过程中梨小豆多糖损失增大，从而导致梨小豆粗多糖得率有所降低。因此，本试验选择响应面优化处理超声液料比（mL/g）范围为在以25：1为中心（20：1）～（30：1）。

3. 超声温度对梨小豆粗多糖得率的影响

试验采用SAS 8.2统计软件对实验结果进行One—Way—ANOVA分析以及Duncan分析，在研究超声温度对梨小豆提取影响的七点三次重复的因素分析中，$P<0.01$，相关系数为0.907，说明不同超声温度对梨小豆粗多糖的得率有显著影响。由图7-1（c）可以看出，在75℃时，得率达到最大值，之后得率趋于平稳，并伴有下降趋势。随着超声波温度的升高，溶剂的溶解能力和溶解速度也随之提高，梨小豆中的粗多糖分子运动速度也随之提高，在曲线中表现出来的是溶剂和粗多糖分子在寻求互相融合的速度及能力的平衡过程，最终到达75℃时两者到达最佳平衡状态。上升到80℃时温度过高可能对多糖结构造成一定的破坏导致多糖部分水解，使其得率有所下降，影响其药理活性，综合考虑后选择75℃为中心点的70～80℃时进行响应面试验。

4. 超声时间对梨小豆粗多糖得率的影响

试验采用SAS 8.2统计软件对实验结果进行One—Way—ANOVA分析以及Duncan分析，在研究超声时间对梨小豆提取影响的七点三次重复的因素分析中，$P<0.01$，相关系数为0.883，说明不同超声时间对梨小豆粗多糖的得率有显著影响。由图7-1（d）可知在10～30min时，梨小豆多糖得率呈现上升的趋势，在30min时，得率达到最大值。这是由于超声波对细胞的破坏作用较大，多糖溶出较多，所以得率高；在30～40min时，得率趋于平稳并有下降趋势。这可能是随着提取时间的延长，超声波的空化作用使梨小豆组织细胞达到足够破裂，其他成分也同时被提取出，也会引起部

分粗多糖结构的变化，这些均会影响到梨小豆多糖的得率。因此，本试验选择响应面优化处理超声时间范围为在以30min为中心，25～35min。

（二）响应面试验结果

1. 响应面试验结果与分析

基于单因素实验结果确定的最佳条件，以超声功率X_1、液料比X_2、超声温度X_3、超声时间X_4，这四个因素为自变量，以梨小豆粗多糖得率为响应值设计4因素共31个试验点的四元二次回归正交旋转组合实验，实验结果见表7-2。

表7-2 响应面实验设计及结果

实验号	X_1	X_2	X_3	X_4	得率（%）
1	1	1	1	1	0.262
2	1	1	1	-1	0.312
3	1	1	-1	1	0.283
4	1	1	-1	-1	0.232
5	1	-1	1	1	0.231
6	1	-1	1	-1	0.308
7	1	-1	-1	1	0.265
8	1	-1	-1	-1	0.224
9	-1	1	1	1	0.205
10	-1	1	1	-1	0.262
11	-1	1	-1	1	0.251
12	-1	1	-1	-1	0.215
13	-1	-1	1	1	0.202
14	-1	-1	1	-1	0.249
15	-1	-1	-1	1	0.238
16	-1	-1	-1	-1	0.168
17	2	0	0	0	0.325
18	-2	0	0	0	0.221
19	0	2	0	0	0.286

实验号	X_1	X_2	X_3	X_4	得率（%）
20	0	−2	0	0	0.231
21	0	0	2	0	0.287
22	0	0	−2	0	0.206
23	0	0	0	2	0.309
24	0	0	0	−2	0.256
25	0	0	0	0	0.302
26	0	0	0	0	0.312
27	0	0	0	0	0.330
28	0	0	0	0	0.304
29	0	0	0	0	0.309
30	0	0	0	0	0.330
31	0	0	0	0	0.329

采用SAS 8.2统计软件对响应面法优化梨小豆粗多糖分离实验进行分析（RSREG），二次回归方程以及回归方程各项的方差分析结果见表7-3，二次回归参数模型数据见表7-4。

表 7-3 回归方程各项的方差分析表

回归方差来源	自由度	平方和	均方和	F 值	P 值
回归模型	14	0.0555	0.9002	10.31	
一次项	4	0.0189	0.3062	12.27	<0.0001
二次项	4	0.0247	0.4005	16.05	<0.0001
交互项	6	0.0119	0.1935	5.17	<0.0001
失拟项	10	0.0052	0.00052	3.23	0.0039
误差	16	0.0062	0.00039	10.31	0.0821
纯误差	6	0.0062	0.00016		
总误差	30	0.0617			

表 7-4　二次回归模型参数表

模型	非标准化系数	T 值	P 值
截距	−33.012	−7.76	<0.0001
X_1	0.00113	0.33	0.742
X_2	0.178	2.53	0.0222
X_3	0.641	6.85	<0.0001
X_4	0.444	6.18	<0.0001
X_1^2	−0.0000575	−3.92	0.0012
$X_1 X_2$	−0.0000075	−0.19	0.851
$X_1 X_3$	0.0000315	0.80	0.434
$X_1 X_4$	−0.0000185	−0.47	0.644
X_2^2	−0.00288	−4.91	0.0002
$X_2 X_3$	−0.00035	−0.45	0.662
$X_2 X_4$	−0.00007	−0.09	0.93
X_3^2	−0.00336	−5.73	<0.0001
$X_3 X_4$	−0.00429	−5.47	<0.0001
X_4^2	−0.00192	−7.76	0.0048

由表7-3可以看出：二次回归模型的F值为10.31，$P<0.01$，大于在0.01水平上的F值，而失拟项的P为0.0821，小于0.05，说明该模型拟合结果好。一次项、二次项和交互项的F值均大于0.01水平上的F值，说明它们对梨小豆多糖得率有极其显著的影响。

以梨小豆粗多糖的得率为Y值，得出超声功率X_1（W）、液料比X_2（mL/g）、超声温度X_3（℃）、超声时间X_4（min）的编码值为自变量的四元二次回归方程为：

$Y=-33.012+0.00113X_1+0.178X_2+0.641X_3+0.444X_4-0.0000575X_1^2-0.0000075X_1X_2+0.0000315X_1X_3-0.0000185X_1X_4-0.00288X_2^2-0.00035X_2X_3-0.00007X_2X_4-0.00336X_3^2-0.00429X_3X_4-0.00192X_4^2$

2. 交互作用分析

采用降维分析法研究其他两因素条件固定在零水平时，有交互作用的两因素对梨小豆粗多糖得率的影响。图7-2～图7-4是SAS8.2软件绘出三维曲面及其等高线图，对这些因素中交互项之间的交互效应进行分析。

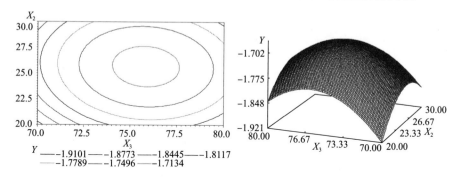

图7-2　$Y=f(X_2, X_3)$的响应曲面图及其等高线图

由图7-2可以看出，响应曲面坡度相对较大，等高线呈椭圆形，表明液料比和超声温度两者交互作用显著。由等高线可知，沿超声液料比方向等高线密集，而超声温度方向等高线相对稀疏，说明超声液料比比超声温度对响应值峰值的影响大。当超声液料比（mL/g）在（25:1）～（30:1），超声温度在75～80℃，两者存在显著的增效作用，响应值随着二者的增加而增大，并达到极值。

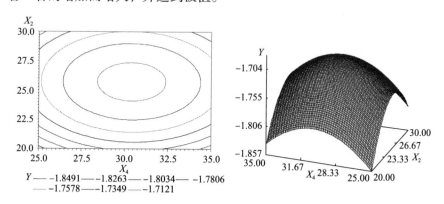

图7-3　$Y=f(X_2, X_4)$的响应曲面图及其等高线图

由图7-3可以看出，响应曲面坡度相对较大，等高线呈椭圆形，表明液料比和超声时间两者交互作用显著。由等高线可知，沿超声时间方向等高线密集，而超声液料比方向等高线相对稀疏，说明超声时间比超声液料比对响应值峰值的影响大。当超声液料比（mL/g）在（25:1）～

（30∶1），超声时间在30～35min，两者存在显著的增效作用，响应值随着二者的增加而增大，并达到极值。

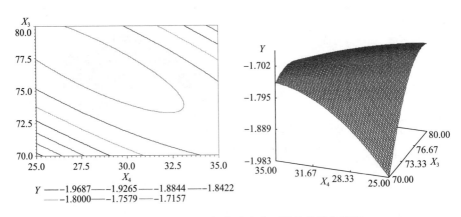

图7-4　$Y=f(X_3, X_4)$ 的响应曲面图及其等高线图

由图7-4可以看出，响应曲面坡度相对较大，等高线呈椭圆形，表明超声温度和超声时间两者交互作用显著。由等高线可知，沿超声时间方向等高线密集，而超声温度方向等高线相对稀疏，说明超声时间比超声温度对响应值峰值的影响大。当超声温度在75～80℃，超声时间在30～35min，两者存在显著的增效作用，响应值随着二者的增加而增大，并达到极值。

3. 最优条件分析

为了进一步确证最佳点的值，采用SAS8.2软件的Rsreg语句对实验模型进行响应面典型分析，以获得最大的得率时的提取条件。经典型性分析得最优提取条件和得率见表7-5。

表7-5　最优提取条件及得率

因素	标准化	非标准化	最大得率/（%）
X_1	0.538	253.84	
X_2	0.0965	25.48	
X_3	0.683	78.42	0.336
X_4	−0.753	26.23	

得率最高时的超声功率、液料比（mL/g）、超声温度、超声时间的具体值分别为：254W，25.5∶1，78.4℃，26.2min，该条件下得到的最大理论得率为0.336%。

4. 回归模型的验证实验

按照最优提取条件进行实验，重复三次。结果梨小豆粗多糖的得率为0.34%±0.015%，实验值与模型的理论值非常接近，且重复实验相对偏差不超过5%，说明试验条件重现性良好。结果表明，该模型可以较好地反映出超声波辅助提取梨小豆粗多糖的条件。

四、结论

本研究超声波技术辅助提取梨小豆粗多糖技术，在单因素试验的基础上采用响应面法优化提取工艺参数，建立了二次回归模型，该模型与数据拟合程度较高，具有较好的实用性。经优化后的工艺参数为：超声功率254W，液料比（mL/g）25.5∶1，超声温度78.4℃，超声时间26.2min，梨小豆粗多糖的得率达到0.34%±0.015%，大大提高了梨小豆粗多糖的得率，降低生产成本提高提取效率，本研究可以增加小豆生产加工的附加值，促进我国杂粮产业的发展。

第二节　微波处理对小米油不饱和脂肪酸及抗氧化活性的影响

小米富含蛋白质、膳食纤维、维生素、矿物质、多酚、黄酮、不饱和脂肪酸等多种营养物质，具有预防心血管疾病、提高免疫力、消炎、促消化、降血脂等多种功能作用。小米在我国种植与食用历史悠久，是我国重要的杂粮之一，因此，受到国内外学者的关注。单璐研究不同加工方式对小米营养成分的变化，研究了抗氧化性的变化及氨基酸组成变化；王海棠等在小米油中发现了二亚油酸甘油酶、亚麻酸甘油酯等活性物质，实验证明其对皮肤、中枢神经系统具有良好的保护作用，而且对动脉硬化和肝硬化也有预防的效果；李娜曾经研究油脂食品的卫生质量会受到油脂氧化的影响，而食品质量与安全中的一个重要研究方向就是如何保证油脂的稳定性。Ren等研究了沸腾、蒸汽、挤压等不同加工方式对小米淀粉消化特性的影响，以体外消化率及升糖指数为指标，结果表明沸腾，蒸汽、挤压的加工方式会减少抗性淀粉的生成，提高升糖指数，但是通过实验发现长期食用小米粥对糖尿病有一定的益处。微波是一种电磁波具有适用范围广、重现性好、污染小等优势，是一种先进的干燥加工技术。目前广泛应用的技术，常用浓缩、干燥、熟化等工艺当中，为人们的生活带来方便，也为相关工业生产带来便利。但是，由于微波处理会产生瞬间的高温效应，会对食物中的脂肪酸产生破坏作用，影响脂肪酸的组成及相关活性，因此，如何正确地将微波技术应用到小米加工中具有重要的实际意义。本研究以小米为原料，采用微波技术处理小米，通过对小米油中不饱和脂肪酸及其抗氧化活性的变化，探索不同微波处理条件对小米油加工的影响规律，为小米及小米油的综合加工利用提供了理论参考依据。

一、材料与设备

小米（市购）；DPPH、ABTS（sigma公司）；正己烷、无水乙醇、VC、过硫酸钾、Tris碱、邻苯三酚、$FeSO_4$、水杨酸、盐酸（分析纯）。ZX41-415型秒表（深圳市盟康宝电子有限公司）；FA2104N型电子分析天平（上海民桥精密科学仪器有限公司）；EMS-40A型电热恒温水浴锅（广州市康恒仪器有限公司）；RE52CS型旋转蒸发器（上海亚荣生化仪器厂）；UV-1800型分光光度计（日本岛津公司）；7890A-5975C型气质分析色谱仪（安捷伦公司）。

二、试验方法
（一）小米油提取方法

精密称取100g小米放置在烧杯内，加入200mL正己烷，置于30℃的电热恒温水浴锅内不断搅拌提取，每次提取2h，提取3次，合并提取液，后用旋转蒸发仪蒸发，蒸出正己烷，得到油水混合物，并采用无水硫酸钠处理后，得到小米油备用。

（二）微波处理对小米油脂肪酸组成与抗氧化活性的影响

1. 微波液料比对小米油脂肪酸组成与抗氧化活性的影响

称取一定量的小米，清洗除去灰尘和杂质，以料液比（mL/g）分别为1∶3、1∶6、1∶9加水，并在微波功率400W下，微波处理9min。得到小米粥样品，按照1.3.1的方法进行脂肪酸提取，采用气质分析方法测定样品中脂肪酸的组成，并对样品油的抗氧化活性进行测定，探讨微波处理对小米油脂肪酸组成与抗氧化活性的影响。

2. 微波功率对小米油脂肪酸组成与抗氧化活性的影响

称取一定量的小米，清洗除去灰尘和杂质，微波料液比（mL/g）为1∶6加水，并分别在微波功率分别为200W、400W、600W下，微波处理9min。得到小米粥样品，按照1.3.1的方法进行脂肪酸提取，采用气质分析方法测定样品中脂肪酸的组成，并对样品油的抗氧化活性进行测定，探讨微波处理对小米油脂肪酸组成与抗氧化活性的影响。

3. 微波时间对小米油脂肪酸组成与抗氧化活性的影响

称取一定量的小米，清洗除去灰尘和杂质，微波料液比（mL/g）为1∶6加水，微波功率400W，分别微波处理3min、9min、15min。得到小米粥样品，按照1.3.1的方法进行脂肪酸提取，采用气质分析方法测定样品中脂肪酸的组成，并对样品油的抗氧化活性进行测定，探讨微波处理对小米油脂肪酸组成与抗氧化活性的影响。

（三）抗氧化性的测定方法

1. DPPH自由基清除能力的测定

参考前人的测定方法，并作出适当调整。用无水乙醇配制0.04g/L的DPPH溶液，将小米油配制成不同质量浓度的溶液（无水乙醇混合溶剂溶解），作为待测样品。取2mL的小米油样品溶液于试管中，再加入2mL的DPPH溶液，摇匀，暗处反应30min后，于517nm比色测其吸光值记为A_i，2mL小米油样品加入2mL乙醇溶液反应后的吸光值记为A_j，2mL乙醇加入2mLDPPH溶液反应后的吸光值记为A_0，每个样品测定3次，取平均值，以乙醇为空白，维生素C为对照。样品对DPPH·的清除能力（S_A）表示为：

$$S_A = \left[1 - \frac{A_i - A_j}{A_0} \right] \times 100\%$$

式中：A_0为空白的吸光值；A_i为样品添加DDPH的吸光值；A_j为样品添加乙醇的吸光值。

2. **清除ABTS自由基的测定**

参考前人的测定方法，并作出适当调整。取4mLABTS工作液与1mL样品混合（用无水乙醇溶解），在室温下避光放置6min，于734nm处测定吸光值。无水乙醇作为空白，清除率按下式计算：

$$清除率 = \frac{A_0 - A_1}{A_0} \times 100\%$$

式中：A_0为空白的吸光值；A_1为样品的吸光值。

3. **清除羟基自由基能力的测定**

参考前人的测定方法，并作出适当调整。将小米油配制成不同质量浓度的样品液（用无水乙醇溶解）。取2.0mL小米油样品于试管中，加入6mmol/L水杨酸溶液2.0mL，再加入6mmol/L FeSO$_4$溶液2.0mL，3.5mL蒸馏水，加入2.0mL 6mmol/L的H$_2$O$_2$并用振荡器混匀，使之启动Fenton反应，反应后在510nm波长处测定吸光度即为A_i；取2.0mL的无水乙醇代替浓度为6mmol/L水杨酸，在510nm处所测得吸光度即为A_j；取2.0mL无水乙醇代替样品乳化液，在510nm处所测得的吸光度即为A_0；以维生素C为对照，根据下式计算各待测物对羟基自由基的清除率S_A。

$$S_A = \left(1 - \frac{A_i - A_j}{A_0}\right) \times 100\%$$

式中：A_0为空白的吸光值为；A_i为样品添加水杨酸的吸光值；A_j为样品添加乙醇的吸光值。

（四）小米油不饱和脂肪酸的组成成分分析方法

1. **甲酯化方法**

准确称取油样品0.2g，加入异辛烷4.0mL充分溶解，然后超声波处理10min，加入0.8mL氢氧化钾甲醇溶液（11g氢氧化钾溶于100mL甲醇中），超声波处理10min，最后加入0.5g的无水硫酸钠，混匀，静止分层取上层液。

2.气质连用测定方法

色谱条件。温度：汽化室 250℃，接口温度250℃；载气：高纯氦气，流速1.9mL/min；色谱柱：DB–23（60m×0.25mm×0.25μm）；柱温：程序升温50℃保持1min，25℃/min升至180℃，2℃/min升至230℃，保持5min；吹扫流量3mL/min；进样体积1μL；分流比1∶30。

质谱条件：离子源：220℃；EI：70eV；扫描范围：29～500m/z；容积延迟：5min；定性：NIST检索保留指数；定量：峰面积归一化。

三、结果与分析

（一）小米油脂肪酸组成的 GC—MS 分析结果

原料小米油的脂肪酸组成的气质分析图及分析结果，分别见图7–5、表7–6。

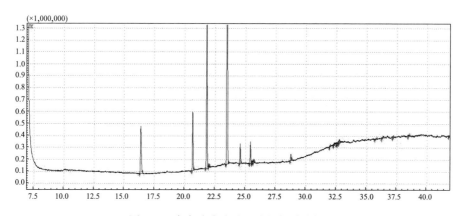

图 7–5　小米油脂肪酸组成的气质分析图

表 7–6　小米油脂肪酸组成 GC—MS 分析结果

序号	保留时间（min）	峰面积（%）	组成成分
1	16.401	6.96	棕榈酸 $C_{16}H_{32}O_2$
2	20.683	2.77	硬脂酸 $C_{18}H_{36}O_2$
3	21.837	15.27	油酸 $C_{18}H_{34}O_2$
4	23.503	67.88	亚油酸 $C_{18}H_{32}O_2$
5	24.586	1.10	花生酸 $C_{20}H_{40}O_2$
6	25.444	2.16	亚麻酸 $C_{18}H_{30}O_2$

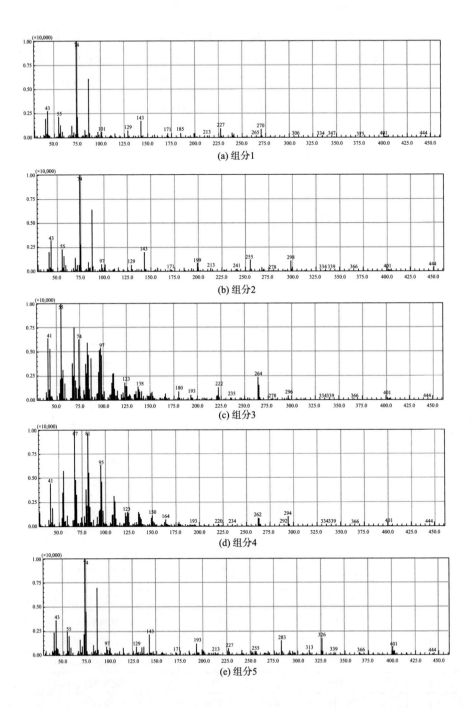

(a) 组分1

(b) 组分2

(c) 组分3

(d) 组分4

(e) 组分5

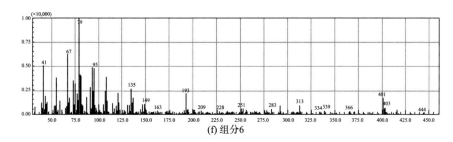

(f) 组分6

图7-6 小米油脂肪酸组成的质谱图

由图7-5、图7-6、表7-6可知，小米油的脂肪酸中主要含有6种成分，经色谱工作站NIST谱库检索鉴定上述成分分别为棕榈酸、硬脂酸、油酸、亚油酸、花生酸和亚麻酸，其中含量最高的是亚油酸，其次为油酸，不饱和脂肪酸含量达到了85%以上，饱和脂肪酸只有15%左右，可见小米油中含有大量不饱和脂肪酸，因此小米油具有较高的利用价值。

（二）微波加工处理对小米油不饱和脂肪酸的影响

微波处理对小米油不饱和脂肪酸的影响见表7-7。

表 7-7 不同处理对小米脂肪酸组成的影响

微波方式	实验水平	不饱和脂肪酸组成		
		油酸（%）	亚油酸（%）	亚麻酸（%）
微波液料比（mL/g）	3：1	15.46	66.50	1.86[a]
	6：1	15.42	66.21	2.13[b]
	9：1	15.42	66.58	2.14[b]
微波功率（W）	200	15.11	67.41	2.11[b]
	400	15.42	66.21	2.13[b]
	600	15.12	66.58	1.88[a]
微波时间（min）	6	14.81	67.41	2.08[a]
	9	15.42	66.21	2.03[a]
	12	15.20	66.59	2.03[a]
原料中小米油		15.27	67.88	2.16

注 $P<0.05$。两处理/水平显著性比较，若之间存在显著性差异就用不同字母表示，若之间不存在显著性差异就用相同字母表示，按照a、b、c依次排下去。

由表7-7可以看出，微波处理对小米油中的油酸与亚油酸组成影响差异不显著，而对亚麻酸具有一定影响，这是由于亚麻酸为n 18：3结构相对于油酸与亚油酸已被分解破坏，高温易造成结构的变化。研究发现在微波功率及微波液料比对小米油中的亚麻酸含量影响较大，较大存在差异显著（$P<0.05$），微波时间差异不显著。这是可能由于微波处理过程中会出现瞬间高于250℃的高温，在高功率及低水分的情况下出现的频率更大一些，造成了料液中瞬间温度过高，这与温度超过200℃后α-亚麻酸开始降解的研究结果一致，因此导致小米油中的α-亚麻酸含量下降。

（三）微波处理对小米油抗氧化活性的影响

1. 微波液料比对小米油抗氧化活性的影响

微波液料比对小米油抗氧化活性影响的实验结果，如图7-7所示。

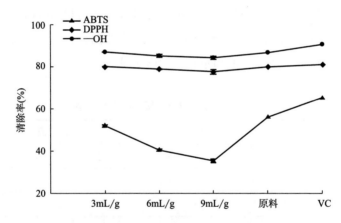

图 7-7 微波液料比对小米油抗氧化活性的影响

注 3mL/g、6mL/g、9mL/g为液料比；原料为未处理的小米油；VC为VC对照组（浓度0.2mg/mL）

由图7-7可以看出，随微波液料比升高，小米油清除DPPH、—OH的能力差异不大，且显著低于未处理的小米油与VC对照组，但是小米油清除ABTS自由基的能力存在显著的差异（$P<0.05$），呈逐渐减弱的趋势，且低于未处理的小米油清除率与VC对照组，说明小米油清除ABTS自由基能力随着微波液料比的增大而下降。这是由于随着液料比的增大，物料中水含量不断增加，水分子的极性较强会影响一些弱极性活性物质的提取，导致随着液料比的增大小米油中活性物质含量降低，清除ABTS自由基能力逐步降低。

2. 微波功率对小米油抗氧化活性的影响

微波功率对小米油抗氧化活性影响的实验结果，如图7-8所示。

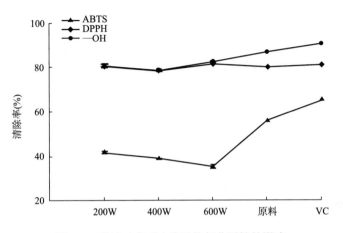

图 7-8　微波功率对小米油抗氧化活性的影响

注　200W、400W、600W为微波功率；原料为未处理的小米油；VC为VC对照组（浓度0.2mg/mL）

由图7-8可以看出，随微波功率升高，小米油清除DPPH、—OH的能力差异不大，且显著低于未处理的小米油与VC对照组，但是小米油的清除ABTS的能力存在显著的差异（$P < 0.05$），呈显著减弱的趋势，且低于未受微波处理的小米油清除率与VC对照组，说明小米油清除ABTS的能力随着微波功率的增大而下降。这是由于随着功率的升高，小米油中多酚等活性物质破坏。在微波条件下，高功率时温度会瞬间增高，小米油中的黄酮、多酚及其他具有较强清除ABTS能力的活性物质在热作用下结构遭到破坏或者发生降解，因此，小米油的清除ABTS能力减弱。

3. 微波时间对小米油抗氧化活性的影响

微波时间对小米油抗氧化活性影响的实验结果，如图7-9所示。

由图7-9可以看出，随微波时间延长，小米油清除DPPH、—OH的能力差异不大，且显著低于未处理的小米油与VC对照组，同时发现未处理的小米油与VC对照组的差异不大，说明小米油具有较强的清除DPPH、—OH能力。但是小米油的清除ABTS的能力存在显著的差异（$P < 0.05$），呈逐渐减弱的趋势，且远低于未受微波处理的小米油清除率与VC对照组，说明小米油清除ABTS的能力随着微波时间的延长而下降，这是由于

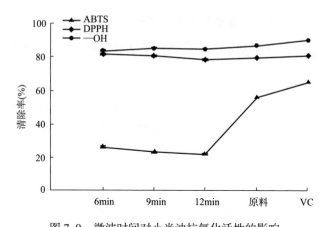

图 7-9　微波时间对小米油抗氧化活性的影响

注　6min、9min、12min为微波时间；原料为未处理的小米油；VC为VC对照组（浓度0.2mg/mL）

随处理微波时间加长，小米油中的黄酮、多酚及其他具有较强清除ABTS能力的活性物质在热作用下结构遭到破坏或者发生降解，导致小米油抗氧化能力减弱。

四、结论

通过气质分析小米油的脂肪酸组成，结果表明其中主要含有棕榈酸、硬脂酸、油酸、亚油酸、花生酸和亚麻酸等六种脂肪酸，不饱和脂肪酸含量达到了85%以上。研究表明微波液料比及微波功率对小米油不饱和脂肪酸中的亚麻酸影响显著，随着微波液料比及微波功率的提高，小米油中亚麻酸含量显著下降。抗氧化试验表明，小米油具有较强的清除DPPH、ABTS、—OH自由基的能力，处理后小米油抗氧化活性显著低于未经处理的小米油的抗氧化活性。各处理方式对小米油清除DPPH、—OH自由基能力的影响差异不显著，而对清除ABTS自由基能力的影响显著。经分析这可能与小米油中抗氧化活性物质的稳定性及抗氧化活性的针对性有关，需要进一步筛查抗氧化活性与活性物质的关联，并建立相关的体内外模型。本研究仅进行了体外抗氧化研究，微波处理对小米油的影响，在体内是否也同样成立，还需要进一步研究加以验证。此外，小米油在其他加工过程中的调控及活性保持技术等方面的研究需要进一步的研究，以指导实际的生产，保证将加工过程中的营养损失降到最低。本研究为合理高效的利用小米油资源、健康食用小米油具有一定的指导作用，为小米及小米油脂的综合加工利用提供了理论参考依据。

第三节　小米糠多酚提取液组成成分分析

　　小米又称粟、粟米等，是我国的一种杂粮，具有栽培期短、储存简单、营养价值高、抵抗力高等优点。小米糠是对小米加工形成的一种副产物。加工剩余的小米糠经常被直接丢弃或作为饲料。以往研究证明，小米糠中仍含有碳水化合物、脂肪、蛋白、多酚等功能成分，直接丢弃其价值没有得到最大利用。汪洋（2018）研究发现小米糠多酚具有一定降低血脂的功效。Jung等（2007）用米糠酚酸提取物饲喂Ⅱ型糖尿病鼠，发现米糠酚酸能够降低病鼠血糖水平、提高血浆胰岛素水平。延莎等（2017）研究发现小米多酚含量与抗氧化性具有相关性。李暮男（2017）在饲料中添加小米，结果发现小米有助于改善高血糖患者的健康状况。王立峰（2012）研究饲喂薏米多酚提取物的大鼠血清抗氧化性的变化，发现抗氧化能力显著提高。Shi等（2019）研究发现小米谷糠的内壳多酚具有抗结肠癌的作用，可以作为一种结肠癌治疗药物。龙萌（2015）研究添加茶多酚的饲料对团头鲂的影响，发现茶多酚能促进其生长。徐奇友等（2008）用添加了茶多酚的饲料喂养虹鳟，发现一定浓度的茶多酚具有改善肉质的作用。梁高杨等（2018）用茶多酚饲喂奥尼罗非鱼，发现饲料中添加茶多酚其免疫性能有所提高。张哲等（2014）研究在饲料中添加茶多酚，发现茶多酚能促进禽畜的生长。

　　由此可见，小米糠作为饲料，其中多酚具有多种有益功效。以往研究中有将多酚作为添加剂加入饲料中，研究结果表明，添加多酚具有可行性且有多种有益作用。但目前关于小米糠饲料中多酚提取物的组成成分分析的研究报道却很少。基于此，本研究以小米糠为原料。对其多酚提取液组成成分进行液质分析，确定主要的组成成分，以期为小米糠在饲料中的应用奠定理论基础。

一、材料与设备

小米糠（产自黑龙江省肇源县）；正己烷、无水乙醇（分析纯）；UPLC-Triple-TOF/MS系统，AcquityTM ultra型高效液相色谱仪（美国Waters公司）；Triple TOF 5600+型飞行时间质谱；Eppendorf minispan离心机（德国Eppendorf公司）。

二、试验方法

1. 工艺流程

小米糠原料→挑选除杂→研磨→脱脂→制备多酚提取液→多酚组成成分液质分析

2. 脱脂方法

准确称量100g小米糠，采用液料比（mL/g）为1:2的正己烷在45℃时搅拌提取2次，每次1h，每次离心之后去除上清液，达到脱脂的目的。

3. 制备多酚提取液方法

本次研究制备多酚提取液采用的方法是乙醇提取法。浸提多酚的操作为：采用液料比（mL/g）为1:13的质量分数为70%的乙醇在45℃时搅拌提取3h。

4. 多酚提取液组成成分液质分析方法

色谱分析采用安捷伦ZORBAX-SBC18（100mm×4.6mm，内径1.8μm）色谱柱来线性梯度洗脱检测波长为280nm；质谱分析采用UPLC-Triple-TOF 5600+飞行时间液质联用仪。

三、结果与分析

（一）小米糠多酚提取物组成成分紫外（280nm）色谱分析

小米糠多酚提取物的紫外色谱图如图7-10所示，而化合物A、B的出峰时间为3.12min、3.41min，根据高分辨质谱结果拟合的分子式分别为$C_{10}H_{13}N_5O_4$、$C_{10}H_{13}N_5O_5$，根据二级质谱和数据库检索和推测该化合物为腺苷、鸟苷，该化合物A和化合物B可能的结构式如图7-11所示。而由图7-10可知小米糠多酚提取液中属于酚类的主要有三种物质，其出峰时间分别为10.89min、11.05min、12.46min。下面具体对这三种主要多酚类成分的图谱进行分析，推测其可能的化学组成并对其生物学功能进行分析。

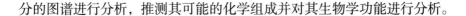

图 7-10 样品紫外（280nm）色谱图

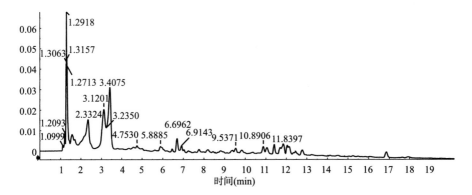

分子式：$C_{10}H_{13}N_5O_4$
相对分子质量：267.0968
A

分子式：$C_{10}H_{13}N_5O_5$
相对分子质量：283.0917
B

图 7-11 成分 A/B 可能结构式

（二）小米糠多酚提取物主要组成成分结构分析

1. 成分1结构及功能分析

该物质峰值出现时间为10.89min，［M—H］为609.1468，根据高分辨质谱结果拟合的分子式为$C_{27}H_{30}O_{16}$，根据二级质谱推测化合物结构中存在碳苷和氧苷，根据数据库检索和推测该化合物为7-O-β-D-吡喃葡萄糖基-6-C-β-D-吡喃葡萄糖基木樨草素（7-O-β-D-glucopyranosyl-6-C-β-D-glucopyranosylluteolin），该化合物的一级、二级质谱图如图7-12所示，可能结构式如图7-13所示。

如图7-13所示，成分1含有多个酚羟基，其抗氧化活性应该高于比只含有一个酚羟基的酚类。目前有不少关于木犀草素的研究报道，研究结果表明木犀草素具有多种医学方面的有益作用。王允等（2018）研究木樨草

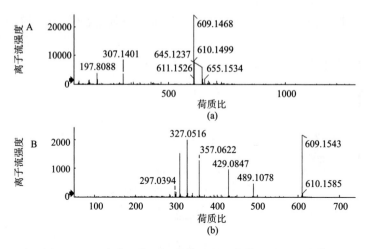

图 7-12　A 成分 1 的一级质谱图和 B 成分 1 的二级质谱图

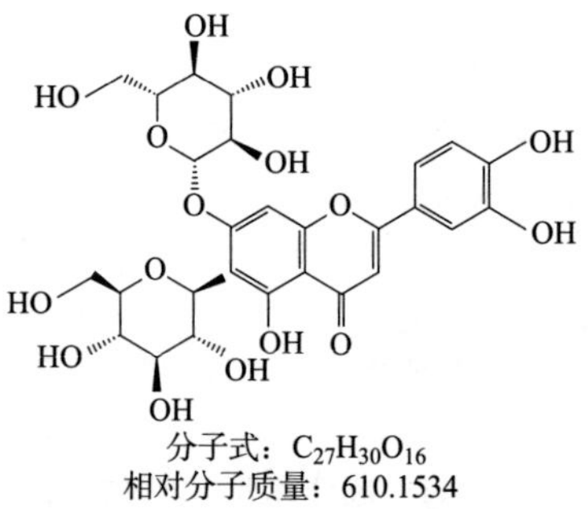

分子式：$C_{27}H_{30}O_{16}$
相对分子质量：610.1534

图 7-13　成分 1 可能的结构式

素对人A549肺腺癌细胞的影响，发现木犀草素能抑制其生理活性。任开明等（2019）也研究了木犀草素对该细胞的影响，发现木犀草素能抑制其生理活性。沈瑞明等（2019）研究发现木犀草素其能够减轻急性痛风性关节炎的炎症反应。而关于小米糠多酚提取物分离出的7–O–β–D–吡喃葡萄糖基–6–C–β–D–吡喃葡萄糖基木樨草素的功能作用研究报道很少，对于该成分的研究还有待深入。

2. 成分2结构及功能分析

该物质峰值出现时间为11.05min，〔M—H〕为163.0418，根据高分辨质谱结果拟合的分子式为$C_9H_8O_3$，根据二级质谱推测化合物结构中存在1个羧基和乙基，根据数据库检索和推测该化合物为对香豆酸（p-coumaric acid），该化合物的一级、二级质谱图如图7-14所示，可能结构式如图7-15所示。

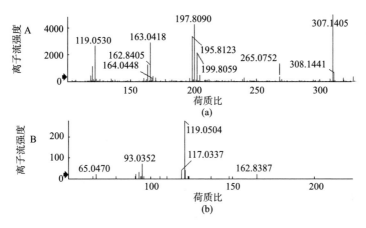

图 7-14　A 成分 2 的一级质谱图和 B 成分 2 的二级质谱图

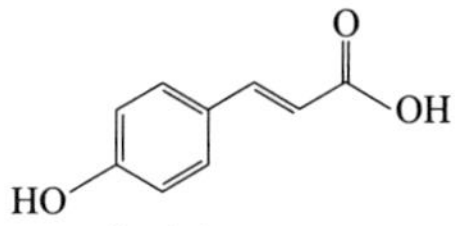

分子式：$C_9H_8O_3$
相对分子质量：164.0473

图 7-15　成分 2 可能的结构式

由图7-15所示，成分2含有一个酚羟基结构，属于酚酸化合物。对香豆酸经由肉桂酸转化形成，具有抗氧化性。陈志杰等（2018）研究对香豆酸对LDL的影响，通过大鼠实验，发现其可抑制LDL的氧化。此外对香豆酸和木犀草素一样具有预防炎症和调节免疫功能，预防和治疗心血管疾病等功能。张焕仕等（2019）研究对香豆酸对高尿酸血症小鼠的作用，结果发现小鼠经对香豆酸处理后，血清中尿酸和血糖均明显降低。曹升旭（2019）研究了对香豆酸对饲料降解的影响，结果发现饲料降解与对香豆酸具有较大的相关性。楚秉泉等（2018）进行动物试验研究对香豆酸对急性缺氧性肺水肿的作用，结果发现对香豆酸对急性缺氧导致的肺水肿具有较好的预防作用。高秀艳（2013）发现对香豆酸对血管具有有益作用。对于对香豆酸的研究较多。其生理功能也比较明确。

3. 成分3结构分析

该物质峰值出现时间为12.46min，［M—H］为623.1700，根据高分辨质谱结果拟合的分子为$C_{28}H_{32}O_{16}$，比成分1多一个亚甲基，根据二级质谱推测化合物结构中存在碳苷、氧苷及甲氧基，根据数据库检索和推测该化合物为易金雀花素–7–O–β–D–葡萄糖苷（isoscoparin–7–O–β–D–glucoside），该化合物的一级、二级质谱图如图7–16所示，可能结构式如图7–17所示。

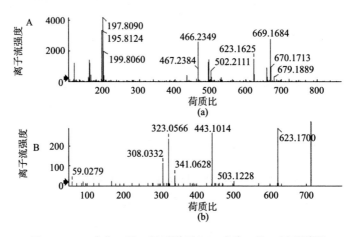

图7–16 A成分3的一级质谱图和B成分3的二级质谱图

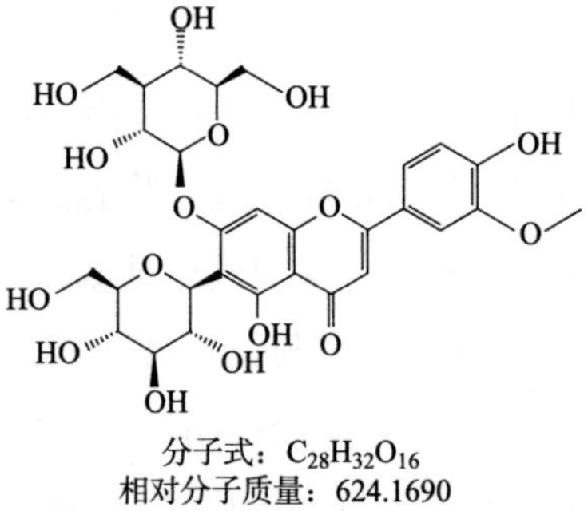

分子式：$C_{28}H_{32}O_{16}$
相对分子质量：624.1690

图7–17 成分3可能的结构式

如图7–17所示，成分3含有两个酚羟基，并且含有多个羟基基团，推测其有较强的抗氧化性。关于成分3结构中含有的异金雀花素基团，赵震毅（2017）采用高效液相色谱法对大青叶进行洗脱分离其中的功能活性成分，确定大青叶中活性黄酮类物质含有异金雀花素。朱俊杰等（2018）研究了大青叶醇提物对酒精性损伤细胞的影响，结果发现大青叶醇提物可运用到护肝的保健产品中。可以推测易金雀花素–7–O–β–D–葡萄糖苷也具有多种的生理功能。目前关于这一物质的研究报道很少，还有待深入的研究。

四、结论

本研究以小米糠为原料，用醇提法制备小米糠多酚提取液，并采用液质分析测定小米糠多酚提取液的组成成分。液质分析的结果表明小米糠多酚提取物中主要含有7–O–β–D–吡喃葡萄糖基–6–C–β–D–吡喃葡萄糖基木樨草素（$C_{27}H_{30}O_{16}$）、对香豆酸（$C_9H_8O_3$）、易金雀花素–7–O–β–D–葡萄糖苷（$C_{28}H_{32}O_{16}$）等三种物质。小米糠中含有的多酚类物质具有多种的功效与益处，可以应用于畜禽类如猪、鸡的养殖上，提高养殖的效益；也可以应用于水产品如草鱼、奥尼罗非鱼的养殖，能提高产品的肉的品质；也可以应用于饲料保存，因为多酚具有良好的抗氧化性。小米糠是一种优质的饲料原料，小米糠中分离出的三种主要的多酚类成分在医学方面的研究报道较多，而应用于饲料方面的研究报道却很少。因此对于小米糠中多酚类物质在饲料应用方面的研究还需要更加深入的探索。

主要参考文献

［1］王丽侠，程须珍，王素华．小豆种质资源遗传研究及应用进展［J］．植物遗传资源学报，2013，14（3）：440–447.

［2］肖君泽，李益锋，曾宪军．韩国小豆引种试验研究［J］．作物研究，2004，1（1）：27–28.

［3］蔡亮亮，余方荣，李西海．基于响应曲面法的龙须藤多糖提取条件优化［J］．天然产物研究与开发，2012，24（2）：1837–1843.

［4］何彦峰，杨仁明，胡娜．响应面法优化胡芦巴种子多糖提取工艺［J］．天然产物研究与开发，2012，24（3）：1463–1467.

［5］邢雅丽，毕良武，赵振东．响应面法优化泡桐叶中熊果酸的超声波提取工艺［J］．天然产物研究与开发，2015，27（2）：301–305.

［6］李粉玲，蔡汉权，林泽平. 红豆多糖抗氧化性及还原能力的研究［J］.
食品工业，2014，35（2）：190-194.

［7］陈红，张波，刘秀奇. 超声波辅助提取水溶性大豆多糖及纯化工艺
［J］. 食品科学，2011，6（32）：139-142.

［8］周鸿立，杨晓虹. 玉米须多糖中蛋白质脱除的Sevag与酶法联用工艺
优化［J］. 食品科学，2011，8（38）：129-132.

［9］熊建华，吴琴，林丽萍. 响应面分析法优化超声提取樟树籽油的工艺
［J］. 中国粮油学报，2013，28（3）：65-69.

［10］韩林，张海德，李国胜. 槟榔籽总酚提取工艺优化与抗氧化活性试
验［J］. 农业机械学报，2010，41（4）：134-39.

［11］陈林，韩林，周浓. 响应面法优化太白贝母粗多糖超声波提取工艺
研究［J］. 天然产物研究与开发，2015，27（4）：109-113.

［12］余凡，雷迎，任坚忍. 紫薇花色素的提取与性能研究［J］. 食品工
业科技，2012，33（7）：231-234.

［13］李良玉，曹荣安. 超声波辅助提取麦胚黄酮的技术研究［J］. 粮油
食品科技，2014，22（4）：42-47.

［14］唐健波，肖雄，杨娟. 响应面优化超声辅助提取刺梨多糖工艺研究
［J］. 天然产物研究与开发，2015，27（4）：314-320.

［15］薛月圆，李鹏，林勤保. 小米的化学成分及物理性质的研究进展［J］.
中国粮油学报，2008，23（3）：199-203.

［16］单璐. 不同加工方式小米营养成分的变化［D］. 太原：山西大学，
2016.

［17］王海棠，时清亮，尹卫平. 粟米脂质的分离与鉴定［J］. 中草药，
2001，32（4）：5-7.

［18］李娜. 不同抗氧化剂对油脂抗氧化性能的影响研究［J］. 安徽农学
通报，2018，24（11）：107-110.

［19］XIN R，JING C，MOHAMMAD M M，et al. In vitro starch digestibility
and in glycemic response of foxtail millet and its products［J］. Food
Function，2016，7（1）：372-379.

［20］左锋，王振忠，钱丽丽，等. 响应面法优化微波加热稳定米糠的工

艺研究 [J]. 黑龙江八一农垦大学学报, 2019, 31 (2): 52–58.

[21] 赵红霞, 王应强, 温建华. 干燥方法对杏肉全粉品质及抗氧化活性的影响 [J]. 食品与机械, 2018, 34 (9): 207–211.

[22] ALALI M, SELVAKANNAN P R, PARTHASARATHY R. Influences of novel microwave drying on dissolution of new formulated naproxen sodium [J]. RSC Advances, 2018, 8 (29): 16214–16222.

[23] WANG X, CHEN H, LUO K, et al. The Influence of Microwave Drying on Biomass Pyrolysis [J]. Energy & Fuels, 2009, 22 (1): 67–74.

[24] 胡小泓, 梅亚莉, 李丹. 微波处理油菜籽对油脂品质影响的研究 [J]. 食品科学, 2006, 27 (11): 372–374.

[25] 马毅红, 李雅婷. 微波对食用油脂的性质和组成的影响研究 [J]. 惠州学院学报, 2006, 26 (6): 31–35.

[26] 马宁, 赵雷, 刘国琴. 微波处理对油脂脂肪酸组成影响研究进展 [J]. 粮食与油脂, 2009, 153 (1): 17–18.

[27] 张蝶, 王苗苗, 李桂华, 等. 桂花果实油脂的不同提取方法工艺优化及脂肪酸组成 [J]. 中国油脂, 2019, 44 (3): 15–19.

[28] 张玲艳, 李洁莹, 韩飞, 等. 蒸煮对小米营养成分及抗氧化活性的影响 [J]. 食品科学, 2017, 38 (24): 113–117.

[29] 全先庆. 沂州木瓜种仁油脂体外抗氧化能力研究 [J]. 食品工业科技, 2012, 33 (1): 66–68.

[30] 孟阿会. 核桃油成分及抗氧化性质研究 [D]. 北京: 北京林业大学, 2012.

[31] 臧延青, 李执坤, 冯艳钰, 等. 板栗果皮多酚提取工艺优化及DPPH自由基清除能力研究 [J]. 黑龙江八一农垦大学学报, 2018, 30 (4): 63–68.

[32] JIA H L, ZHANG P H, Ji Q L, et al.Analysis of chemical constituents of volatile oil from Thymus altaicusklok. in Xinjiang using GC–MS and its antioxidant activity [J]. Food Science, 2009, 30 (4): 224–229.

[33] 圣志存, 吴双, 王安平, 等. 珊瑚菌子实体和菌丝体营养成分与抗氧化活性的比较 [J]. 现代食品科技, 2018, 34 (5): 62–67.

［34］YANG S H, SONG Y J, WANG J H, et al. Invitroantioxidant and free radical scaveng- ing activities of yacon（Smallanthus sonchifolius）tubers ［J］. Food Science, 2010, 31（17）: 166-169.

［35］Sharma O P, Bhat T K. DPPH antioxidant assay revisited［J］. Food Chemistry, 2009, 113（4）: 1202-1205.

［36］董竹平, 李超, 扶雄. 不同品种辣木叶多糖的理化性质和抗氧化活性研究［J］. 现代食品科技, 2018, 34（1）: 38-44.

［37］郑时莲, 潘瑶, 张云龙, 等. 不同形态硒、维生素 E、紫萝卜提取物体外抗氧化协同作用研究［J］. 食品工业科技, 2016, 37（19）: 86-90.

［38］孙雪萍, 徐艳, 刘布鸣, 等. 沙虫蛋白酶解产物抗氧化与免疫调节活性的研究［J］. 现代食品科技, 2017, 33（4）: 67-72.

［39］ZHANG H, WU Q Y, CHEN C, et al. Comparison of the effects of selenome-thionine and selenium-enriched yeast in the triple-transgenic mouse model of Alzheimer's disease［J］. Food and Function, 2018, 9（7）: 3965-3973.

［40］黄延盛. 富硒大豆蛋白的制备、酶解及抗氧化性能研究［D］. 广州: 华南理工大学, 2013.

［41］蔡红燕. 燕麦油的提取、杭氧化活性及应用研究［D］. 武汉: 武汉工业学院, 2012.

［42］王勇. 小米的营养价值及内蒙古小米生产加工现状［D］. 呼和浩特: 内蒙古大学, 2010.

［43］ČUKELJ M, VOUČKO B, NOVOTNI D, et al.Optimization of high intensity ultrasound treatment of proso millet bran to improve physical and nutritional quality［J］.Food technology and biotechnology, 2019, 57（2）: 183-190.

［44］肖争红, 杜宣利, 唐佳芮, 等. 小米糠开发利用的研究进展［J］. 粮食与食品工业, 2017, 22（2）: 15-18.

［45］顾镍. 小米糠蛋白的酶法提取及性质研究［D］.南京: 南京农业大学, 2013.

［46］汪洋. 小米米糠多酚的提取及其降血脂的研究［D］.吉林：吉林农业大学，2018.

［47］JUNG E H, KIM S R, HWANG I K, et al.Hypoglycemic effects of a phenolic acid fraction of rice bran and ferulic acid in C57BL/KsJ-db/db mice［J］.Journal of Agticultural and Food Chemistry, 2007, 55（24）: 9800-9804.

［48］延莎，祁鹏煜，张苏慧，等. 不同米色小米多酚提取物的体外抗氧化活性［J］.中国粮油学报，2017，32（10）：33-38.

［49］李暮男. 小米对高血糖小鼠保健功能及辅助疗效研究［D］.张家口：河北北方学院，2017.

［50］王立峰. 薏米中多酚类物质对抗氧化、抗肿瘤和降血脂作用的评价研究［D］.无锡：江南大学，2012.

［51］SHI J Y, SHAN S H, Li Z W, et al.Bound polyphenol from foxtail millet bran induces apoptosis in HCT-116 cell through ROS generation［J］. Journal of Functional Foods, 2015, 17（1）: 958-968.

［52］龙萌. 酵母硒和茶多酚对团头鲂生长、抗氧化性能及抗应激的影响［D］.武汉：华中农业大学，2015.

［53］徐奇友，李婵，许红，等. 茶多酚对虹鳟生长性能、生化指标和非特异性免疫指标的影响［J］.动物营养学报，2008（5）：547-553.

［54］梁高杨，李小勤，杨航，等. 茶多酚对奥尼罗非鱼生长、消化功能、免疫性能和抗病力的影响［J］.动物营养学报，2018，30（8）：3199-3207.

［55］张哲，付柯，杨敏. 茶多酚的生物学功能及在鸡生产中的应用［J］.广东饲料，2014，23（9）：34-36.

［56］卢俊姣，翟少伟. 饲料中添加葡多酚对吉富罗非鱼生长性能、肠道消化酶活性、血脂水平和肝胰脏抗氧化能力的影响［J］.动物营养学报，2014，26（4）：1095-1102.

［57］李文清. 樟树叶多酚复合抗氧化剂的配制及在饲料工业中的应用［D］.长沙：中南林业科技大学，2013.

［58］李捷. 茶多酚作为饲料添加剂在猪生产中的应用［J］.中国饲料，2019（14）：17-20.

［59］高君恺. 茶多酚作为饲料添加剂于养鸡业中的应用［J］. 当代畜禽
养殖业，2010，17（1）：43-45.

［60］付晓燕，李海龙，杨超，等. 发芽燕麦不同溶剂提取液抗氧化活性
的比较［J］.食品与发酵工业，2011，37（4）：68-72.

［61］徐秋红，杨洁，李庆，等. 密蒙花中木犀草素及其糖苷的药理研究
进展［J］.中国野生植物资源，2019，38（4）：53-57.

［62］王允，张玉媛，陈雪，等. 联合应用肌醇和木樨草素可选择性抑制
肺腺癌 A549 细胞的生细胞的生长［J］.南方医科大学学报，2018，
38（11）：1378-1383.

［63］任开明，周兆丽，石文君. 木犀草素对人非小细胞肺癌 A549 细胞
增殖、凋亡、侵袭及迁移能力的影响［J］. 解剖科学进展，2019，
25（4）：361-363.

［64］沈瑞明，李国铨，钟良宝. 木犀草素对急性痛风性关节炎模型大鼠的
抗炎作用研究［J］.海南医学院学报，2019，25（17）：1300-1303.

［65］陈志杰，吴嘉琪，马燕，等. 植物食品原料中酚酸的生物合成与调
控及其生物活性研究进展［J］.食品科学，2018，39（7）：321-328.

［66］管西芹，毛近隆，唐迎雪，等. 对香豆酸的药理作用研究进展［J］.
中草药，2018，49（17）：4162-4170.

［67］张焕仕，张鹤云，宰学明，等. 三种互花米草天然化合物降尿酸作
用研究［J］.中国野生植物资源，2019，38（3）：9-12.

［68］曹升旭. 酚酸和木质素单体对饲料瘤胃降解的影响［D］.哈尔滨：
东北农业大学，2019.

［69］楚秉泉，李云虹，李交杰，等. 对香豆酸对小鼠急性缺氧性肺水肿
的预防作用研究［J］.中国药学杂志，2018，53（17）：1463-1469.

［70］高秀艳. 酚酸类化合物对大鼠离体胸主动脉环舒张作用的相关研究
［D］.石家庄：河北医科大学，2013.

［71］赵震毅，李国斌. 异金雀花素等 5 种大青叶黄酮的同时检测［J］.
食品工业，2017，38（10）：283-286.

［72］朱俊杰，徐静. 大青叶提取物对 HepG2 细胞酒精性损伤的保护作用
［J］.食品研究与开发，2018，39（15）：161-167.

第八章　研究结论与展望

第一节　研究结论

一、本研究的主要结论

（一）苦荞麦壳黄酮的分离技术

以荞麦加工副产物荞麦壳为原料，通过单因素及响应面法试验确定最佳工艺参数为：超声功率379W，液料比33∶1，超声温度61.2℃，超声时间29.7min的具体值分别为，苦荞麦壳总黄酮的得率达到3.66%±0.2%，通过AB-8树脂的吸附等温线、吸附热力学性质和动态吸附参数的研究，说明在静态吸附实验条件下，AB-8树脂对苦荞麦壳黄酮的吸附是放热过程，吸附参数能用Freundlich方程较好拟合；动态吸附研究表明，AB-8树脂纯化苦荞麦壳黄酮的最佳上样浓度为1.2mg/mL、洗脱流速2.5mL/min。通过显色反应判断出40%、60%乙醇洗脱液中含有黄酮、黄酮醇和双氢黄酮，80%乙醇洗脱液中不含有黄酮类物质；通过紫外光谱分析40%、60%两种溶液紫外光谱中的黄酮特征吸收峰，Ⅰ峰为250～280nm，Ⅱ峰为350～380nm，光谱图已与典型的黄酮醇的紫外—可见光谱图非常接近，可能为黄酮苷类化合物；通过红外光谱分析可知，40%、60%乙醇洗脱液红外光谱中含有归属于酚羟基Ar—OH的OH伸缩振动、C—H伸缩振动、苯环的骨架振动、α，β不饱和酮的C═O伸缩振动、不饱和酮羰基的面内摇摆等特征峰，与芦丁与槲皮素标准品的红外峰型相似；苦荞麦壳黄酮具有较强的清除DPPH·自由基作用、清除超氧阴离子自由基（O_2·$^-$）作用、清除羟自由基（·OH）的能力、对Fe^{2+}诱导的脂质过氧化反应抑制作用、还原力、抗氧化能力，且呈一定的剂量依赖性。

（二）燕麦麸皮多糖的制备与活性研究

以燕麦麸皮为原料制备燕麦麸皮多糖，超声—微波协同提取燕麦麸多糖最佳工艺条件为微波功率639W、液料比（mg/mL）36∶1、pH 10、超声—微波协同时间18min；相比于传统热水浸提法提取时间缩短了102min，多糖得率提高了4.15%；通过抗氧化活性分析初步证实燕麦麸皮多糖提取物具有显著的还原能力，对DPPH自由基（DPPH·）、羟自由基（·OH）、超氧阴离子自由基（O_2^-·）都表现出良好的清除能力，其对这三种自由基清除的EC_{50}值分别为1.47mg/mL、1.39mg/mL、1.09mg/mL，远低于EC_{50} 10mg/mL的评价标准，表明该物质具有很好的抗氧化活性；燕麦麸皮多糖提取物能强烈刺激小鼠巨噬细胞增殖，且随多糖提取物浓度增加小鼠巨噬细胞增殖率增加。同时燕麦麸皮多糖提取物能够促进小鼠巨噬细胞释放NO、分泌PGE_2以及TNF-αmRNA的表达，随多糖提取物浓度的增加NO的释放量、PGE_2的分泌量以及mRNA的相对表达量也逐渐增加；血脂水平改善较好的前三组分别为燕麦麸多糖中剂量组（TC降低1.079mmol/mL、TG升高0.341mmol/mL、HDL-C降低0.579mg/dL、LDL-C降低0.489mg/dL）；β-葡聚糖高剂量组（TC降低1.104mmol/mL、TG升高0.227mmol/mL、HDL-C降低0.799mg/dL、LDL-C降低0.548mg/dL）；燕麦麸皮粉高剂量组（TC降低0.804mmol/mL、TG升高0.286mmol/mL、HDL-C降低0.586mg/dL、LDL-C降低0.529mg/dL）；体重动态变化结果显示，高脂模型组大鼠体重低于空白对照组，差异不显著（$P>0.05$），这说明，高脂饮食并不一定会导致体重的增加。

（三）绿豆抗性糊精的制备与分离技术

以绿豆加工副产物绿豆渣为原料制备绿豆抗性糊精，微波酶法制备抗性糊精最佳工艺参数为：微波时间13min、微波功率582W、盐酸添加量8%、盐酸浓度1%，耐高温α-淀粉酶添加量0.5%、淀粉葡萄糖苷酶添加量0.5%，绿豆抗性糊精含量为54.82%；最佳色谱单柱条件为进料浓度60%、柱温60℃、洗脱流速1.60mL/min；模拟移动床色谱最佳工艺参数为：进料量455g/h、进水量682g/h，循环量346mL，绿豆抗性糊精的纯度为99.17%；绿豆抗性糊精理化性质：绿豆抗性糊精相比于淀粉原料，溶解性、持水性显著提升；其颗粒大小不一且表面粗糙，为不规则、无定型结构；相比于绿豆淀粉其相应化学键含量及种类明显改变；其结晶度不高，为非晶型；其分子量相对集中，为（796.40 ± 9.60）× 10^3u，回转半径为（279.40 ± 11.70）nm；其单糖组成为：葡萄糖、阿拉伯糖、木糖；模拟肠胃液消化法和体外模拟酶水解法测得其抗性淀粉含量分别为91.14%和97.85%，显著高于淀粉原料；其抑制α–葡萄糖苷酶和α–淀粉酶活性的效果均弱于阿卡波糖，抑制效果与浓度呈正相关；其对胆酸钠溶液具有较强的吸附效果，且胆酸盐浓度较高时，吸附效果更好；其在pH 7.0和pH 2.0对胆固醇吸附率分别为28.12%和22.50%，中性条件下吸附效果更好；其吸附猪油和豆油能力均高于淀粉；其吸附亚硝酸盐效果差于绿豆淀粉。

（四）杂粮花色苷类物质的分离技术

1. 黑芸豆花色苷的分离技术

研究确定了黑芸豆花色苷的最佳提取工艺参数：超声功率420W，超声温度29℃，超声时间18.7min，液料比为13mL/g，最大吸光度为0.47。按照试验优化后的提取条件实验，黑芸豆花色苷的最大吸光度为0.47 ± 0.02，此条件下的实验值与预测值基本相符。采用柱层析法和模拟移动床法对黑芸豆花色苷进行了分离纯化，并对黑芸豆花色苷进行了鉴定。在对比试验中，SMB比柱层析具有优势。最佳SMB条件下，黑芸豆花色苷的纯度和得率分别为24.61% ± 0.21%和87.85% ± 0.32%。DPPH和ABTS自由基的IC_{50}清除活性分别为0.95μg/mL和2.14μg/mL，表明其具有较强的抗氧化能力。采用超高效液相色谱—三重飞行时间质谱法（UPLC–Triple–TOF/MS）对黑芸豆皮中的三种花色苷进行了检测和鉴定：飞燕草苷–3–O–葡萄糖苷、矮牵牛苷–3–O–葡萄糖苷和苹果维苷–3–O–葡萄糖苷，为模拟移动床色谱纯化黑芸豆花色苷奠定了理论基础。

2. 紫砂芸豆花色苷的超声/微波协同分离技术

紫砂芸豆花色苷最佳提取工艺参数为：微波功率251W，液料比13.7mL/g，提取时间24.9min，该条件下得到的最大的吸光度为0.32。按照试验优化后的提取条件实验，紫砂芸豆花色苷的最大吸光度为0.32 ± 0.02；研究初步鉴定了紫砂芸豆花色苷的种类及组成，紫砂芸豆花色苷的种类主要有5种花色苷物质，其中天竺葵素–3–葡萄糖苷、芍药素–3–葡萄糖苷含量较高，研究发现紫砂芸豆花色苷天竺葵素–3–葡萄糖苷、芍药素–3–葡萄糖苷主要集中在40%乙醇洗脱液中，可以在进行大孔树脂纯化紫砂芸豆花色苷的过程中，先用40%乙醇冲洗得到高纯度的天竺葵素–3–葡萄糖苷和芍药素–3–葡萄糖苷，然后再利用高浓度的乙醇冲洗去除杂质。这为大孔树脂纯化紫砂芸豆花色苷提供了参考，为模拟移动床色谱纯化紫色芸豆花色苷奠定了理论基础，为紫砂芸豆花色苷药理活性研究和紫色芸豆中花青苷类物质的代谢途径等问题奠定基础。

（五）白芸豆中 α– 淀粉酶抑制剂的分离技术

以大白芸豆种子为原料提取 α–淀粉酶抑制剂，采用单因素和响应面试验法优化得到最佳工艺参数为：pH 6.7、温度35℃、料液比1∶10、提取时间2.5h，利用DNS法测定 α–淀粉酶抑制率的最佳波长为500nm，其抑制率的平均值为83.52%；白芸豆 α–AI提取液盐析选择70%硫酸铵饱和度进行盐析得沉淀，白芸豆 α–AI水浸提液的最佳超滤条件为：压力为0.2MPa，分别经截留分子量为50kDa和30kDa的超滤膜进行超滤处理，取分子量为30~50kDa的超滤液，收集分子量为30~50kDa的组分，其超滤液的 IC_{50} 值为（0.72±0.02）mg/mL；白芸豆 α–AI中蛋白含量最高，约为白芸豆原料的3.2倍，其余各组分含量均较原料中含量偏低。当溶液pH为3.0时，可能存在部分非 α–AI蛋白质组分沉降现象，在pH=10条件下溶解度可达67.78%，说明其具有良好的溶解性，且在pH=2~10时具有良好的活性稳定性。当温度小于70℃时能够较好地发挥其对 α–淀粉酶的抑制活性。通过对其可加工特性研究发现，当白芸豆 α–AI质量浓度为6mg/mL时，其起泡性为72.24%±1.47%，泡沫稳定性为（83.62±1.52）min，继续增加其质量浓度，白芸豆 α–AI的起泡性和泡沫稳定性变化不大。当白芸豆 α–AI质量浓度为8mg/mL时，其乳化性和乳化稳定性分别为（0.352±0.011）min、（30.37±0.27）min，继续增加其质量浓度，白芸豆 α–AI的乳化性和乳化稳定性几乎不变；白芸豆中 α–AI主要存在于清蛋白中，其分子质量约为34kDa，经胃部消化后 α–AI蛋白部分亚基水解成多肽；白芸豆 α–AI在体内可以较好地发挥其生理活性；在胃蛋白酶和消化液的共同作用下蛋白质不断被酶解，因此其粒径显著降低（$P<0.05$），但随着消化时间的延长，消化产物的稳定性逐渐增强；经体外模拟胃部消化后产物Zeta电位的绝对值显著降低（$P<0.05$），白芸豆 α–AI的Zeta电位变化可能与其抑制活性

第八章 研究结论与展望

有关；白芸豆α-AI蛋白与白芸豆蛋白的二级结构存在一定的差异，两种蛋白的空间构效不同。体外模拟胃部消化产物二级结构中β-转角相对含量增加，无规则卷曲相对含量降低，总巯基、游离巯基含量均显著降低（$P<0.05$），二硫键含量显著升高（$P<0.05$）。

（六）其他杂粮加工副产物活性物质分离技术

1. 梨小豆粗多糖超声波提取技术

本研究超声波技术辅助提取梨小豆粗多糖技术，在单因素试验的基础上采用响应面法优化提取工艺参数，经优化后的工艺参数为：超声功率254W，液料比（mL/g）25.5∶1，超声温度78.4℃，超声时间26.2min，梨小豆粗多糖的得率达到0.34%±0.015%，大幅提高了梨小豆粗多糖的得率，降低生产成本提高提取效率。

2. 微波处理对小米油不饱和脂肪酸及抗氧化活性的影响

通过气质分析小米油的脂肪酸组成，结果表明其中主要含有棕榈酸、硬脂酸、油酸、亚油酸、花生酸和亚麻酸等六种脂肪酸，不饱和脂肪酸含量达到了85%以上。研究表明微波液料比及微波功率对小米油不饱和脂肪酸中的亚麻酸影响显著，随着微波液料比及微波功率的提高，小米油中亚麻酸含量显著下降。抗氧化试验表明，小米油具有较强的清除DPPH、ABTS、—OH自由基的能力，处理后小米油抗氧化活性显著低于未经处理的小米油的抗氧化活性。各处理方式对小米油清除DPPH、—OH自由基能力的影响差异不显著，而对清除ABTS自由基能力的影响显著。

3. 小米糠多酚提取液组成成分分析

本研究以小米糠为原料，用醇提法制备小米糠多酚提取液，并采用液质分析测定小米糠多酚提取液的组成成分。液质分析的结果表明小米糠多酚提取物中主要含有7-O-β-D-吡喃葡萄糖基-6-C-β-D-吡喃葡萄糖基木樨草素（$C_{27}H_{30}O_{16}$）、对香豆酸（$C_9H_8O_3$）、异金雀花素-7-O-β-D-葡萄糖苷（$C_{28}H_{32}O_{16}$）等三种物质。

二、本研究的创新点

（1）研究以荞麦、燕麦、芸豆、绿豆等杂粮的相应加工副产物，荞麦壳、燕麦麸皮、芸豆皮、绿豆渣为原料，制备荞麦壳黄酮、燕麦麸皮多糖、杂粮花色苷、α-淀粉酶抑制剂、绿豆渣抗性糊精等活性物质。研究将加工副产物废物利用，延长杂粮加工产业链，还可减少资源浪费，保护生态环境，增加产品的附加值，提高企业经济效益，拓宽农民收入，获得较好的经济效益和社会效益。

（2）利用超声波、微波、膜分离、制备色谱、大孔树脂、模拟移动床色谱等分离技术，进行了黄酮、多糖、抗性糊精、花色苷、α-淀粉酶抑制剂等杂粮加工副产物活性物质的分离技术研究，并对相应的活性进行了鉴定，取得了较好的实验效果，实现了高纯度、高回收率、低成本的工艺运行和最佳效果。

第二节　研究展望

杂粮是小宗粮豆的统称，具有生育期短、耐贫瘠、抗逆性强的特点，概括而言是小、少、特、杂。杂粮中的蛋白质、维生素等营养成分全面且含量高，并富含胡萝卜素、卵磷脂、维生素E、黄酮、芦醇、DHA、SOD、高活性脂肪酸等。杂粮最主要的用途是人类食品，其次是动物饲料，并因含有多种药用成分而药食同源。目前，我国杂粮加工企业总体上以初级加工为主，以半成品居多，制成品少，产业链条短，精深加工比例偏低。近几年，国内外不仅注重以杂粮来改善膳食结构，还在杂粮加工副产物活性成分分离、提取方面做了大量的研究、开发和生产，在膳食、医药、保健品、化妆品、精细化工与轻工业等领域具有广泛而重要的应用前景。但是，在我国杂粮加工副产物活性物质的研究与利用能力还远远不足，即使水平较先进的大中型杂粮加工企业，这类问题也比较突出，技术含量较高的副产物加工刚刚起步，远远不能满足消费需求，分离纯化技术低下是造成这一现状的主要原因。

随着人们生活水平的不断提高和膳食结构的改变，中国城乡居民饮食结构也由原来单一型向多类型方向发展，人们越来越需要营养型、保健型、药用型食品，杂粮以其丰富多样的营养成分，越来越受到关注和青睐。随着农业综合能力增强和人民对农产品消费水平提高，当前中国农业已经进入以结构优化调整和产业升级为特征的新阶段，发展杂粮生产的深加工产业正适应了这一需求。伴随着杂粮的深加工，必将产生大量的加工副产物，杂粮加工副产物中含有多种营养及功能成分，可从副产物中提取大量的优质蛋白、脂肪、膳食纤维、活性物质等功能成分。同时，我国也对农产品加工综合利用提出了更高的要求，"务必做好顶端设计，扎实稳步推进，通过利用新技术、新装备、提高资源利用效率，减少废弃物排放，变废为宝，化害为利"。

科学技术是杂粮副产物天然活性成分加工业发展的核心动力，科学技术的水平影响着杂粮副产物天然活性成分加工业的发展水平。国外杂粮副产物天然活性成分分离纯化科技水平与加工水平远远超出我国，加快提高我国的杂粮副产物天然活性成分分离纯化与加工的科技水平是赶超世界先进水平的核心所在。在此背景下，需要根据经济发展和市场需要，以我国杂粮加工副产物活性成分分离纯化技术及其产业化为主题，针对杂粮副产物加工领域发展中的重大技术问题，寻找我国杂粮副产物加工业快速发展的瓶颈及关键点。笔者坚信经过国内专家学者的不懈努力，我国必将形成以杂粮加工副产物活性物质分离技术为主要研究对象，研究手段和技术装备达到国际先进水平的杂粮精深加工产业。建成一支一流的技术创新开发与系统集成队伍；形成不断创新的可持续发展能力，推动粮食加工副产物活性物质分离纯化技术的不断进步。